钒钛产品生产工艺与设备

邹建新　李　亮　等编著

化学工业出版社
·北京·

本书介绍了钒钛及其常见化合物的物理化学性质，国内外钒钛资源与产业状况，主要钒钛产品生产原理、工艺、设备及新技术，钒钛产品的检测方法，钒钛磁铁矿共（伴）生SM元素提取技术和钒钛资源开发利用中的环保与节能，重点介绍了钛精矿、钛渣、人造金红石、直接还原熔分渣、硫酸法钛白粉、四氯化钛、氯化法钛白粉、海绵钛、钛锭、钛（合金）材、钛的衍生品、钒渣、五氧化二钒、三氧化二钒、金属钒、钒铁合金、钒铝合金、氮化钒（碳化钒）合金、钒电池等产品的生产原理、工艺、设备和新技术。

本书可作为大中专院校的专业教材和钒钛行业机构的培训教材，也可作为钒钛行业工程技术人员、研发人员、投资商及管理人员的参考书籍。

图书在版编目（CIP）数据

钒钛产品生产工艺与设备/邹建新，李亮等编著．—北京：化学工业出版社，2014.1（2018.10重印）
ISBN 978-7-122-18990-5

Ⅰ.①钒…　Ⅱ.①邹…②李…　Ⅲ.①钛-轻金属冶金-生产工艺-高等学校-教材②钒-有色金属冶金-生产工艺-高等学校-教材　Ⅳ.①TF823②TF841.3

中国版本图书馆CIP数据核字（2013）第270819号

责任编辑：陶艳玲　彭喜英　　装帧设计：刘丽华
责任校对：王素芹

出版发行：化学工业出版社（北京市东城区青年湖南街13号　邮政编码100011）
印　　装：北京科印技术咨询服务有限公司数码印刷分部
787mm×1092mm　1/16　印张18　字数484千字　2018年10月北京第1版第2次印刷

购书咨询：010-64518888　　售后服务：010-64518899
网　　址：http://www.cip.com.cn
凡购买本书，如有缺损质量问题，本社销售中心负责调换。

定　　价：59.00元

前　言

我国钒钛资源非常丰富，已探明钛资源储量（以 TiO_2 计）7.2 亿吨，约占世界总储量的 1/3，钒资源储量（以 V_2O_5 计）4290 万吨，约占世界总储量的 21%。钛资源被开采并深加工成钛白粉和钛合金材等产品，广泛应用于航空航天和涂料等领域，钒资源被开采并深加工成合金添加剂和催化剂等产品，广泛应用于钢铁冶金和化工等领域。钒钛不仅是我国重要的战略资源，也是应用广泛的民用产品。

钒钛资源主要以钒钛磁铁矿、钛铁矿和石煤等形式存在。攀枝花-西昌地区和承德地区是我国主要的钒钛磁铁矿产区，钛铁矿广泛分布在云南、广东、广西及海南等地。钛精矿产地主要集中于四川攀西和云南等地，澳大利亚等已成为我国重要的钛矿进口国。钛白粉产地主要集中在四川攀西、沿海地区和云南。海绵钛生产分布于全国各地。钛合金材主要集中在陕西宝鸡，钒产品主要集中在四川攀西。2008 年，攀枝花市被国土资源部授予“中国钒钛之都”称号，宝鸡市也素有“中国钛谷”之称的美誉。

随着中国航空航天业对钛材的需求增加，以及民生改善对钛白粉和高强度钢的需求增强，钒钛产业呈现出欣欣向荣的局面，钒钛从业人员对产业信息和技术的需求也更迫切。国内虽有一些关于钒和钛方面的书籍，但基本都是要么只写钒，要么只写钛，为此，笔者编著了本书，以飨读者，以期为钒钛行业尽微薄之力。

本书主要介绍了各种主流钛产品和钒产品的生产原理、工艺和设备，同时也介绍了钒钛磁铁矿中主要共（伴）生 SM 元素的提取技术，还对国内外钒钛资源和钒钛产业状况进行介绍。

本书是在笔者长期的生产、科研和教学活动过程中的经验积累和资料积累的基础上完成的，全书编排以产品为主线，考虑到钛产品在 GDP 中的比例远大于钒产品，以及钛的重要战略地位，本书将钛排列于前，而钒排列于后，但在称谓上仍然遵照传统的先钒后钛的习惯。此外，环保和节能已成为企业生产和社会活动的两大焦点，本书编著了相关内容，并将其编排于末章。

本书由攀枝花学院、攀钢集团、沈阳铝镁设计研究院、四川大学、西北有色金属研究院、国家钒钛检测重点实验室、西昌学院、攀枝花钛都化工有限公司、华钛国际有限公司等单位的教授、专家和学者编著。

本书第 1 章和第 2 章由邹建新编著；第 3 章由邹建新、王刚编著；第 4 章的 4.1 节由王录锋、邱小平、邹建新编著，4.2 节由邹建新、阎守义编著，4.3 节由彭富昌编著，4.4 节由李亮编著，4.5 节由邹建新编著，4.6 节由彭富昌、邹建新编著，4.7 节由李亮、侯盛东编著，4.8 节由王能为、阎守义、邹建新编著，4.9 节由孙青竹、邹建新编著，4.10 节由范兴平、杨英丽、邹建新编著，4.11 节由孙青竹、刘洪编著，4.12 节由邹建新、田丛学编著；第 5 章的 5.1 节和 5.2 节由崔旭梅、邹建新编著，5.3 节由崔旭梅编著，5.4 节由李俊翰编著，5.5 节由李俊翰、邹建新编著，5.6 节和 5.7 节由李俊翰编著，5.8 节由罗冬梅编著，5.9 节由邹建新、田丛学编著；第 6 章由李亮编著，第 7 章的 7.1 节和 7.2 节由李亮编著，7.3 节由邹建新、王军编著；廖红参与了部分外文资料的翻译工作；全书由邹建新审校和统稿。

本书内容具有工程化和新颖性的特色，同类书籍有的注重理论知识，有的注重实践操作，本书在兼顾理论的同时，结合钒钛产品生产实践，将国内外企业的生产工艺与设备展现，部分内容图（相）文并茂，同时，还将每种产品的生产新技术和国内外代表性专利编入。本书可作为钒钛行业工程技术人员、研发人员、投资商及管理人员的参考书籍，也可作为大中专院校的教材和钒钛行业机构的培训教材。

本书编著过程中，参阅了国内外公开发表的大量文献资料，借此向各位署名和未署名的作（译）者表示衷心的谢意！由于笔者水平有限、经验不足，书中难免存在不妥之处，恳请专家和读者不吝赐教、批评指正。

编著者

2013 年 10 月于“中国钒钛之都”攀枝花

目 录

第1章　绪　论

1.1　钛矿物种类

钛占地壳质量的0.56%（钒只占0.02%），在元素含量中排列第9位，在自然界基本上以共生矿存在，含钛矿物有70多种。重要含钛矿物如表1.1.1所示。

表1.1.1　自然界主要钛矿物

矿物	化学式	TiO_2/%	备　注
钛铁矿	$FeTiO_3$	45%～53%	大多数火成岩和变质岩中的共生副矿
金红石	TiO_2	95%～100%	中高级的共生副矿。共生碎石矿和钛铁矿的变异以及其他钛矿
锐钛白	TiO_2	95%～100%	金红石的低温多晶矿。通常为次级，由其他钛铁矿变异形成
板钛矿	TiO_2	95%～100%	金红石和锐钛白的亚稳定多晶矿。常见于洞穴、断口和岩脉。其他钛矿的风化物，相对较少
假金红石	$Fe_2Ti_3O_9$	60%～65%	钛铁矿在沉积中的变异。在变异钛铁精矿中常见
钛铁矿变异	$FeTiO_3$-Fe_2TiO_9	53%～70%	指含钛铁矿混合物，假金红石，白钛石的钛铁矿变异矿。在重矿砂中常见
白钛石	高 TiO_2	70%～100%	钛铁矿的变异矿，二氧化钛含量较高。偶有钙钛矿，通常含微晶金红石或锐钛矿，较少假金红石，钛铁矿，赤铁矿或针铁矿
榍石	$CaTiSiO_5$	40	在变质岩、低级火成岩中广泛分布的副矿，可看作共生碎石矿
钙钛矿	$CaTiO_3$	58	在火成岩和变质岩中存在的副矿
假板钛矿	Fe_2TiO_5	33	在火成岩中存在的副矿。形成一种钛铁矿和钛磁铁矿的氧化物
钛尖晶石	$FeTiO_4$	36	在碱性火成岩中存在的副矿。通常在磁铁矿中表现为脱溶薄层
钛磁铁矿	$(Fe,Ti)_3O_4$	0～34%	指光学均匀的Fe-Ti尖晶石，在固溶物中，含有赤铁矿和钛尖晶石。在碱性火成岩中存在的副矿
钛赤铁矿	$(Fe,Ti)_2O_3$	0～30%	指光学均匀的赤铁矿-钛铁矿。在酸性低斜长岩套内存在

其中重要的有钛磁铁矿、钛铁矿。金红石矿含钛量最高。钛矿按形成条件又分为岩矿和砂矿，按晶型结构又分为三种：锐钛型（A型）、金红石型（R型）、板钛矿型（B型）。

1.2　钛产品分类

从矿物材料到最终的民用、军用材料，钛产品可分为10余种。

① 钛精矿；②高钛型炉渣；③天然金红石；④人造金红石；⑤高钛渣（酸渣、氯化渣）；⑥$TiCl_4$；⑦钛白粉（锐钛型和金红石型）；⑧海绵钛（金属钛）；⑨钛（合金）材；⑩钛的衍生品等。

其中主要的钛产品有钛精矿、高钛渣、钛白粉、海绵钛、钛（合金）材。

1.3 钛产品的主要用途

金属钛、钛合金：用于航空航天、工业生产及民用产品。

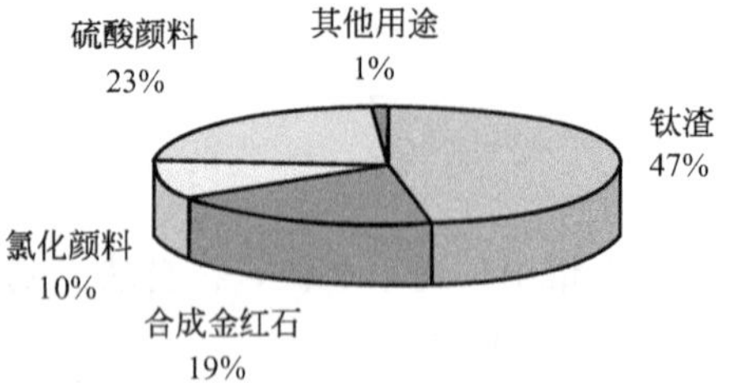

图 1.3.1 根据最终用途分类的总钛铁矿需求

钛矿：生产钛渣、人造金红石、钛白粉。

钛渣：生产 $TiCl_4$、钛白粉。

$TiCl_4$：生产海绵钛、氯化钛白粉。

海绵钛：用于生产钛（合金）材。

钛（合金）材：用于设备制造和作为结构性材料。

最终产品主要是钛白、钛材。其他钛化工产品可用作颜料和催化剂。各种主要用途耗用钛铁矿的比例如图 1.3.1 所示。

1.4 钛的发展史

1795 年德国化学家在金红石中发现了钛元素，并以希腊神 titans 命名为 Titanium。

1910 年，美国科学家亨特（Hunter）在钢瓶内用钠还原 $TiCl_4$ 制取了纯钛。

1940 年，卢森堡科学家克劳尔（Kroll）在氩气保护下，用镁还原 $TiCl_4$ 制取了金属钛。

1948 年，美国用镁法开始工业化生产金属钛（2t 海绵钛）。开创了世界海绵钛生产的先河。

1954 年，北京有色金属研究所开始从热河大庙钛铁精矿中提取钛研究。并于 1956 年，与北京有色金属设计院共同设计年产 60～100t 海绵钛的试验工厂。采用的流程为：

电炉脱铁炼高钛渣—制团—竖炉氯化—收尘、淋洗、蒸馏分馏、精制四氯化钛—镁热还原—真空蒸馏—海绵钛。此流程奠定了以后工业生产流程基础。

抚顺铝厂的海绵钛生产车间（即前述的 60t 规模海绵钛实验厂）在 1958 年开始试车，1959 年 6 月投产。到 1964—1965 年期间，初步解决了海绵钛质量问题。

上海于 20 世纪 50 年代在万茂冶炼厂进行镁热还原法制取海绵钛试验，并在研究基础上，设计建设上海第二冶炼厂（901 厂）的海绵钛车间，于 1966 年投产。

遵义钛厂是我国规模最大、流程最完善的专业海绵钛厂。它是在 1964 年下半年开始筹建的，但因受十年动乱的影响，迟至 1969 年 9 月才投产，1970 年 9 月才生产出第一炉海绵钛。

与此同时，从 1965 年开始，我国研究开发高钛渣的沸腾氯化技术。当时世界上采取沸腾氯化法制取四氯化钛所用原料都是含二氧化钛在 95%以上的金红石。而氯化含二氧化钛较低（约 80%）、含杂质较高的高钛渣的氯化设备，不是竖炉（如苏联、日本）就是熔融盐氯化炉（如苏联）。将沸腾氯化用在氯化高钛渣的生产上，是自我国开始的。首先在邢台，继之在天津、抚顺和上海，最后推广到遵义钛厂。

20 世纪 60 年代，我国开始建设百吨级硫酸法钛白粉厂，开启了国内大规模生产钛白粉的先河。

20 世纪 80 年代在进行攀枝花资源综合利用大攻关过程中，我国科研人员成功地将此工艺用于含镁钙高的攀枝花高钛渣氯化。当然相应的沸腾氯化炉是经过改造的，应该说，将高钛渣的沸腾氯化用于工业生产上，我国在国际上居于领先地位。

这一时期，我国还曾相继开发出用电解四氯化钛制取海绵钛的方法，先后从 620A、

1000A、2000A、6000A直到12000A电解槽规模，并都得到合格率在85%以上的海绵钛产品。但因电流效率低（50%）、电耗高（$>4\times10^4$kWh），不适用于生产而停止进行。

在钛（合金）材加工方面，该时期最大的成就是建成了宝鸡有色金属加工厂和宝鸡有色金属研究所（现名西北有色金属研究院）。这是我国第一个专门研制生产稀有金属材料的单位。

在这时期，国内从事稀有金属材料研究的单位还有科学院系统的沈阳金属研究所、上海冶金所，冶金系统的上海钢铁研究所、上海有色金属研究所，三机部的六院六所。工厂除苏家屯加工厂、宝鸡加工厂外，还有抚顺钢厂、上钢三厂和上钢五厂，这些单位都为发展我国钛工业作出了积极的贡献。

1978年至今，我国钛工业与整个国民经济的发展一同成长。

在攀枝花资源综合利用攻关的带动下，除解决了攀西地区原生钛铁矿的氯化工艺外，还系统地完善了整个钛生产工艺。首先确定了攀枝花选钛工艺，建成攀枝花选钛厂，年产规模从5万吨扩大为10万吨，继而进一步发展；其次掌握了自攀枝花钛精矿制取富钛料的两种工艺，即电炉高钛渣法和盐酸法制取金红石法，都达到了工业生产规模；再者，1994年建成了攀枝花第一座4000t/a硫酸法钛白厂。

2008年，攀枝花地区被国土资源部授予“中国钒钛之都”称号。

2013年，国家发展改革委员会设立攀西战略资源创新开发试验区。

1.5　钒矿物种类

钒占地壳质量的0.02%，在自然界均以共生矿存在，含钒矿物有70多种。重要含钒矿物如表1.5.1所示。其中，最重要的是钒钛磁铁矿和石煤（钒云母）。

表1.5.1　重要的钒矿物

矿物名称	颜色	化学式	主要产地
钒钛磁铁矿	黑灰	$FeO\cdot TiO_2\text{-}FeO(Fe,V)_2O_3$	南非，原苏联，新西兰，中国，加拿大，印度等
钾钒铀矿	黄	$K_2O\cdot 2U_2O_3\cdot V_2O_5\cdot 3H_2O$	美国
钒云母	棕	$2K_2O\cdot 2Al_2O_3(Mg,Fe)O\cdot 3V_2O_5\cdot 10SiO_2\cdot 4H_2O$	美国
绿硫钒矿	深绿	$V_2S_n(n=4\sim5)$	秘鲁
硫钒铜矿	赤褐	$2Cu_2S\cdot V_2S_6$	澳大利亚，美国
磷酸盐钒铁矿		$Ca_5(VO_4,PO_4)_3\cdot(Fe,Cl,OH)$	美国，俄罗斯
钒铅矿	红棕	$Pb_5(VO_4)_3Cl$	墨西哥，美国，纳米比亚
钒铅锌矿	樱红	$(Pb,Zn)(OH)VO_4$	纳米比亚，墨西哥，美国
铜钒铅锌矿	绿棕	$4(Cu,Pb,Zn)O\cdot V_2O_5\cdot H_2O$	纳米比亚，墨西哥，美国

1.6　钒产品分类

由钒矿物通过各种生产工艺流程可以获得如下钒产品：

① 含钒铁水；②钒渣；③V_2O_5；④V_2O_3；⑤钒铁（FeV）；⑥钒氮合金（VN）；⑦金属钒；⑧VO_2；⑨碳化钒；等。

几种钒产品的工艺流程关系：

钒渣⟶[除杂提纯]⟶V_2O_5⟶[还原]⟶V_2O_3⟶[还原]⟶金属钒。

1.7 钒产品的主要用途

钒渣：作为生产 V_2O_5 的原料。

V_2O_5：生产 V_2O_3；生产 FeV；作为化工行业催化剂。

V_2O_3：生产 FeV；作为化工行业催化剂。

FeV：作为合金元素大量应用于钢铁中，提高金属件的强度等性能，如重轨、飞机。

此外，钒还可作为薄膜材料，用于电池材料领域。总之，钒产品的两大主要用途是：在钢中作为合金强化剂；在化工行业作为催化剂。如表 1.7.1 和表 1.7.2 所示。

表 1.7.1 钒在一些合金钢中的含量

钢种	钒含量/%	钢种	钒含量/%
双相钢	0.01～0.02	合金钢	
低合金管线钢	0.05	氮化钢(Cr/Mo 钢)	0.15～0.25
淬火/回火容器钢	0.35	碳化物强化钢	0.09
HSLA 钢		弹簧钢(如硅/锰钢)	0.15

表 1.7.2 钒化合物在化学工业中的应用

钒化合物	处理方法	最终用途
五氧化二钒(V_2O_5)	把 SO_2 氧化为 SO_3 的催化剂	生产磷肥
	把环己烷氧化为己二酸的催化剂	生产尼龙
偏钒酸铵(NH_4VO_3)	把 SO_2 氧化为 SO_3 的催化剂	生产磷肥
	把苯氧化为顺丁烯二酸酐的催化剂	生产不饱和聚酯(涤纶等)
	把萘氧化为苯二酸酐的催化剂	生产聚氯乙烯
三氯氧钒($VOCl_3$)	用作乙烯和丙烯的交联	生产乙烯、丙烯和橡胶
四氯化钒(VCl_4)	生产合成橡胶的催化剂	合成橡胶

1.8 钒的发展史

1801 年和 1830 年，墨西哥矿物学家德尔·里奥和瑞典化学家尼尔斯·格·塞夫斯特姆分别发现了 V 元素，并以希腊神话中女神娃娜迪斯（Vanadis）的名字命名为钒（Vanadium）。

1867 年，英国化学家娄斯科（H. E. Roscoe）用氢还原氯化钒（VCl_3），首次制得金属钒。他在 1869～1871 年间发表了一系列论文，为钒化学奠定了一定的基础。同时，他在研究英国西部的铜矿时，制备了 V_2O_5、V_2O_3、VO、$VOCl_3$、$VOCl_2$ 和 VOCl 等钒化合物。

在 19 世纪末 20 世纪初，俄罗斯开始利用碳还原法还原铁和钒氧化物首次制取钒铁合金（含 V 35%～40%）。1902～1903 年俄罗斯进行了铝热法制取钒铁的试验。

直到 1927 年，美国的马尔登（J. W. Marden）和赖奇（M. N. Rich）用金属钙还原五氧化二钒（V_2O_5），才第一次制得了含钒 99.3%～99.8%的可锻性金属钒。19 世纪末，研究发现了钒在钢中能显著改善钢材的力学性能后，钒在工业上才得到广泛应用。

在20世纪30年代我国地质学家常隆庆等人发现攀枝花地区蕴藏大量钒钛磁铁矿。

1937年发现承德大庙铁矿中含有钒。

1942年日本帝国主义为了掠夺中国的钒资源，在锦州建立了“制铁所”生产钒铁。

1955年西南地质局531地质勘探队对攀枝花钒钛磁铁矿进行了详细勘探。在进行地质勘探同时，1956年起我国进行了矿石选矿的可行性研究。

1955年发现马鞍山磁铁矿中含有钒。

1958年恢复了锦州铁合金厂，以承德含钒铁精矿为原料，1958年9月4日沉淀出第一罐 V_2O_5，10月20日炼出了新中国第一炉钒铁（含V 35%）。

1958年9月提交了攀枝花矿的勘探报告。冶金部在西昌成立了西昌钢铁公司。以后分别进行了 $0.5m^3$、$1m^3$、$11m^3$、$28m^3$ 高炉炼铁试验。

1958年在马钢1t侧吹提钒转炉进行吹钒试验，在承德进行侧吹转炉提取钒渣试验。1958年锦州铁合金厂研制出金属钒。

1960年建成上海第二冶炼厂提钒车间，生产 V_2O_5。

1965年先后在马钢建成8t、在承钢建成10t侧吹提钒转炉生产钒渣，从此结束了我国用钒精矿生产 V_2O_5 的历史。但是钒的供应满足不了我国工业需要，每年还要进口 V_2O_5 或钒铁。

1964年冶金部组建由10多个单位100余人参加的高炉冶炼攀枝花矿的试验组。

1965年在承钢 $100m^3$ 高炉冶炼钒钛磁铁矿试验成功。

1967年在首钢 $516m^3$ 高炉炼铁、30t氧气顶吹转炉双联法提钒炼钢，直到轧材联动试验成功，制得钒渣在锦州铁合金厂生产出 V_2O_5 和钒铁。

1970年7月攀钢组成雾化提钒试验组，到1973年先后建成三座60t雾化提钒试验炉。到1978年，共生产雾化钒渣6万吨。与此同时建成了峨嵋铁合金厂和南京铁合金厂钒车间，生产 V_2O_5 和钒铁。

1972年锦州铁合金厂可生产99.9%品位的金属钒。

1978年在攀钢建成雾化提钒车间，有两座120t雾化提钒炉，进行钒渣生产。

1979年锦州铁合金厂开发了品位55%～60%的钒铁和含钒40%～80%的钒铝合金。

1980年开始出口钒渣（3208t）、V_2O_5（1041t）、钒铁（1882t）。从此中国从钒进口国变为钒出口国。

1987年承德钢铁厂和马钢对原有提钒转炉进行扩建到20t转炉，年产钒渣都可达到2万吨以上。

1980～1985年间，锦州铁合金厂开发了高钒铁、硅钒铁、碳化钒、氮化钒铁等炼钢钒合金添加剂。

1990年攀钢建成了2000t V_2O_5/a的生产车间。

1992年攀钢建成了用电铝热法冶炼高钒铁能力为600t/a的试验车间。

1993年攀钢引进了卢森堡电铝热法冶炼高钒铁设备，在北海建成了生产能力可达电铝热法生产铁合金1万吨/a的车间。高钒铁设计能力为1300t/a。

1994年攀钢开发了用煤气还原多钒酸铵制取 V_2O_3 技术。在西昌分公司进行了半工业试验，取得成功，并获得国家发明专利。

1995年，攀钢将雾化提钒改为转炉提钒，建成了两座120吨设计能力、11万吨/a钒渣的转炉提钒炉，并投产。

1998年攀钢从德国引进设备，建成了年产2400t V_2O_3 的车间。同时，进行了 V_2O_3 冶炼高钒铁的试验。西昌分公司建成年产1200t五氧化二钒生产车间。同时，攀钢钒渣产量达到并超过了设计能力，创下历史最高水平。

1998年攀钢与东北大学合作开发了氮化钒产品，并获得了国家发明专利。

1998年攀钢从德国引进设备（其中 V_2O_3 设备已卖给奥地利），建成年产3350t V_2O_3 的车间。以后又扩建使总 V_2O_3 能力达到了5150t/a。

1998年中国工程物理研究院研制成功我国第一组1kW的全钒氧化还原电池样品。

1999年攀钢建成年产60t氮化钒试验装置。

2000年攀钢开始进行二步法冶炼钒铝中间合金的试验。

2001年攀钢建成了年产100t的氮化钒试验生产装置。

2004年攀钢已经建成了设计能力年产2000t氮化钒的生产车间，攀研院又建成了年产300t的生产装置。

2009年，攀枝花高新技术产业园区又建设了一座氮化钒工厂，采用昆明理工大学专利技术。

2010年，眉山青神县建设了一座氮化钒工厂，采用了较先进的生产技术。

2013年，四川省依托攀枝花学院等单位建立四川省钒钛产业技术研究院。

1.9　钒钛产品发展趋势

① 钒产品发展趋势

在钒资源上更加注重二次钒资源的开发和利用；生产工艺上更加注意环保与节能，采用新的技术保护环境；在应用上，在很长一段时间内钢铁工业仍将是钒的主要用户，因此开发新的含钒钢种，是影响钒用量的关键；在市场供应上钒材料（原料）生产能力大大超过了需求；开发新型钒功能材料是科研工作的重点。

② 钛产品发展趋势

世界海绵钛需求进一步增长，但会出现阶段性过剩；民用飞机用钛大大增加；军事用钛稳步增加；汽车用钛最具发展潜力；钛白用量稳步增长，发展中国家需求强劲。

参考文献

[1] 莫畏，邓国珠，罗方承．钛冶金［M］．北京：冶金工业出版社，1998.

[2] 杨守志．钒冶金［M］．北京：冶金工业出版社，2010.

[3] 杨绍利，刘国钦，陈厚生．钒钛材料［M］．北京：冶金工业出版社，2007.

第 2 章　钒钛及其化合物的物理化学性质

2.1　金属钛的性质

原子结构：钛位于元素周期表中ⅣB族，原子序数为22，原子核由22个质子和20～32个中子组成。有两种同素异构晶型，熔点低于882.5℃为α晶型，呈密排六方晶格；熔点高于882.5℃为稳定的β晶型，呈体心立方晶格，如图2.1.1所示。

物理性质：金属钛（海绵钛）为银灰色金属，如图2.1.2所示。钛的密度为4.506～4.516g/cm^3（20℃）。熔点（1668±4)℃，熔化潜热为3.7～5.0kcal/（g·atom）[1kcal/(g·atom）=4.184×10^{3}J/mol]，沸点（3260±20)℃，汽化潜热102.5～112.5kcal/（g·atom)，临界温度4350℃，临界压力1130大气压。

图 2.1.1　Ti的α晶型

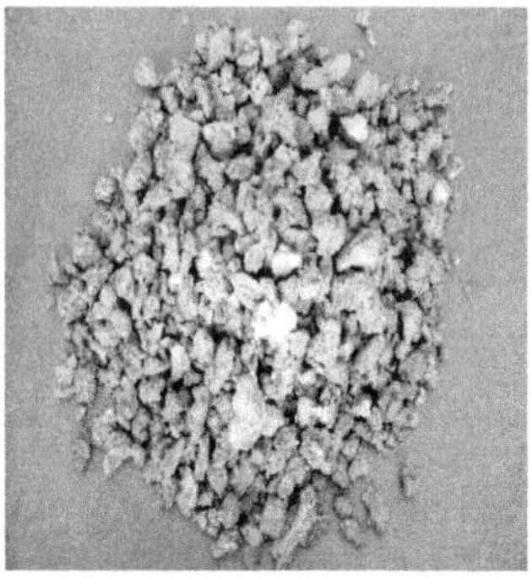

图 2.1.2　块状海绵钛

钛的导热性和导电性能较差，近似或略低于不锈钢，钛具有超导性，纯钛的超导临界温度为0.38～0.4K。在25℃时，钛的热容为0.126cal/(g·atom·K)[1cal/(g·atom·K)=4.184J/(mol·K)]，热焓1149cal/(g·atom)[1cal/(g·atom)=4.184J/mol]，熵为7.33cal/(g·atom·K)[1cal/(g·atom·K)=4.184J/(mol·K)]。金属钛是顺磁性物质，导磁率为1.00004。

钛具有可塑性，高纯钛的延伸率可达50%～60%，断面收缩率可达70%～80%，但强度低，不宜作结构材料。钛作为结构材料所具有的良好力学性能，就是通过严格控制其中适当的杂质含量和添加合金元素而达到的。

化学性质：钛在较高的温度下可与许多元素和化合物发生反应。包括HF和氟化物，HCl和氯化物，硫酸和硫化氢，硝酸和王水等。

2.2　二氧化钛的性质

TiO_2（钛白）是一种白色粉末，如图2.2.1所示。主要物理性能如下。

(1) 密度　金红石型4.261g/cm^3（0℃），4.216g/cm^3（25℃）；锐钛型3.881g/cm^3（0℃），3.894g/cm^3（25℃）；板钛型4.135g/cm^3（0℃），4.105g/cm^3（25℃）。熔点：金

红石型（1842±6)℃，熔化热 811J/g。沸点：金红石型（2670±6)℃，气化热（3762±313）J/g。

TiO_2 是两性化合物，是一种十分稳定的化合物，它在许多无机和有机介质中都有很好的稳定性，它不溶于水和许多其他溶剂。TiO_2 不溶于水，可溶于热浓硫酸、硝酸和苛性碱中。

TiO_2 在自然界中存在三种同素异形态，即金红石型、锐钛型和板钛型三种。晶型如图 2.2.2 所示。工业上 TiO_2 多数由偏钛酸煅烧而成：

$$H_2TiO_3 = TiO_2 + H_2O$$

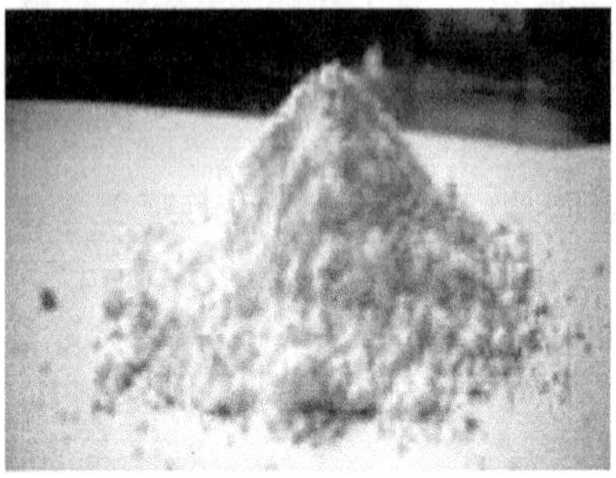

图 2.2.1 商品钛白粉

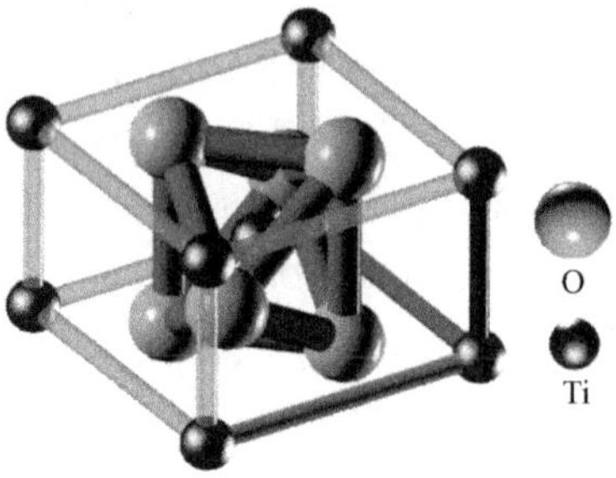

图 2.2.2 金红石型 TiO_2 的晶型结构

工业上生产钛白的方法有：硫酸法和氯化法。

(2) 钛白的颜料性质 钛白是当今最佳白色颜料，它的光学和颜料性能都优于其他白色颜料。

① 白度。白度表示物质对可见光吸收与反射两部分之比。相对白度是波长和粒度的函数。晶体结构完美的，对可见光具有很低的吸收作用和很高的散射能力，即在可见光内晶体发生等幅散射，因而呈现白色。TiO_2 的折射率高于其他物质，因此在各种白色颜料中以钛白最白。

影响白度的因素主要有钛白中杂质的种类和数量、晶型和颗粒形状、粒度和粒度分布。

② 消色力。消色力是指该颜料和另一种颜料混合后，所给予另一种颜料的消色能力。TiO_2 的折射率最大，因而它在白色颜料中，消色力也最高。消色力除与颜料的折射率有关外，还与它的粒度和粒度分布有关。当钛白颗粒的平均直径在 0.2～0.3μm 范围内，且粒度分布宽度狭窄时，对可见光蓝波段的散射能力增强，着色底相呈现柔和蓝相。

③ 遮盖力。遮盖力是指颜料能遮盖被涂物体表面底色的能力。颜料遮盖力的大小不仅取决于它的晶型、对光的折射率和散射能力，而且还取决于对光的吸收能力。二氧化钛属遮盖性颜料，因为它有规则的晶体结构和优异的光学性质，所以在白色颜料中，TiO_2 的遮盖力最强。

④ 吸油量。吸油量是表示颜料粉末与展色剂相互关系的一种物理数值。它不仅说明了颜料粉末与展色剂之间的混合比例、湿润程度、分散性能，也关系到涂料的配方和成膜后的各种物理性质。在某些水性涂料、水分散型二氧化钛颜料中，吸油量也称作吸水量。

⑤ 分散性。钛白粉的分散性是它的极其重要的性质。二氧化钛具有亲水疏油的性质，它在合成树脂有机体系中的分散性不良，需要经过表面处理，以提高它的分散性。

为了提高钛白粉在高分子介质中的分散性，必要时还需进行有机包膜处理，以使它具有亲有机物的表面，即在钛白颗粒表面建立高分子吸附层形成空间屏障，使颜料粒子彼此无法靠近，以提高其分散性。

⑥ 耐候性。对二氧化钛而言，耐候性是指含有二氧化钛颜料的有机介质（如涂膜）暴露在日光下，抵抗大气的作用，避免发生黄变、失光和粉化的能力。耐候性主要取决于颜料的光学性质和化学组成，也与暴露在自然光下的条件有关（例如光的强度、光谱分布、温度、相对湿度及大气污染物的性质和数量等）。

2.3　低价钛的性质

Ti_2O_3 和 Ti_3O_5 均由 TiO_2 在高温下还原而获得。Ti_2O_3 是一种紫黑色粉末。在高钛渣中存在的 Ti_3O_5 是一种黑色粉末。

Ti_2O_3 密度为 4.60g/cm^3，25℃为 4.53g/cm^3。熔点为 1889℃，熔化热为 6.35kJ/g。α-Ti_2O_5 密度为 4.57g/cm^3，β-Ti_2O_5 密度为 4.29g/cm^3。

在工业上生产高钛渣时，少量的 TiO_2 将被过还原为 Ti_2O_3 和 Ti_3O_5 两种低价钛。

2.4　偏钛酸的性质

偏钛酸（H_2TiO_3）是一种白色粉末，是钛白生产中的中间产物，加热时变黄。25℃时密度为 4.3g/cm^3。偏钛酸不导电。

在钛白生产过程中，$Ti(SO_4)_2$ 和 $TiOSO_4$ 的酸性溶液在沸水中水解生成偏钛酸沉淀。偏钛酸不溶于水，也不溶于稀酸和碱溶液中，却溶于热浓硫酸。偏钛酸是不稳定化合物，在煅烧时发生分解，生成 TiO_2。

2.5　四氯化钛的性质

常温下四氯化钛是无色透明液体，在空气中冒白烟，具有强烈的刺激性气味，如图 2.5.1 所示。

主要物理参数为：熔点−23.2℃，沸点 135.9℃；液体蒸发热（kJ/mol）$=54.5\pm0.048T$。镁、钠、铝和钙在高温下都能把 $TiCl_4$ 还原为金属钛。在约 1000℃下可还原为金属钛：

$$3TiCl_4+4Al \xlongequal{} 3Ti+4AlCl_3$$

与氧在 550℃开始反应：

$$TiCl_4+O_2 \xlongequal{} TiO_2+2Cl_2$$

在工业生产中，均采用氯化金红石和高钛渣等富钛物料的方法来制取 $TiCl_4$。四氯化钛是钛及其化合物生产过程的重要中间产品，为钛工业生产的重要原料，并有着广泛的用途。

图 2.5.1　四氯化钛液体

$TiCl_4$ 在工业中的主要用途有：生产金属钛的原料；生产钛白的原料；生产三氯化钛的原料；生产钛酸酯及其衍生物等钛有机化合物的原料；生产聚乙烯和三聚乙醛的催化剂，也是生产聚丙烯及其他烯烃聚合催化剂的原料；作发烟剂。

2.6　碳化钛的性质

TiC 是一种具有金属光泽的铜灰色结晶体，晶型构造为正方晶系。20℃时密度为

4.91g/cm^3。TiC具有很高的熔点和硬度，熔点为（3150±10）℃，沸点4300℃，升华热为10.1kJ/g，莫氏硬度为9.5，显微硬度为2.795GPa，它的硬度仅次于金刚石。

TiC具有良好的传热性能和导电性能，随着温度升高其导电性降低，这说明TiC具有金属性质。熔化的金属钛在1800～2400℃直接与碳反应生成TiC。一般在高温（1800℃以上）真空下用碳还原TiO_2制取TiC。

图2.6.1 碳化钛刀具

TiC不溶于盐酸，也不溶于沸腾的碱，但能溶于硝酸和王水中。

碳化钛是已知的最硬的碳化物，是生产硬质合金的重要原料。TiC还具有热硬度高、摩擦系数小、热导率低等特点，因此含有TiC的刀具比含有WC及其他材料的刀具具有更高的切削速度和更长的使用寿命。如果在其他材料（如WC）的刀具表面上沉积一层TiC薄层，则可大大提高刀具的性能。如图2.6.1所示。

2.7 硫酸钛（硫酸氧钛）的性质

正硫酸钛是一种白色易吸湿粉末。在硫酸法钛白生产过程中，钛矿与硫酸反应可生成正硫酸钛，是一种中间产物。在加热至高于150℃时开始分解：

$$Ti(SO_4)_2 = TiOSO_4 + SO_3$$

$TiOSO_4$是白色结晶，通常是以无定型粉末形式存在。$TiOSO_4$能溶于冷水中，生成硫酸基钛酸，被热水水解时生成偏钛酸：

$$TiOSO_4 + 2H_2O \xrightarrow{\text{沸腾}} H_2TiO_3\downarrow + H_2SO_4$$

在硫酸法钛白生产过程中，钛矿与硫酸反应可生成硫酸氧钛，是一种中间产物：

$$FeTiO_3 + 2H_2SO_4 = TiOSO_4 + FeSO_4 + 2H_2O$$

2.8 其他钛化合物的性质

六钛酸钾（$K_2Ti_6O_{13}$）是一种工业上广泛使用的单纤维晶须，熔点为1370℃，化学稳定性和热稳定性强，热导率极低。钛酸锶（$SrTiO_3$）是一种电容器材料，熔点为2080℃，密度为5.12g/cm^3。钛酸钡（$BaTiO_3$）是一种广泛应用于电子领域的陶瓷材料，有四种晶型，122℃以上是立方晶型，在5～120℃稳定的是正方晶型，是强电解质，在5～－90℃稳定的是斜方晶型，白色晶体，密度6.08g/cm^3，熔点1618℃。钛酸酯在工业上应用广泛，如可做耐高温（500～600℃）涂料的基料，低级钛酸酯在与水接触时水解生成Ti—O—Ti的聚合物，易与有机酸、酸酐反应生成钛酰化物，高级钛酸酯蒸馏会热分解成聚合TiO_2。

2.9 金属钒的性质

钒是一种高熔点难熔金属，常温为固态，呈银灰色，具有体心立方晶格，原子序数为23。

纯钒具有良好的延展性和可锻性，在常温下可制成片、丝和箔。钒呈弱顺磁性，是电的不良导体。钒的力学性能取决于它的纯度。

常温下钒的化学性质较稳定，但在高温下能与碳、硅、氮、氧、硫、氯、溴等大部分非金属元素生成化合物。

钒具有较好的耐腐蚀性能，能耐淡水和海水的侵蚀，亦能耐氢氟酸以外的非氧化性酸（如盐酸、稀硫酸）和碱溶液的侵蚀，但能被氧化性酸（浓硫酸、浓氯酸、硝酸和王水）溶解。

金属钒的物理性质如表 2.9.1 所示。

表 2.9.1　金属钒的物理性质

性质	数值	性质	数值
相对原子质量	50.9451	线膨胀系数(0～100℃)/$℃^{-1}$	8.3×10^{-6}
熔点/℃	1890±10	电阻率(20℃)/$\mu\Omega\cdot cm$	24.8～26.0
沸点/℃	3380	电阻温度系数/$\Omega\cdot cm\cdot ℃^{-1}$	$2.18\sim2.76\times10^{-8}$
密度/g/cm^3	6.11	热焓(0～100℃)/$J\cdot mol^{-1}$	24.62
比热容(20℃)/$J\cdot(kg\cdot K)^{-1}$	533.72	再结晶温度/℃	800～1000
热导率(20℃)/$W\cdot(m\cdot K)^{-1}$	30.98	晶型	立方
超导转变温度/K	5.13		

2.10　三氧化二钒的性质

根据氧-钒二元相图可知，钒有多种氧化物。在 V_2O_3 和 V_2O_4 之间，存在着可用通式 V_nO_{2n-1}（$3\leqslant n\leqslant 9$）表示的同族氧化物，在 V_2O_4 到 V_2O_5 之间，已知有 V_3O_5、V_3O_7、V_4O_7、V_4O_9、V_5O_9、V_6O_{11}、V_6O_{13} 等。工业上钒氧化物主要是以五氧化二钒、四氧化二钒和三氧化二钒，特别是五氧化二钒的生产最为重要。它们的主要性质列于表 2.10.1。

表 2.10.1　钒氧化物的性质

氧化物	晶系，颜色	相对密度	熔点/℃	溶解性
V_2O_2	等轴，浅灰	5.76	1790	不溶于水，溶于酸
V_2O_3	菱形，黑	4.87	1970～2070	不溶于水，溶于 HF 及 HNO_3
V_2O_4	正方，蓝黑	4.2～4.4	1545～1967	微溶于水，溶于酸及碱不溶乙醇
V_2O_5	斜方，橙黄	3.357	650～690	微溶于水，溶于酸及碱不溶乙醇

图 2.10.1　V_2O_3 粉末

V_2O_3 是灰黑色有光泽的结晶粉末，不溶于水及碱，是强还原剂；熔点很高（2070℃）；具有导电性。常温下暴露于空气中数月后，被氧化变成靛青蓝色的 VO_2。如图 2.10.1 所示。

工业制取方法：用氢气、一氧化碳、氨气、天然气、煤气等气体还原 V_2O_5 或钒酸铵。

2.11 二氧化钒的性质

二氧化钒是深蓝色晶体粉末，温度超过128℃时为金红石型结构。VO_2 是两性氧化物，溶于酸和碱。

VO_2 是钒氧化物中研究最多的一种，原因在于有金属-非金属转变的性质。由于 VO_2 的薄膜形态不易因反复相变而受到损坏，因此，其薄膜形态受到了比其粉体、块体形态更为广泛的研究。

2.12 五氧化二钒的性质

V_2O_5 是一种无味、无嗅、有毒的橙黄色或红棕色的粉末或片状物质，微溶于水（约0.07g/L），溶液呈微黄色。V_2O_5 大约在670℃熔融，冷却时结晶成黑紫色正交晶系的针状晶体。

V_2O_5 是两性氧化物，与 Na_2CO_3 一起共熔得到不同的可溶性钒酸钠。

$$V_2O_5+3Na_2CO_3 \longrightarrow 2Na_3VO_4+3CO_2$$

$$V_2O_5+2Na_2CO_3 \longrightarrow 2Na_4V_2O_7+2CO_2$$

$$V_2O_5+Na_2CO_3 \longrightarrow 2NaVO_3+CO_2$$

图 2.12.1 片状五氧化二钒

因为在 V_2O_5 晶格中比较稳定地存在着脱除氧原子而形成的阴离子空穴，因此在700～1125℃范围内，可逆地失去氧，这种现象可解释为 V_2O_5 的催化性质。

$$2V_2O_5 \rightleftharpoons 2V_2O_4+O_2$$

V_2O_5 可用偏钒酸铵在空气中于500℃左右分解制得。V_2O_5 是最重要的钒氧化物，工业上用量最大。工业五氧化二钒的生产，用含钒矿石、钒渣、含碳的油灰渣等提取，制得粉状或片状五氧化二钒。它大量作为制取钒合金的原料，少量作为催化剂，如图2.12.1所示。

2.13 偏钒酸铵的性质

z偏钒酸铵（NH_4VO_3）是白色或带淡黄色的结晶粉末，如图2.13.1所示。在水中的溶解度较小。偏钒酸铵是工业上生产 V_2O_5 的中间产物。偏钒酸铵在真空中加热到135℃开始分解，超过210℃时分解生成 V_2O_4 和 V_2O_5，如表2.13.1所示。

图 2.13.1 偏钒酸铵粉末

除了偏钒酸铵外，五价钒（V^{5+}）的铵盐还有很多种，如 $(NH_4)_2V_4O_{11}$、$(NH_4)_2V_6O_{16}$、$(NH_4)_4V_6O_{17}$、$(NH_4)_4V_{10}O_{27}$、$(NH_4)_6V_{10}O_{33}$、$(NH_4)_2V_{12}O_{31}$、$(NH_4)_6V_{14}O_{38}$、$(NH_4)_{10}V_{18}O_{40}$、$(NH_4)_6V_{20}O_{53}$、$(NH_4)_8V_{26}O_{69}$ 等。

工业生产五氧化二钒时，采用酸性铵盐沉钒时，在不同钒浓度和pH值等沉钒条件下，可以得到上述钒酸铵沉淀，通

表 2.13.1　偏钒酸铵热分解条件及产物

温度/℃	气氛	分解产物
250	空气和氧气 NH_3	V_2O_5
250	空气	$(NH_4)_2O \cdot 3V_2O_5$
340	空气	$(NH_4)_2O \cdot V_2O_4 \cdot 5V_2O_5$
420～440	空气	NH_3，V_2O_5
310～325	氧气	V_2O_5
约 320	氢气	$(NH_4)_2O \cdot 3V_2O_5$
约 400	氢气	$(NH_4)_2O \cdot V_2O_4 \cdot 5V_2O_5$
约 1000	氢气	V_6O_{13}，V_2O_3，V_2O_4
350	二氧化碳、氮或氩	$(NH_4)_2O \cdot V_2O_4 \cdot 5V_2O_5$
400～500	二氧化碳、氮或氩	V_6O_{13}
200～240	氮气和氢气	$(NH_4)_2O \cdot 3V_2O_5$
320	氮气和氢气	$(NH_4)_2O \cdot V_2O_4 \cdot 5V_2O_5$
400	氮气和氢气	V_6O_{13}
225	水蒸气	$(NH_4)_2O \cdot 3V_2O_5$

常称为多钒酸铵（英文缩写为 APV），是制取 V_2O_5 的中间产品，多为橙红色或橘黄色，也称为“黄饼”。纯净的偏钒酸铵粉末是白色的。

APV 在水中的溶解度较小，随着温度升高，溶解度降低。APV 在空气中煅烧脱氨后，得到工业五氧化二钒。

图 2.14.1　钒铁

2.14　钒铁的性质

钒铁（V-Fe）常温下为灰黑色金属，如图 2.14.1 所示。V-Fe 化合物为正方晶系，晶格常数 $a=0.895$nm，$c=0.462$nm，$c:a=0.516$。

钒和铁之间可形成连续的固溶体；最低共熔点为 1468℃（含 V 31%）。

图 2.15.1　钒铝合金

2.15　钒铝的性质

钒铝（VAl）合金常温下为银灰色金属，如图 2.15.1 所示。VAl 化合物有不同的晶系。

① VAl_3：正方晶格，晶格常数 $a=0.5345$nm，$c=0.8322$nm，$c:a=1.577$。②VAl_{11}：面心立方晶格，晶格常数 $a=1.4586$nm。③ VAl_6：六方晶格，晶格常数 $a=$

0.7718nm，c=1.715nm。④V_5Al_8：体心立方晶格，晶格常数 a=0.9270nm。

钒和铝之间可形成连续的固溶体；最低共熔点为1600℃（含V 40%）。两种钒合金的密度及熔化温度见表2.15.1。

表2.15.1 钒合金的密度及熔化温度

合金	主要成分/%				密度/(g/cm³)	熔化温度/℃
	V	Al	Si	C		
FeV40	45～55	<4.0	<2.0	<0.2	6.7	1450
FeV60	50～65	2.0	1.5	0.15	7.0	1450～1600
FeV80	78～82	1.5	1.5	0.15	6.4	1680～1800
V99	>99	<0.01	<0.1	<0.06	6.1	1910
V80Al	75～85	15～20	0.4	0.05	5.2	1850～1870
V40Al	40～45	55～60	0.3	0.1	3.8	1500～1600

2.16 其他钒化合物的性质

钒的主要二元非金属化合物性质列于下表2.16.1中，其中VN外观如图2.16.1所示。

表2.16.1 钒的主要二元非金属化合物

名称	分子式	颜色	熔点/℃	密度/(g/cm³)	结构
碳化物	V_2C	暗黑	2200	5.665	立方
	VC	暗黑	2830	5.649	立方
氮化物	VN	灰紫	2050	6.04	立方
硅化物	V_3Si		1350	5.67	立方
	V_5Si_3		2150	4.8	六方
	VSi_2		1750	4.7	六方

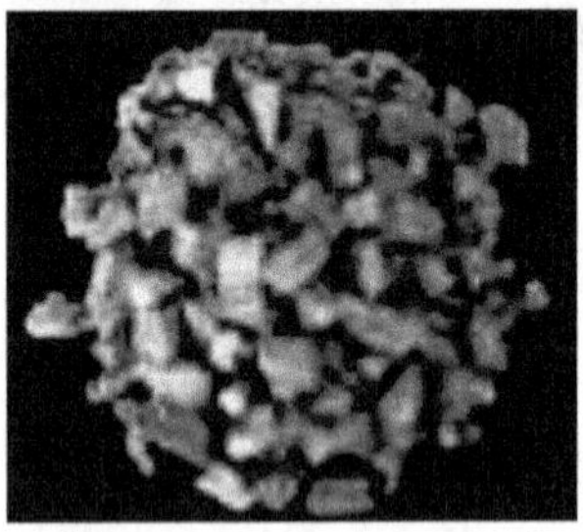

图2.16.1 氮化钒合金

2.17 钛的毒性

金属钛和TiO_2（钛白）是生物惰性物质，无毒。钛材已通过外科手术植入人体。TiO_2已作为化妆品的添加剂。

氢化钛、碳化钛、氮化钛等不溶性化合物毒性很低，可使动物肺部轻微纤维化。$TiCl_4$能引起皮肤灼伤，是眼睛的强刺激物，有明显的毒副作用。

2.18 钒的毒性

钒作为一种微量元素存在于所有的动植物的组织中，钒是人体内必需的微量元素之一，对人体的正常代谢有促进作用。

钒及其化合物通常具有一定的毒性，随化合物价态升高而毒性增大，其中五价钒（V^{5+}）的化合物毒性最大。一般从事钒工艺生产的工作人员，并未明显发现致癌和致畸变的记载。

参 考 文 献

[1] 周芝骏，宁崇德．钛的性质及应用 [M]．北京：高等教育出版社，1993.
[2] 莫畏，邓国珠，罗方承．钛冶金 [M]．北京：冶金工业出版社，1998.
[3] 张益都．硫酸法钛白粉生产技术创新 [M]．北京：化学工业出版社，2010.
[4] 杨守志．钒冶金 [M]．北京：冶金工业出版社，2010.

第 3 章　钒钛资源与产业状况

3.1　国外钛资源状况

国外钛资源主要以钛铁矿和金红石为主。以 TiO_2 计来统计全世界的储量。根据 1997 年到 2000 年间的 USGC、BGC 和 WBMS 等机构发表的统计数据，世界钛矿储藏基数总计约 8×10^8t TiO_2，其中钛铁矿占 70%。国外钛储量（储藏基数）相当于国内的保有储量，目前可供开采的钛资源储量共约 4.6 亿吨，其中澳大利亚占据了 21%的主要份额，如表 3.1.1 所示。

表 3.1.1　世界钛铁矿资源分布（百万吨，以 TiO_2 计）

国别	储藏量①	储藏基数②	国别	储藏量①	储藏基数②
澳大利亚	98	171	乌克兰	2.5	15.5
加拿大	31	36	中国	30	41
印度	36.6	45.7	其他国家	126.6	380.5
挪威	66	48			
南非	71.3	71.3	世界总合计	462	809

① 储藏量是指“储藏基数中，在做出决定时，可以进行开采和生产的那一部分。”

② 储藏基数是指当地勘测和显现出的资源，据此估算出储藏量。它可能包括这一部分资源，即在规划期内，在假定的技术和目前的经济条件可行的情况下，它可能具有合理的潜在经济利用价值。储藏基数包括那些目前经济可行的资源（储藏量），边际经济（边际藏量），以及那些亚经济（亚经济资源）。

世界钛资源储量的统计数据只具有参考价值，各国都对外宣称自己拥有大量的储量，如印度声称拥有 3.5 亿吨钛铁矿资源（储藏基数），国外组织对中国储量的统计数据也不准确。

3.2　中国钛资源状况

中国钛资源以钒钛磁铁矿为主。

中国有 21 个省、市、自治区探明有钛铁矿资源，矿区达 110 多个。主要产区为四川、海南、河北、云南、广东、广西、湖北等。资料显示，总保有储量 9.65 亿吨（以 TiO_2 含量 12%的原矿计），表内储量 6.3 亿吨，其中钛铁矿占 99%。钛铁矿中岩矿占 93.7%，砂矿占 6.3%；金红石矿中岩矿占 98%，砂矿占 21%。

拥有钛资源较多的几个省是四川（攀西地区）8.7 亿吨，占全国的 90.54%；海南 0.26 亿吨，占全国的 2.7%；河北 0.20 亿吨，占全国的 2.7%；云南 0.11 亿吨，占全国的 1.19%；广东占全国的 1.76%；湖北占 0.59%，广西占 0.37%。

相关专业资料显示，我国钛资源主要是原生钒钛磁铁矿岩矿，可供开采的 TiO_2 储量 46522 万吨，占全国钛资源 TiO_2 总量 49344 万吨的 94.28%；其次是外生钛铁矿砂矿（TiO_2 储量 1829.61 万吨）占 3.71%；第三是金红石岩矿（其 TiO_2 储量 750.86 万吨）占 1.52%；第四是金红石砂矿（其 TiO_2 储量 241.45 万吨）占 0.49%。

国家《钒钛资源综合利用和产业发展“十二五”规划》资料显示，截止 2010 年底，我国已探明钛资源储量（以二氧化钛计）7.22 亿吨，比 2005 年增加 2.32 亿吨，占世界总储量的 37%。我国钛资源主要赋存在钒钛磁铁矿、钛铁矿和金红石矿中，钒钛磁铁矿中钛资源占总储量的 95%，钛铁矿中钛资源占总储量的 5%，主要分布在云南、海南、广东、广西等地。金红石矿储量较少，主要分布在湖北、河南、山西等地。

以上数据说明，随着探矿技术进步，钛资源储量是随时间变化的。中国主要产钛区资源如表 3.2.1 所示，典型钛矿床如表 3.2.2 所示。

表 3.2.1　中国主要产钛区资源情况表（以 TiO_2 计）

地区	钛矿类型	储量/$\times10^4$t	比率/%	原矿品位/%	精矿品位/%
四川	钒钛磁铁矿	87349	86.36	5	>47
河南	金红石岩矿	5000	4.94	2.02	≥90
海南	钛铁矿砂矿	2556	2.53	7	≥54
河北	钒钛铁磁矿	2031	2.0	8	≥47
云南	钛铁矿砂矿	1146	1.13	7～10	≥49
广西	钛铁矿砂矿	708		0.7	≥54
	金红石砂矿	0.3		1.5	≥90
广东	钒钛磁铁矿	1062	1.77		≥47
	钛铁矿砂矿	629			≥54
	金红石砂矿	91.1		1.5	≥90
	高钛金红石砂矿	11			≥90
湖北	金红石砂矿	565	0.56	2.31	≥90

表 3.2.2　中国典型钛矿床一览表

矿床名称	类型	品位	规模	利用情况
黑龙江虎玛县兴隆沟-北西里铁矿区	钛铁矿原生矿	$TiO_2$8.36%	中型	未利用
新疆哈密市尾亚钛铁钒矿区	钛铁矿原生矿	$TiO_2$9.73%	中型	未利用
河北承德大庙钒钛磁铁矿	钛铁矿原生矿	$TiO_2$7.17%	中型	已利用
陕西洋县毕机沟钒钛磁铁矿	钛铁矿原生矿	$TiO_2$3.5%～8.5%	中型	未利用
山西左权县桐峪钛铁矿床	钛铁矿原生矿	$TiO_2$2.55%	中型	未利用
山西代县碾子沟金红石矿	金红石原生矿	$TiO_2$1.92%	中型	未利用
河南舞阳赵案庄铁矿	钛铁矿原生矿	$TiO_2$1.04%	中型	未利用
河南方城县柏树岗金红石矿	金红石原生矿	$TiO_2$1.88%	大型	未利用
河南方城县五间房矿段	金红石砂矿	$TiO_2$2.23%	大型	未利用
山东莱西县南野石墨矿刘家庄矿区	金红石原生矿	金红石 1.96kg/t	中型	已利用
湖北枣阳大阜山金红石砂矿	金红石砂矿	金红石 18.32kg/m^3	中型	已利用
四川红格钒钛磁铁矿	钛铁矿原生矿	$TiO_2$9.06%	特大型	已利用
攀枝花兰尖山-朱家包包钒钛磁铁矿	钛铁矿原生矿	$TiO_2$11.68%	特大型	已利用
四川白马钒钛磁铁矿	钛铁矿原生矿	$TiO_2$5.46%～6.51%	特大型	已利用
四川太和钒钛磁铁矿	钛铁矿原生矿	$TiO_2$11.76%	特大型	已利用

续表

矿床名称	类型	品位	规模	利用情况
广西合浦县宫井钛铁砂矿区	钛铁矿砂矿	钛铁矿 21.69kg/m^3	大型	已利用
广西藤县塘村钛铁砂矿区	钛铁矿砂矿	钛铁矿 42.62kg/m^3	大型	已利用
广西藤县东升钛铁砂矿区	钛铁矿砂矿	钛铁矿 32.97kg/m^3	大型	已利用
云南禄劝-武定钛铁矿砂矿区	钛铁矿砂矿	钛磁铁矿 66.98kg/m^3	大型	已利用
云南宝山板桥钛铁矿	钛铁矿砂矿	钛磁铁矿 12.04kg/m^3	大型	未利用
广东化州平定钛铁矿砂矿	钛铁矿砂矿	钛铁矿 31.5kg/m^3	大型	未利用
广东紫金县临江钛铁矿砂矿	钛铁矿砂矿	钛铁矿 36.08kg/m^3	大型	未利用
海南万宁长安钛铁矿砂矿	钛铁矿砂矿	钛铁矿 33.5kg/m^3	大型	已利用
海南文昌辅前钛铁矿砂矿	钛铁矿砂矿	钛铁矿 5.1kg/m^3	中型	已利用
海南琼海沙老钛铁矿砂矿	钛铁矿砂矿	钛铁矿 29.7kg/m^3	中型	已利用

3.3 国外钒资源状况

钒资源的分布遍及五大洲，欧、亚、非三大洲是富产区。非洲有南非、纳米比亚和赞比亚；欧洲主要集中在北欧地区，有芬兰、瑞典、挪威；亚洲主要集中在中国（攀西地区）、印度、哈萨克斯坦；北美集中在美国西部地区和加拿大东部；南美有秘鲁、委内瑞拉等；大洋洲有新西兰和澳大利亚等。

国外钒资源主要以钒钛磁铁矿为主。以 V 和 V_2O_5 计，来统计全世界的钒储量，钒的资源各国统计的数据差异相当大，下面分别以美国矿业局、国际钒技术委员会主席两部门的统计进行描述。

根据美国矿业局 1988 年统计资料：世界钒储量（以 V 计）基础为 435.36 万吨，储量基础为 1660 万吨。按目前的开采量计算，地球上的钒资源可供开采 150 年，并且集中分布在南非洲、亚洲、北美洲等地区。从储量基础看，南非占 47%，苏联占 24.6%，美国占 13.1%，中国占 9.8%，其他国家的总和不足 6%。如表 3.3.1 所示。

表 3.3.1 世界钒储量和储量基础（金属钒，万吨）

国家	储量			储量基础		
	万吨	比例/%	名次	万吨	比例/%	名次
南非	86.17	19.79	2	780.02	47.01	1
苏联	263.03	60.41	1	408.15	24.60	2
美国	16.78	3.85	4	217.68	13.12	3
中国	60.77	13.96	3	163.26	9.84	4
新西兰		—		27.21	1.64	5
澳大利亚	3.17	0.73	5	24.49	1.48	6
世界总计	435.36	100.00	—	1659.18	100.00	

根据此统计，中国储量占世界第三、四位。

根据国际钒技术委员会主席的统计：米歇尔（以 V_2O_5 计）列举了世界钒矿的可开采储

量（现在技术可开采和提取的储量）和保有储量（可利用未开发的技术将来提取的储量）。

钒的总储量为 6300 万吨，其中仅有 1000 多万吨是可开采的储量，而 3110 万吨是将来可开采的保有储量。它存在于中国、俄罗斯和南非的钒钛磁铁矿中，如表 3.3.2 所示。

表 3.3.2　可开采储量和保有储量

国家	可开采储量 1020 万吨/%	保有储量 3109.4 万吨/%	国家	可开采储量 1020 万吨/%	保有储量 3109.4 万吨/%
澳大利亚	1.6	7.7	南非	29.4	40.2
中国	19.6	9.6	美国	—	12.9
俄罗斯	48.9	22.5	其他	0.5	7.1

按目前的使用速度计算，可使用 300 年。

根据 2008 年 USGS 机构的资料，在世界钒矿石资源储量基础分布中，俄罗斯占 18%，中国占 37%，南非占 32%，美国占 10%，其他国家占 3%。而在世界钒矿石资源储量分布中，俄罗斯占 38%，中国占 38%，南非占 23%，美国占 1%。

3.4　中国钒资源状况

截止 2013 年，我国已探明 108 个钒矿床，其中大型矿床（V_2O_5 储量大于 100 万吨）8 个，包括四川攀西地区的 4 个，承德大庙钒钛磁铁矿以及敦煌方山口钒磷铀矿，广西大丰石煤矿和湖南岳阳新开唐石煤矿。中国钒资源主要以钒钛磁铁矿为主，另外还有石煤、石墨矿等。以 V_2O_5 计，来统计中国的钒储量。

相关专业资料显示，国内钒储量共计 2088 万吨，其中攀西地区 1786 万吨，占全国的 86%，如表 3.4.1 所示。

表 3.4.1　我国钒资源（工业＋远景）

地区和矿山	矿石类型	V_2O_5 储量/万吨		地区和矿山	矿石类型	V_2O_5 储量/万吨	
		合计	比例/%			合计	比例/%
攀西地区	钒钛磁铁矿	1786	85.53	江苏	含钒铁矿	14.36	0.69
贵州	铀磷页岩	0.09		安徽	含钒铁矿	65.16	3.12
新疆	钛磁铁矿	0.01		崇阳均县	石煤	57.62	2.76
甘肃方山口	石煤	4.79	2	河南淅川	石煤	33.16	1.59
承德	钛磁铁矿	57.9	2.77	广西藤县	钛磁铁矿	1.68	0.08
北京昌平	钛磁铁矿	1.62	0.08				
山西代县	钛磁铁矿	2.02	0.10	全国合计		2088.38	100

国家《钒钛资源综合利用和产业发展“十二五”规划》资料显示，截止 2010 年底，我国已探明钒资源储量（以五氧化二钒计）4290 万吨，比 2005 年增加 1990 万吨，占世界总储量的 21%。我国钒资源主要赋存于钒钛磁铁矿和含钒石煤中，钒钛磁铁矿中钒资源占总储量的 53%，集中分布在四川攀西和河北承德地区，含钒石煤中钒资源占总储量的 47%，主要分布在陕西、湖南、湖北、安徽、浙江、江西、贵州等地。

以上数据说明，随着探矿技术进步，钒资源储量是随时间变化的。

3.5 四川攀西地区钒钛资源状况

攀西地区钒资源几乎全部为钒钛磁铁矿。以 V_2O_5 计，来统计攀西的钒储量。攀西地区钒保有储量共计 1433 万吨，占四川全省的 80％，如表 3.7 所示。由于钒钛的共生性，攀西地区钛资源地理分布也如表 3.5.1 所示，按照 TiO_2 5％～12％的含量可折算出每个矿区的储量。

表 3.5.1 攀西地区的钒保有储量统计表（单位：V_2O_5 万吨）

地区(矿区)名称	A+B+C	D	保有储量 A+B+C+D
攀枝花市	615.7949	559.3224	1175.1191
其中:攀枝花	192.8301	76.0412	268.8371
米易白马矿区	23.3665	260.1397	283.5062
攀枝花红格矿区	348.5078	100.4332	448.9410
米易安宁铁矿	32.5154	59.2976	91.8130
攀枝花中干沟矿	15.4618	24.6973	40.1591
攀枝花湾子田矿		12.2906	12.2906
米易白马矿夏家坪	3.1133	8.1028	11.2161
米易新街铁矿		10.3100	10.3100
攀枝花马鞍山矿		4.0000	4.0000
攀枝花中梁子矿		4.0100	4.0100
西昌地区	80.7712	178.5885	257.3597
其中:太和矿区	76.4852	132.4523	208.9375
德昌巴洞矿		2.10	2.10
会理白草矿	4.2860	39.8264	44.1122
会理秀水河		2.2098	2.2098
攀西地区合计			1433

3.6 国外钛产业状况

3.6.1 钛渣

全球 2005 年钛渣总产能约为 350 万吨，2011 年钛渣总产能约为 500 万吨。表 3.6.1 为 2005 年和 2012 年的世界主要钛渣生产商及其产能。

表 3.6.1 2005/2012 年世界主要钛渣生产商及其产能

公司	地址	产能/(万吨/年)	原 料
QIT	加拿大索雷尔	120/120	Lac Allard 35％TiO_2 岩矿，马达加斯加砂矿
RBM	南非里查兹湾	100/100	焙烧 49％ TiO_2 砂矿
Tronox	南非	42/42	砂矿 48％ TiO_2
TTI	挪威 Tyssedal	20/20	Telles TiO_2 45％岩矿和少量砂矿
UKTMC	哈萨克斯坦	12/15	51％钛铁矿
Berezniki	俄罗斯	13/15	乌克兰钛铁矿
其他生产厂家		50/115	

可见，加拿大 QIT 公司、RBM 公司和 Tronox 公司占据了全球钛渣的绝对份额。

国外钛渣生产技术有矩形电炉和圆形两种，有直流电炉和交流电炉两种。国外钛渣冶炼技术可划分为 6 类。几种技术类型和特征如表 3.6.2 所示。

表 3.6.2 国外主要钛渣冶炼技术类型和特征

技术类别	QIT 技术	独联体技术	Tinfos 技术	Mintek 技术	Pyromet 技术
炉型	密闭矩形	半密闭圆形	密闭圆形	密闭圆形	多种，擅长密闭圆形
变压器容量/kVA	20000～60000	5000～25000	33000	36000	多种
电流形式	交流	交流	交流	直流	交流，直流
钛矿处理方式	预氧化焙烧	粉矿直接入炉	预还原焙烧	预加热	多种
渣铁排出方式	渣铁口分开	渣铁同口	渣铁口分开	渣铁口分开	渣铁口分开
冶炼方式	连续加料，间断出炉	定期加料，间断出炉	连续加料，间断出炉	连续加料，间断出炉	连续加料，间断出炉
电极	石墨	石墨	自焙	中空	多种，擅长自焙
电极单耗/(kg/t 渣)	18～21	18～24	—10	6	自焙 8.15
炉前电耗/(kWh/t 渣)	2000～2200	2200～2400	—2000	1600	圆形炉 1820

3.6.2 海绵钛及钛合金材

2007 年全世界海绵钛总产能约为 15 万吨/a，总产量约为 13 万吨/a，开工较足，到 2010 年，全球海绵钛产能约为 27 万吨/a，但受多种因素影响，总产量只约为 15 万吨/a。

2013 年，世界上海绵钛的主要生产厂家有六家，即美国的钛金属公司（Timet）和俄勒冈冶金公司（Oremet）、日本的住友硅钛（Sitix）和东邦钛业公司，俄罗斯阿维斯玛（Avisma）钛镁厂和哈萨克斯坦乌斯特卡明诺戈尔斯克厂。

从国家和地区来分，目前世界上主要有 5 个国家和地区生产海绵钛，它们分别是独联体、美国、日本和中国，其中独联体指俄罗斯和哈萨克斯坦。

在美国，2006 年前，只有 Timet（钛冶金公司）一家公司生产海绵钛，其产量仅为 8900t，到 2007 年产量已提高到 12000t。位于纽约州的美国 ATI 公司（活性金属公司）于 2006 年有开始恢复海绵钛生产，2007 年产量已达到 5100t。2007 年美国海绵钛总产量以达 17100t。另外，ATI 公司 2006 年初曾宣布，将耗资 3.25 亿美元在美国犹他州新建一座海绵钛生产厂，工厂的设计产能为 11000t/a，建成之后，海绵钛总产量将达到 18000t/a。ATI 还曾在之前宣布，将位于纽约州的海绵钛工厂产量提高到 7300t/a。

在日本，两家海绵钛生产企业住友钛（SUMITO MO）和东邦钛（TOHO）也扩大产能，增加产量，2007 年两家的海绵钛产量已分别达到 24000t 和 16000t。住友钛 2008 年达到 32000t，2009 年达到 41000t。东邦钛 2010 年达到 28000t。

在独联体，生产海绵钛有俄罗斯的 AVISMA（阿维斯玛镁钛联合企业）、哈萨克斯坦的 UK-TMK（马斯季卡缅诺戈尔斯克）和乌克兰的 ZTMP（第聂佰镁钛联合企业）三个公司。其中，俄罗斯的 AVISMA 于 2005 年完成与 VSMPO 厂的合并重组，该厂目前的产能已达到 38000t/a，通过实施 VSMPO-AVISMA 公司的发展规划，2013 年其海绵钛产量扩大了 1.5 倍，达到年产 44000t。乌克兰的 ZTMP 公司的海绵钛产能 2013 年已达到 12000t/a。哈萨克斯坦的 UKTMP 工厂是独联体最晚建成的海绵钛厂，2012 年该厂海绵钛产能已达到 23000t/a。

近年世界海绵钛产量及产能分布如表 3.6.3 所示。

表 3.6.3 近年世界海绵钛产量及产能分布

国家	1995 年产量/t	2005 年产量/t	2010 年产能/%	国家	1995 年产量/t	2005 年产量/t	2010 年产能/%
美国	13000	20000	13	俄罗斯	16000	26000	15
中国	2000	12000	34	乌克兰	5000	6000	5
日本	16700	26000	22				
哈萨克斯坦	5000	22000	11	合计	57700	112000	100(27 万吨)

海绵钛生产技术多年来已在现有水平上趋于成熟，镁法已基本取代钠法。

为了降低成本，全世界目前都在致力于电解钛的研究，但离工业化还任重而道远。目前世界上钛的生产仅限于部分工业国家。

就钛合金而言，目前世界主要生产地是独联体、美国和日本，三地区的生产能力占世界的 95%以上，欧洲仅占 3.6%，其主要生产国是法国和英国。

钛加工材有美国、日本、俄罗斯、英国、德国、法国、意大利、中国等 8 国生产。根据产量排名依次是美国、俄罗斯、日本、中国、英国、法国、德国和意大利。近年来，受包括中国、日本在内的亚洲各国经济增长的拉动，特别是以中国为核心的石化、军工等行业用钛量的快速增长，世界钛材的需求量迅速增加。2012 年的世界钛材产量相比前一年增长了7%～10%。美国仍是世界上钛材需求第一大国，也是生产第一大国。2011 全球产量超过 11 万吨，比 2010 年增加了 24%；俄罗斯钛材产量居全球第 2 位，2012 年产量在 3.5 万吨左右；中国 2012 年生产钛材约 5 万吨；日本 2012 年的产量也达到了 3.5 万吨左右，比 2010 年提高了 30%以上；欧洲近 2 年钛材的产量变化不大。美国钛金属公司（TIMET）分析认为，2012 年全球钛材的增长主要基于航空及工业的需求，该公司 2012 年新建了等离子冷床熔炼炉。

钛合金材料的生产技术已达到较高水平，近年在技术量变上不断取得了一定进展。在钛合金传统的熔炼、铸造和成型工艺技术基础上开发并应用了不少新技术。

3.6.3 钛白

2013 年，除中国以外，世界钛白生产商共有 20 余家，年生产总能力超过 600 万吨，共有生产厂约 60 座。世界前 5 名的钛白生产商全部是美国的公司。

杜邦：共有 5 座生产厂，分布于美国、墨西哥和台湾地区，总产能为 120 万吨/a。

科斯特：共有 7 座生产厂，位于美国、英国、澳大利亚、法国和巴西，总产能 72 万吨/a。

特诺：共有 3 座生产厂，分布于美国、荷兰、澳大利亚，总产能 46.5 万吨/a。

亨兹曼：共有 7 座（其中 1 座为合资）生产厂，分布于英国、法国、意大利、西班牙、南非、马来西亚和美国（与克朗诺斯合资工厂），总产能 60 万吨/a。

克朗诺斯：共有 6 座（其中 1 座为合资）生产厂，总产能 45 万吨/a，分别位于加拿大、比利时、德国、挪威和美国（与亨兹曼合资工厂）。

沙哈立本：拥有年产能 33 万吨/a 的钛白粉厂，三个工厂，位于芬兰和德国。

第 7 位钛白生产商是日本的石原公司，有 3 座生产厂，位于日本、新加坡，总产能 25 万吨/a。若考虑中国，则龙蟒钛业排在第 7 位，总年产能约 30 万吨。

除以上 7 大公司以外，世界其余钛白生产商基本上都只拥有 1～2 座生产厂。由于兼并重组和改扩建，全球钛白生产商的产能处于不断变化之中。

钛白的工业生产方法只有硫酸法和氯化法两种，近年世界钛白工业发展趋势之一就是在两种生产方法并存的同时，逐渐转向氯化法。目前两种方法的产能比例是：(57%～58%) /

（42%～43%），氯化法占优。世界钛白历年产量如表 3.6.4 所示。

表 3.6.4　世界历年钛白产能（不含中国）　　单位：万吨/a

年份	产能	年份	产能	年份	产能	年份	产能
1916	0.1	1980	261.9	2002	465	2007	595
1930	22.5	1985	305.0	2003	470	2008	600
1940	51.6	1990	337.8	2004	488	2009	615
1950	65.5	1995	409.6	2005	536	2010	630
1960	120.4	2000	453	2006	570		
1970	155.0	2001	460	2007	595		

注：1916—1950 年全部采用硫酸法生产，之后硫酸法和氯化法共存。

3.7　中国钛产业状况

我国是世界上能生产全部钛产品的少数国家之一。可生产钛白、钛渣、海绵钛、钛材、钛合金、钛设备等。

长期以来，国家对钒钛资源综合利用和产业发展给予了大力支持。依据资源优势，初步建成了以攀钢、承钢为主的四川攀西、河北承德地区钒钛资源综合利用产业基地，形成了攀钢钒钛、河北承钢、山东东佳、河南佰利联、遵义钛厂、宝鸡钛业、宝钢特钢等一批钒钛产品深加工骨干企业。

3.7.1　钛原料

2012 年，全国钛原料（钛精矿＋钛渣）产量约 345 万吨/a，其中钛精矿总产量 280 万吨/a，钛渣总产量约 65 万吨/a，总产能约 95 万吨/a。攀西地区是我国钛铁矿的主要来源，钛精矿产能约 235 万吨/a，产量约 160 万吨/a，钛渣产能约 52 万吨/a，产量约 24 万吨/a。由于近年国内钛白行业迅猛发展，约有 50%的钛原料需靠进口。

钛铁砂矿的开发以两广、云南、海南为主，如表 3.7.1 所示。

表 3.7.1　中国主要钛矿资源及产能分布

钛矿类型	产地	资源特点	产能/(t/a)
钛铁矿岩矿	攀西地区	伴生矿产资源，品位低	350 万
钛铁砂矿	两广	资源分散，规模小	30 万
	海南	因保护生态环境被限制开发	30 万
	云南	资源分散，矿品位较高、开采条件好、易选	50 万
金红石矿	湖北枣阳、山东代县	质较好	600
	两广		产能小

除攀枝花外，国内富钛料（钛渣）生产企业共 30 余家，总产能约 40 万吨/a。其中钛渣企业 25 家左右，人造金红石企业 4 家，天然金红石企业 3 家。钛渣生产主要集中在川滇两省，分布在云南富民、武定，辽宁阜新、锦州，遵义等地。

国内最大的生产企业是攀钢钛冶炼厂，年产能 18 万吨/a，其余有遵义钛厂、阜新冶炼厂、源通钛业等。

除攀钢钛冶炼厂等极少数企业采用乌克兰密闭电炉技术外，几乎所有企业均采用半密闭（敞口）圆形电炉冶炼技术。攀枝花金江钛业公司已建设亚洲最大的矩形电炉生产线。

3.7.2 钛白

2012 年国内钛白产能已超过 250 万吨/a，产量达到 175 万吨。

2013 年，国内钛白生产企业达 70 余家，产量在 10 万吨以上的有 3 家。行业前 10 名企业依次为：四川龙蟒钛业、山东东佳、河南佰利联、济南裕兴、云南（攀枝花）大互通、宁波新福、攀钢钛业（含渝钛白）、南京钛白、山东道恩钛业和安徽安纳达钛业。钛白企业遍布全国，攀西地区、两广大量集中。

在 20 世纪 90 年代至 20 世纪初，我国钛白的实际产量不断上升：1998 年为 14 万吨，1999 年为 18 万～19 万吨，2000 年为 29 万吨，2001 年为 33 万吨，2002 年为 39 万吨，2003 年为 49 万吨，2004 年达到 60 万吨，2005 年全国钛白总产量为 70 万吨左右，2006 年全国钛白总产量达到 85 万吨，2012 年达到 175 万吨。总体呈现快速发展势头。

2013 年前后，中国钛白企业的特点：一是几乎全部采用硫酸法工艺；二是以民营和股份制企业为主；三是规模较小，产品质量普遍不高。氯化法钛白只有攀锦钛业一家，另有攀钢钛业及云南新立等几家公司还在建设之中。

钛白产品从晶型上可分为锐钛型和金红石型，金红石型钛白在耐候性等应用性能上高于锐钛型，国内钛白牌号除少部分企业仍沿用以前 BA01 系列外，多数企业都有自己的牌号。

此外，截至 2013 年，国内生产纳米钛白的生产线达到 50t/a 规模的企业至少有 2 家，其中攀钢集团年产能为 200t/a。国内生产脱硝催化钛白的厂家约十家，总产能在 10 万吨/年以上。

国内钛白部分年份的产量如表 3.7.2 所示，近年中国钛白总产量与 GDP 的关系如图 3.7.1 所示。

表 3.7.2 中国钛白粉 1962—2011 年的年产量 单位：万吨

年份	产量	年份	产量	年份	产量	年份	产量
1962	0.12	1990	6.3728	1998	14.0	2006	85
1975	1.65	1991	5.9427	1999	18.1	2007	100
1980	2.38	1992	6.8104	2000	28.9	2008	78.7
1985	3.2277	1993	7.5	2001	33	2009	105
1986	4.0082	1994	9.75	2002	39	2010	147
1987	4.8426	1995	11.53	2003	48	2011	175
1988	5.7775	1996	12.20	2004	60		
1989	6.7661	1997	15.13	2005	70		

综合 GDP 预测模型、人均钛白消费量预测模型和房地产发展的预测结果，2020 年，中国的钛白年需求量预计为 300 万～400 万吨，2030 年，中国的钛白年需求量预计为 500 万～600 万吨。

在中国 2012 年与未来数十年间，钛白需求量与 GDP 可能呈现如下函数关系：

$$Y=2.5564X^{1.105}$$

式中，Y 表示某年钛白产量（万吨）；X 表示某年 GDP（万亿元）。

3.7.3 海绵钛

2011 年，中国共有 14 家海绵钛生产企业，总海绵钛产能达到 12.85 万吨/a，实际产量

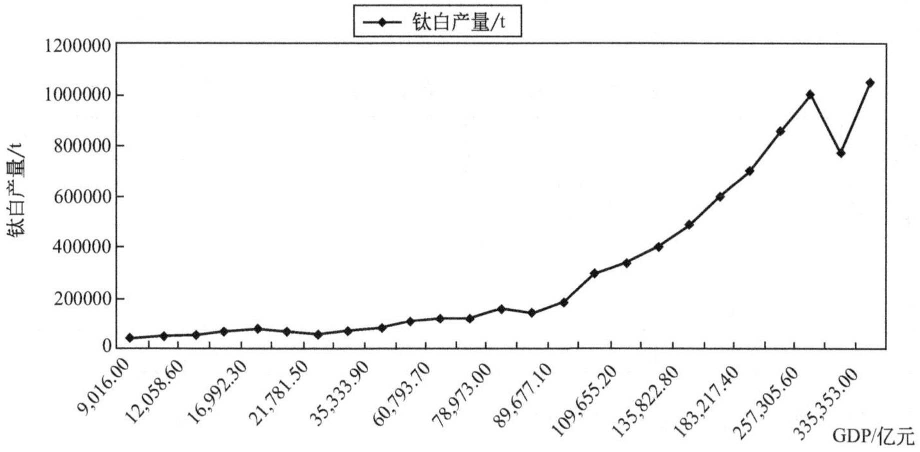

图 3.7.1　1985—2009 年中国钛白总产量与 GDP 的关系

为 6.5 万吨/a。其中遵义钛业的产能达到 3.4 万吨/a，唐山天赫的产能达到 1.5 万吨/a，锦州华神的产能达到 1.2 万吨/a，洛阳双瑞万基和新投产的攀钢钛业的产能也达到 1.1 万吨/a。2013 年，国内还有几家海绵钛生产线处在建设之中。2011 年主要海绵钛生产商如表 3.7.3 所示。

表 3.7.3　2011 年中国海绵钛生产企业产量统计

生产企业	产量/t	百分比/%	生产企业	产量/t	百分比/%
遵义钛业	15096	23.2	鞍山海亮	2000	3.1
洛阳双瑞万基	10100	15.6	山西卓峰	2000	3.1
锦州宝钛华神	8226	12.7	中信锦州铁合金	1200	1.9
朝阳金达	7500	11.6	锦州华泰金属	1000	1.5
唐山天赫	6520	10.0	四川恒为制钛	1000	1.5
攀枝花欣宇化工	3532	5.4	攀钢钛业	350	0.5
抚顺钛业	3428	5.3			
朝阳百盛	3000	4.6	小计	64952	100

中国已成为世界第一大海绵钛生产国，占据全球产能的半壁江山，但在技术上、产品档次上与国外相比还有一定差距。工业上生产海绵钛的主要方法是镁还原法。我国制钛业一开始就采用镁还原技术路线。随着海绵钛工业的发展，镁还原法生产海绵钛已向大型化、联合一体化方向发展。我国生产海绵钛单炉产能有 0.5t/炉，1t/炉，2t/炉，3t/炉，5t/炉，8t/炉等，2012 年遵义钛厂已发展到 12t/炉。

由于海绵钛成本原因，导致市场需求有限，制约了产能的释放，随着人们对高档金属消费力的增加及成本的降低，海绵钛的民用、航空航天需求会越来越大。

3.7.4　钛材

2011 年，中国 23 家钛锭生产企业的产能达到 9.6 万吨/a，产量达到 6.2 万吨/a，其中，宝钛股份的产能达到 2.5 万吨/a，产量达到 2 万吨/a，宝钢特钢的产能达到 1 万吨/a，产量达到 0.6 万吨/a。

2011 年，国内 30 家钛加工材生产企业的产量约为 5.1 万吨/a，其中，宝钛集团生产

1.49 万吨，占全国总产量的 29%，西部材料生产 0.49 万吨，宝钢特钢生产 3.35 万吨。各类钛材所占比例如表 3.7.4 所示。

表 3.7.4 2011 年中国各类钛材所占比例

种类	产量/t	比例/%	种类	产量/t	比例/%
板材	30028	58.9	铸件	501	1.0
棒材	8258	16.2	新品	166	0.3
管材	9285	18.2	其他	347	0.7
锻件	2181	4.3			
丝材	196	0.4	合计	50962	100

国内钛材主要厂家有：宝鸡有色金属加工厂、沈阳有色金属加工厂、西北有色金属研究院、宝鸡附近数家小加工企业。总体上形成了四个生产加工区域中心。

以宝鸡为中心的西北地区——这个地区以宝鸡有色金属加工厂及其控股的宝鸡钛业股份有限公司为龙头，形成了我国专业化程度最高、加工设备最系统化、产品规格最多的钛加工及其制造业基地。该地区有从事钛材生产的民营企业约 200 家，多数企业通过海绵钛（包括收购的钛废料），冶炼成钛锭，自己或委托加工成材，规模普遍较小，一般企业产量仅几十吨，但其总量约为宝钛股份的 2 倍，故宝鸡地区钛材加工（含重复材）已超过 1 万吨，是我国著名的钛都。

以沈阳有色金属加工厂为中心的东北地区——抚顺特钢板材有限责任公司、沈阳东方钛业有限公司等单位为主形成了东北钛加工及设备制造集团。该地区中小企业多，钛设备制造颇为活跃，有熔炼炉 20 多个，年产钛约 1000t，且钛铸造业也集中于此。

以宝钢集团上海五钢有限公司为中心的长江三角洲——南京宝色钛业公司、张家港市宏大钢管厂等单位为主形成了长江三角洲钛加工及其设备制造集团。该集团便捷的市场、开放的理念是其优势，极具发展潜力。该地区除上海五钢每年熔炼约 1000t 钛锭生产军工锻件（材）外，其余单位多是钛加工企业或钛设备制造企业。

以广东地区为中心的加工区域——以运动器材为主，其中广东广盛运动器材公司，该公司为全球最大的高尔夫球杆生产企业，主要是将各单位提供的球杆毛坯精加工为成品，钛消耗量约 5000t，但球头部份约有 2/3 为离心浇注而成，钛材实际消耗约 1700t。

3.7.5 国家政策

按照国家《钒钛资源综合利用和产业发展“十二五”规划》（以下称《规范》），结合市场需求和国内外资源供给能力，到 2015 年，全国形成钛白粉 210 万吨、海绵钛 15 万吨、钛材 6 万吨生产总量。产业基地形成钛白粉 104 万吨、海绵钛 8.5 万吨、钛材 4.5 万吨的生产能力。

《规划》要求，在综合产业基础、技术水平、资源、能源、物流、环境、市场等条件后，重点开发攀西地区钒钛磁铁矿资源，建设攀西国家级战略资源创新开发试验区；整顿开发承德地区钒钛磁铁矿资源；适度开发滇中地区钛铁矿资源；推进钒钛深加工产业链进一步拓展和延伸，扶持部分钒钛产品深加工骨干企业做精做强。

攀西基地立足于已有的攀钢集团、重钢集团西昌矿业公司、四川达钢等企业，统筹基地内其他企业的发展，形成钒钛铁精矿 2500 万吨、钛精矿 240 万吨、钛白粉 80 万吨、海绵钛 4 万吨、钛材 1.5 万吨生产能力。

承德基地立足于已有的河北钢铁集团承钢公司，统筹基地内其他企业的发展，形成钒钛铁精矿 1800 万吨、钛精矿 78 万吨、钛白粉 12 万吨、海绵钛 2 万吨、钛材 1 万吨生产能力。

滇中基地立足于已有的云冶新立、云铜钛业、云南钛业等企业，统筹基地内其他企业的发展，形成钛精矿 43 万吨、钛白粉 12 万吨、海绵钛 2.5 万吨、钛材 2 万吨生产能力。

《规划》还严格了市场准入。对高钛渣生产，要求新建高钛渣生产线须采用 25000kVA 以上封闭式/半封闭式电炉，酸溶渣吨渣电耗 2300kWh 以下，氯化渣吨渣电耗 2800kWh 以下。

对钛白粉生产，要求氯化法钛白粉生产企业年生产能力达到 6 万吨及以上，单线年生产能力 3 万吨及以上。鼓励新建、改扩建氯化法钛白粉项目，配套建设大型氯碱装置、空分装置，钛回收率不低于 92%。在严格控制新增产能的前提下，改造升级现有硫酸法钛白粉生产线，配套建设硫酸制备装置和废酸及亚铁综合利用装置，符合清洁生产技术要求，钛回收率不低于 83%。

对海绵钛生产，要求新建海绵钛装置年生产能力 1 万吨及以上，须采用全流程工艺，配套镁电解多级槽及镁氯闭路循环等先进工艺技术，吨产品能耗 7t 标准煤以下。

3.8　攀西钛产业状况

四川攀枝花市是 2008 年国家正式授牌的“中国钒钛之都”，建有一个省级钒钛产业工业园区，2013 年已申报国家级园区，是我国重要的钒钛产业基地。2013 年国家发改委批准设立全国唯一一个资源开发综合利用试验区“攀西战略资源创新开发试验区”。

2012 年，全市有涉钛企业 80 余家，规模以上涉钛企业 60 余家，产品覆盖了绝大多数钛产业，产值已达百亿元。成立有市钛产业协会、四川省钒钛材料工程技术中心、钒钛资源综合利用国家重点实验室以及钒钛产业技术创新战略联盟等机构。

其中，钛精矿生产企业 50 余家，产能达到 235.5 万吨/a，产量达到 190 万吨，占全国钛精矿总产量 280 万吨的 68%，攀钢矿业产量 52 万吨，龙蟒矿冶产量 40 万吨，立宇矿业产量 30 万吨。

钛渣（富钛料）生产企业 12 家，含 2 家富钛料，产能达到 52 万吨/a，产量达到 23 万吨，产能占全国总产能 95 万吨的 55%，产量占全国产量 65 万吨的 36.5%，攀钢钛业产量 12 万吨，大互通钛业产量 3.3 万吨。

钛白粉生产企业 13 家，含 2 家特种钛白，产能达到 50 万吨/a，约占全国总产能的 17.5%，产量达到 28.5 万吨，约占全国总产量的 15.3%。

海绵钛生产企业 3 家，产能达到 2.75 万吨/a，产量达到 0.62 万吨，攀钢钛业产量 0.32 万吨，钢城公司产量 0.27 万吨，恒为制钛产量 0.03 万吨。

钛锭（材）生产企业 3 家，产能 0.7 产量 0.27 万吨，云钛实业产量 0.017 万吨，攀长钢产量 0.25 万吨，攀航钛业处于技改阶段；钛铁生产企业 2 家，产能 0.6 万吨/a，产量 0.046 万吨，米易兴辰钒钛公司产能 0.5 万吨/a。

随着钛产业链基本形成，打造“中国钒钛之都”将成为现实。

3.9　国外钒产业状况

钒产品主要是 V_2O_5、V_2O_3、钒铁、氮化钒等，还有少量的钒化合物（钒酸盐等）、金属钒等产品。

2011年，全球钒制品产量达14万吨（折合V_2O_5），全球消耗钒制品13万吨。世界上有25家以上的企业从事钒产品的深加工，它们遍布世界各个工业化地区，但主要分布在中国、俄罗斯、南非、美国和西欧等国家和地区。其中南非、中国、俄罗斯三个国家的V_2O_5生产能力占全球产能的2/3，均是利用含钒的磁铁矿为原料，在钢中生产过程中回收钒渣，进而加工成V_2O_5等初级产品，或是进一步加工成钒铁供应市场。从工厂分布看，世界钒产业主要集中在南非海威尔德、中国攀钢、俄罗斯图拉、瑞士Xstrata、美国战略矿物公司等5家企业，产能占全球的80%，并且它们还在扩大钒制品的生产能力和规模。

受国际市场上钒产品价格经常起伏波动影响，俄罗斯、南非等国家的主要钒生产企业在钢铁生产过程中回收的钒渣量经常变化，导致世界钒产品的产量经常处于不稳定状态。

截至2013年，南非是世界上最大的钒生产国和出口国，钒铁产能约1.5万吨/a，钒产量约占全球产量的30%，居世界第二位。主要生产企业有海威尔德钢钒公司（Highveld & Vanadium）和斯塔德公司（Xstrata，由瑞士格林科尔公司控股）等。从生产实际来看，南非生产成本具有较强的竞争优势，并且南非钒产能利用率仍没有达到设计生产能力，其钒的生产具有较大发展潜力。

俄罗斯钒产量约占全球产量的15%，主要生产企业有下塔吉尔（Nixhny Tagil）、丘索夫（Chusovoy）和图拉（Vanady Tulachermet）。由于其主要钒原料生产基地下塔吉尔钢铁公司把发展重点放在钢铁生产方面，努力增加生铁产量，并为此改进了生产工艺，因此作为副产品的钒渣生产能力难以大幅度提高，估计将长期保持现有水平。

美国虽没有钒矿资源优势，但利用铁磷渣、石油残渣、废催化剂、电厂烟尘和含钒铁渣等原料生产五氧化二钒、钒铁、钒金属及特种合金，也成为目前世界主要钒产品生产国之一，但近年产量锐减，钒产量约占全球产量的5%。美国主要五氧化二钒生产企业是海湾化学以及冶金公司（Cri-Met Gulf）、美国战略矿物公司（Strateor）等，主要钒铁生产企业是比尔冶金公司（Bear）、西尔德冶金公司（Shieldalloy）等。美国主要钒产品生产企业的钒氮合金、钒铝合金等产品在世界上居领先地位。由于美国在钒产品生产技术中具有一定竞争优势，所以美国企业也是世界钒生产中具有影响的重要力量。

中国的钒制品产量约占全球的45%。2006年世界钒实际产量（折合V_2O_5）约为10万吨，2006年中国实际产量约为3.6万吨，约占世界36%。2007年世界钒实际产量（折合V_2O_5）约为11万吨，2011年中国实际产量约为6.5万吨，约占世界45%，其中利用本国资源生产约5万吨，表明近几年世界钒产品的增量基本集中在中国。全球钒产业产能近年严重过剩，而一些掌握了资源的企业还在不断扩大其产量，这样会导致一些无资源的生产企业被迫关闭。

西欧几乎不生产钒初级产品，但在钒产品的加工中起着重要作用，其钒铁产量占全球的25%左右。

钒的消耗主要在北美和欧洲等国家和地区，占全球50%以上。世界吨钢V_2O_5耗量平均为0.07kg，西方国家的平均耗量还要高，达到0.09kg的水平。

3.10 中国钒产业状况

3.10.1 产能及产量分布

我国除西藏、宁夏、海南外，几乎每个省市都有钒的生产企业，数量达到50余家，大中型企业有十余家。2011 年，各企业总的钒制品生产能力（以 V_2O_5 计）已达 9 万吨/a 左右，实际产量达到 6.5 万吨/a，表观消费量达到 5 万吨/a，实际产量占全球的比重由 2005 年的 27%提高到 45%。还有些企业在扩能或新建，实际产量已位居世界第一。

中国的钒原料主要来自钒钛磁铁矿，通过高炉/转炉工艺得到的钒渣，其次来自于石煤提钒。攀钢和承钢结成的钒战略联盟集团几乎占据了国内钒产品产量的 2/3。2012 年中国主要钒制品厂家的产能如表 3.10.1 所示。

表 3.10.1 2012 年中国主要钒生产企业产能

公司名称	产能(以 V_2O_5 计,t/a)	公司名称	产能(以 V_2O_5 计,t/a)
攀枝花钢铁公司	40000	攀枝花杜宇集团金江化工厂	5000
唐山钢铁公司-承德新新钒钛	12000	四川卓越钒钛制品公司	4000
西昌新钢业有限责任公司	3000	攀枝花米易兴辰钒钛铁合金有限公司	5000
南京滦浦钒业公司	2500	攀枝花锦利工贸公司	2500
沈阳华瑞钒业有限公司	5000	承德双丰钒钛集团公司	3000
锦州铁合金	5000	其他:大连银鹰、上海九凌、葫芦岛钒厂等	5000
峨嵋铁合金	3000	合计	95000

四川攀西地区是我国重要的钒产业基地。2013 年，攀枝花市从事钒制品生产的企业就有 17 家，钒产品呈现系列化，包括钒渣、五氧化二钒、三氧化二钒、多钒酸铵、钒氮合金、钒铁、硫酸氧钒等，已成为国际国内首屈一指的钒产品生产基地。

国内排名第一的攀钢，其钒制品（以 V_2O_5 计）生产能力达到 4 万吨以上，拥有钒渣、五氧化二钒、中钒铁、高钒铁、三氧化二钒、钒氮合金、钒铝合金、多钒酸铵、硫酸氧钒等系列产品，已形成年产钒渣 26 万吨、氧化钒（折合 V_2O_5）2.2 万吨、钒铁 1.6 万吨、钒氮合金 0.4 万吨的生产能力。

唐山钢铁公司承德新新钒钛分部，钒渣产量约 18 万吨/a，V_2O_5 产量 1.2 万吨/a；西昌新钢业有限公司，钒渣产量 4 万吨/a，主要产品 V_2O_5 生产能力为 3000t/a；四川卓越钒钛制品公司在攀枝花有两个钒厂，红杉钒制品有限公司和四川卓越钒钛制品厂，主要从钒渣或废料提钒，主要生产 V_2O_5（4000t/a）、钒铁；杜宇集团攀枝花市金江冶金化工厂，主要用攀钢钒渣或残渣生产 V_2O_5 及钒铁，生产能力（2000～3000）t/a，在河北承德也建了一个年产 2000t 的钒厂；米易兴辰钒钛铁合金有限公司，主要用含钒废料提钒，该公司拥有五氧化二钒车间 3 个，年产五氧化二钒 5000t，电冶车间 1 个，年产钒铁 3000t，钼铁 600t，钛铁 5000t，铸件 3000t，此外还致力于医药用含钒化合物研发；攀钢研究院产业公司，主要产品为 VN，年产能 500t。由于各厂都在不断地进行技改，甚至转行，以及消费市场波动的影响，钒制品厂家数量、产能和产量也处于不断变化之中。

3.10.2 消费

我国钒消耗量仅为 6000t/a，吨钢 V_2O_5 为 0.03kg 左右，说明了我国在钒的应用范围、规模和水平与工业发达国家有较大差距，也与产钒大国的地位很不相称。

中国是世界钢筋生产、消费第一大国，未来随着中国经济建设的需要，建筑结构对屈服强度大于 400MPa 的高强度钢筋的需求越来越大。采用微合金化技术是目前世界各国发展高强度可焊接钢筋的主要技术路线。由于钢筋这类长形材产品生产速度快，轧制温度高，终轧温度通常在 1000℃以上，其工艺特点决定了钢筋的合金设计宜采用钒微合金化技术。中国现行钢筋标准也推荐采用钒微合金化方法来生产 400MPa 级的高强度钢筋。

根据钢铁“十二五”规划，2015 年中国高强度钢筋消费比例将大于 80%，则消费总量为 11200 万吨（增量为 5550 万吨），而除钢筋之外的其他用钒钢种，其消费总量预计增加 568 万吨，因此实现中国钒的增量消费将主要依靠高强度钢筋。未来中国钒增量消费的 70%～90%将由含钒高强度钢筋来实现，其年可增加 6.13×（70%～90%）万吨 V_2O_5 消费。

3.10.3 国家政策

按照国家《钒钛资源综合利用和产业发展“十二五”规划》，结合市场需求和国内外资源供给能力，到 2015 年，全国形成钒制品 9.5 万吨，产业基地形成钒制品 9 万吨生产能力。

《规划》要求，要严格执行钢铁产业宏观调控政策，在不新增加钢铁产能的前提下，依托产业基地内具有资源和技术优势的企业，统筹规划发展周边提钒钢铁企业。提钒炼钢产能保持在 2800 万吨规模，其中：攀西基地保持 1500 万吨提钒钢规模，承德基地保持 1300 万吨提钒钢规模。严禁借提钒名义新增炼钢产能。

攀西基地立足于已有的攀钢集团、重钢集团西昌矿业公司、四川达钢等企业，统筹基地内其他企业的发展，形成钒钛铁精矿 2500 万吨、标准钒渣 60 万吨、钒制品 4.65 万吨的生产能力。承德基地立足于已有的河北钢铁集团承钢公司，统筹基地内其他企业的发展，形成钒钛铁精矿 1800 万吨、标准钒渣 55 万吨、钒制品 4.35 万吨的生产能力。

《规划》还严格了市场准入。对钒钛磁铁矿利用，要求年采选能力不低于 300 万吨且必须配套相应规模的选钛工序，选矿钒资源回收率不低于 90%（低品位难选冶矿不低于 50%），钛资源回收率不低于 20%。铬、钴、镍等主要共伴生稀有金属实现规模化回收利用。使用钒钛铁精矿必须以钒资源回收为前提。采用“高炉炼铁-转炉提钒”工艺，高炉有效容积达到 1200m³、吨铁钒钛铁精矿配比 70%以上，提钒转炉公称容量达到 100t、钒回收率 80%以上；采用“直接还原-电炉熔分”工艺，年处理钒钛铁精矿达到 60 万吨，资源综合利用水平不低于“高炉炼铁-转炉提钒”流程。

对五氧化二钒生产，要求新建五氧化二钒生产装置单线年生产能力不低于 3000t，钒回收率 80%以上，实现废水零排放和尾渣综合利用。

参 考 文 献

[1] 沈祥惠．2010 年世界海绵钛市场回顾及未来展望［J］．钛工业进展，2011，28（1）：1-3.

[2] 许国栋，王桂生．钛金属和钛产业的发展［J］．稀有金属，2009，33（6）：903-911.

[3] 刘彬，刘延斌，杨鑫，等．TITANIUM 2008：国际钛工业、制备技术与应用的发展现状［J］．粉末冶金材料科学与工程，2009，14（2）：67-73.

[4] 国家发展和改革委员会．钒钛资源综合利用和产业发展“十二五”规划，2012.

[5] 王向东，逯福生，贾翃，等．2011 年中国钛工业发展报告［J］．钛工业进展，2012，29（2）：1-6.

[6] 王铁明，邓国珠．中国钛工业发展现状及原料问题［J］．稀有金属快报，2008，27（6）：1-5.

[7] 韩志彪，常福增．中国钛工业发展的原料问题及对策［J］．钛工业进展，2012，29（1）：5-8.

[8] 周家琮．中国钒工业的发展［C］．国际钒技术会议报告，2001.

[9] 周林，雷霆．世界钛渣研发现状与发展趋势［J］．钛工业进展，2009，26（1）：26-30.

[10] 邹建新．世界钛渣生产技术现状与趋势［J］．轻金属，2003，（12）：32-34.

[11] 邹建新．中国钛白产业发展回顾及未来 20 年市场展望［J］．钛工业进展，2011，28（3）：1-5.

[12] 黎一冰．攀钢钒产业发展战略研究［C］．调研报告，2006.

[13] 王晓平．海绵钛生产工业现状及发展趋势［J］．钛工业进展，2011，28（2）：8-13.

[14] 孙朝晖．充分认清形势，促进中国钒产业的可持续发展［J］．铁合金，2008，（6）：5-7.

[15] 攀钢集团钒业有限公司．攀钢钒业情况简介［C］．会议报告，2012.
[16] 赵巍，李强．2011 年中国钛精矿及海绵钛市场评述［J］．钛工业进展，2011，28（6）：5-8.
[17] 毕胜．2011 年中国钛白行业运行状况与趋势分析［J］．现代涂料与涂装，2012，15（7）：17-20.
[18] 莫畏，邓国珠，罗方承．钛冶金（第二版）［M］．北京：冶金工业出版社，2006.
[19] 邓国珠．钛冶金［M］．北京：冶金工业出版社，2010.
[20] 杨守志．钒冶金［M］．北京：冶金工业出版社，2010.
[21] 杨绍利，刘国钦，陈厚生．钒钛材料［M］．北京：冶金工业出版社，2007.
[22] 黄道鑫．提钒炼钢［M］．北京：冶金工业出版社，2002.
[23] TZ 矿物国际有限公司．钛铁矿：钛工业的未来价值［M］．攀钢国贸公司译，2001.
[24] 李大成，周大利，刘恒．镁热法海绵钛生产［M］．北京：冶金工业出版社，2009.
[25] 张喜燕，赵永庆，白晨光．钛合金及应用［M］．北京：化学工业出版社，2004.
[26] 吴本羡，孟长春，范章杰，等．攀枝花钒钛磁铁矿工艺矿物学［M］．成都：四川科学技术出版社，1998.

第4章　钛产品生产工艺及设备

4.1　钛精矿

4.1.1　钛精矿生产原理

4.1.1.1　钛精矿生产技术概况

钛精矿又称为钛铁矿，分为岩矿和砂矿。钛铁矿的选矿工艺取决于物料性质。我国的钛铁矿资源十分丰富，遍布20多个省区，既有岩矿，也有砂矿，其中，岩矿占大部分。岩矿主要分布在四川攀西地区和河北承德地区，如中国四川攀枝花铁矿中，钛铁矿分布于磁铁矿颗粒之间或裂理中，并形成了大型矿床。砂矿主要分布在广东、广西和海南沿海一带。此外，还有一种介于上述两者之间的内陆砂矿，分布在云南地区。

国外对原生矿石选矿常采用重选、磁选、浮选、电选等方法。处理钛铁矿-磁铁矿类型的矿石原则是尽可能粗粒抛尾，然后磨矿磁选，选出钛铁精矿，处理细粒嵌布的的矿石一般不采用重选，而采用磁-浮联合流程，对粗粒嵌布不均匀的矿石则采用磁-重-浮联合流程。

目前国内用于钛铁矿的选矿方法主要有：重选法、浮选法、磁选法和联合分选法。

原生钛铁矿由于矿物组成复杂，各矿物间共生密切，较之海滨砂钛铁矿，其分选流程要复杂得多，根据矿石性质的不同主要采用以下的分选工艺流程：重选一磁选流程、重选流程、重选一强磁选一电选流程等，而细粒钛铁矿通常采用浮选流程。

对于砂钛矿（无论是海滨砂矿或是内陆砂矿）的选矿，一般都分粗选和精选两段进行。粗选一般采用处理量大、回收率高的选矿工艺与设备，而精选则根据矿物的种类与特性，采用不同方法分离及提纯，重选（摇床或螺旋选矿机）、磁选（强磁选设备）、电选、浮选均在研究与应用之列。

选矿工艺流程包括破碎、筛分、磨矿、分级、分选、脱水及产品储存等过程。具体在选别方法上，钛精矿的选别工艺包括钛铁矿的破碎、重选、磁选、浮选、电选等步骤。

钛精矿是原矿经过选矿等物理、化学富集后 TiO_2 含量为40%～60%的钛矿。

钛精矿的生产过程实质上就是利用选矿的方法，将钛铁矿原矿中的无用矿物（如钙、镁、硅等氧化物）去掉，剩下有用的 TiO_2 和氧化铁比较富集的矿物。

选钛的原料：钛铁矿原矿。

选钛的产品：钛精矿。

选钛的工艺：重选、电选、磁选、浮选中的一种或几种联合。

选钛的设备：螺旋选矿机、摇床、电选机、磁选机、浮选机等。

钛铁矿的理论分子式：$FeTiO_3$。自然界的钛铁矿可看成是 $FeO\text{-}TiO_2$ 和其他杂质氧化物组成的固熔体：

$$m[(Fe,Mg,Mn)\cdot TiO_2]\cdot n[(Fe,Cr,Al)_2O_3]$$

其中，$m+n=1$。

选矿过程即是采用重选、电选、磁选等物理方法和浮选等化学方法将 $FeO\text{-}TiO_2$ 和其他杂质分离的过程。钛铁矿原矿的典型化学成分如表4.1.1所示。经选别后获得的钛精矿产品的典型化学成分如表 4.1.2 所示。

表 4.1.1　攀钢选钛厂钛铁矿原矿典型化学成分　单位：%

元素	TFe	TiO_2	V_2O_5	Co	Ni	Cu
含量	13.79	9.19	0.053	0.0068	0.0063	0.0066
元素	S	P	SiO_2	Al_2O_3	CaO	MgO
含量	0.389	0.0081	26.89	11.35	10.86	8.78

表 4.1.2　攀钢主流程钛精矿产品典型化学成分　单位：%

成分	TiO_2	ΣFe	FeO	Fe_2O_3	SiO_2	S	P	MgO	Al_2O_3
含量	>47	30.58	34.27	5.55	<3.0	<0.19	<0.0049	6.12	1.34
成分	MnO	V_2O_5	Cu	Co		Ni	Cr	As	CaO
含量	0.65	0.095	0.0052	0.0013		0.0087	<0.005	<0.0077	0.75

重选：根据矿物的密度不同而进行分离的方法。

浮选：即泡沫浮选。是按矿物表面物理化学性质差异来分离各种细粒的方法。

电选：依靠不同物料间电性差异，借助于高压电场作用实现分选、分离的一种分选方法。

磁选：利用磁性颗粒和非磁性颗粒在分选空间的运动行为差异进行分选的过程。

4.1.1.2　重选原理

利用不同物料颗粒间的密度差异，因而在运动介质中所受重力、流体动力和其他机械力的不同，从而实现按密度分选矿粒群的过程，粒度和形状亦影响按密度分选的精确性。

分选介质：水、重介质和空气，常用的是水。在缺水干旱地区或处理特殊原料时可用空气——风力分选。在密度大于水或轻物料密度的重介质中分选——重介质分选。

重介质种类包括①重液：密度大于水的液体或高密度盐类的水溶液；②悬浮液：固体微粒与水的混合物；③空气重介质：固体微粒与空气的混合物。水、空气、重液是稳定介质，悬浮液、空气重介质是不稳定介质。

重选特点：生产成本低，对环境污染少而备受重视。目前在提高重选效率、研制及使用新设备方面有了新进展。

从基本原理分析，重选基本规律可概括为：松散-分层-分离；松散和运动分离几乎都是同时发生的；松散是分层的条件，分层是目的，而分离则是结果。

最早，从 20 世纪 50 年代研究从磁选尾矿中回收铁矿就是由重选法开始的。在开展重选法回收铁矿时，一般可以依据分选系数公式预先近似的评价矿物间分选的难易。利用重选方法对物料进行分选的难易程度可简易地用待分离物料的密度差判定，具体如下式所示：

$$\eta=\frac{\delta_2-\Delta}{\delta_1-\Delta}$$

式中　η——分选系数；

δ_1——轻矿物密度，g/cm^3；

δ_2——重矿物密度，g/cm^3；

Δ——分选介质密度，g/cm^3。

根据 η 值结合表 4.1.3 来确定矿物的难选或易选。

表 4.1.3 矿物按密度分离的难易度

η值	$\eta>2.5$	$2.5>\eta>1.75$	$1.75>\eta>1.5$	$1.5>\eta>1.25$	$\eta<1.25$
难易度	极易选	易选	可选	难选	极难选

4.1.1.3 电选原理

对于磁性、密度及可浮性都很近似的矿物，采用重选、磁选、浮选均不能或难以有效分选，但可利用它们的电性质差别使之分选。目前除少数矿物直接采用电选外，在大多数情况下，电选主要用于各种矿物及物料的精选。电选前，大多先经重选或其他选矿方法粗选后得出粗精矿，然后用单一电选或电选与磁选联合，得到最终精矿。

矿物的电性质是电选的依据。所谓矿物电性质是指矿物的电阻、介电常数、电导率以及整流性等，它们是判断能否采用电选的依据。出于各种矿物的组分不同，表现出的电性质也明显有别，即使属于同种矿物，由于所含杂质不同，其电性质也有差别，但不管如何，总有一定的变动范围可根据其数值大小判定其可选性。

从原理来看，在高压静电场中，物料颗粒受电场的感应而带电。导电性好的颗粒在靠近电极的一端产生和电极极性相反的电荷，而另一端产生与电极电荷极性相同的电荷。颗粒所带有的这种感应电荷在一定的条件下是可以转移的。如果移走的电荷与电极电荷相同，则剩下的电荷与电极相反，此时颗粒将被吸向电极一边。而导电性差的颗粒虽然处于同样感应电场，但只能被电场极化，此时颗粒两端虽然也表现出相反的电荷，但电荷不能被移走，因此不能表现出明显的电性而被吸向电极一边。这样导电性不同的颗粒就出现了明显的分布差异，在其他外力的综合作用下，居于不同的区域，实现分选、分离。

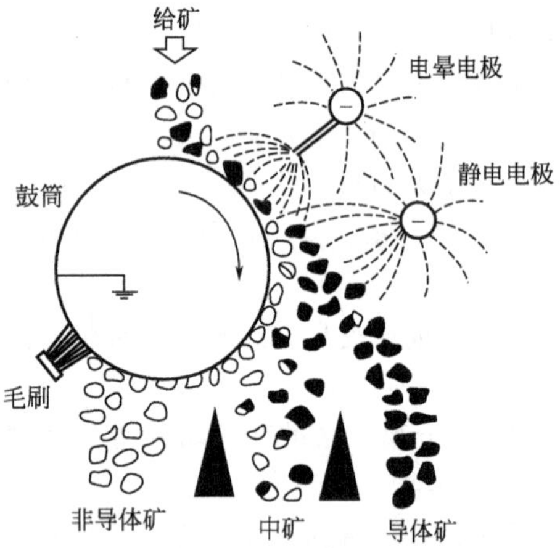

图 4.1.1 复合电场转鼓式电选机原理图

从选别过程来看，电选是在高压电场作用下，配合其他力场作用，利用矿物电性质的不同进行选别的干选过程。无论是岩矿钛铁矿还是砂矿钛铁矿，电选都是其精选过程中不可或缺的一个工序，否则，单靠重选等是无法获得高品位钛精矿的。

电选机采用的电场有静电场、电晕电场和复合电场三种。矿粒带电的方法主要有传导、感应、电晕和接触摩擦等。复合电场是指电晕电场与静电场相结合的电场，复合电场电选机的分选过程如图 4.1.1 所示。从结构形式看，复合电场电选机多数为鼓筒型（小直径称为滚筒型），主要由给料斗、转鼓、传动减速机构、静电极、电晕极、分矿板等部分组成。

当有电场存在的条件下，物料经给料器进入旋转接地的鼓筒上，导体矿粒由于导电性较好，经传导而带上与静电极相异的电荷，被静电极吸引而首先离开转鼓表面而落入精矿斗，而非导体矿粒通过感应极化，因静电力的作用继续附着在转鼓表面，直至因重力而落入尾矿斗，从而实现分选。

4.1.1.4 磁选原理

混合物料进入磁选机的分选空间后，颗粒受到磁力和机械力（重力、离心力、惯性力、流体动力等）的作用，从而实现分选。

从原理来看，必要条件是作用在较强磁性矿石上的磁力 F_1 必须大于所有与磁力方向相反的机械力（包括重力、离心力、水流阻力等）的合力 ΣF，作用在较弱磁性颗粒上的磁力 F_2 必须小于相应机械力 ΣF，即 $F_1 > \Sigma F > F_2$。

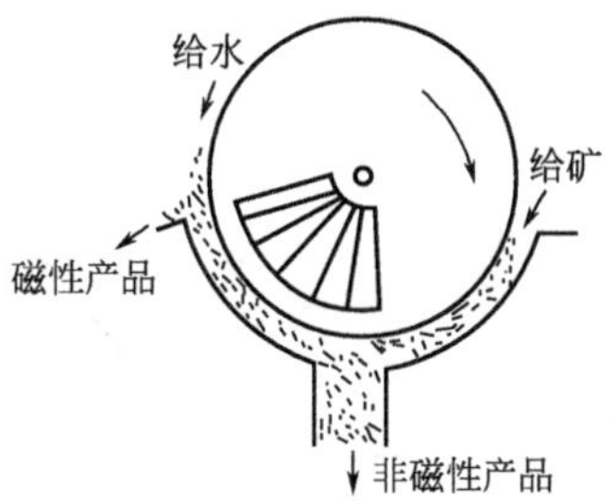

图 4.1.2　磁选过程示意图

磁选实际上是利用磁力和机械力对不同磁性颗粒的不同作用而实现的。磁选是根据各种矿物磁性的差异进行选分的一种方法。例如，湿式弱磁选过程，当矿浆通过磁选机磁场时，由于矿粒的磁性不同，在磁场的作用下，磁性矿粒受磁力的吸引附着在磁选机的圆筒上，并随圆筒一起被带到一定高度后被冲洗水从筒上洗下，从而使磁性矿粒与非磁性矿粒分开，如图 4.1.2 所示。

4.1.1.5　**浮选原理**

在原理上，矿物表面物理化学性质——疏水性差异是矿物浮选基础，表面疏水性不同的颗粒其润湿性不同。通过适当的途径改变或强化矿浆中目的矿物与非目的矿物之间表面疏水性差异，以气泡作为分选、分离载体的分选过程即浮选。浮选过程见图 4.1.3。

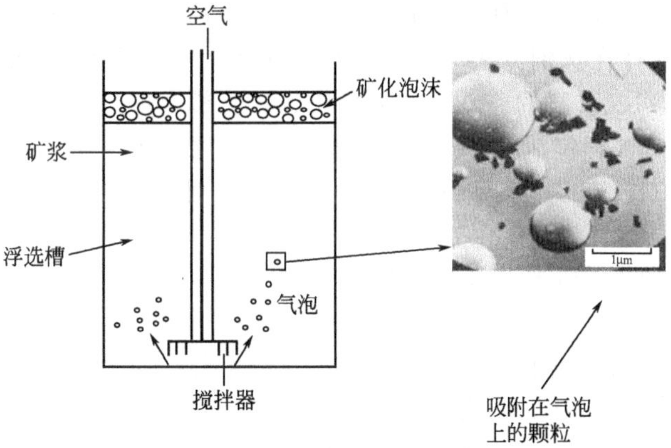

图 4.1.3　浮选过程

对于上浮的固体颗粒，其表面一定是疏水的，即仅为部分水润湿。接触角是反映矿物表面亲水性与疏水性强弱程度的一个物理量，成为衡量润湿程度的尺度，它既能反映矿物的表面性质，又可作为评定矿物可浮性的一种指标。

将一水滴滴于干燥的矿物表面上，或者将一气泡引入浸在水中的矿物表面上，就会发现不同矿物的表面被水润湿的情况不同。在一些矿物（如石英、长石、方解石等）表面上水滴很易铺开，或气泡较难在其表面上扩展；而在另一些矿物（如石墨、辉铜矿等）表面则相反。图 4.1.4 所示的这些矿物表面的亲水性由右至左逐渐增强，面疏水性由左至右逐渐

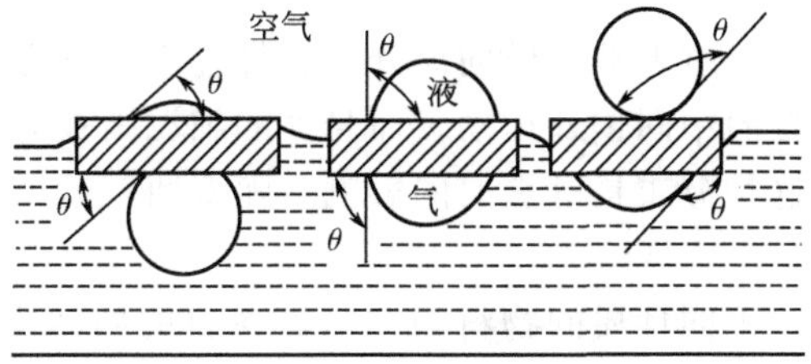

图 4.1.4　矿物表面润湿现象

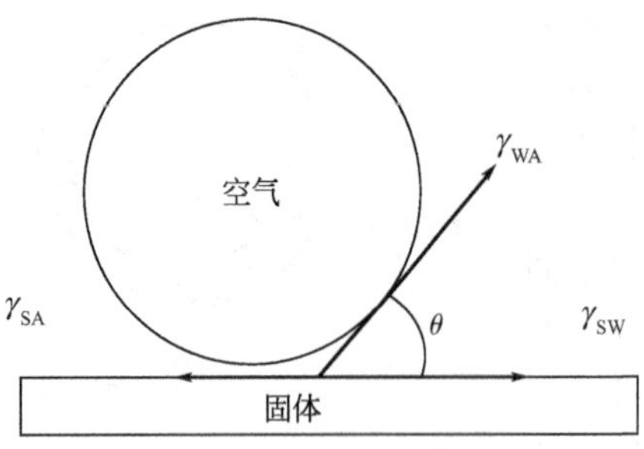

图 4.1.5 泡沫与颗粒之间存在一个平衡系接触角

增强。

固-液-气三相界面张力平衡时见图 4.1.5，其平衡状态方程（Young 方程）为：

$$\cos\theta=(\gamma_{SA}-\gamma_{SW})/\gamma_{WA}$$

γ_{SA}、γ_{SW} 和 γ_{WA} 分别为固-气、固-液和液-气界面自由能。由上式可知：当 $90°<\theta<180°$ 时，$\gamma_{SA}<\gamma_{SW}$，称为疏水性；当 $0°<\theta<90°$ 时，为亲水性；当 $\theta=90°$ 时，为分界线。

浮选是根据矿物表面物理化学性质的差异进行分选的过程。通过添加药剂、调节矿浆 pH 值和氧化还原电位，可以改变矿物的可浮性，从而达到不同矿物的有效分离。在钛铁矿选矿中，浮选主要用在原生矿分选出硫化物矿物，这一过程既是降低钛矿含硫量，也是综合回收某些贵金属的方法，浮选也是回收微细粒级矿较为有效的方法。

4.1.2 钛精矿生产工艺和设备

选矿过程包括：矿石的准备作业（破碎和磨矿）、分选作业和分选产品处理作业（产品脱水和尾矿处理）。具体在选别方法上，钛精矿的选别工艺包括钛矿石的破碎、重选、磁选、电选和浮选等方法。对钛矿石的分选，常采用磁选工艺最合理，也最广泛。

钛精矿的选矿工艺流程包括破碎、筛分、磨矿、分级、分选、脱水及产品储存等过程，典型的钒钛磁铁矿选矿工艺流程可参见图 4.1.6。具体在选别方法上，钛精矿的选别工艺包括钛铁矿的破碎、重选、磁选、浮选、电选等步骤。对钛磁铁矿的分选，常采用磁选工艺最合理，也最广泛。根据入选物料性质，采用不同磁选工艺参数及流程工艺，获得适合要求的钛精矿。

4.1.2.1 重选工艺

根据介质运动形式和作业目的的不同，重力选矿可分为如下几种方法：重介质选矿，跳汰选矿，摇床选矿，溜槽选矿，水力分级。

重选过程的共同特点：①矿粒间必须存在密度（或粒度）的差异；②分选过程在运动介质中进行；③在重力、流体动力及机械力的综合作用下，矿粒群松散并按密度分层；④分层好的物料在运动介质的搬运下达到分离，并获得不同的最终产品。几种常用的重选方法如下。

（1）螺旋工艺　螺旋选矿机内，物料之所以得到分选，主要是受水流特性的影响。在螺旋槽面的不同半径处，水层的厚度和平均流速不同。愈向外缘水层越厚、流速愈快。随着流速的变化，水流在螺旋槽内表现为两种流态，即靠近内缘的层流和外缘的紊流。

螺旋分选分离经过三个主要阶段。

首先为分层阶段，在紊流作用下，重颗粒逐渐进入下层，轻颗粒逐渐进入上层。这一阶段在第一圈后分层初步完成。

第二阶段是分层结束的轻重颗粒的横向展开、分带过程。离心加速度较小的底层重颗粒向内缘运动，上层的轻颗粒向中间偏外运动，而悬浮的细泥则被甩向最外缘。流体的横向循环和螺旋面的横向坡度对这种分布具有重要的影响。随着回转运动次数的增加，不同的颗粒逐渐达到稳定运动的过程。

第三阶段即平衡阶段，不同性质的物料颗粒沿着各自的回转半径运动，分选过程完成，此后的运动将失去实际意义。

螺旋选矿机是重力、摩擦力、离心力和水流特性的综合利用，使矿粒按密度、粒度、形

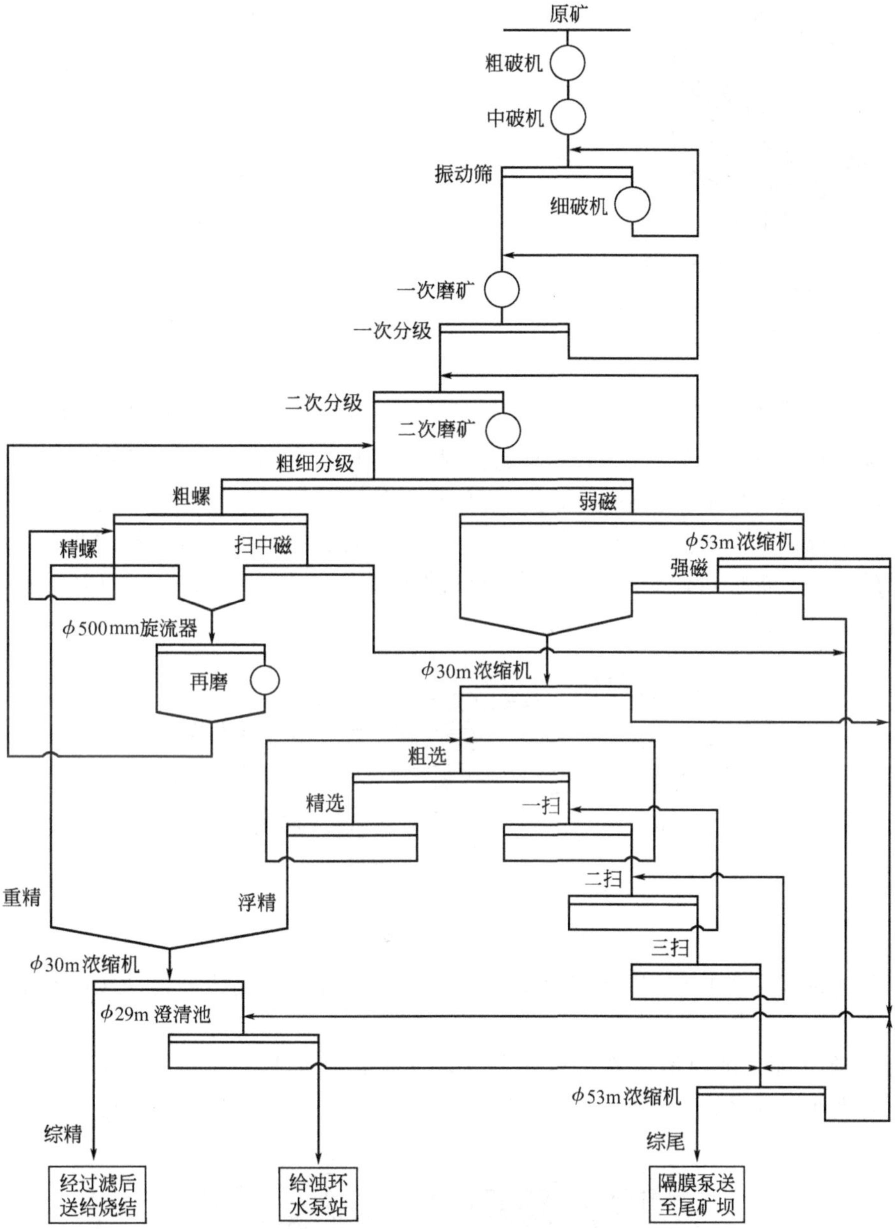

图 4.1.6　钒钛磁铁矿典型选矿工艺流程

状分离的一种斜槽选矿设备，其主体是一个 3～5 圈的螺旋槽，用支架垂直安装，如图 4.1.7 所示。

从分选原理来看，槽的截面呈抛物线或椭圆形的一部分。矿浆自上部给入后，在沿槽流动过程中，矿粒按密度发生分层，底层重矿物运动速度低，在槽的横向坡度影响下趋向槽的内缘移动；轻矿物则随矿浆主流运动，速度较快，在离心力影响下，趋向槽的外缘，于是轻、重矿物在螺旋槽的横向展开分布；靠内层运动的重矿物通过排料管排出，由上部两个排料管得到的精矿质量最高，以下依次降低。轻矿物从螺旋槽的末端排出。如图 4.1.8 所示。螺旋选矿机选别指标的影响因素包括结构因素和操作因素。前者有螺旋直径、槽的横截面形状、螺距和螺旋槽数；后者有给矿浓度、冲洗水量和矿石性质。

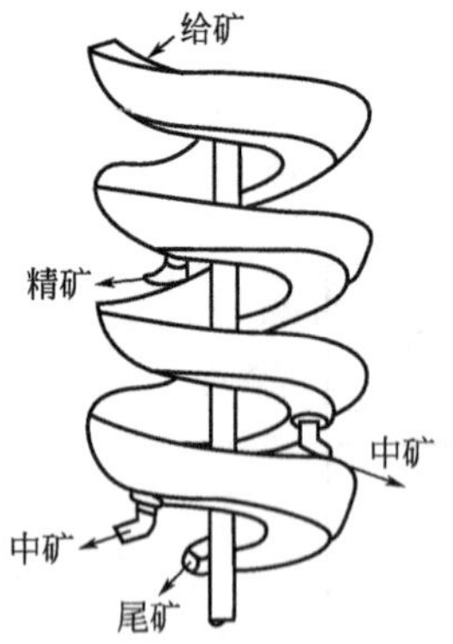

图 4.1.7 螺旋选矿机示意图

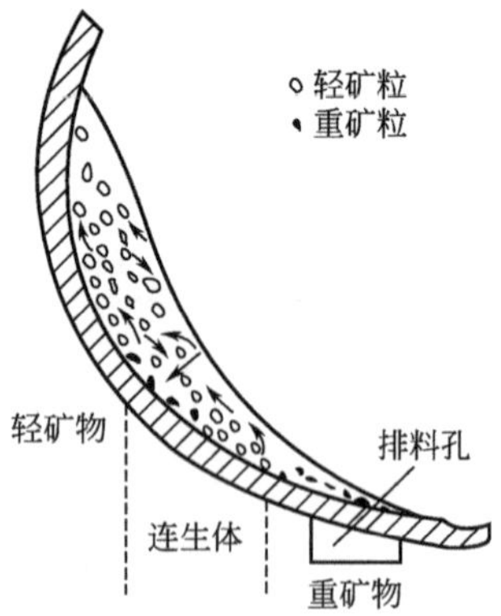

图 4.1.8 螺旋选矿中矿粒分选示意图

螺旋选矿机具有结构简单、不需要动力、操作维护简单和处理量大等优点，缺点是机身高度大，给矿和循环的矿需要砂泵输送。螺旋选矿机可用于处理铬、钛、锡、钨、铌和钽等有色及稀有金属矿，也可用于分选弱磁性及非磁性矿石、磷酸盐及含云母的非金属矿。

(2) 摇床法 摇床选矿是在一个倾斜宽阔的床面上，借助床面的不对称往复运动和薄层斜面水流作用，进行矿石分选的一种设备，见图 4.1.9。

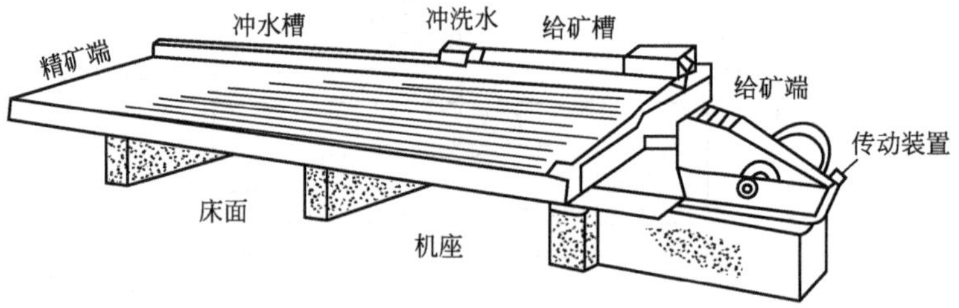

图 4.1.9 摇床结构示意图

摇床分选过程：矿浆给到摇床面上以后，矿粒群在床条沟内借助摇动作用和水流作用产生松散和分层。

① 物料在床面上的松散 在分选过程中，水流沿床面横向流动，不断跨越床面隔条，流动变化的大小是交替的。每经过一个隔条即发生一次水跃，见图 4.1.10。

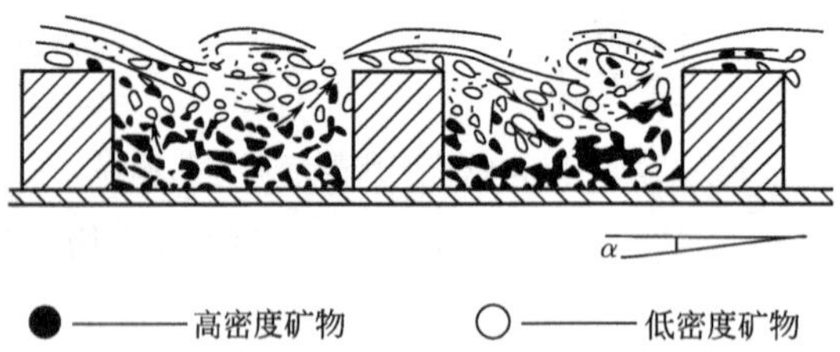

图 4.1.10 物料在床间的分层状况

水跃产生的涡流在靠近下游隔条的边沿形成上升流，而在沟槽中间形成下降流。水流的上升和下降是矿粒松散、悬浮的动力，而松散悬浮又是发生颗粒分层，使得重颗粒转入底层的前提。

由于底层颗粒密集且相对密度较大，水跃对底层的影响很小，因此在底层形成稳定的重产物层。较轻的颗粒由于局部静压强较小，不能再进入底层，于是在横向水流的推动下越过隔条向下运动。沉降速度很小的颗粒始终保持悬浮，随横向水流排出。

② 物料在床面上的分层　横向水流包括入料悬浮液中的水和冲洗水两部分。由于横向水流的作用，位于同一高度层的颗粒，粒度大的要比粒度小的运动快，密度小的又比密度大的运动快。

这种运动差异又由于分层后不同密度的颗粒占据了不同的床层高度而愈加明显：水流对于那些接近隔条高度的颗粒冲洗力最强，因而粗粒的低密度颗粒首先被冲下，即横向运动速度最大；沿着床层的纵向运动方向，隔条的高度逐渐降低，原来占据中间层的颗粒不断地暴露到上层，于是细粒轻产物和粗粒重产物相继被冲洗下来，沿床面的纵向产生分布梯度。

由于床面前冲及回撤的加速度及作用时间不同导致的床面差动运动，引起颗粒沿床面纵向的运动速度不同。

摇床上的矿浆经过松散和分层两个过程，最先排出的是漂浮于水面的矿泥，然后依次为：粗粒轻矿粒、细粒轻矿物粒、粗粒重矿粒，最后再排出细粒重矿粒。

作为钛铁矿综合回收工艺流程顺序一般都是先回收铁，得铁钒精矿，再从磁选尾矿中回收钛精矿。图4.1.11是攀西某厂选钛的摇床重选工艺流程。

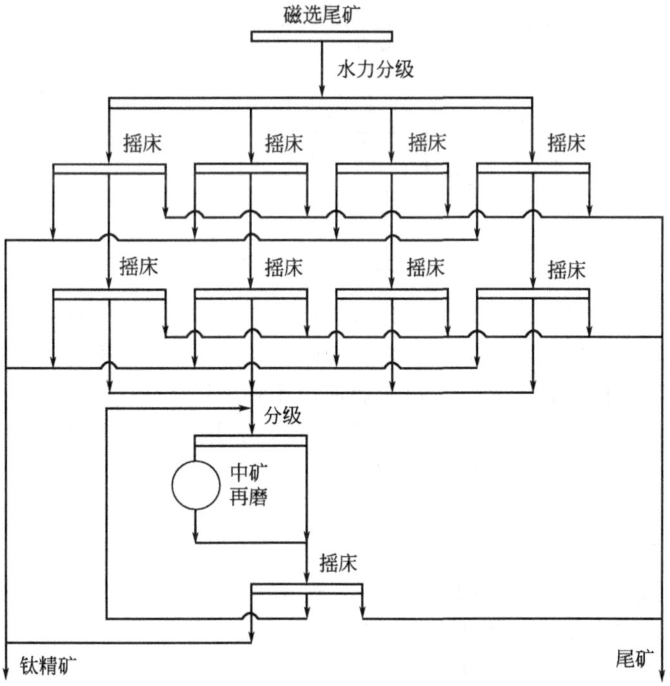

图4.1.11　摇床重选原则工艺流程

4.1.2.2　电选工艺

电选过程中应用的矿物电性质主要有电导率、介电常数等，因此电选时必须使矿物颗粒带电。矿粒带电的方法主要有传导、感应、电晕和接触摩擦等。

传导带电和感应带电这两种矿粒带电方法为静电电场，从结构形式看，静电场电选机多数为鼓筒型（小直径称为滚筒型），主要由给料斗、转鼓、传动减速机构、静电极、分矿板等部分组成。当有电场存在的条件下，物料经给料器给入旋转接地的鼓筒上，导体矿粒由于导电性较好，经传导而带上与静电极相异的电荷，被静电极吸引而首先离开转鼓表面而落入精矿斗，而非导体矿粒通过感应极化，因镜像力的作用继续附着在转鼓表面，直至因重力而落入尾矿斗，从而实现分选。

这样导电性不同的颗粒就出现了明显的分布差异，在其他外力的综合作用下，居于不同的区域，实现分选、分离。钒钛磁铁矿重选-电选原则工艺流程如图 4.1.12 所示。

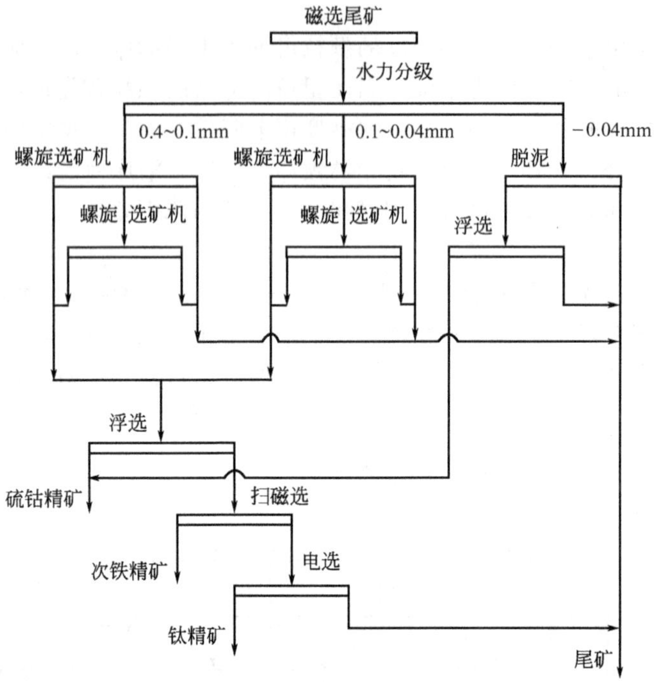

图 4.1.12　钒钛磁铁矿重选-电选原则工艺流程

电选作为生产钛精矿的最后把关作业，得到了广泛的应用。比如，攀钢选钛厂采用长沙矿冶研究院研制生产的 YD-3 型高压电选机选别重选粗精矿，结果较好：原矿品位 28.86%，精矿品位 47.74%，尾矿品位 10.63%，作业回收率达 84.18%。

电选是在高压电场作用下，配合其他力场作用，利用矿物的电性质的不同进行选别的过程，电选都是其精选过程中不可或缺的一个工序，否则，单靠重选等其他方法较难获得高品位钛精矿。

4.1.2.3　磁选工艺

根据进料的干湿度不同，磁选机分为干、湿磁选机。由磁场强度不同，分强、弱磁选机。目前钛精矿的磁选干式磁选机使用比较多。

湿式弱磁选过程，当矿浆通过磁选机磁场时，由于矿粒的磁性不同，在磁场的作用下，磁性矿粒受磁力的吸引附着在磁选机的圆筒上，并随圆筒一起被带到一定高度后被冲洗水从筒上洗下，从而使磁性矿粒与非磁性矿粒分开。

比如，攀枝花矿区兰家火山矿石及西昌地区太和矿石的二段磨矿磁选工业试验流程如图 4.1.13 所示。在第一段磨矿粒度为 0.6～2.0mm，第二段磨矿粒度为 0.2mm 条件下，分别进行阶段粗选、精选及扫选，都可排出粗粒尾矿及获得合格率 54%～56%的铁精矿产品。

攀枝花-西昌地区钒钛磁铁矿石嵌布粒度较粗并且属于不均匀嵌布，在破磨时，较粗粒物料中就可产生部分单体脉石或贫连生体矿物产品，对其进行磁力分选，就能排出部分粗粒尾矿。

4.1.2.4　浮选工艺

浮选一般包括以下几个过程。

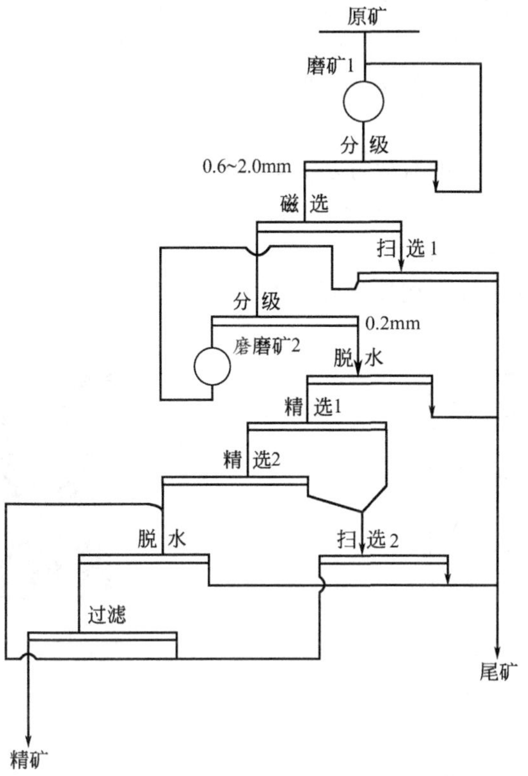

图 4.1.13　二段磨矿磁选工艺流程

① 矿浆准备与调浆　即可以通过添加药剂，人为改变矿物的可浮性，增加矿物的疏水性与非目的矿物的亲水性。一般通过添加目的矿物捕收剂或非目的矿物抑制剂来实现。有时还需要调节矿浆的 pH 值和温度等其他性质，为后续的分选提供对象和有利条件。

② 形成气泡　气泡的产生往往通过向添加有适量起泡剂的矿浆中充气来实现，形成颗粒分选所需的气液界面和分离载体。

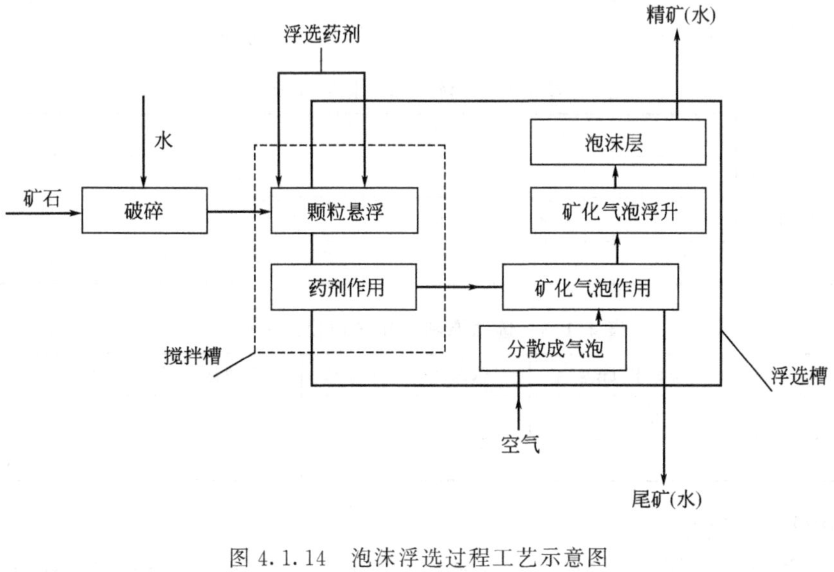

图 4.1.14　泡沫浮选过程工艺示意图

③ 气泡的矿化　矿浆中的疏水性颗粒与气泡发生碰撞、附着，形成矿化气泡。

④ 形成矿化泡沫层、分离　矿化气泡上升到矿浆的表面，形成矿化泡沫层，并通过适当的方式刮出后即为泡沫精矿，而亲水性的颗粒则保留在矿浆中成为尾矿，如图 4.1.14 和 4.1.15 所示。

浮选法是回收细粒钛铁矿的有效方法，如我国的承钢双塔山选矿厂，重钢的太和铁矿以及攀钢选钛厂等。进行钛铁矿浮选之前，先要用浮选法分选出硫化矿物，然后再浮选钛铁矿。硫化物浮选采用常规浮选药剂制度，即用黄药为捕收剂，2 号油为起泡剂，硫酸为 pH 值调整剂，有的选厂还采用硫酸铜作为硫化矿物浮选的活化剂。图 4.1.16 是攀西某厂浮选机生产现场实景图。

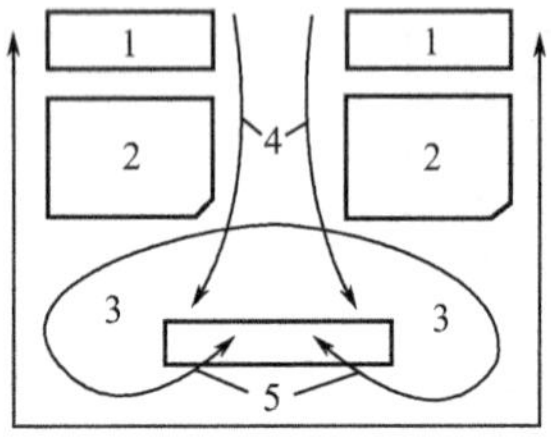

图 4.1.15　浮选机内各作用区的分布

1—刮泡区；2—浮选区；3—浆气混合区；4—充气路线；5—矿浆循环路线

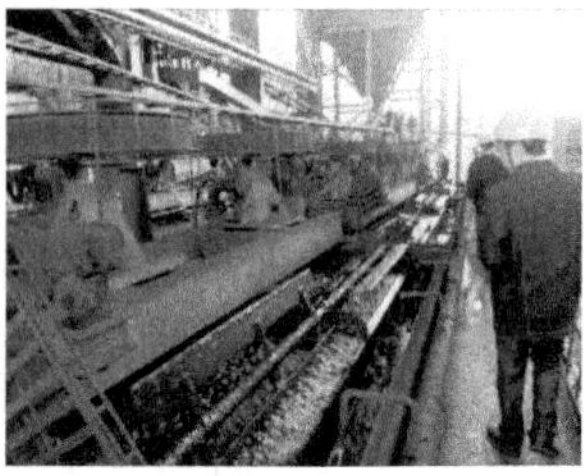

图 4.1.16　某厂浮选机生产现场

4.1.3　攀西某大型钒钛磁铁矿选钛实践

4.1.3.1　规模及原料性质

(1) 选钛规模　该钒钛磁铁矿原矿处理规模 1550 万吨/a，年产铁精矿 500 万吨/a。选铁尾矿选钛，并回收铁精矿、钴硫精矿，年处理选铁尾矿 1000 万吨/a，年回收钛精矿 18 万吨/a、铁精矿 28 万吨/a、钴硫精矿 1 万吨/a。

(2) 选铁尾矿性质　选钛原料元素含量：TiO_2 品位为 4.4%，TFe 品位为 14%，S 品位为 0.212%。选钛原料矿石密度：2.94～2.96t/m^3。选钛原料矿石松散密度：1.26～1.30t/m^3。原料浓度：矿浆质量浓度约为 8%。原料粒度：综合尾矿中 −0.074mm 含量为 40%～45%。选钛原料的化学成分见表 4.1.4，化学物相分析见表 4.1.5。

表 4.1.4　选钛原料化学成分　单位：%

组分	TFe	FeO	Fe_2O_3	TiO_2	V_2O_5	Co	SiO_2	Al_2O_3
含量	14.00	12.98	3.70	4.40	0.056	0.016	39.25	9.51
组分	CaO	MgO	MnO	Na_2O	K_2O	P	S	其他
含量	13.01	11.68	0.24	1.43	0.12	0.024	0.65	3.12

表 4.1.5　选钛原料钛化学物相分析结果　单位：%

钛物相	钛铁矿中 TiO_2	钛磁铁矿中 TiO_2	硅酸盐中 TiO_2	合计
金属量	3.46	0.67	0.42	4.55
分布率	76.04	14.73	9.23	100.00

4.1.3.2　选钛工艺流程

粗粒：隔渣→浓缩分级→弱磁除铁→强磁→浓缩→重选→磨矿→弱磁除铁→强磁选→脱

泥浓缩→浮硫→浮钛（一粗二扫四精）。

细粒：隔渣→浓缩脱泥→弱磁除铁→强磁→浓缩→磨矿→弱磁除铁→强磁→脱泥浓缩→浮硫→浮钛（一粗二扫四精）。

入选粗粒原料为选铁的一磁尾矿分级后（+0.1mm）物料；细粒原料为选铁的一磁尾矿分级后（−0.1mm）的物料及选铁的二磁、精磁尾矿经过脱泥后（+0.019mm）的物料。

分别经过一段强磁作业、重选作业、磨矿作业、二段强磁作业、浮选作业、硫浮选作业和过滤作业。

4.1.3.3 技术经济指标

选钛技术经济指标如表 4.1.6 所示。

表 4.1.6 选钛技术经济指标

产品	产率/%	产量/(万吨/a)	品位/%			回收率/%		
			TFe	TiO_2	S	TFe	TiO_2	S
钛精矿	1.74	18.17	34.40	46.07	0.18	4.28	18.22	1.48
铁精矿	2.76	28.82	55.00	10.40	0.60	10.84	6.52	7.81
硫钴精矿	0.11	1.15	43.44	1.50	30.00	0.34	0.04	15.57
尾矿	95.39	996.10	12.41	3.47	0.167	84.54	75.22	75.14
原矿	100.00	1044.24	14.00	4.40	0.212	100.00	100.00	100.00

4.1.3.4 主要设备

选钛厂主要生产设备如表 4.1.7 所示。

表 4.1.7 主要生产设备一览表

设备名称、型号规格及主要性能参数	数量/台	单件功率/kW	设备名称、型号规格及主要性能参数	数量/台	单件功率/kW
ϕ3.6m×6.0m 球磨机	2	1302.5	带式输送机(8050)，L=150m	1	37
SLon-3000 强磁机	4	124	ϕ2.5m×2.5m 矿浆提升搅拌槽	4	30
SLon-2500 强磁机	16	116	钛-1 号 FU410-30m 链式输送机 L=～30m	1	26
ϕ2.4m×21.5m 干燥机	1	92	ϕ33m 进口高效浓缩机	2	25
ZPG-30/6 盘式过滤机	3	77	80CYL50-38 液下搅拌泵 Q=50m^3/h，H=38m	6	22
SLon-2000 强磁机(扫选)	4	55	KYF-8 型浮选机(直流槽)	26	22
ϕ3.0m×3.0m 型加药药剂搅拌槽(MOS 二级)	2	51	ϕ1.5m～3.0m 渣浆泵，多种型号	36	/
XCF-8 型浮选机(吸入槽)	24	37	水泵，各种型号	28	/

4.1.4 云南某内陆砂矿选钛工艺

4.1.4.1 原矿化学成分及物相

云南某内陆砂矿钛铁矿原矿主要化学成分分析结果如表 4.1.8 所示。原矿中钛（TiO_2）主要赋存于钛铁矿、锐钛矿及脉石矿物中，少量存在于钛磁铁矿中。原矿物相分析结果如表 4.1.9 所示。

表 4.1.8 原矿主要化学成分分析结果 单位：%

元素	Ti	Fe	V_2O_5	S	P	CaO
含量	4.31	11.07	0.077	0.0062	0.22	6.45
元素	Al_2O_3	SiO_2	As	Mn	Cr_2O_3	MgO
含量	12.10	46.17	<0.1	0.20	<0.005	2.86

表 4.1.9 原矿物相分析结果 单位：%

物相	钛磁铁矿中钛	钛铁矿中钛	锐钛矿中钛	硅酸盐及其他中钛	总钛
含量	0.28	2.43	0.45	1.15	4.31
分配率	6.43	56.50	10.37	26.70	100.00

4.1.4.2 工艺流程的选择

内陆砂钛矿的选矿，一般采用粗选抛尾、粗精矿再精选的工艺流程，这一工艺的优点是可以选用处理量大、回收率高的选矿设备进行粗选，丢弃大量尾矿后，再对少量的粗精矿进行精选，获得优质精矿，并回收伴生的其他有价矿物（铁矿物）。对这一微细粒嵌布的矿石，也按这一原则工艺进行。通过多种方案的研究对比，得到如图 4.1.17 所示的合理工艺流程，即“粗磨→强磁抛尾→摇床精选→摇床中矿再磨再选”工艺。

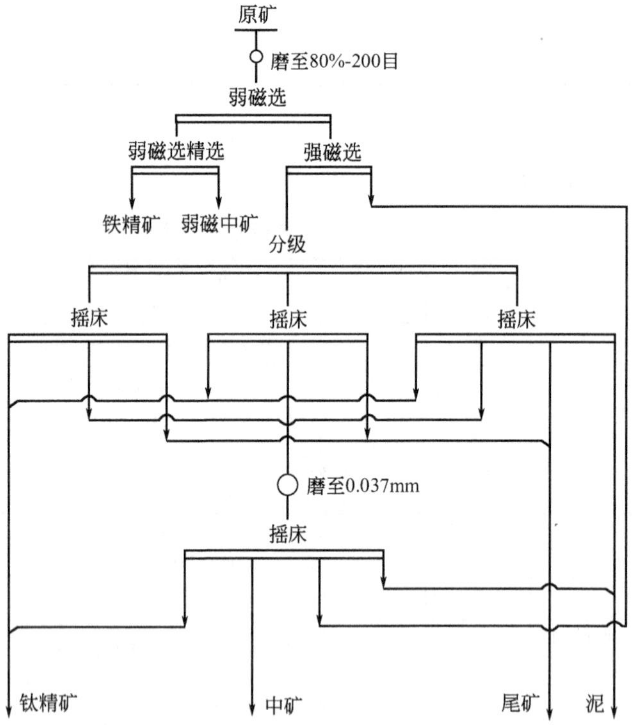

图 4.1.17 内陆某钛铁矿砂矿选钛工艺流程

4.1.4.3 选别指标

采用上述流程，对该地区不同品位的矿石进行选别，获得的指标列在表 4.1.10 中。矿石品位越高，选别指标越好。可以认为，这种沉积（陆相）砂钛矿，中心部分沉积的钛矿物，粒度相对较粗，连生体较少，可选性就好得多，以致造成选别指标相差悬殊。

表 4.1.10　不同原矿品位的矿样选别指标对比

原矿品位，Ti%	钛精矿指标		
	产率/%	品位 TiO_2/%	回收率/%
4.01	3.23	44.32	35.71
5.06	4.82	43.81	41.76
6.08	8.88	44.71	65.36

4.1.5　钛精矿生产新技术

随着工艺技术和装备的进步，选钛领域不断攻克复杂难选矿、低品位矿和人造矿的选别技术，并在简化工艺、降低成本、提高品位及回收率等方面取得了进步，形成了一系列新技术。近年代表性的专利如下。

（1）一种碱浸预处理钛铁矿的选矿方法　北京矿冶研究总院发明了一种钛铁矿原矿选矿制备钛精矿和铁精矿的方法。选矿过程的步骤依次包括：将钛铁矿原矿磨矿；在加温、加氧、加压条件下进行碱浸预处理；将碱浸预处理后矿浆进行过滤；过滤的滤渣相洗涤后，再进行磨矿；磁选得到钛精矿和铁精矿。该方法采用预处理工序，从钒钛磁铁矿矿物的源头上破坏铁、钛致密共生的特性和钒的类质同象赋存特性，从而实现钒钛磁铁矿的矿物转型，使钛、铁晶格层面上的解离，然后再通过磨矿、磁选工艺得到高品质的铁精矿和含铁较低的钛精矿，预处理所用的碱介质可循环使用，工艺对环境的影响小，应用前景乐观。

（2）超细粒级钛铁矿的选矿方法　攀钢矿业公司提供了一种超细粒级钛铁矿的选矿方法。包括如下步骤：将原矿进行除铁后，得到细粒除铁尾矿和次铁精矿；将除铁尾矿进行一段强磁选，得到强磁精矿和最终尾矿；将强磁精矿采用离心机进行重选，得到重选精矿和最终尾矿；将重选精矿进行二段强磁选，获得的强磁精矿经过浮选后得到最终钛精矿。本方法适用于粒度不大于 0.045mm 的超细粒级钛铁矿，能够在保证钛精矿质量的同时提高钛精矿回收率。

（3）一种综合利用钒钛磁铁矿低品位贫矿和表外矿的选矿方法　四川龙蟒矿冶公司发明了一种综合利用钒钛磁铁矿的选矿方法，混合开采表内外矿，将混合矿破碎到粒度－10mm 达 100%，对破碎产品进行弱磁粗选或中磁粗选，选出钛磁铁矿为主的矿物集合体，再对粗选尾矿强磁扫选，选出钛铁矿为主的矿物集合体，二者合并为预分选精矿，抛弃产率 31.88%～33.20%的脉石。再进行一段粗磨至粒度－1mm 达 100%，进行弱、中和强磁选，丢弃粗粒脉石，对得到的粗粒混合精矿二段细磨至粒度－0.15mm 达 100%，对二段磨矿产品加入调整剂、黄药类捕收剂和起泡剂浮选硫化矿，得到优质硫钴精矿。接着对浮硫尾矿进行弱磁选钛磁铁矿，得到优质铁精矿。对选铁尾矿进行强磁选钛，进一步富集钛铁矿，得到强磁选精矿，再对强磁选精矿加入调整剂、脂肪酸钠和辅助捕收剂浮选钛铁矿，得到高品位钛精矿。

（4）一种用隧道窑还原-磨选综合利用钒钛铁精矿的方法　攀枝花锐龙冶化材料公司发明了一种用隧道窑还原含碳钒钛铁精矿球团生产铁粉及联产钛渣和五氧化二钒的方法。钒钛铁精矿经破碎，润磨，制成球团，置于隧道窑中还原，再进行破碎，经湿磨后，进行磁选和重选，得到铁粉和尾矿，尾矿用钛白废酸浸出除去残余的镁和铁，经过滤，烘干，得到的物料加入钠盐进行钠化焙烧，再采用水浸出后分别得到钛渣和钒酸钠溶液，最后对钒酸钠溶液采用铵盐沉钒和煅烧脱氨，便得到五氧化二钒产品。该法摒弃了电炉熔炼能耗高、钒钛分离效果差、钒钛走向难控制以及转炉吹炼铁水提钒钛收率低等缺陷。具有钒、钛、铁收率高，资源利用率高等优点。为钒钛铁精矿综合利用开辟了一条可行的新途径。

（5）两段磁选回收钛铁矿的工艺　攀钢矿业公司提出了一种原矿磁选进行钛铁矿回收的工

艺。采用两段高梯度磁选回收钛铁矿。该方法包括以下步骤：原矿通过准备作业后进行一段高梯度磁选得到一段高梯度磁选精矿；一段高梯度磁选精矿再经准备作业后进入二段高梯度磁选得到二段高梯度磁选精矿。该方法可以应用在钛铁矿选矿领域，提高钛回收率，降低生产成本。

（6）全粒级钛铁矿浮选方法　重庆钢铁公司公开了一种全粒级钛铁矿浮选方法，是利用钒钛磁铁矿选铁后的尾矿作为原料，经一段磁场强度为1300安的强磁抛尾后得 TiO_2 17%～19%粗钛精矿；然后将粗钛矿进行一段闭路磨矿，合格产品经过弱磁扫铁，进入二段强磁场，磁场强度为750安，获得 TiO_2 含量为22%～24%的钛精矿；再经反浮选除硫作业后，尾矿进入全粒级浮钛作业，金属回收率可达34%～36%的钛精矿。该法流程短、投资省、金属回收率高，生产易于控制，降低生产经营成本，给企业创造较好的经济效益。

（7）一种浮选收集钛铁矿的捕收剂及其制备方法　攀钢钛业公司提供了一种浮选收集钛铁矿的捕收剂，它是由油酸、矿粉浮选剂、乳化剂、碱为主要原料制备而成的捕收剂。该捕收剂的制备方法操作简单、易控，制备所得的捕收剂安全无毒性，用量少，成本低，还可以减少介质调整剂硫酸的用量，可浮选收集到高品位的钛铁矿，为浮选高品质的钛铁矿提供了一种新的途径。

4.2 钛渣

4.2.1 钛渣生产原理

钛渣的生产方法主要是电炉熔炼法。这种方法是使用还原剂，将钛精矿中的铁氧化物还原成金属铁分离出去的选择性除铁，从而富集钛的火法冶金过程。

以无烟煤或石油焦为还原剂，与钛精矿经过配料、制团后，加入矿热式电弧炉内，于1600～1800℃高温下还原熔炼，所得凝聚态产物为生铁和钛渣，根据生铁和钛渣的比重和磁性差别，使钛氧化物与铁分离，从而得到含 TiO_2 72%～95%的钛渣。

冶炼钛渣的原料：钛精矿，焦炭（无烟煤）。

冶炼钛渣的产品：酸溶性钛渣或氯化钛渣、生铁。

冶炼钛渣的工艺：电炉熔炼法。

冶炼钛渣的设备：矿热式电弧炉（密闭式、半密闭式、敞口式、圆形、矩形、直流、交流）。

钛渣产品和电弧炉分别如图4.2.1和图4.2.2所示。

图4.2.1　粒状钛渣产品

图4.2.2　电弧炉外观

钛精矿原料典型化学成分和酸溶性钛渣产品典型化学成分分别如表4.2.1和表4.2.2所示。

表 4.2.1　攀钢主流程钛精矿产品典型化学成分　单位:%

成分	TiO_2	ΣFe	FeO	Fe_2O_3	SiO_2	S	P	MgO	Al_2O_3
含量	>47	30.58	34.27	5.55	<3.0	<0.19	<0.0049	6.12	1.34
成分	MnO	V_2O_5	Cu	Co	Ni	Cr	As	CaO	
含量	0.65	0.095	0.0052	0.0013	0.0087	<0.005	<0.0077	0.75	

表 4.2.2　酸溶性钛渣产品典型化学成分　单位:%

成分	ΣTiO_2	Ti_2O_3	ΣFe	FeO	Fe	SiO_2	CaO	V_2O_5	MgO	Al_2O_3
含量	77.2	22	6.4	6.24	1.53	3.77	1.36	0.07	7.62	1.76

生产钛渣的电炉是介于电弧炉与矿热炉之间的一种特殊炉型，有敞开式、半密闭式和密闭式三种，熔炼温度一般为 1600～1700℃，最高温度可达 1800℃。

高温主反应为：

$$FeTiO_3 + C = Fe + TiO_2 + CO \qquad \Delta G = 190900 - 161T \qquad (298 \sim 1700K)$$

高温副反应为（生成低价钛）：

$$3/4\ FeTiO_3 + C = 1/4\ Ti_3O_5 + 3/4\ Fe + CO \qquad \Delta G = 209000 - 168T \qquad (298 \sim 1700K)$$

$$2\ FeTiO_3 + 3C = 2Fe + Ti_2O_3 + 3CO \qquad \Delta G = 213000 - 171T \qquad (298 \sim 1700K)$$

$$FeTiO_3 + 2C = Fe + TiO + 2CO \qquad \Delta G = 252600 - 177T \qquad (298 \sim 1700K)$$

另有赤铁矿被还原：

$$Fe_2O_3 + 3C = 2Fe + 3CO \qquad \Delta G = 164000 - 176T \qquad (298 \sim 1700K)$$

在 2000K 以下温度，主要是铁和 TiO_2 被还原，伴有低价钛生成。渣与铁比重不一样，可以分离获得生铁和钛渣。

随温度升高，生成的产物不同：

$$TiO_2 \rightarrow Ti_3O_5 \rightarrow Ti_2O_3 \rightarrow TiO \rightarrow TiC \rightarrow Ti\ (Fe)$$

再考查杂质 SiO_2、CaO、MgO、Al_2O_3 等能否被还原。

$$MgO + C = Mg + CO \qquad \Delta G = 597500 - 277T \qquad T_{始} = 2153K \qquad (1376 \sim 3125K)$$

$$CaO + C = Ca + CO \qquad \Delta G = 661900 - 269T \qquad T_{始} = 2463K \qquad (1756 \sim 2887K)$$

$$SiO_2 + C = SiO + CO \qquad \Delta G = 667900 - 327T \qquad T_{始} = 2043K \qquad (1696 \sim 2000K)$$

$$Al_2O_3 + 3C = 2Al + 3CO \qquad \Delta G = 443500 - 192T \qquad T_{始} = 2322K \qquad (932 \sim 2345K)$$

可见，在电炉内 2000K 以下的温度下，杂质不可能被还原，故进入钛渣渣相，只有氧化铁被还原成了单质金属铁。

在生产实践中，通常把 TiO_2 品位在 70%～80%的钛渣称为酸溶性钛渣，把 TiO_2 品位在 80%～95%的钛渣称为氯化钛渣，氯化钛渣又称为高钛渣，主要作为 $TiCl_4$ 的生产原料，酸溶性钛渣主要作为硫酸法钛白的生产原料。在电炉熔炼过程中，当 TiO_2 品位在 70%～80%时终止熔炼，即可获得酸溶性钛渣，当继续进行深还原熔炼时，TiO_2 品位一般会提高到 80%～95%，但此时 TiO_2 会被进一步还原为低价态 Ti_2O_3 和 Ti_3O_5。

4.2.2　钛渣生产过程中的原料

生产原料主要有钛精矿、还原剂等。

（1）钛精矿　钛精矿的质量不仅影响还原熔炼过程的技术经济指标，而且对产品的质量有着十分重要的影响。钛精矿中的非铁杂质是造渣成分，在还原冶炼过程中基本上不被还原而富集在渣中，降低高钛渣 TiO_2 的含量。因此，应使用非铁杂质含量低的钛精矿。用钛和铁氧化物的总量来衡量钛铁矿质量的好坏。而硫和磷是熔炼高钛渣的有害杂质，不仅影响高钛渣产品的质量，而且使副产品金属铁的质量变坏。一般来讲，钛精矿的硫含量应小于0.1%，磷含量小于0.05%。粒度粗一些可以降低熔炼过程中的飞扬损失和有利于改善环境。通常情况下，粒度应该大于0.060mm，如果粒度小于0.060mm，就必须采用造球工艺了。并且如果钛铁矿粒度过细的话，容易被烟气带走2%～3%，损失是比较大的。

(2) 还原剂　从工艺和经济合理性考虑，应选择活性高、电导率低、灰分低、挥发分低、含硫量低和廉价的还原剂。活性高可以增加还原速度，减少熔炼时间，降低能耗和提高生产能力。电导率低可改善炉料性能，保证合理的供电制度。灰分低可减少其对高钛渣产品的污染。挥发分低可减少熔炼过程的排气量，有利炉况的稳定。

国内外生产实践表明，无烟煤是熔炼高钛渣合适的还原剂，它的含碳量和活性高，价格低廉，来源可靠。因此还原剂应使用灰分低，挥发分低和含硫低的无烟煤。

(3) 黏结剂　目前生产中应用的黏结剂有中温煤沥青和酸性纸浆废液。沥青的黏结效果好，但对环境影响较大且烟气不易治理，不利于劳动保护。纸浆废液含硫高，黏性差，其制成的球团料在熔炼时易塌料翻渣，使炉况不稳，也不能在炉表面形成牢固的烧结炉料拱桥，使热辐射损失增加，且不利于提高钛渣的品位。黏结剂主要是在敞口电炉和半密闭电炉中使用。

4.2.3 敞口圆形电炉冶炼钛渣工艺和设备

电炉熔炼高钛渣的工艺流程包括：配料、制团（可选）、电炉熔炼、渣铁分离、冷却炉前钛渣、破碎，磁选、获得成品高钛渣等步骤，如图4.2.3所示。

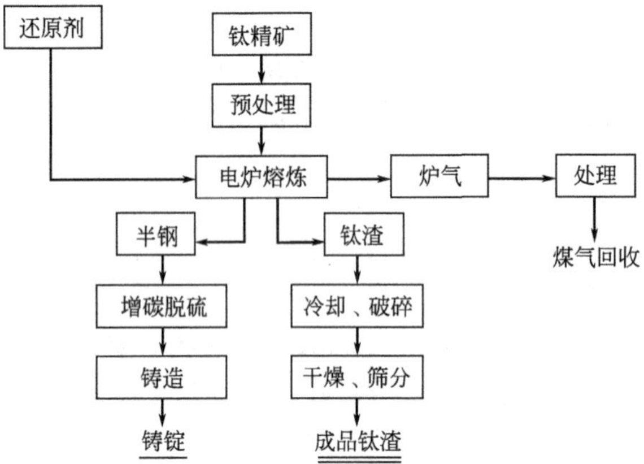

图4.2.3　电炉熔炼钛渣的原则工艺流程

(1) 配料　根据计算，将还原剂（无烟煤、焦炭）、黏结剂（糖浆、沥青）和钛精矿在混料机中配料，应考虑过碳量。

配料是制团工序的准备作业，把钛精矿还原剂和黏结剂按适当比例混合均匀供制团使用。配料前必须确定配碳量，它是通过初步计算和实际生产检验相结合的方法来实现的。

(2) 制团或粉料入炉　在混捏锅或圆盘造球机中将配料制成球团。此工序可以根据原料情况取舍。

将混合均匀的炉料在间接加热的混捏锅中混捏15～20min，然后经制团机制成团块，团块经干燥后入炉冶炼。在生产实践中，可采用团料与粉料并用的混合炉料进行熔炼的方法，即先将少量粉料加在炉底，然后依次加入团料-粉料-团料，有利于提高炉产量，也可减少炉料的飞扬损失。

敞口电炉熔炼钛渣一般都采用一次将全部炉料加入炉中或者间歇地分几次加入炉中进行熔炼的方法。

(3) 电炉熔炼　熔炼过程包括：捣炉、加料、送放电极、送电熔炼（电弧放热熔化炉料)、烧穿出料口、出炉等。

① 电炉　电炉为钢制外壳，内衬镁砖，熔池壁砌成台阶形式。电极用石墨电极，也可用自焙电极。电极夹持在升降机构上，其提升与下降均为自动控制。由于高钛渣在高温下可与多数耐火材料发生作用，需预先在炉衬上造成一层结渣层以保护炉衬，炉底上应保持一层

铁水以防止炉渣对炉底的腐蚀。

钛渣电炉是介于电弧炉与矿热炉之间的一种特殊炉型，由炉体、电极、排气罩、电炉变压器、短网母线、电极把持器、电极升降装置和测量控制仪表等组成。其中电炉结构如图 4.2.4 所示。

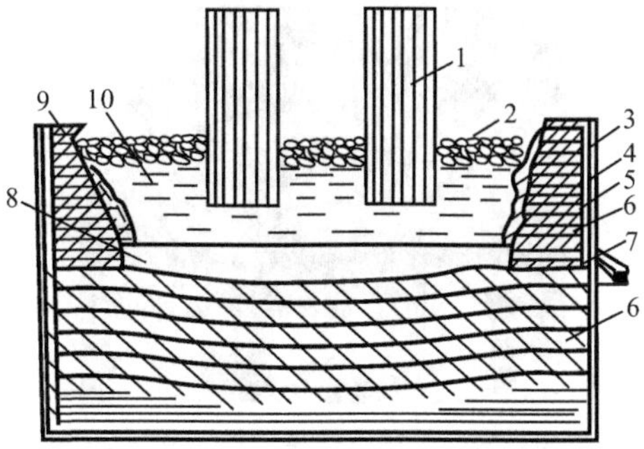

图 4.2.4　钛精矿还原熔炼敞口电炉示意图

1—电极；2—炉料；3—钢壳；4—石棉板；5—镁砖填料；6—镁砖；7—渣铁口；8—生铁；9—结渣层；10—钛渣

电极最好是石墨电极，这种电极允许通过的电流密度大，可保证合理的供电制度，有利于缩短熔炼时间和降低电耗，但石墨电极价高，目前国内很多采用自焙电极。

② 熔炼过程　敞口电炉熔炼钛渣过程是间歇操作，每炉的操作包括捣炉、加料、接放电极、送电熔炼、烧穿出料口、出炉等步骤。目前敞口电炉熔炼钛渣是一次将全部炉料或大部分炉料先加入炉内再进行熔炼的方法。这种方法的熔炼过程大致可分为炉料熔化、造渣和过热三个阶段。

炉料熔化阶段。从开始送电熔炼至炉料全部熔化（除熔池上方的固体拱桥外）完毕称为炉料熔化阶段。在熔化阶段，先是依靠炉料电阻热加热炉料，在电极下方形成“坩埚熔池”，然后电极与“坩埚熔池”间产生电弧热使炉料继续熔化，在炉底形成“大熔池”，再依靠电极与熔池间的电弧热使熔池周围的炉料熔化。在炉料熔化的同时进行还原反应，此过程中只宜配入 80%左右的炭，有利于加快炉料的熔化，形成低温熔体，有可能增大熔池体积，从而提高炉产量。

造渣阶段。炉料熔化后，熔体的 FeO 含量通常为 8%～10%，仍需将熔体中残留的 FeO 进一步还原，这就是所谓“造渣”。在造渣阶段，熔体中 8%～10%的 FeO 进一步还原，此时应加入剩余的 20%的炭，它不仅起还原作用，还浮在熔体表面的电极周围，起稳弧作用。该阶段的特点是熔体具有很高的电导率，热量几乎全部由电弧热供给，熔池上方形成的炉料“拱桥”起遮挡热辐射的作用。

过热阶段。造渣结束后，渣的品位已达到产品的要求，但不能马上出炉，需继续对熔体进行加热，以使渣铁充分分离，保证顺利出炉。因为钛渣熔体的黏度或其流动性与温度密切相关，如果钛渣熔体的过热度不够，在出炉过程中的冷却作用会使其黏度急剧上升，造成钛渣粘在或凝结在出口通道上，引起出炉困难。但钛渣熔体超过过热度后，会生成较多的 TiC，也不能顺利出炉，还可能使熔池上方的“拱桥”熔化造成塌料，引起钛渣沸腾。

（4）渣铁分离　在渣铁分离器或渣包中进行，按渣和铁密度不同进行分离，生铁铸成块状出售，钛渣冷却、破碎、磁选。

对于小功率的敞口电炉，渣铁分别排放存在一定困难。由于在炉上设两个出料口的高差太小，操作时有困难，且渣铁界面可能不清晰，分别排放也不一定能将渣铁分离好，故仍然采用以铁带渣同时排放，而在炉外进行渣铁分离的方法。

渣铁分离方法有两种：一是渣和铁排至渣包冷却凝固后进行分离；二是渣和铁流入渣包后，从底部出铁口放出铁水，钛渣熔体因失去流动性而留在包内。钛渣冷却时，低价钛要发生氧化反应，使钛渣破裂粉化产生细粉而在其后的氧化焙烧时放热减少。减少低价钛氧化最有效和简便的方法是喷水冷却。

钛渣冷却后需进行破碎、磨细、磁选除铁，使铁钛全部分离。图 4.2.5 是某厂钛渣电炉熔炼车间，图 4.2.6 是攀钢钛冶炼厂钛渣出渣现场。

（5）磁选　对冷却、破碎后的钛渣采用磁选机磁选除去铁粒，提高 TiO_2 含量，最终获

图 4.2.5 某厂钛渣电炉熔炼车间

图 4.2.6 攀钢钛冶炼厂钛渣出渣现场

得商品钛渣。

（6）敞口电炉冶炼钛渣的技术经济指标

① 高钛渣质量 钛铁精矿中的 CaO、MgO、Al_2O_3 在还原熔炼过程中基本上不被还原，因此，由不同矿源生产的高钛渣质量差别较大，由含非铁杂质含量高的钛精矿生产的高钛渣品位低。不同矿源获得的钛渣和半钢的技术指标如表 4.2.3 和表 4.2.4 所示。

表 4.2.3 不同矿源生产高钛渣的化学组成 单位：%

钛精矿产地	北海	海南	攀枝花	承德	富民
钛精矿中 TiO_2 品位	61.65	48.67	47.74	47.00	49.85
钛渣中：					
ΣTiO_2	94.35	92.4	82.63	90.6	94.0
FeO	4.36	3.0	4.08	3.0	2.7
CaO	0.28	1.41	1.11	1.47	0.41
MgO	0.40	0.36	7.40	2.78	3.20
SiO_2	0.88	0.92	3.88	2.23	0.45
Al_2O_3	1.25	1.87	2.04	2.23	0.45
MnO	1.90	3.53	0.80	1.38	0.85

表 4.2.4 不同矿源副产半钢杂质成分 单位：%

矿种类型	Ti	P	S	C	Mn	Si	Cr
砂矿	0.70	0.057	0.075	2.16	0.30	0.53	
砂矿	0.80	0.048	0.062	2.11	0.70	0.66	
砂矿		0.08	0.23	2.08	0.47	0.50	
岩矿	0.51	0.075	0.24	2.12			
岩矿	0.16	0.02	0.12	2.57	0.04	0.15	
岩矿	0.60	0.02	1.82	1.19	0.05		0.045

② 单位电耗 为了比较以不同质量的钛铁精矿生产高钛渣的电耗，采用热量衡算方法计算了国内五种矿在熔炼高钛渣时的反应吸热量、钛渣和铁水的热含量，计算结果如表 4.2.5 所示。

表 4.2.5 不同钛精矿生产高钛渣的电耗和热耗指标

原料钛精矿产地	高钛渣品位（ΣTiO_2）/%	吨钛渣电耗/kWh	吨钛渣热耗比较		
			反应吸热	渣物理热	铁物理热
广西北海	94.35	2660	3152.5	2371.3	464.1
海南	92.4	3030	3598.6	2371.3	820.7
攀枝花	82.63	2740	3092.0	2371.3	685.0
承德	90.6	3000	3518.4	2371.3	845.9
云南富民	94.0	3040	3626.3	2371.3	824.5

电炉还原熔炼高钛渣的单位电耗与许多因素有关，除了钛铁精矿的质量外，还与电炉容量大小、工艺技术水平和工厂的管理水平等有关。因此，各厂生产高钛渣的单位电耗相差悬殊，以生产含 TiO_2>94%的两广（广东、广西）高钛渣为例，吨钛渣电耗变化范围大致为2800～3500kWh。

③ 对酸溶性钛渣技术指标要求　用于硫酸法生产钛白的钛渣，在国内俗称为酸溶性钛渣。敞口电炉熔炼酸溶性钛渣与熔炼高钛渣的工艺、设备和操作方法基本上相同，但也有不同之处。由于钛铁矿在电炉中还原熔炼时，除了铁氧化物被还原外，还伴随着 TiO_2 的部分还原。因此，在还原熔炼时要控制适当的还原度，使获得的钛渣技术指标达到下列基本要求：

具有良好的酸溶性，一般要求酸解率≥94%；要有适量的助溶杂质 FeO 和 MgO，以使钛渣具有良好的酸解反应性能；低价钛 Ti_2O_3 和 Ti_3O_5 含量要控制适量，一般不高于 20%；对生产钛白有害的杂质（特别是硫、磷、铬、钒）含量不能超标。国内典型的酸溶性钛渣化学成分如表 4.2.6 所示。

表 4.2.6　钛精矿和敞口电炉熔炼的酸溶性钛渣典型化学成分　　单位：%

成分	攀枝花矿		承德矿	
	钛精矿	钛渣	钛精矿	钛渣
ΣTiO_2	47.5	77.2	45.8	75.3
Ti_2O_3		22		14.5
ΣFe	32.32	6.40	33.78	8.45
Fe^0		1.53		0.53
FeO	39.5	6.24	41.05	10.19
Fe_2O_3	1.2		5.58	
CaO	0.91	1.36	0.79	1.49
MgO	5.06	7.62	1.59	3.10
Al_2O_3	1.19	1.76	2.07	4.03
SiO_2	2.01	3.77	2.10	6.75
MnO	0.68	1.14	0.74	1.17
Cr_2O_3	0.05	0.045	0.022	0.036
V_2O_5	0.064	0.07	0.098	0.18
P_2O_5	0.023	0.008	0.031	0.021
Nb_2O_5		0.03		

4.2.4　半密闭圆形电炉冶炼钛渣工艺和设备

半密闭电炉与敞口电炉在冶炼钛渣工艺方面的差异，主要是前者减少了制团工艺，同时，为了增加还原度，有时还要在冶炼最后阶段加入废铁屑。在设备方面的差异，主要体现在电炉上方增加了收集炉气的烟罩，使得整个炉体处于半密闭状态，减少了粉尘和热损失，从而降低了电耗，更加环保和节能。除此之外，半密闭电炉与敞口电炉的生产工艺基本没有多大差别。

由于使用钛精矿和无烟煤的粉料，避免了用沥青作黏结剂。采用一次性加入粉料的熔炼方法。加料后先用手动方式调节三相功率进行还原熔炼，使炉料熔化，待三相功率基本稳定后转为自动调节，进行液相还原。液相还原基本结束后，分几次补加还原剂进行造渣，提高钛渣还原度。有时还在最后加入一定量的废铁屑（80～100kg/t 渣），以进一步提高钛渣的还原度和使熔体升温，以利出炉。

前苏联虽然对圆形密闭电炉熔炼高钛渣经过深入的研究，但他们仍采用圆形半密闭电炉生产高钛渣。电炉容量为 5000～25000kVA。这种电炉实际是矮烟罩式电炉，没有完全封闭。该电炉重在环保和节电，电耗 2300kWh 左右。

目前，我国的钛渣生产大多采用半密闭电炉熔炼，酸溶性钛渣吨渣电耗在 2200kWh 左右，氯化钛渣吨渣电耗在 2800kWh 左右。国内采用半密闭电炉熔炼酸溶性钛渣和氯化钛渣的典型化学成分如表 4.2.7 所示。

表 4.2.7 半密闭电炉熔炼酸溶性钛渣和氯化钛渣的典型化学成分 单位：%

成分	原料			钛渣		
	攀枝花钛精矿	攀枝花预氧化焙烧钛精矿	广西北海钛精矿	攀枝花矿酸溶性钛渣	攀枝花矿氯化钛渣	广西北海矿氯化钛渣
ΣTiO_2	47.48	46.85	52.83	75.04	81.2	96.03
Ti_2O_3				23.0	44.6	43.6
FeO	33.01	12.09	37.45	5.16	2.27	1.65
Fe_2O_3	10.20	30.74	8.62			
Fe^0				0.63	0.60	0.53
CaO	1.09	1.10	0.17	2.16	2.24	0.55
MgO	4.48	4.73	0.10	7.97	8.18	0.63
SiO_2	2.57	2.73	0.80	4.50	3.68	1.55
Al_2O_3	1.16	1.19	0.45	2.99	4.71	2.25
MnO	0.73	0.79	2.51	0.81	0.66	2.38
S	0.46	0.038	0.01	0.10	0.21	0.15
P	0.01	0.01	0.024	0.01	0.01	0.01

4.2.5 密闭圆形电炉熔炼钛渣工艺和设备

密闭电炉熔炼钛渣是一种先进的熔炼钛渣方法，是在半密闭电炉基础上的又一技术进步。可克服敞口电炉熔炼的许多缺点，按炉型不同，又有圆形密闭电炉和矩形密闭电炉之分。

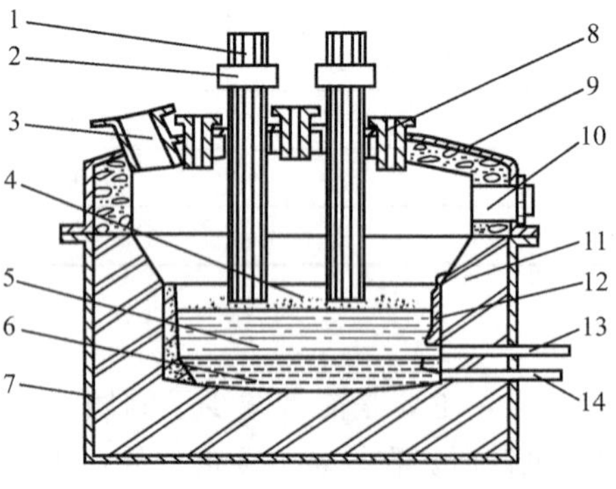

图 4.2.7 熔炼钛渣的圆形密闭电炉炉体剖面图

1—电极；2—电极夹；3—炉气出口；4—炉料；5—钛渣；6—半钢；7—钢壳；8—加料管；9—炉盖；10—检测孔；11—筑炉材料；12—结渣层；13—出渣口；14—除铁口

与半密闭电炉相比，在工艺技术上的差异主要体现为，该方法采用连续加料开弧熔炼方法，主要在三个区域产生热量：电极，电弧区，熔池区。使用的原料可为粉料和球团料。圆形密闭电炉和矩形密闭电炉在冶炼工艺方面基本上是相同的，只是电炉的结构上存在差异。

在敞口电炉冶炼钛渣时，经常发生塌料，熔体喷溅到炉表面冷料区结成坚硬的料壳，造成大量热损失，使炉料的透气性变坏，从而加剧料壳的断裂塌陷。

与半密闭电炉相比，在设备技术上的差

异主要体现为，在密闭电炉上，炉体更加紧凑，炉盖密封性更好，炉盖具有除尘、保温等作用，可大大减少热辐射损失，因此连续加料的开弧熔炼方法可应用在密闭电炉中。同时，出渣口与除铁口分别设置，一上一下。圆形密闭电炉炉体剖面如图 4.2.7 所示。圆形密闭电炉整体装置如图 4.2.8 所示。

密闭电炉熔炼钛渣与敞口电炉比较，有如下优点：

① 热损失减少，电耗减低 5%～8%，TiO_2 回收率提高了 5%左右；

② 还原熔炼在密闭的还原气氛下进行，避免了电极的高温氧化和还原剂的氧化烧损，电极和还原剂消耗分别减少了 50%和 30%；

③ 无噪声，消除了烟尘污染，并可回收电炉煤气，有利于环境保护和改善劳动条件；

④ 炉况稳定，不需要进行捣炉作业，减轻工人劳动强度，有利于实现机械化作业。

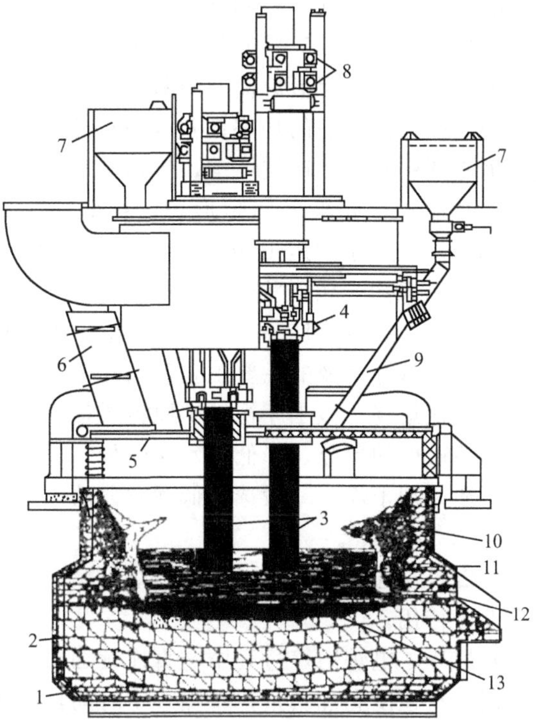

图 4.2.8　圆形密闭电炉整体装置示意图

1—炉壳；2—镁砖内衬；3—电极；4—导电夹；5—水冷炉顶；6—烟气管道；7—料仓；8—电极升降机构；9—炉料供给管；10—冷凝壳层；11—熔渣；12—排料口；13—生铁

密闭电炉及半密闭电炉熔炼钛渣的生产能力 A 与额定功率 P 之间的关系可用下式估算：

$$P=(A \cdot Q)/(B \cdot \cos\phi)$$

式中，P 为额定功率，kVA；A 为钛渣年产能，t；Q 为钛渣的单位电耗，kWh/t；B 为电炉年运行时间，h；$\cos\phi$ 为电炉的功率因数。

表 4.2.8 是挪威 TTI 公司采用圆形密闭电炉熔炼低品位钛精矿后所获得的酸溶性钛渣的化学组成。比较表 4.2.6～表 4.2.8 后，可以看出，采用密闭电炉熔炼得到的钛渣成分与半密闭电炉和敞口电炉熔炼基本上没有区别，只是电耗等经济指标不同而已。

表 4.2.8　挪威 TTI 公司所用原料及密闭电炉熔炼的钛渣化学成分　　单位：%

原料和产物	成分								
	ΣTiO_2	FeO	Fe_2O_3	CaO	MgO	SiO_2	Al_2O_3	MnO	Cr_2O_3	V_2O_5
钛精矿	45	34.5	12.0	0.25	4.3	2.8	0.60	0.25	0.08	0.16
钛渣	75	7.6			7.9	5.3	1.2		0.09	

4.2.6　矩形电炉熔炼钛渣工艺和设备

加拿大和南非在一开始熔炼钛渣时，便采用矩形电炉，并且电炉容量从 20000kVA 逐渐增大，加拿大迄今为止也一直采用矩形电炉冶炼，南非后来在矩形电炉冶炼的基础上又发展了圆形电炉。

南非Pyromet公司经过对比研究，提出了究竟适合采用圆形炉还是适合采用矩形炉的关键问题在于：42000kVA功率以下宜采用圆形炉，以上宜采用矩形炉，这点澄清了国内外学术界关于圆形炉和矩形炉优劣的困惑。

比如，如果圆形炉的功率超过42000kVA，则分配在每根电极上的功率为14000kVA，将造成极心圆中心过热比较严重，传热不均，中心部位低价钛过还原，四周还原度不足，且使炉盖寿命缩短，如果采用矩形炉，功率被6根电极分摊，分配在每根电极上的功率为7000kVA，6根长方形矩形电极中心部位不会出现过度过热现象。当功率较低时（低于42000kVA），采用三角形状的三相电极有利于芯部维持高温，提高高温还原熔炼的热效率，同时还可将电极成本降低一半，即每台电炉由6根电极降为3根。

矩形电炉熔炼钛渣的主要工艺包括几个流程。

（1）氧化焙烧　该工序视钛矿原料质量和生铁处理思路可选，一般采用回转窑进行预处理，以脱掉矿中的硫分，降低铁水含硫量。

（2）还原剂干燥　一般选用低挥发分的无烟煤，且要求低硫、低灰分，并在干燥窑中将水分脱至1.5%以下。

（3）混料　通常按照100kg的焙烧钛精矿加入15kg的无烟煤的比例进行配料，并适当过量，混合待用。

（4）熔炼　电炉熔炼过程中一直连续加料，通过多根加料管采用DSC（PLC）自动控制系统控制加料速度和加料量，每隔一定时间排一次渣，每排放两次渣后需排放一次铁水。送电制度采用开弧熔炼方法，每两根电极连接一台单相变压器，维持炉内正压操作，并使炉内温度高于钛渣熔点100℃。钛渣或铁水周期性排放完后，用泥炮堵眼机堵上出铁（渣）口。为了准确控制钛精矿加料量，矩形电炉安置了多根（10～20根）加料管，如图4.2.9所示。

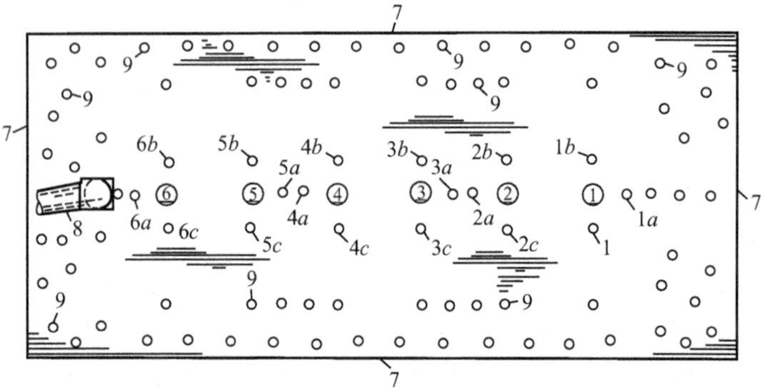

图4.2.9　矩形电炉的加料管分布图

（5）冷却与破碎　排放出来的钛渣经喷水冷却后，进行多级破碎，达到规定的商品钛渣粒度。

（6）铁水深加工　为了降低铁水中的含硫量，一般要进行脱硫增碳预处理，进一步获得优质生铁，还可以深加工成铁粉，或作为生产不锈钢的原料。

矩形密闭电炉熔炼钛渣与圆形密闭电炉比较，有如下优点。

① 圆形电炉的容量受其极心圆内过热现象限制，而矩形电炉不受限制，在熔炼钛渣的大型密闭电炉选择矩形炉为宜。

② 矩形电炉由三个单相变压器供电，每个变压器分别与相应的两根电极连接构成三相，避免了相与相之间干扰，熔炼过程在多区进行，有利于熔炼过程的平稳，局部过热现象大大

减轻，这对于提高经济指标和延长炉体寿命是有利的，如图 4.2.10 所示。

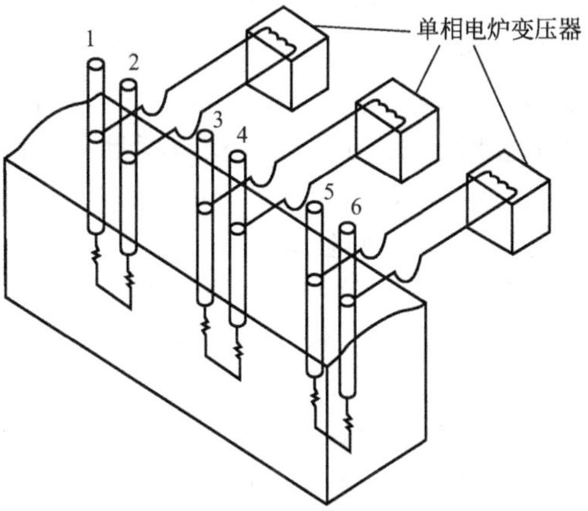

图 4.2.10　六电极矩形交流电弧炉电路图

③ 矩形电炉的熔炼过程是连续进行的。

④ 在设计一个相同功率的电炉时，矩形电炉的电极直径和单个变压器功率要比圆形电炉小，这对于建造大型密闭电炉特别重要。

⑤ 矩形密闭炉的炉盖结构比较简单，制造、维修和更换都比较容易。

表 4.2.9 是加拿大 QIT 公司矩形电炉熔炼钛渣过程中物料成分和产品钛渣的典型化学成分。

表 4.2.9　QIT 公司矩形电炉熔炼钛渣过程中物料成分与产品钛渣化学成分　单位：%

物料名称	组分							
	ΣTiO_2	TFe	FeO	Fe_2O_3	Fe	SiO_2	Al_2O_3	CaO
原矿	34.30		27.50	25.2		4.30	3.50	0.90
重选精矿	36.6	41.4	29.5	26.5		2.5	3.0	0.5
氧化焙烧-磁选精矿	37.7	42.5	28.8	28.9		0.6	1.0	0.1
重选精矿熔炼的钛渣	70～72	9.5	12～15		1.5	3.5～5	4～6	1.2
磁选精矿熔炼的钛渣	80.0	8.0	9.6		0.6	2.5	3.0	0.6

物料名称	组分							
	MgO	MnO	Cr_2O_3	V_2O_5	Na_2O+K_2O	S	P_2O_5	C
原矿	3.10	0.16	0.10	0.27	0.35	0.25～0.3	0.15	
重选精矿	3.2	0.16	0.10	0.36		0.25～0.3		
氧化焙烧-磁选精矿	2.9	0.2	0.10	0.36		0.025		0.03～0.1
重选精矿熔炼的钛渣	5.5	0.25	0.25	0.58		0.1～0.3	0.25	0.03～0.1
磁选精矿熔炼的钛渣	5.3	0.25	0.17	0.56		0.10		0.03～0.1

4.2.7　南非 Pyromet 公司密闭圆形电炉熔炼钛渣主要技术经济指标

派罗麦特是南非一家从事冶炼与工艺技术的专业公司。在 20 年的时间里，派罗麦特设计和建造了 40 多个冶炼厂，在火法冶金及相关设备方面具备了广泛而丰富的经验和技术。该公司有曾在国外著名的钛渣冶炼工厂 QIT、RBM 和 TTI 工作过的具有丰富实践经验的钛渣冶炼专家。

公司曾参与了 RBM 的建设、生产初期的调试和技术改造工作，在 20 世纪 90 年代参与了 Tinfos 钛渣厂的技术咨询和技术改造，同时还为 Tinfos 的氯化渣项目进行了技术经济评估。Pyromet 公司曾为南非 Shell 公司的高钛渣项目作了深度可研，后来 Iscor 公司在收购了 Shell 公司的同时，委托 Pyromet 公司设计 3000kVA 密闭直流电弧炉进行高钛渣项目的工业试验，经过 Pyromet 公司与 Iscor 公司合作，共同开发了不同于 Namakwa Sands 的直流电炉冶炼工艺，并将此技术应用于 25 万吨/a 高钛渣项目。Pyromet 公司还完成了南非红河钛矿公司年产量为 28 万吨高钛渣项目的深度可研工作。

Pyromet 公司针对攀枝花年产 18 万吨钛渣项目，提出了选用两台 25000kVA 自焙电极交流密闭圆形电炉、连续加料的开弧冶炼方法，电极密封微正压操作、炉气湿法净化回收利用、出炉渣经水冷空冷破碎成成品钛渣、铁水经炉外脱硫增碳合金化加工成球墨铸铁的方案。

方案中估算的电耗、还原剂和电极消耗、TiO_2 回收率等技术经济指标是先进的。特别是采用自焙电极方案，避免了使用昂贵的石墨电极，使产品成本大幅度下降，提高了钛渣项目的经济效益。方案中提出的对原料处理输送、冶炼过程、产品出炉、产品后处理、炉气净化利用、设备维护以及工厂环境安全的检测控制监视系统技术是先进的。特别是对电炉冶炼过程控制中采用的对炉子布料和电力输入控制系统，对炉料配比、炉料在炉内的堆积状况、翻渣管理跟踪、炉内温度压力液位等检测控制监视系统，可确保冶炼过程的正常稳定安全运行。

Pyromet 公司的技术方案，其主要技术经济指标是：电耗 1820kWh/t 渣、还原剂 133kg/t 渣、电极消耗 8.15kg/t 渣，TiO_2 回收率 97.9%。特别是电极采用了自焙电极，使电极的成本大幅度降低，可见其技术经济指标达到了国际先进水平。

针对攀枝花普通钛精矿、攀枝花微细粒级矿、云南钛精矿、50%云南矿和 50%攀枝花矿混合矿，25000kVA 密闭圆形电炉可以生产出酸溶性钛渣，每吨钛铁矿可以生产出 564～618kg 钛渣，生产生铁 329～288kg。主要技术经济指标如表 4.2.10 所示，酸溶性钛渣和生铁产品主要化学成分如表 4.2.11 所示。

表 4.2.10　Pyromet 公司 25MVA 密闭圆形电炉熔炼钛渣技术经济指标

技术经济指标	矿源			
	攀枝花钛精矿	云南钛精矿	50%云南矿+50%攀枝花矿	攀枝花微细粒级钛精矿
钛渣产率/(kg/t 钛铁矿)	618	564	591	599
生铁产率/(kg/t 钛铁矿)	288	329	309	304
还原剂/(kg/t 钛铁矿)	104	123	114	99
炉气/(Nm^3/t 钛铁矿)	168	197	183	176
理论能耗/(kWh/t 钛铁矿)	871	915	893	882
设计钛铁矿布料速度/(t/h)	19.8	19.8	19.8	19.8
电炉热损失/MW	5	5	5	5
电耗/(kWh/t 钛铁矿)	1124	1168	1146	1135
电耗/(kWh/t 钛渣)	1818	2070	1938	1894
电极消耗/(kg/t 钛铁矿)	5	5	5	5
烟气中钛铁矿损失/(kg/t 钛铁矿)	20	20	20	20

表 4.2.11　Pyromet 公司 25MVA 密闭圆形电炉熔炼钛渣与生铁化学成分　单位：%

成分		含量			
		攀枝花钛精矿	云南钛精矿	50%云南矿+50%攀枝花矿	攀枝花微细粒级钛精矿
钛渣成分	FeO	5	8	6.5	5
	TiO_2	75.5	83.2	79.2	76.2
	Ti_2O_3	16	16	16	16
	Al_2O_3	2.9	1.7	2.3	1.9
	SiO_2	5.8	4.3	5.1	4.4
	CaO	1.3	0.6	1.0	1.3
	V_2O_5	0.2	0.5	0.3	0.4
	MnO	1.0	0.8	0.9	1.1
	MgO	10.0	2.6	6.4	11.3
生铁成分	碳	2.8	2.8	2.8	2.8
	镍	0.03	0.63	0.35	0.02
	硫	<0.3	<0.1	<0.2	<0.2

工艺过程的电耗、电极和还原剂的消耗比率占整个生产成本的很大一部分。

4.2.7.1　电耗

当采用直接还原工艺用冷料直接入炉时，其他生产厂的电耗范围为每吨渣 1900～2400kWh，攀枝花钛铁矿的电耗约为每吨渣 1820～2070kWh。由于三价铁的含量很低，与类似的钛渣生产厂相比，在电耗上具有很强的竞争优势。

为了达到降低电耗的目的，一些厂家采用诸如预热的方法（取决于钛铁矿的氧化程度和预热温度），吨渣电耗可降至 1600kWh。

采用预还原的方法可使电耗降至最低。根据物料金属化的程度，吨渣电耗可达到 1300kWh。这里假设还原后的钛铁矿是冷料入炉的。到目前为止，还没有厂家使用经预热的、还原的钛铁矿，但是如果这种工艺可行的话，吨渣能耗可接近 1000kWh。

4.2.7.2　电极消耗

一般交流冶炼电炉，根据实际电压和渣的温度，每 1MWh 消耗电极 4～7kg；单电极直流电炉每 1MWh 消耗电极 2～4kg。因此，吨渣电极消耗基本上取决于电的利用效率及钛铁矿的产渣量。攀枝花矿每吨钛铁矿的电极消耗率大约是 5kg，即约为 5.6～5.9kg/MWh。

4.2.7.3　还原剂消耗

由于钛铁矿和还原剂质量的差异，还原剂的消耗率在一个很大的范围内波动。在一般情况下，钛铁矿和无烟煤混合后，每吨钛铁矿的无烟煤消耗率大概在 120～150kg。其主要的影响因素包括钛铁矿的全铁含量、三价铁含量和无烟煤中固定碳的含量。还原剂消耗量无论是在交流电炉还是在直流电炉上，都是相同的，而且通常与预热无关。

攀枝花钛渣项目还原剂的消耗为 99～123kg/t 钛铁矿。因为大部分氧化铁是以亚铁形式存在于钛铁矿中，所以攀枝花钛渣项目还原剂的消耗要比其他钛渣厂低。

由于需要高的汽化率，预还原工艺宜采用次烟煤代替无烟煤作为还原剂。固定碳含量可以在 45%～60%内波动。根据煤和钛铁矿的质量，以及所达到的金属化的程度，处理每吨钛铁矿大概需要煤 250～350kg。

4.2.8 乌克兰半密闭圆形电炉熔炼钛渣主要技术经济指标

乌克兰国家钛设计研究院是一家专业的钛渣设计公司，近50年间，联合其他研究设计机构和企业，已经研制了规模巨大的钛镁生产设施，并配备了高效的电力设备，确保生产出符合国际标准的产品及保证了产量，采用钛铁矿直接入矿热炉生产出钛渣。擅长于设计钛（原料来源于钛精矿、四氯化钛、海绵钛、钛粉），镁（以光卤石和其他原料为原料）和其他有色金属，半导体和碳素的生产企业和车间。

扎巴罗热钛镁联合企业（乌克兰）和别列兹尼基钛镁联合企业（俄罗斯）早在许多年以前就已经采用了生产钛渣的5～16.5MVA炉子。钛设计院还设计过的一个项目是乌斯季-卡缅诺戈尔斯克钛镁联合企业（哈萨克）。其中的精矿熔炼车间，矿热炉的变压器安装功率为25MVA，而且运行良好、高效。

针对攀枝花的18万吨/a钛渣项目，提出采用变压器容量为25MVA的矿热炉，以保证达到所要求的产量。根据使用钛铁矿的不同，每台电炉的年产能为60000～65000t。该电炉可以熔炼出适宜的TiO_2品位为73.0%的钛渣，同时每1t渣副产0.42～0.5t铁水，主要技术经济指标如表4.2.12所示。

表4.2.12 乌克兰25MVA半密闭圆形电炉熔炼钛渣技术经济指标

项目	矿源及还原剂种类			
	冶金焦还原 攀枝花钛精矿	无烟煤还原 攀枝花钛精矿	冶金焦还原 云南钛精矿	无烟煤还原 云南钛精矿
钛精矿耗量/(t/t渣)	1.5	1.55	1.66	1.65
还原剂耗量/(t/t渣)	0.14	0.15	0.19	0.2
石墨电极ϕ710mm耗量/(t/t渣)	0.021	0.021	0.021	0.021
电耗/(kWh/t渣)	2440	2430	2750	2750
循环水/(m^3/t渣)	20.1			
工业氧气/(Nm^3/t渣)	1.35			
炉内烟气/(Nm^3/t渣)	1200			

乌克兰钛渣冶炼技术主要特点：半密闭电炉，圆形，矮烟罩，电炉容量不超过25MVA，比较成熟的是容量为16.5MVA的电炉。电极为ϕ610mm、ϕ710mm石墨电极或ϕ1200mm自焙电极，加料方式为批次加料，间歇冶炼，出渣方式是一个出渣口，渣铁混出，用渣铁分离器实现渣铁分离，烟气在燃尽室燃烧回收热量后净化后排空，副产铁水作铸铁销售（因分离效果不好，可能对后续深加工有影响），冶炼当地钛渣品位通常为76%±1%，产能为酸溶性钛渣36kt/a台（电炉容量为16.5MVA）、60kt/a台（电炉容量为25MVA），炉前电耗一般为2500kWh/t渣。

实际上，乌克兰对16.5MVA容量炉子比较有把握，别列兹尼基镁钛联合企业正在运行的就是这种炉子，所以对这一容量级别的炉子，工艺、技术、设备都是可靠的，近年通过对25MVA电炉的实践，技术上也掌握较成熟。

25MVA圆形半密闭电炉设备的主要技术规格如表4.2.13所示。

表 4.2.13　乌克兰 25MVA 半密闭圆形电炉设备技术规格

项目	参数值	项目	参数值
变压器容量/MVA	25	皮带吸尘罩吸收的气体量/(m^3/h)	70000
二次电压调节范围/V	140～422	冶炼过程中产生的气体量/(Nm^3/h)	32120
调节的电压级数	16	烟气温度/℃	680
每台变压器相数	3	循环水流速(0.5MPa 5～25℃)/(m^3/h)	135
电极类型	石墨电极	循环软水流速(1MPa 104℃)/(m^3/h)	14
电极直径/mm	710	蒸气产生量(0.6MPa 164℃)/(t/h)	8～9
炉底风冷速度/(m^3/h)	18000	炉子总体尺寸,长×宽×高/m×m×m	13.5×11.5×22.5
炉子吸气罩吸收的气体量/(m^3/h)	120000		

4.2.9　Rio Tinto 钛铁公司及国内矩形电炉熔炼钛渣技术经济指标

Rio Tinto 钛铁公司总部设在伦敦，下设三个公司：加拿大 QIT，QMP 和南非 RBM。QIT 生产含 TiO_2 80%的酸溶性渣和含 TiO_2 95%的 UGS 渣，产量分别为 80 万吨/a 和 25 万吨/a 以上。QMP 生产雾化铁粉、合金钢粉和高纯铸铁。RBM 生产含 TiO_2 86%的氯化渣和铸铁。

1944 年，Kennecott 铜矿公司拥有一座 TiO_2 储量为 1.2 亿吨的钛铁矿矿山，此矿品质好，铁钛总量高，铁钛总量达到 85%，采用重选方法对钛铁矿进行富集。1948 年，Kennecott 当时有电炉，就与新泽西锌矿公司合资组建高钛渣厂，这就正式成立了现今有名的 QIT 公司。

1950 年 QIT 开始生产钛渣，刚开始的 5～6 年中，钛渣生产操作相当困难，于是新泽西锌矿公司就把股份全部卖给了 QIT。当时设计能力为 20 万吨/a 钛渣，实际只能达到 12 万吨/a 钛渣，主要原因是当时操作控制不好，钛渣一下子漫出炉子来，把炉体、炉壁全部摧毁了，进料管也堵死了。为了解决操作技术上的问题，QIT 开始重视对钛渣冶炼技术的研究，经过 20 年的研究，才掌握了钛渣的冶炼技术。南非的冶炼厂也一样，刚开始时同样不行，RBM 投产后过了 2～3 年才控制住了漫渣，大约过了 10 年才正常。目前 QIT 的钛渣冶炼技术在世界上是首屈一指的。

1981 年，俄亥俄州的 Standard 石油公司买下了 Kennecott，1987 年，BP 公司买到了俄亥俄州的 Standard 石油公司的工业矿山，1989 年 RTZ 公司买到了 BP 的矿山，1997 年 RTZ 和 CRT 公司合并组成了 Rio Tinto 钛铁公司。因此，QIT 公司和 RBM 公司实际上是 Rio Tinto 钛铁集团公司下属的两家子公司。

QIT 生产工艺及主要参数大致为：矿山采出的矿石通过火车运到选厂选别后，钛铁矿装船运到冶炼厂进行钛渣冶炼，每年生产的钛铁矿为 300 万吨，冶炼厂的钛渣冶炼电炉从 20000kVA、30000kVA、40000kVA、60000kVA 到 100000kVA 均有，1986 年数量为 9 台，2013 年估计为 11～12 台，总功率为 51.6 万 kVA，最早采用直接还原冶炼生产 72%的渣，后因炉子不好操作和硫含量高，又扩建了 4 座旋转窑对原料进行预焙，预焙温度为 1000℃，预焙后冷却到 150℃左右用鼓式磁选除杂，然后再入炉冶炼钛渣，从而生产出了 80%钛渣。80%渣经过 UGS 厂进一步处理后生产了含 TiO_2 95%的 UGS 渣。附产物铁经过进一步处理，可生产高纯铸铁、钢材、铁粉和钢粉。

QIT 公司密闭矩形电炉的主要设备技术规格及熔炼钛渣的主要技术经济指标如表 4.2.14 所示。

表 4.2.14 QIT 矩形电炉熔炼钛渣的主要技术经济指标

项目名称	参数值	项目名称	参数值	项目名称	参数值
电炉台数/台	11～12	炉内压力/mmHg	25	预处理方式	转窑焙烧
电极数量/(根/台)	6	炉底厚度	薄炉底	钛渣水冷时间/h	4～5
电极间距/m	2	炉内温度	高于钛渣熔点 100℃	铁水出炉温度/℃	1530
电炉长/m	18～22	渣铁排放方式	渣口与铁口分开	脱硫剂 CaC_2 耗量/(kg/t 铁水)	10～11
电炉宽/m	6.1～7.6	渣铁口高差/m	0.5	钛渣产出/(kg/t 钛矿)	430
电炉高/m	4.6	每次排渣前炉料加量/t	60	铁水产出/(kg/t 钛矿)	400
二次电压/V	300	每次排渣量/t	25～30	煤气产出/(m^3/t 钛矿)	227
二次电流/A	50000	排渣时间/min	15～25	无烟煤消耗/(t/t 钛矿)	0.15
电极打弧方式	开弧	每次排铁量/t	50～60	石墨电极消耗/(kg/t 钛矿)	8～9
加料管数量/根	约 16	每天排渣/次	4～6	冶炼电耗/kWh	1300～1400

南非 RBM 公司采用南非的钒钛磁铁矿砂矿为原料，铬含量较高，约含 0.3% Cr_2O_3，与我国攀枝花红格矿区的成分相似。钛渣冶炼技术与 QIT 相同，只是电炉功率较大，拥有 4 台 105MVA 的矩形电炉。

为了使得这种高铬矿生产的钛渣能用于硫酸法钛白生产，RBM 公司先在 730～800℃下进行流态化床中氧化焙烧，提高钛铁矿磁化率，而铬铁矿的磁化率不变，从而选择性地将铬铁矿磁选分离出去，使得 Cr_2O_3 含量下降至 0.09%。

RBM 公司生产 1t 钛渣的单耗为：钛精矿 2.35t，无烟煤 0.14～0.16t，石墨电极 0.018～0.022t，冶炼电耗 2400～2600kWh。

2007 年 12 月，攀枝花金江钛业有限公司在攀枝花钒钛产业园区成立，是由香港星群发展有限公司、攀枝花联合投资有限公司、香港景通亚洲有限公司、香港溢思投资有限公司共同投资的中外合资企业，主营钛渣和不锈钢，采用矩形电炉熔炼技术，从而成为亚洲首家且唯一的矩形电炉熔炼钛渣的生产商。

该公司 15 万吨/a 钛渣项目分两期建设，一期投资 3.5 亿元，建设 30MVA 矩形密闭钛渣电炉一台及其配套的 110kV 开关站、10kV 变电站、净环水站等辅助设施，以及一、二期共用的原料车间、电炉车间、渣铁处理车间厂房。一期钛渣产能 7.5 万吨/年，副产生铁 3.5 万吨/年。二期在一期的基础上增建 30MVA 矩形密闭钛渣电炉一台，不锈钢生产线一条，钛渣产能增加至 15 万吨/年，不锈钢产能达到 10 万吨/a。一期已于 2008 年 12 月开工建设，并于 2011 年 12 月 27 日点火试车，运行比较正常。

该项目核心技术为 30MVA 矩形密闭钛渣电炉及其控制技术，具有规模大、能耗低、资源利用率高、环保效果优、自动化程度高等特点，2012 年被攀枝花市列为重点科技项目。

主要工艺流程为：钛精矿、冶金焦输送至料仓，采用石墨电极，加料管连续、均匀加料，熔炼过程中控制钛渣中的氧化铁达到钛渣成分要求时，停电出渣，渣铁分出，分别设置一个水冷出渣口和一个水冷出铁口，钛渣喷淋冷却、破碎，铁水经 LF-VOD 精炼，生产不锈钢，尾气用于发电。主要参数如表 4.2.15 所示。

表 4.2.15　国内矩形电炉主要技术指标

项目	参数	项目	参数	项目	参数	项目	参数
炉前电耗/(kWh/t)	2500	冶金焦单耗(/t/t 渣)	0.3	年尾气利用量/万 m^3	12000	尾气温度/℃	850
年耗电量/kWh	3.96×10^8	石墨电极单耗/(kg/t 渣)	26.6	年发电量/万 kWh	4800	尾气排放量/(m^3/h)	7500

矩形电炉采用攀枝花钛矿生产的酸溶性钛渣化学成分如表 4.2.16 所示。

表 4.2.16　国内矩形电炉生产酸溶性钛渣典型化学成分　　单位：%

成分	ΣTiO_2	FeO	TiO_2	Ti_2O_3	SiO_2	Al_2O_3
含量	76.6	5.89	54.0	15.9	5.0	2.85
成分	CaO	MgO	MnO	V_2O_5	S	Fe
含量	2.27	7.32	0.95	0.13	0.08	2

4.2.10　攀钢钛冶炼厂半密闭圆形电炉熔炼钛渣技术经济指标

攀钢钛冶炼厂钛渣熔炼技术代表了国内钛渣领域的先进技术，综合指标处于国内领先水平，设计规模为年产钛渣 18 万吨/a，分两期建设，一期 6 万吨/a，2010 年已达到 18 万吨/a 产能，生产规模在国内最大（2013 年）。其 25MVA 圆形半密闭电炉软件技术从乌克兰引进，电炉主体设备由掌握大型电炉制造技术及电极技术的大连重型机器厂制造。

一期工程的 25000kVA 电炉是国内首座大型钛渣冶炼电炉，虽然是半密闭间隙式钛渣冶炼技术，但采用了具有国际先进水平的组合式自焙电极，可降低生产成本，解决炉气处理问题，同时克服石墨电极大型化制造难题。以攀枝花钛精矿为原料，能够满足年产 6 万吨酸溶性钛渣的需求，如果全部使用云南钛精矿，也能年产 5 万吨氯化钛白或海绵钛生产用的氯化渣。

该电炉的主要规格参数如表 4.2.17 所示，随着厂内不断的技术改造，这些参数略有调整，比如，ϕ1000mm 自焙电极目前已改为 ϕ710mm 石墨电极，Ti_2O_3 含量不高于 18%，加料系统改为 13 个加料点等。

表 4.2.17　攀钢 25MVA 钛渣电炉规格

项目	参数	项目	参数
变压器额定容量	8.5×3MVA	电极下降速度	1.1m/min
一次电压	37±5%kV	电极压放长度	15～20mm/次
一次电流	240A	电极压放时间	30s
二次侧电压	110～420V	电极压放间隔时间	11min
二次侧相电流	20238～25400A	功率因数 COSϕ	0.74
一次侧接线方式	△/Y 转换	电炉外壳直径	12.4m
二次侧电压级数	1(420V)～32(110V)级	电炉外壳高度	6.643m
电极直径	1000mm	电炉直径	11260mm
电极电流密度	5.6A/cm^2	炉口线处炉膛直径	10.22m
电极极心圆直径	3100mm	熔化区水平线炉膛直径	9.3m
电极行程	2500mm	炉盖直径	14000mm
电极操作行程	1800mm	进气孔直径	820mm
电极上升速度	2.5m/min	平均冶炼周期	8～9h

钛渣生产过程的产品单耗及收率如表 4.2.18 所示。随着技术进步，通过技术人员的优化攻关，吨渣产品单耗得以不断降低，收率进一步提高。

表 4.2.18 攀钢 25MVA 电炉钛渣产品单耗

项目	原辅料单耗/(t/t 渣)			电耗/kWh	TiO_2 收率/%
	攀枝花钛矿	自焙电极	焦炭		
酸溶渣	1.7	0.04	0.25	2355	92
氯化渣	2	0.05	0.4	2890	92

攀钢钛渣产品典型化学成分如表 4.2.19 所示。

表 4.2.19 攀钢 25MVA 电炉钛渣产品化学成分 单位：%

	TiO_2	FeO	Al_2O_3	SiO_2	P_2O_5	CaO	MgO	V_2O_5	S
酸溶渣	74.00	5.891	2.882	6.042	0.003	2.267	8.317	0.132	0.087
氯化渣	86.89	4.342	1.924	3.884	0.007	0.626	2.321	0.440	0.052

4.2.11 钛渣生产新技术

近年钛渣生产技术的发展方向体现在三方面：一是合理发展大型密闭矩形电炉，二是采用大型圆形密闭电炉，三是针对现有的圆形电炉进行局部各环节的改进。比如，近年云南新立公司引进了南非、德国及乌克兰的大型直流空心电极电弧炉技术，并进行了优化改进，运行效果较好。近年具有代表性的钛渣生产新技术如下。

（1）高杂质钛铁矿精矿制取富钛料的方法 中国地质科学院矿产综合利用研究所提出了一种高杂质钛铁矿精矿制取富钛料的方法，涉及富钛料的制取方法技术领域，技术路线为：原矿－磁选－铁精矿－尾矿－浮选－钛铁矿精矿－焙烧－磁选－还原熔炼－钛渣－提纯－富钛料，该法集电炉熔炼法和酸浸法之优势，克服了两法之不足，既能处理高杂质含量的岩矿型钛精矿，又能生产高质量的钛渣产品。

（2）一种环形炉或转底炉冶炼钛渣的方法 攀钢提供了一种冶炼钛渣的方法，包括下述步骤：将钛精矿、黏结剂和碳质还原剂的混合物制成球团矿或压团矿；将球团矿或压团矿烘干；使用环形炉或转底炉预还原球团矿或压团矿，从而制得金属化球团或金属化压团；将金属化球团或金属化压团装入电炉进行熔化分离，得到半钢和钛渣，其中，使用球团矿或压团矿的预还原产生的烟气为球团矿或压团矿的烘干提供热量，并使用熔化分离过程中产生的烟气为球团矿或压团矿的预还原提供热量。

（3）利用钒钛铁精矿融态还原冶炼酸溶性钛渣的方法 攀钢提供了一种利用钒钛铁精矿融态还原冶炼酸溶性钛渣的方法。包括步骤：将钒钛铁精矿与钛精矿混合，加入碳质还原剂和黏结剂，形成混合料；对所述混合料进行还原，然后进行渣铁分离处理，以得到半钢和钛渣；对经渣铁分离处理得到钛渣的表面进行喷水，以使钛渣的温度在降温过程中迅速跨越 600～850℃温度区间，形成酸溶性钛渣。该方法能够高效利用钒钛铁精矿中的 Fe 和 TiO_2 且具有融态还原过程反应平稳、熔化分离过程效果好、炉况稳定、冶炼周期短、电耗水平低和生产成本低等优点。

（4）钛渣电炉烟气余热利用系统 攀钢公开了一种钛渣电炉烟气余热利用系统，包括：第一废气烟道，从钛渣电炉收集高温废气；第一空气烟道，从周围环境收集清洁冷空气；换热器，第一废气烟道和第一空气烟道均连接到所述换热器，使高温废气和清洁冷空气在换热器中换热；第二废气烟道，连接到换热器并通过换热器与第一废气烟道连通；第二空气烟道，连接到换热器并通过换热器与第一空气烟道连通，其中，第一废气烟道中设置有降温装置，在高温废气进入换热器之前使高温废气的温度降低至 550～800℃。

（5）自供燃料高钛渣生产炉　遵义钛厂公开了了一种高钛渣生产炉，该自供燃料高钛渣生产炉用无烟煤粉作还原剂，在高温下其主要反应式为：$FeO \cdot TiO_2 + C \xlongequal{} Fe + TiO_2 + CO$，将反应过程中产生的 CO 通过夹层通道输至燃烧室作为熔炼炉的燃料，进行“自供燃料熔炼”，从而取代了电炉，并且装有圆盘给料机，使生产从现行一炉一炉的间断作业变为连续不断地加料和连续不断地生产出高钛渣。不仅能节约大量的电能，而且使生产实现了连续化作业。

（6）一种密闭式还原炉　四川绿冶科技公司发明的密闭式还原炉，包括炉壁和炉腔，炉壁上有进料口、排气管、出料口与炉腔联通，进料口上有进料口阀门，排气管上有排气管阀门，出料口上有出料口阀门，炉腔中分布有电阻发热带和还原气体输送管，还原气体输送管穿过炉壁与炉壁外的还原气体输送管相连接，炉壁外的还原气体输送管上有还原气体输气管阀门，电阻发热带穿过紧密地嵌在炉壁中的高温陶瓷绝缘管与外接电源相连，电阻发热带表层有高温陶瓷绝缘涂层；在高钛渣生产中用于对钛精矿的还原；用所述炉子对矿石粉末中的金属氧化物进行还原时还原温度低，无喷渣，不翻渣结壳，生产环境有很大改善，无石墨电极损耗，电损低，炉腔内的温度容易控制。

（7）一种分离铁和钛制备高钛渣的方法和装置　中国科学院的发明涉及含钛矿物（钛精矿或钛铁矿）在一种 TFSF 转底炉内分离铁和钛，制备高钛渣和金属铁的新工艺和新装置。其中的高钛渣可以应用于硫酸法或氯化法钛白粉生产工艺，而金属铁可以作为炼钢原料。本发明采用一种 TFSF 转底炉直接还原，以煤、焦炭或木炭为还原剂，以天然气、丙烷、燃油和煤粉等作供热燃料，在低于原料熔点，固相还原含碳球团中的氧化铁，分离含钛矿物中的铁和钛，同时生产高钛渣和铁，提高原料的综合利用率，降低生产成本，并可大规模生产，为钛资源综合利用提供了一个可行的途径。

（8）用钛精矿低温制备酸溶性钛渣的方法　梅卫东提供了一种用攀枝花钛精矿制备酸溶性钛渣的方法，包括以下步骤：钛精矿磁选；取焦粉或煤粉与精制钛精矿混合均匀；球磨；还原，还原温度为 950～1100℃；破碎；球磨；磁选；对磁性物和非磁性物脱水和干燥，得到的非磁性物即酸溶性钛渣，磁性物为铁粉。该方法采用球磨粉料处理钛精矿，精矿在机械力作用下发生变形，产生大量的晶格畸变，提高了反应活性，降低了还原反应的开始温度，使钛精矿在低温时发生还原反应，避免钛铁矿相转变成亚铁板钛矿相，抑制矿物中氧化镁、氧化锰等杂质富集，控制二氧化钛还原，使铁晶粒长大，还原产物中的铁、钛容易单体分离，得到的钛渣的二氧化钛含量大于 75%。

（9）矿热炉冶炼钛渣的冶炼方法及其装置　攀钢公开了一种热效率更高的矿热炉冶炼钛渣的冶炼方法及其装置。该冶炼方法增设了布料点和相应下料装置；用三维传热数学模型对各布料点进行温度模拟，据此调整其下料量。适用于上述方法的冶炼装置中，在矿热炉本体内设置测温装置，测温装置发出的信号输入到计算机，计算机输出相应的指令控制各下料装置，炉盖上增设了均布的布料孔及相应下料装置。实现了根据熔池表面不同功率区域的化料速度调整下料量，保持了炉料层的固定厚度以连续进行薄料层钛渣冶炼，克服了厚料层周期冶炼的缺点，可显著提高大型矿热炉冶炼钛渣的热效率，同时缩短单位产量的冶炼时间；可预估铁水量和熔渣量，对后续工序操作给出指示，特别适用于大型矿热炉钛渣冶炼。

（10）用于大型钛渣电炉的自焙电极及其生产工艺　攀钢公开了电炉冶金领域中一种力

学性能高的用于大型钛渣电炉的自焙电极及其生产工艺。该自焙电极采用电极糊焙烧而成，其直径为800～1200mm，体积密度为1.45～1.5g/cm^3。该自焙电极其抗折强度>5.5MPa，耐压强度>19MPa，可适应大型钛渣电炉冶炼工况条件。该自焙电极的生产工艺是将加入电极壳内的电极糊进行焙烧形成自焙电极，并将电极糊中挥发分的质量百分比控制在12.5%～15%，将电极糊柱高度控制在4～4.5m。采用上述工艺可以焙制出力学性能高，可适应大型钛渣电炉冶炼工况条件的自焙电极，使大型钛渣电炉能够采用自焙电极进行冶炼，大幅度降低电炉的生产成本。

(11) 直流密闭电弧炉连续冶炼钛渣精确给料的方法及装置　云南新立有色金属公司提出了一种直流密闭电弧炉连续冶炼钛渣精确给料的方法及装置，其步骤是：通过DCS远程控制给出给料指令，手动插板阀保持敞开状态（检修时关闭）；DCS远程控制自动打开气动插板阀；称重传感器到达螺旋给料机，通过PID控制螺旋给料机将物料输送到给料管道进行混料，最后到达炉内；本发明装置由氮气密封系统、料仓、手动插板阀、气动插板阀、称重仓、称重传感器、螺旋给料机、给料管道组成。其特征是能连续恒定给料、给料速率可调、在入炉前进行精确计量和混合、物料快速入炉可防止物料偏析、自动化程度高。

(12) 一种密闭电炉高钛渣生产中渣、铁液位测量的方法　云南新立有色金属公司提出了一种密闭电炉高钛渣生产中渣、铁液位测量的方法，包括电动葫芦、液位测量杆。当测量液位时，液位测量杆快速通过测量孔插入熔池内，测量杆上端铁链不垂直后，迅速提升至指定位置，根据测量杆上粘附的渣、铁的长度进行液位计算。该测量方法具有精度高、结构简单、成本低、维护简单等特点。

(13) 一种钛渣直流电弧炉　云南新立有色金属公司发明了一种钛渣直流电弧炉，中空电极设置在炉顶正中心；围绕中空电极在炉顶圆周上开设有3～5个均匀的外围布料孔；各分料点处在熔池的正上方，总的外围布料量占总投料量的20%～40%；将部分钛精矿粉料与无烟煤混合后从外围布料孔投入炉内；各外围布料孔的下料速度相等以保证熔池特性的均匀。该法降低密闭电炉的空腔温度，进而降低炉顶热负荷、降低电炉烟气温度，提高了电炉的热效率和电炉产能。

(14) 钛渣电炉出渣口　攀钢公开了一种使用寿命长的钛渣电炉出渣口。该出渣口包括由镁砖砌筑而成的孔道主体，孔道主体的出口端设置有由抗高温耐侵蚀性材料制成的出渣嘴，出渣嘴中的出渣通道与孔道主体连通形成孔道。出渣嘴抗高温侵蚀性好，对镁砖起到了保温作用，极大的减缓了镁砖因急冷急热而造成的损坏，使出渣口寿命极大延长。适用于在钛渣电炉、矿热炉、铁合金炉等出渣口上应用。

(15) 一种炉前钛渣处理装置　四川龙蟒矿冶公司发明了一种炉前钛渣处理装置，包括电炉出渣口、铲运车、Y形流渣沟和两个位于Y形流渣沟下游的并排设置的干渣坑。Y形流渣沟由1个接渣沟和2个出渣沟一体构成，且接渣沟与出渣沟贯通，所述接渣沟下斜地布设在电炉出渣口的下方。干渣坑包括左干渣坑和右干渣坑，它们分别布设在Y形流渣沟的2个出渣沟的下方，轮流使用，一个装熔渣，另一个装冷固渣块，铲运车前端料斗的下底板前端上固定安装有铲齿，将干渣坑内的冷固渣块击碎后铲入料斗内转运到堆放处理场地。该装置省去了渣罐牵引车和翻罐作业的吊车，投资省，安全可靠。因作业区远离炉前，清沟方便，大大减轻工人的劳动强度，工作环境也得到改善，特别适合于大、中型规模的高钛渣生产厂。

(16) 耐高温钛渣炉炉体　攀枝花国钛科技公司公开了一种耐高温铁液腐蚀的钛渣炉炉体，包括炉墙和炉壳，炉墙设置在炉壳内侧，由普通区域和高温区域组成，还包括耐火打结层，耐火打结层整体打结在炉墙的高温区外壁和所述炉壳之间。由于在高温区域设置有耐火打结层，因此即使高温铁液顺着砖缝侵蚀出来，也会受到耐火打结层的阻挡，这样就避免了高温铁液腐蚀穿整个钛渣炉。同时，炉壳在高温区设置散热凸起结构，这样可以降低耐火打结层的温度，保证耐火打结层的寿命，延长钛渣炉炉龄。

（17）高钛型高炉渣制取富钛料技术　目前，从高炉渣中提取回收钛的技术大致可分为三种。一是传统的酸浸流程，为了降低处理成本，使用废酸或低浓度酸解技术，废酸液可循环使用，也可以作为钢铁厂内部循环水的处理剂使用。采用该工艺，一方面可以显著降低处理成本，另一方面充分利用了生产过程产生的废酸，同时节约了废酸和废水的处理费用。二是“高温碳化，低温氯化”处理工艺，以高钛型高炉渣为原料，采用火法冶金处理方法，在高温下首先进行高炉渣的碳化，将其中的 TiO_2 转变为 TiC 和 TiN，然后在较低的温度下氯化，将 TiC 和 TiN 转变为 $TiCl_4$，通过进一步的精制，获得硫酸法钛白或氯化法钛白的优质原料。根据现有技术，高炉渣碳化率可达到 90%以上，目前关键是如何降低生产能耗，使之具备经济优势，实现规模化生产。三是高炉渣“再冶再选”工艺技术，针对高炉渣中含钛物相多且分散、粒度细小的特点，通过冶金方法促使高炉渣中的钙钛矿长大，然后通过选矿方法选出其中的钛，达到钛富集的目的。采用该方法处理，钙钛矿粒度可由原来的 10μm 长大到 40μm 左右，经选矿后，TiO_2 品位可由目前的 22%提高到 40%左右，但存在处理时间长、产品品位低等不足，尚需进一步研究解决。

（18）电极糊制备方法　俄罗斯 PETROV VIKTOR BORISOVICH 提出了一种电极糊制备方法。将主要成分（S）加入浓度 2～50g/L 的合金成分盐（L）溶液中，其中 S∶L＝1∶5～10。主要成分表示的是从金云母、白云母、蠕状蛇纹石、金红石精矿、铁精矿和长石精矿组中选用的主要成分。合金成分表示的是从铬、锰、锶和稀土元素组中选取的成分，而合金成分盐表示的是氯化物、硝酸盐和硫酸盐。在 1%～5%（质量分数）的成型悬浮液中加入一定比例的液态玻璃，然后在 15～90℃条件下混合 1～5h，获得合金熔化混合物沉淀。用水冲洗沉淀，然后在 95～105℃条件下干燥处理。将干燥后的合金混合物加入剩余的液态玻璃之中，边加边混合。可生成高质量的电极糊，组合金属中的分散氢含量降低，整个合金混合物中的合金成分均匀分布。

4.3 人造金红石

4.3.1 人造金红石生产的基本原理与方法

4.3.1.1 概述

金红石是一种黄色至红棕色的矿物，其主要成分是 TiO_2，还含有一定量的铁、铌和钽。铁是由于它与钛铁矿共生的结果。由于 Ti^{4+} 与 Nb^{+}、Ta^{5+} 的相似性，铌和钽常伴生在钛矿石中。金红石是较纯的二氧化钛，一般含二氧化钛在 95%以上，但地壳中储量较少。

人造金红石（artificial rutile）又称合成金红石（synthetic rutile）。系指利用化学加工方法，将钛铁矿中的大部分铁成分分离出去所生产的一种在成分和结构性能与天然金红石相同的富钛原料，其 TiO_2 含量视加工工艺的不同波动在 91%～96%，是天然金红石的优质代用品，大量用于生产氯化法二氧化钛，也可用于生产四氯化钛、金属钛以及搪瓷制品和电焊条药皮，还可用于生产人造金红石黄颜料。主要生产国家有澳大利亚、美国、日本、印度、马来西亚等。产量已超过天然金红石，主要原因是天然金红石储量日渐枯竭，产量逐年下降。

由于金红石有用作宝石的优良性质，所以人们一直在研究科学合成金红石的方法。1947年，美国铅业公司首先用焰熔法制出了人造金红石，其中的无色透明者，主要就是用作钻石的代用品或假冒品。用无色透明的人造金红石琢磨成的宝石闪亮刺眼、五彩缤纷，超过了真钻石，常被称为“五彩钻”或“五色钻”，与真钻石不难区别。由于金红石有强烈的双折射，用放大镜从顶面观察“五彩钻”，可以发现底部的棱线的显著的双影，真钻石则绝不会出现双影。此外，“五彩钻”因为闪光过分艳丽，并带有不清亮的乳白光，看来有庸俗之感。

4.3.1.2 基本原理

人造金红石生产是钛矿物原料的富集过程之一，主要是经湿法处理除去非钛杂质的高钛物料。人造金红石是四氯化钛生产的主要原料之一，而四氯化钛又是生产钛白和海绵钛的中间原料，因此人造金红石生产工艺的改进、产量的增加及产品质量的提高等，对于海绵钛及钛白生产均有明显影响。生产人造金红石的原料是钛铁矿，少数为钛渣，但钛渣也是由钛铁矿生产的，可以说，钛铁矿是人造金红石生产的基本原料。

由钛铁矿生产人造金红石的工艺基础是除去钛铁矿中的铁及其他杂质，最大限度地以金红石形式富集钛。根据除铁工艺的特点，需将铁氧化和还原，然后用适宜方法除去。人造金红石生产对钛铁矿原料的要求较宽，但对低放射性的要求较严。当然从经济及工艺方面考虑，仍然还是低杂质、高品位的钛铁矿最受欢迎。

人造金红石生产工艺的主体均包括钛铁矿的氧化、还原、浸出及废酸的处理，最终产品是多孔金红石型的颗粒氧化钛相。一般工艺过程是，在800℃焙烧钛铁矿，在原生颗粒内碎裂成赤铁矿、金红石和假板钛矿，使其分别成为铁和钛的氧化物，然后将其分离。

由于碎裂后增加了各相可供利用的反应表面，随后于1100～1200℃还原焙烧，反应更趋完全。若铁弱还原为Fe^{2+}（Benelite法、Murso法、石原法），在盐酸或硫酸中溶解时，氧化钛相不溶，此时在固相含量高（钛饱和）的条件下，钛将随原有颗粒再沉淀为假象晶体，而铁、镁、钙、锰、铀、铝等进入溶液，从而与钛分离。这样产出的人造金红石理论纯度应>95%TiO_2。

但在金红石形成时，有部分离子铁还原成金属铁，并与部分杂质元素形成难溶化合物，不能被酸浸除去，所以通常人造金红石纯度只有89%～92%。若能控制杂质元素铁及其他组分较少形成难溶化合物，并强化酸浸条件，还是有望生产出TiO_2含量较高的人造金红石，这也就是目前一些公司提高人造金红石品位的研究方向。

4.3.1.3 主要方法

人造金红石生产方法主要有以下几种。

(1) 石原法　将钛铁矿中的铁用石油焦弱还原至Fe^{2+}，然后用硫酸法钛白厂的废硫酸浸取除铁，富集钛的固体煅烧，产出人造金红石，最终废酸用于生产肥料。

(2) Benelite法　由美国Benelite公司发明，用重油焙烧钛铁矿使铁弱还原为Fe^{2+}，用盐酸加压浸出除Fe及Ca、Mg、Mn，富集钛为人造金红石形式。该工艺需解决氯化铁及废盐酸的治理。

(3) Murso法　先在900℃下流态化焙烧钛铁矿使之预氧化，然后用一氧化碳和氢将铁弱还原至二价，用盐酸于100℃浸出除铁，最终将钛富集成人造金红石。该法原料要求宽，但需粒度一定。气体还原消除了固体炭还原时煤灰的污染。

(4) Becher法　又称锈蚀法。于1100℃下用细磨煤将钛铁矿中的铁强还原为金属铁，在无氧条件下冷却，在有氯化铵作催化剂的水中用空气将铁锈蚀为$Fe(OH)_3$，旋流分级除去，最终将钛富集为人造金红石。

（5）选择氯化法　钛铁矿预氧化后，在石油焦存在下通氯气选择氯化，使铁呈 $FeCl_3$ 形式挥发，固体磁选进一步除铁，浮选除去过量还原剂，最终获得人造金红石。

（6）钛渣法　以钛渣为原料经酸浸除杂，最后产出人造金红石。

生产人造金红石的各种可能方法的工艺流程如图 4.3.1 所示。

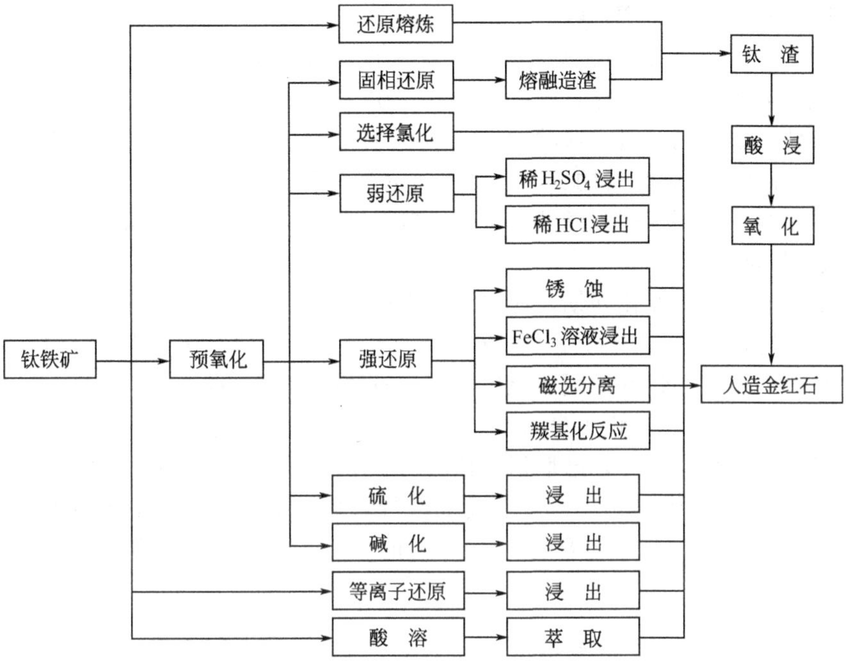

图 4.3.1　生产人造金红石的各种可能方法

4.3.2　选择性氯化法生产人造金红石

选择性氯化法是在流态化氯化炉中，以钛铁精矿为原料，加入还原剂碳，通氯气在一定温度下对矿石中的铁进行选择性氯化。反应生成的 $FeCl_3$ 在高温下挥发出炉，TiO_2 不被氯化，经选矿分离后得到人造金红石，基本方式如下：

$$Fe_2O_3 \cdot TiO_2 + 3/2C + 3Cl_2 = TiO_2 + 2FeCl_3 + 3/2CO_2$$

$$FeO \cdot TiO_2(s) + C(s) + 3/2Cl_2(g) = FeCl_3(g) + TiO_2 + CO(g)$$

选择氯化法是在沸腾炉里选择氯化铁以及钙、镁成分，经水洗获得 TiO_2 含量 90%以上的人造金红石。控制配碳量（约为精矿量的 6%～8%），在 800～1000℃下，钛铁矿中的铁被优先氯化并挥发。氯化后的固体料经过湿法除去过剩的碳和 $MgCl_2$、$CaCl_2$，磁选除去未被氯化的钛铁矿后，可获得 TiO_2 的质量分数达 90%以上的人造金红石。氯化过程在沸腾炉中进行，产生的 $FeCl_3$ 可回收利用。

4.3.3　电热法生产人造金红石

电热法生产人造金红石即将电炉熔炼的高钛渣经回转窑氧化焙烧成金红石的方法。电炉熔炼法在国外得到广泛应用，加拿大 QIT 公司、南非 RBM 公司、挪威 TTI 公司等都在使用这种技术。早在 20 世纪 50 年代，我国就开始应用电炉熔炼法生产高钛渣，60 年代开始应用电热法生产人造金红石，作为制造电焊条外皮涂层的原料。在 90 年代云南钛铁矿的开发利用中，规模最大的云南大西洋钛业公司，建设了年产能力 5000t 人造金红石的生产线，成为了国内知名的电焊条生产商。

高钛渣在回转窑中氧化焙烧目的有二：一是将渣中不同价态的钛氧化物氧化焙烧成金红石型 TiO_2，二是脱掉渣中部分 S、P、C，以满足电焊条涂料质量需求。

电热法的优点是三废少、工艺技术简单，缺点是用电量大、人造金红石品位低、劳动强度大。

4.3.4 还原-锈蚀法生产人造金红石

还原锈蚀法是一种选择性除铁的方法，首先将钛铁矿中铁的氧化物经固相还原为金属铁，然后用电解质水溶液将还原钛铁矿中的铁“锈蚀”并分离出去，使 TiO_2 富集成人造金红石。这种方法是澳大利亚研究成功的，在 2006 年，澳大利亚西方钛公司已建成了年产能力达 79 万吨锈蚀法人造金红石的工厂。锈蚀法生产人造金红石包括氧化焙烧、还原、锈蚀、酸浸、过滤和干燥等主要工序。锈蚀法生产人造金红石工艺流程如图 4.3.2 所示。

4.3.4.1 氧化焙烧

澳大利亚在研究和工业化初期，还原之前进行预氧化焙烧处理，所用原料是半风化的钛铁矿（TiO_2 含量为 54%～55%，$Fe^{3+}/Fe^{2+}=0.6\sim1.2$）。预氧化焙烧的目的是减少在固相还原过程中矿物的烧结。钛铁矿预氧化生成高铁板钛矿和金红石：

$$4FeTiO_3+O_2=\!=\!=2Fe_2TiO_5+2TiO_2$$

但是后期的工业化生产中，已取消了预氧化工序。氧化焙烧是在回转窑中进行，以燃油为燃料，窑中最高温度为 1030℃。在空气中进行氧化焙烧，先把钛铁矿中的 Fe^{2+} 氧化为 Fe^{3+}，氧化是不完全的，一般仍含有 3%～7%的 FeO，将氧化矿冷却至 600℃左右，即进入还原窑。

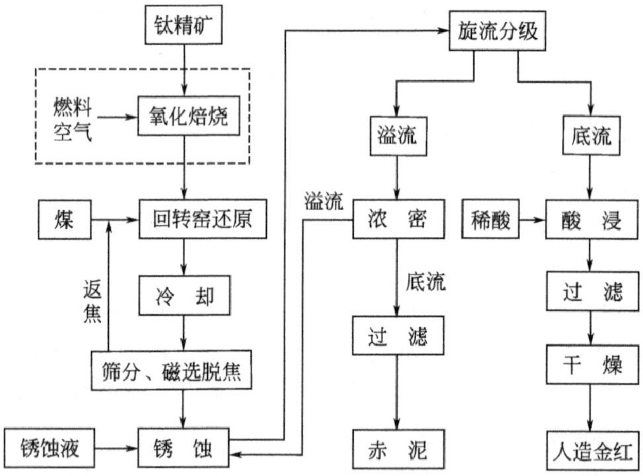

图 4.3.2 锈蚀法生产人造金红石工艺流程示意图

4.3.4.2 还原

钛铁矿的还原是在回转窑中进行，采用煤作还原剂和燃料，澳大利亚利用本地廉价的次烟煤，物料经氧化后，钛铁矿中的铁得到活化，可提高还原速率和还原率，并可防烧结。还原温度控制在 1180～1200℃，由于温度＞1030℃时，固体碳即生成 CO，CO 在第一阶段将 Fe^{3+} 还原为 Fe^{2+}，第二阶段将 Fe^{2+} 还原为 Fe，并伴随有部分 TiO_2 被还原。要防止空气进入而引起金属铁被氧化。还原可使 93%～95%的铁还原为金属铁。当温度超过 1200℃时，则会发生矿物的严重烧结而使回转窑结圈。窑内温度是通过调节加煤速度和通风速度而控制的。其反应式如下：

$$Fe_2O_3 \cdot TiO_2 + 3C = 2Fe + TiO_2 + 3CO$$

$$Fe_2O_3 \cdot TiO_2 + 2CO = FeO \cdot TiO_2 + Fe + 2CO_2$$

$$FeO \cdot TiO_2 + CO = Fe + TiO_2 + CO_2$$

为了减少锰杂质对还原过程的干扰，澳大利亚在还原过程中加入一定量的硫作为催化剂，使矿中的 MnO 优先生成硫化物，减少锰对钛铁矿还原的影响，而所生成锰的硫化物，可在其后的酸浸过程中溶解而除去，从而可提高产品的 TiO_2 品位。从还原窑卸出的还原矿，温度高达 1140～1170℃，必须将其冷却至 70～80℃，方可进行筛分和磁选脱焦，分离出煤灰和余焦而获得还原钛铁矿。

4.3.4.3　锈蚀

锈蚀过程实质是一个电化学腐蚀过程，将金属化的物料放入装有酸性 NH_4Cl（质量分数为 1.5%～2%）或盐酸水溶液的电解质溶液中进行。锈蚀是放热反应，温度可升到 80℃。硫酸的锈蚀槽中，通空气搅拌使铁腐蚀生成 $Fe(OH)_2$，再氧化为铁锈（$Fe_2O_3 \cdot H_2O$），呈细散粉末状微粒，就很容易将其漂洗除去。获得的人造金红石中的 TiO_2 的质量分数大于 92%。

还原钛铁矿颗粒内的金属铁微晶相当于原电池的阳极，颗粒外表相当于阴极。在阳极，Fe 失去电子变成 Fe^{2+} 进入溶液。

阳极反应：$Fe = Fe^{2+} + 2e$

在阴极区，溶液中的氧接受电子生成 OH^-，颗粒内溶解下来的 Fe^{2+}，沿着微孔扩散到颗粒外表面的电解质溶液中，同时通入空气使之进一步氧化成水合氧化铁细粒沉淀：

阴极反应：$O_2 + 2H_2O + 4e = 4OH^-$

铁离子与 OH^- 结合成 $Fe(OH)_2$ 再被氧化：

$$2Fe(OH)_2 + 1/2O_2 = Fe_2O_3 \cdot H_2O \downarrow + H_2O$$

所生成的水合氧化铁粒子特别小，根据它与还原矿的物性差别，可将它们从还原矿的母体中分离出来，获得富钛料。

4.3.4.4　酸浸

采用 4%的硫酸在 80℃常压下，将上述富钛料进行浸出，其中残留的一部分铁和锰等杂质溶解出来，经过滤、水洗，在回转窑中干燥、冷却，即可获得 TiO_2 含量为 92%的人造金红石。副产品氧化铁中含有 1%～2%的 TiO_2，钛铁矿中钛的回收率可达 98.5%，每吨产品消耗锈蚀剂氯化铵 11kg，耗电 135kW·h。澳大利亚和中国采用各自的钛铁矿制出的人造金红石产品组成见表 4.3.1。

表 4.3.1　还原锈蚀法人造金红石产品组成（质量分数%）

成分	澳大利亚		中国	
	原料钛精矿	人造金红石	氧化砂矿人造金红石	藤县矿人造金红石
ΣTiO_2	55.03	92.0	88.04	87.05
Ti_2O_3		10.0		
FeO	22.20	4.63		
Fe_2O_3	18.80		6.35	8.70
SiO_2		0.7	0.84	0.81
CaO		0.03	0.12	0.31

续表

成分	澳大利亚		中国	
	原料钛精矿	人造金红石	氧化砂矿人造金红石	藤县矿人造金红石
MgO	0.18	0.15	0.12	0.22
Al_2O_3		0.7	1.29	0.10
MnO	1.43	2.0	1.17	1.04
S		0.15	0.005	0.009
P			0.018	0.019
C		0.15	0.028	0.029

4.3.4.5 还原锈蚀法的优点

① 人造金红石产品粒度均匀，颜色稳定。

② 用电量和氯化铵、盐酸、硫酸的量均少，还原时主要是以煤为还原剂和燃料，并可利用廉价的褐煤，因此产品成本较低。

③ 三废容易治理，在锈蚀过程中排出的废水接近中性（pH 值为 6～6.5)，赤泥经干燥可作炼铁原料，也可进一步加工成氧化铁红，污染较少。

4.3.4.6 还原锈蚀法的缺点

仅适宜处理高品位的钛铁砂矿。

由于还原锈蚀法工艺本身的原因，所生产出的产品品位只能达到 92%。后来国外 RGC 在工艺中进行了改进，加了一道酸浸工序，使 TiO_2 品位从 92%提高到 94%，并降低了产品中铀、钍放射性元素的含量。

4.3.5 酸浸法生产人造金红石

将还原后的物料用酸（盐酸或硫酸）在高温下浸出铁等杂质，分为盐酸法和硫酸法。

4.3.5.1 硫酸浸出法

此法用硫酸做溶剂对钛铁矿进行浸出，使铁溶解进入溶液而钛则富集于不溶残渣中，该法适合处理含 Fe_2O_3 高的钛铁矿，多用于钛白生产上。将矿石中的 Fe_2O_3 焙烧成 FeO，经磁选获得钛铁矿。然后将钛铁矿放入带有搅拌器并内衬耐酸砖的浸出罐中利用硫酸浸出，控制温度为 393～403K。基本反应为：

$$FeO \cdot TiO_2 + H_2SO_4 = TiO_2 + FeSO_4 + H_2O$$

(1) 原理　日本石原产业株式会社采用印度高品位钛铁矿（氧化砂矿，TiO_2 含量 59.5%，矿中的铁主要是以 Fe^{3+} 形式存在)，先用还原剂将 Fe^{3+} 还原为 Fe^{2+}，然后利用硫酸法钛白生产排出的浓度为 22%～23%的稀废硫酸进行加压浸出，使之溶解矿中的铁杂质而使 TiO_2 富集。这种生产人造金红石的方法源于石原公司，故称石原法。石原法包括还原、加压浸出、过滤和洗涤、煅烧等工序。石原公司早已建成了年产 10 万吨人造金红石的工厂。稀硫酸浸出法生产人造金红石工艺流程如图 4.3.3 所示。

(2) 还原　以石油焦为还原剂，在回转窑中，将矿中的 Fe^{3+} 还原为 Fe^{2+}，还原温度为 900～1000℃，时间为 5h，还原所得的 Fe^{2+} 应占总铁的 95%以上，窑内要求正压操作(19.6～39.2Pa)，还原料在冷却窑中于隔绝空气的情况下，冷却至 80℃出料。用磁选机分离，除去残焦，剩下的还原料，作为下道工序浸出之用。

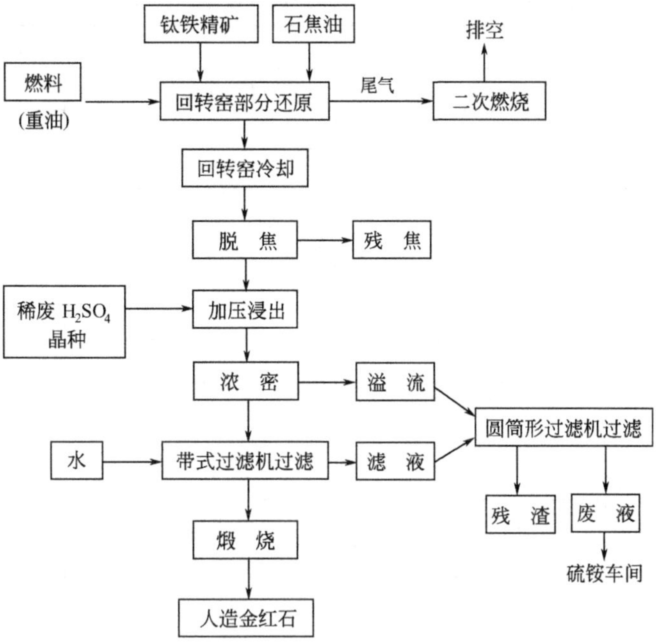

图 4.3.3　稀硫酸浸出法生产人造金红石工艺流程

(3) 加压浸出　在一台 $80m^3$ 衬有耐酸砖的浸取罐中，加入浓度为 22%～23%的稀硫酸，按固液比为 1：3 加入还原料，压力为 0.1～0.15MPa，温度为 120～130℃，搅拌浸取 8h，使矿中的 Fe^{2+} 被溶解而生成硫酸亚铁进入溶液，而 TiO_2 留在固相中。其反应式如下：

$$FeTiO_3 + H_2SO_4 = FeSO_4 + TiO_2 + H_2O$$

在酸浸过程中，TiO_2 也部分被溶解然后又水解析出，加入 TiO_2 水合胶体为晶种可扩大固液两相间的浓度差，从而可加速铁的浸出速率和增加浸出率；也有助于控制产品的粒度，减少细粒产品。因为硫酸的浸出效果比盐酸差，一次浸出物中含有部分浸出不完全的矿物，可返回还原或浸出工序，重新处理。

(4) 过滤和洗涤　浸出后的产物经带式过滤机进行固液分离，分出的固相物经水洗、烘干即为富钛料。分出的液相是含有 $FeSO_4$ 的滤液，用作制取硫酸铵和氧化铁红。反应式为：

$$2FeSO_4 + 4NH_3 + 2H_2O + 1/2O_2 = 2(NH_4)_2SO_4 + Fe_2O_3$$

(5) 煅烧　煅烧可除去富钛料中的水分和脱硫，煅烧在另一个窑中于正压（49～68.6Pa）下进行，窑头温度为 900℃左右，煅烧品经冷却包装，即为人造金红石成品。日本石原产业株式会社所用的原料钛铁精矿和产品人造金红石的组成见表 4.3.2。石原法生产人造金红石，每吨产品需要消耗上述钛铁矿 1.78 吨、焦油 98kg，TiO_2 回收率可达 90%。

(6) 石原法的优点　一是不但可除去矿中的铁，还可部分除去钙、镁、铝和锰等可溶杂质，可获得 TiO_2 含量 96%的高品位产品。二是利用硫酸法钛白生产厂的废硫酸，既使产品的成本降低，又解决了钛白生产的三废治理问题。三是浸出的副产物 $FeSO_4$ 被用来加工成硫酸铵肥料和氧化铁红。

(7) 石原法的缺点　该法稀硫酸浸出能力差，只适宜于处理高质量的钛铁精矿，如果钛铁精矿品位较低，则会使工艺过程变得复杂，并会降低产品的质量。同时三废量大，流程复杂。

表 4.3.2 石原法的原料和产品的组成（质量分数）

成分	原料	产品	
	印度钛铁精矿/%	普通人造金红石/%	焊条用人造金红石/%
TiO_2	59.62	96.1	95.9
FeO	9.47		
Fe_2O_3	24.62	1.7	1.85
Al_2O_3	1.32	0.46	0.35
Cr_2O_3	0.16	0.15	0.18
CaO	0.09	0.01	0.01
MgO	0.28	0.07	0.05
MnO	0.48	0.03	0.03
P_2O_5	0.14	0.17	0.05
V_2O_5	0.2	0.20	0.21
SiO_2	0.7	0.50	0.48
ZrO_2	0.86	0.15	0.16
SO_3		0.03	0.03

4.3.5.2 盐酸循环浸出法

盐酸浸出法有加压浸出和常压浸出之分，有稀盐酸浸出和浓盐酸浸出之分，有循环浸出和流态化浸出之分，有冶化法和选冶法之分。

（1）原理　在国外用稀盐酸浸出法制取人造金红石有两种稍有不同的方法。其中应用较广而有代表性的是美国科美基公司采用的 BCA 盐酸循环浸出法。这种方法主要是钛铁矿在稀盐酸中选择性地浸出铁、钙、镁和锰等杂质而被除去，从而使 TiO_2 得到富集而提高了品位。其主要反应如下：

$$FeO \cdot TiO_2 + 2HCl = TiO_2 + FeCl_2 + H_2O$$

$$CaO \cdot TiO_2 + 2HCl = TiO_2 + CaCl_2 + H_2O$$

$$MgO \cdot TiO_2 + 2HCl = TiO_2 + MgCl_2 + H_2O$$

$$MnO \cdot TiO_2 + 2HCl = TiO_2 + MnCl_2 + H_2O$$

在浸出过程中 TiO_2 有部分被溶解，当溶液的酸浓度降低时，溶解生成的 $TiOCl_2$ 又发生水解而析出 TiO_2 水合物：

$$FeO \cdot TiO_2 + 4HCl = TiOCl_2 + FeCl_2 + 2H_2O$$

$$TiOCl_2 + (x+1)H_2O = TiO_2 \cdot xH_2O \downarrow + 2HCl$$

（2）BCA 盐酸循环浸出法　将钛铁精矿与 3%～6%的还原剂（煤、石油焦）连续加入回转窑中，在 870℃左右将矿中的 Fe^{3+} 还原为 Fe^{2+}，还原矿中 Fe^{2+} 占总铁的 80%～95%，在此过程中还添加 2%的硫作为催化剂，以提高 TiO_2 回收率，出窑时应迅速冷却至 85～93℃，以防止氧化。还原料经冷却加入球形回转压煮器中，用 18%～20%的再生盐酸浸出 4h，浸出温度 130～143℃，压力 0.25MPa，转速 1r/min，然后用含有 18%～20%的盐酸蒸发物注入压煮器中，以提供所必需的热，避免蒸汽加热造成浸出液变稀。浸出后，固相物经带式真空过滤机进行过滤和水洗，然后在另一个窑中用 870℃煅烧制成人造金红石。

浸出母液中的铁和其他金属氯化物，通过喷雾氧化焙烧法使这些氯化物都分解为氯化氢和相应的氧化物。其中 $FeCl_2$ 氧化成氧化铁红：

$$2FeCl_2 + 1/2O_2 + 2H_2O = Fe_2O_3 + 4HCl \uparrow$$

用洗涤水吸收分解出来的氯化氢便得到盐酸，然后将这再生的盐酸返回浸出工序使用，使盐酸形成闭路循环。BCA 盐酸循环浸出法制取人造金刚石工艺流程如图 4.3.4 所示。

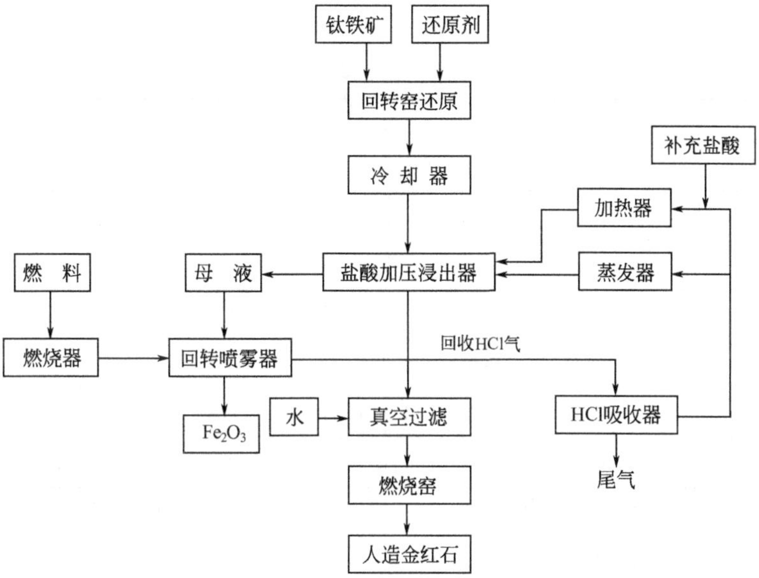

图 4.3.4　BCA 盐酸浸出法（Benilite）制取人造金红石工艺流程

BCA 法年产 10 万吨人造金红石的工厂，若采用 TiO_2 含量为 54%的钛铁矿，则可副产氧化铁约 6.5 万吨。球形热压器采用钛合金材料，酸蒸发采用石墨设备，其他为钢衬胶设备。

（3）BCA 盐酸循环浸出法的优点　一是以含 TiO_2 54%左右的钛铁矿为原料，可生产出 TiO_2 含量在 94%左右的人造金红石，产品具有多孔性，是氯化制取 TiCl 的优质原料。二是适合处理各种类型的钛铁矿。三是浸出速度快，除杂能力强，不仅能除铁，还可除钙、镁铝和锰等杂质，可获得高品位的人造金红石。四是盐酸循环浸出，洗涤产品的洗涤水，吸收氯化氢生成盐酸，又可循环使用。每吨产品只需补充 150kg 盐酸即可。由于母液经喷雾氧化焙烧再生盐酸，并闭路循环利用，产生的废料少，污染少。

（4）BCA 盐酸循环浸出法的缺点　所用的盐酸是强腐蚀性的酸，对设备腐蚀严重，而需要专门的防腐材料来制造设备，因而投资较大；喷雾氧化焙烧再生盐酸的能耗较高。BCA 法后来被改进可以用低品位钛铁矿为原料，生产出 TiO_2 含量在 95%～97%之间的人造金红石。改进了钛铁矿的预处理技术和从浸出母液再生盐酸的技术。

4.3.6　人造金红石生产技术经济指标

不同原料，不同方法生产人造金红石的技术经济指标不同，某公司采用盐酸常压浸出法生产 1t 人造金红石的典型技术经济指标如表 4.3.3 所示。

表 4.3.3　某公司盐酸常压浸出法生产人造金红石的技术经济指标

项目	单位	单耗	项目	单位	单耗
钛精矿	t	2.04	循环水	t	60
浓盐酸	t	0.5	煤气	GJ	45
吨包装袋	个	1	空气	Nm^3	1000
电	kWh	850	蒸汽	t	1.37
工业新水	t	11	氧化铁粉	t	1

4.3.7 生产设备

不同方法的生产设备不同，某小型人造金红石生产厂采用稀盐酸加压浸出法，该厂的主要生产设备如表4.3.4所示。

表4.3.4 主要设备一览表

编号	名称	规格	材质	编号	名称	规格	材质
1	回转窑	$\phi1\times10$m	钢壳衬里	10	洗水池		混凝土
2	强磁选机/m	$\phi160\times750$	钢铁	11	中间储槽	10m^3	钢壳衬里
3	石墨交换器	JX-30(15m^2)	石墨	12	真空泵	水环式	钢
4	压煮球	$\phi3$m	钢壳衬里	13	风机	7#	PVC
5	过滤槽/m×m	5×1.35,3×1.35	钢壳衬里	14	振动筛/mm	$\phi800$	钢
6	盐酸高位槽	12m^3	PVC,玻璃钢	15	冷却螺旋		钢
7	酸泵	50kg	玻璃钢	16	盐酸储池	160m^3	混凝土
8	酸化水槽	10m^3	混凝土	17	母液池	50m^3	混凝土
9	清水槽	10m^3	钢壳衬里				

4.3.8 人造金红石生产新技术

除上述各种人造金红石生产方法外，近年来国内外还试验了一些生产人造金红石的新技术、新方法，但因技术经济评价认为尚不适合实现工业化，因而暂无大规模应用实例。这些方法主要有硫化浸出、碱性浸出、羰基化法、等离子法、萃取法及微波法等。

陈菓提出了高钛渣微波加热-选矿联合工艺制备高品质的人造金红石产品的新工艺，并与常规加热方式进行了对比。高钛渣的主要成分为钛的氧化物、FeO、Al_2O_3、SiO_2、MgO和MnO，以及硫、磷、碳等少量元素。高钛渣的主要物相是锐钛型TiO_2和$Fe_3Ti_3O_{10}$（M_3O_5型黑钛石固溶体）以及少量的金红石型TiO_2。高钛渣在850℃左右锐钛型TiO_2开始不可逆地转变为金红石型TiO_2。微波焙烧高钛渣的最佳工艺参数为焙烧温度936℃，微波功率2.5kW，保温时间48min。为了提高微波焙烧产物中TiO_2的含量，采用选矿工艺除去其中的杂质。当磨矿时间为60min，磁选电流为5A，抑制剂CMC的用量为250g/t，捕收剂羟肟酸的用量为300g/t时，产品的二氧化钛品位达到91.25%，满足国家人造金红石行业标准中优级品标准。

王习东的发明充分利用含钛高炉渣自身高热量的特点，通过对含钛高炉渣进行改性，生产人造金红石，分离后的残渣可用于生产矿渣水泥。利用含钛高炉渣生产人造金红石，先在空气或氧气气氛下，用高钛电炉渣和二氧化硅对含钛高炉渣进行改性；然后使改性后的含钛高炉渣在1500～1600℃下保温0.5～1h，冷却结晶，得到金红石晶体；最后用选矿方法分离得到金红石晶体。该工艺的优点在于流程短、设备简单、可充分利用含钛高炉渣自身携带的热能，产物杂质少、无环境污染。

攀枝花研究人员针对攀西高钙镁钛铁矿，开展了“钛精矿流态化改性→盐酸常压浸出→废液Ruthner炉喷雾焙烧盐酸回收制取人造金红石”的新工艺研究，制备出了$TiO_2>90\%$、Σ（MgO+CaO）<1.0%、粒度满足沸腾氯化要求的富钛料。在流态化氧化炉中，预热过的钛精矿在1000℃左右氧化1～2h，再在还原炉中控制温度800℃左右还原1～2h，获得改

性钛精矿，其表面出现微裂纹和孔洞，使得杂质元素活性增强，常压下即可实现盐酸浸出，最后过滤、洗涤和回转窑煅烧干燥。该工艺的优点是流程短、工序少，可实现常压浸出，产业化容易。

针对采用盐酸浸出法浸取钛铁矿的生产工艺，为提高其浸出速率，陈树忠等发明了一种浸取液和该浸取液的制备方法以及应用该浸取液浸取钛铁矿的方法。该浸取液是由可溶性氯化盐与盐酸组成的复合体系，浸取液中可溶性氯化盐的浓度为0.5mol/L至饱和浓度，浸取液中盐酸浓度为15%～33%（质量分数）。应用该浸取液和盐酸浸出法浸取钛铁矿等原料时，可以增加氯化氢中氢离子的活度，提高浸出效率，有效地缩短浸出时间，并可降低盐酸浸出浓度，利于循环回收利用，进而降低盐酸回收成本。

澳大利亚ILUKA资源有限公司提出了一种从二级钛铁矿等钛矿中以合成金红石形式提炼钛的工艺，包括：在1075℃以上高温下在还原性气氛中进行矿石处理；在碳质还原剂中将钛铁矿转换成还原钛铁矿，其中钛铁矿中的氧化铁还原成金属铁；然后析出金属铁，生成合成金红石产物。碳质还原剂由木炭组成，水分含量低于40%，挥发分含量大于30%，灰分含量低于10%，其汽化反应性可提升氧化铁和钛的还原速率，从而使得合成金红石产物中 TiO_2 含量达到90%以上。

美国DUBRAWSKI JULES VICTOR发明了一种钛精矿转换用盐酸制造与再生工艺，包括如下步骤：①加热石灰和氯化铵混合物，产生氯化钙和氨气；②用酸处理氯化钙，形成盐酸；③用第②步生成的盐酸与原生钛精矿混合进行转换；④从第③步产物中析出经转换的（二级）钛精矿，产生一种含氯化铁的浸出液；⑤中和第④步产生的浸出液，并产生氯化钙；⑥将第⑤步产生的氯化钙转移至第②步，从而获得再生。

4.4 直接还原熔分渣

4.4.1 熔分渣概况

直接还原熔分渣是钒钛磁铁矿经过非高炉冶炼所得到的富集钛的钛渣，因钒钛磁矿矿源不同和成分差别，经直接还原所得到的熔分渣在化学成分上会有一定的波动范围。某地的钒钛磁铁矿经过直接还原后，测试化学成分见表4.4.1。

表4.4.1 熔分渣典型化学成分 单位：%

成分	TiO_2	V_2O_5	CaO	MgO	SiO_2	Al_2O_3	FeO	Ti_2O_3
含量	43.57	0.23	4.71	13.12	12.71	15.33	2.83	7.50

典型钒钛磁铁矿原矿经选矿工艺流程后，钛约有49%进入磁选精矿，而约51%的钛进入磁选尾矿。进入磁铁矿精矿的钛，在高炉炼铁时，绝大部分进入高炉渣，其 TiO_2 含量达25.99%左右，占钒钛磁铁矿原矿中钛的55%，至今难以回收利用，这些高炉渣只能堆存，不仅占地，还造成环境污染。这一流程从原矿计算钛的回收率不到7%，浪费巨大。如果采用直接还原工艺进行综合回收，除得到用于生产优质钢的电炉炼钢原料——直接还原铁外，能得到 TiO_2 含量达40%～50%左右的钛渣，该钛渣可以用于硫酸法生产钛白。这将大幅度提高钒钛磁铁矿钛资源的回收率，缓解我国钛资源紧张状况，为钛资源综合利用提供了一个可行的途径。

采用高炉流程冶炼钒钛磁铁矿，冶炼工艺流程如图4.4.1所示。它的主体由四部分构成，焦炉、造块设备（例如烧结机或带式焙烧机）、高炉和转炉。高炉使用冶金焦作为主体能源，它是由焦煤经炼焦生产得到的。炼焦生产的绝大部分焦炭都消耗于炼铁生产。高炉必须使用高强度块状铁料，而矿山提供的则大部分是粉状铁矿（精矿和富矿粉）。因此，人工造块是现代化高炉炼铁必备的工序。高炉的产品是液态生铁，它经转炉冶炼成转炉钢。

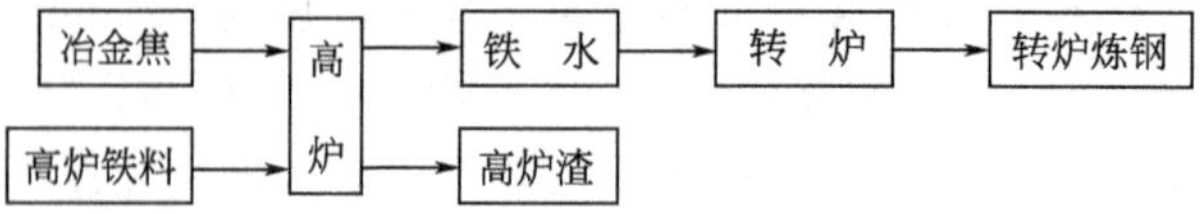

图 4.4.1 高炉流程

直接还原法是指在低于熔化温度之下将铁矿石还原成海绵铁的炼铁生产过程，其产品为直接还原铁，也称海绵铁，是电炉炼钢的优质原料。按还原剂不同，分为气基直接还原和煤基直接还原。主要有竖炉、回转窑、转底炉等技术。采用直接还原流程冶炼钒钛磁铁矿，冶炼工艺流程如图 4.4.2 所示。

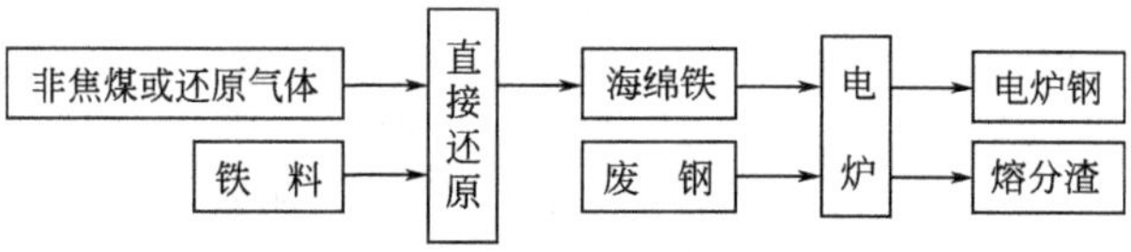

图 4.4.2 非高炉流程

直接还原在传统流程中找不到相应的环节。它的产品是在熔点以下还原得到的固态金属铁，其中夹杂着矿石中的脉石成分，称为直接还原铁（常用英文缩写 DRI）。由于直接还原铁未经过熔炼，在氧化过程中形成多微孔的结构，状似海绵，因此又称为海绵铁。海绵铁可代替废钢作为电炉原料。它具有一些废钢所缺乏的优点，其中最重要的是有害杂质含量低。因此海绵铁是特钢冶炼的优质原料，很多用废钢不能生成的特种钢都能用海绵铁生产出来。除了海绵铁产品外，余下的部分即为熔分渣。

4.4.2 竖炉还原技术

HYL-Ⅲ流程是 Hojalata y Lamia S. A.（Hylsa）公司在墨西哥的蒙特利尔开发成功的。其工艺流程如图 4.4.3 所示。

还原气以水蒸气为裂化剂，以天然气为原料通过催化裂化反应制取。还原气转化炉以天然气和部分炉顶煤气为燃料。燃气余热在烟道换热器中回收，用以预热原料气和水蒸气。从转化炉排出的粗还原气首先通过一个热量回收装置，用于水蒸气的生产。然后通过一个还原气洗涤器清洗冷却，冷凝出过剩水蒸气，使氧化度降低。净还原气与一部分经过清洗加压的炉顶煤气混合，通入一个以炉顶煤气为燃料的加热炉，预热至 900～960℃。

从加热炉排出的高温还原气体从竖炉的中间部位进入还原段。在与矿石的对流运动中，还原气完成对矿石的还原和预热，然后作为炉顶煤气从炉顶排出竖炉。炉顶煤气首先经过清洗，将还原过程产生的水蒸气冷凝脱除，提高还原势。并除去灰层，以便加压。清洗后的炉顶煤气分为两路：一路作为燃料气供应还原气加热炉和转化炉；另一路加压后与净还原气混合，预热后作为还原气使用。

可使用球团矿和天然矿作为原料。加料和卸料都有密封装置。料速通过卸料装置中的蜂窝轮排料机进行控制。在还原段完成还原过程的海绵铁继续下降进入冷却阶段。可将冷还原气或天然气等作为冷却气补充进循环系统。海绵体在冷却阶段中温度降低到 50℃左右，然

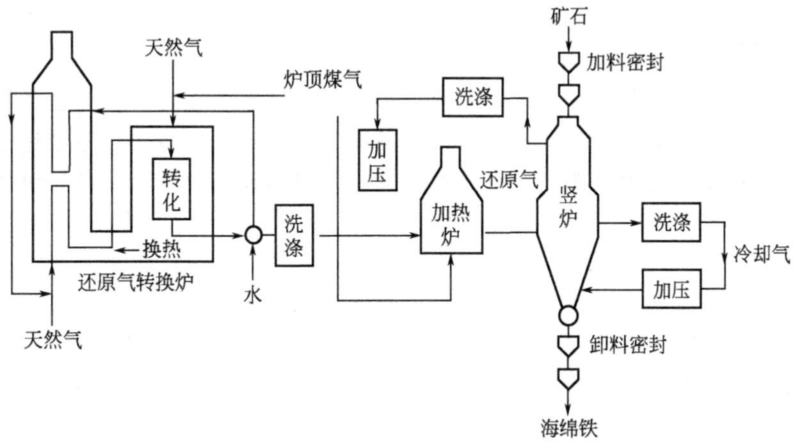

图 4.4.3　HYL-Ⅲ工艺流程

后排出竖炉。

4.4.3　回转窑技术

CODIR 流程是德国 Krupp 公司在 WELZE 和 KRUPP-RENN 流程的基础上开发成功的。半工业试验于 1957 年完成。1973 年南非 Dunswart 公司在柏诺尼建成一座年产 15 万吨海绵铁的 CODIR 工业装置。该流程的主要特点是在窑头用压缩空气喷入占总量约 70%的还原煤。这一措施对抑制再氧化和结圈现象具有明显效果。CODIR 工艺流程如图 4.4.4 所示。

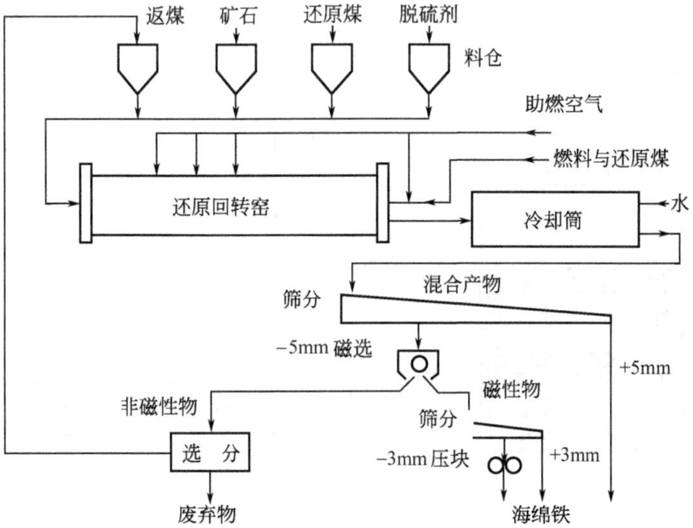

图 4.4.4　CODIR 工艺流程

Dunswart 公司的回转窑长 73.3m，直径 4.6m，坡度 2.5%，转速 0.35～0.8r/min。窑身设 6 台二次风机。冷却筒采用间接和直接水冷结合的方式，即同时向筒壁和筒内通水冷却。

CODIR 流程使用球团矿或天然块矿作为含铁料。还原剂最好是挥发分小于 30%的高活性煤，但也曾经成功地使用过低活性煤种。脱硫剂一般为石灰石或白云石。矿石、还原煤（包括返煤）和脱硫剂自窑尾入窑后，与炉气逆流向窑头运动。在运动中升高温度，将矿石还原成海绵铁。炉料在回转窑内的停留时间为 8～10h，排料温度 1050℃左右。混合料自回转窑排出后进入冷却筒，降温至约 120℃。

4.4.4 转底炉流程

转底炉直接还原具有高温、快速的工艺特点和炉料与炉底相对静止的设备特点，能较好地满足钒钛磁铁矿直接还原要求，共性技术的发展为钒钛磁铁矿直接还原创造了良好的外部条件，在此基础上针对钒钛磁铁矿自身特点，开展铁钒与钛高效分离研究、钒钛提取回收技术研究，实现转底炉直接还原-电炉深还原的产业化生产，达到铁、钒、钛元素分离与综合回收利用的目标。

转底炉呈密封的圆盘状，炉体在运行中以垂线为轴作旋转运动。流程最突出特点是使用冷压含碳球团。将铁精矿、焦粉或煤作为内配还原剂。将原燃料混匀磨细，制作成冷压球团。然后将球团连续加入转体炉，在炉盘上均匀布上一层厚度约为球团矿直径 3 倍的炉料。在炉盘周围设有烧嘴，以煤、煤气或油为燃料。高温燃气吹入炉内，以与炉盘转向相反的方向流动，将热量传给炉料。由于料层薄，球团矿升温极为迅速，很快达到还原温度 1250℃左右。含碳球团内，矿粉与还原剂具有良好的接触条件，在高温下，还原反应高速进行。经过 15～20min 的还原，球团矿金属化率即可达到 88%～92%。还原好的球团经一个螺旋排料机卸出转体炉。FASTMET 流程是神户和它的子公司 Midrex 直接还原公司联合开发成功的。图 4.4.5 示出了 FASTMET 工艺流程。

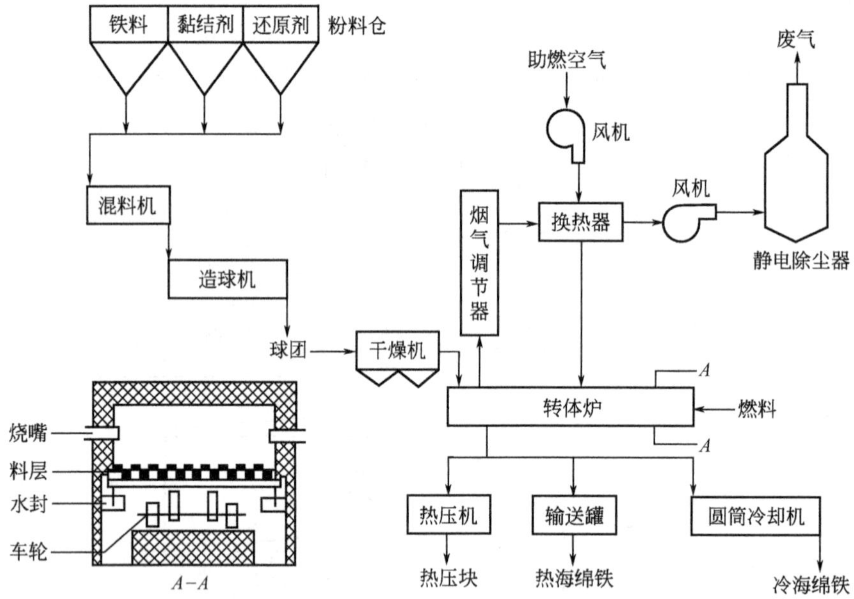

图 4.4.5 FASTMET 工艺流程

4.5 硫酸法钛白粉

4.5.1 硫酸法钛白生产原理

钛白生产方法包括如下三种：硫酸法，可生产金红石型和锐钛型钛白；氯化法，国内仅攀锦钛业公司采用（截至 2013 年），国外 55%企业采用，只能生产金红石型钛白；盐酸法，尚未产业化，新西兰曾进行试生产。

硫酸法生产钛白是成熟的生产方法，使用的原料为钛精矿或钛渣以及矿渣混合物。

硫酸法钛白生产实际上是一个通过分离、提纯等化学和物理方法，去除钛精矿（钛渣）中的杂质，只保留 90%以上 TiO_2 的一个化工过程。

硫酸法钛白生产的主要环节包括：①酸解；②钛液水解；③偏钛酸盐处理；④偏钛酸煅烧；⑤钛白后处理。

生产钛白的原料：钛精矿或钛渣、硫酸（本节以钛精矿为例）。

生产钛白的产品：金红石型钛白或锐钛型钛白，另外副产硫酸亚铁（本节以金红石型钛白为例）。

生产钛白的工艺：硫酸法。

生产钛白的主要设备：酸解罐、水解锅、回转窑等。

产品钛白粉及煅烧回转窑如图 4.5.1 和图 4.5.2 所示。

图 4.5.1　钛白粉

图 4.5.2　回转窑

硫酸法钛白生产所用原料钛精矿及产品钛白的典型化学成分分别如表 4.5.1 和表 4.5.2 所示。

表 4.5.1　攀钢主流程钛精矿典型化学成分　单位：%

成分	TiO_2	ΣFe	FeO	Fe_2O_3	SiO_2	S	P	MgO	Al_2O_3
含量	>47	30.58	34.27	5.55	<3.0	<0.19	<0.0049	6.12	1.34
成分	MnO	V_2O_5	Cu	Co		Ni	Cr	As	CaO
含量	0.65	0.095	0.0052	0.0013		0.0087	<0.005	<0.0077	0.75

表 4.5.2　钛白主要化学成分及性质　单位：%

成分	产品类型				
	锐钛型 A1	锐钛型 A2	金红石型 R1	金红石型 R2	金红石型 R3
TiO_2≥	98	92	97	90	80
105℃挥发物≤	0.5	0.8	0.5	商定	商定
水溶物≤	0.6	0.5	0.6	0.5	0.7
筛余物(45μm)≤	0.1	0.1	0.1	0.1	0.1

4.5.2　硫酸法钛白生产工艺简介

硫酸法生产钛白主要由下列几个工序组成：原矿准备；用硫酸分解精矿制取硫酸钛溶液；溶液净化除铁；由硫酸钛溶液水解析出偏钛酸；偏钛酸煅烧制得二氧化钛以及后处理工

序等。工艺流程如图 4.5.3 所示。

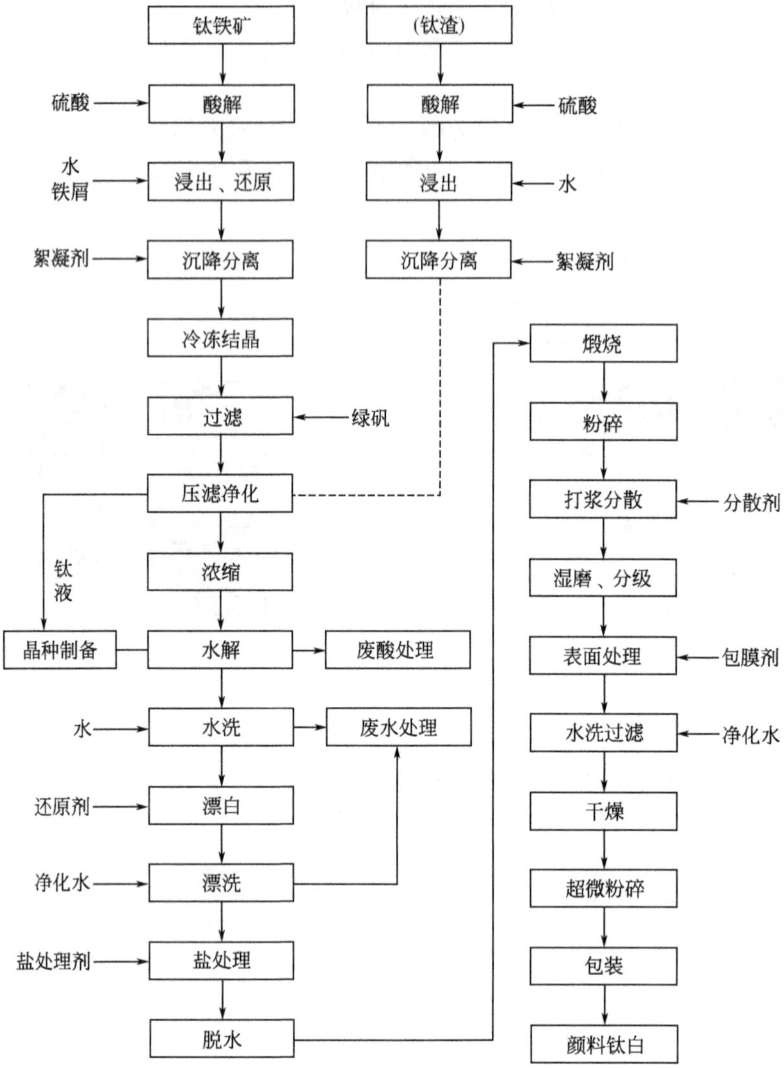

图 4.5.3 硫酸法生产钛白工艺流程

(1) 原矿准备 按照酸解的工艺要求，用雷蒙磨（风扫磨）磨矿，将钛精矿粉碎至一定的粒度。

(2) 硫酸钛溶液的制备 钛液的制备实际上包括钛精矿的酸分解、固相物的浸取、还原等工艺步骤。

酸分解作业是在耐酸瓷砖的酸解罐中进行的。将浓度为 92%～94% 的浓硫酸装入酸解罐中并通入压缩空气，在搅拌的情况下加入磨细的钛精矿。精矿与硫酸的混合物用蒸气加热以诱导酸解主反应的进行，主反应结束后，让生成的固相物在酸解罐中熟化，使钛精矿进一步分解，分解后所得固相物基本上是由钛铁硫酸盐和一定数量的硫酸组成的。

固相物冷却到一定温度后，用水浸出，并用压缩空气搅拌，浸出完全以后，浸出溶液用铁屑还原，将溶液的硫酸高铁还原成硫酸亚铁。

(3) 钛液的净化 钛液净化包括沉降、结晶、分离、过滤等工序。

沉降是借助于重力作用，向钛液中加入沉降剂（主要絮凝剂是改性聚丙烯酰胺），除去钛液中的不溶性杂质和胶体颗粒，使钛液初步净化。

冷冻结晶在冷冻锅中进行，主要利用硫酸亚铁的溶解度随着钛液温度降低而降低的性质。用冷冻盐水带走钛液热量，使其降至适当的温度，从而使大量的硫酸亚铁结晶析出。

分离、过滤是由锥蓝离心机（圆盘过滤机）分离，抽滤及板框压滤三个工序构成。冷冻后的钛液经锥蓝离心机分离及抽滤池抽滤，得到初步净化的稀钛液，最后将稀钛液通过板框压滤，得到符合生产需要的清钛液。

（4）钛液浓缩　钛液浓缩采用连续式薄膜蒸发器，在减压真空的条件下蒸发掉钛液中的水分，以符合水解工序的需要。

（5）水解　水合二氧化钛是由钛的硫酸盐溶液热水解而生成的。为了促进热水解反应，并使得到的水合二氧化钛符合要求，一般采用引入晶种或自生晶种的方法。

（6）水洗及漂洗　由于水解反应是在较高的酸度下进行的，因此大部分杂质磷酸盐仍以溶解状态留在母液中。水洗的任务是将水合二氧化钛与母液分离，再用水洗涤以除尽偏钛酸中所含可溶性杂质。经过水洗而仍残留在水合二氧化钛中的最后一部分杂质（高铁为主），则以漂洗来除去，即在酸性条件下以还原剂将不溶的高铁还原为可溶性的亚铁，再进行二次水洗。

（7）盐处理　盐处理是在盐处理锅中进行。

在充分搅拌的情况下，向偏钛酸浆液中加入碳酸钾和磷酸等盐处理剂，可防止煅烧物料烧结，隐蔽杂质元素的显色，使煅烧产品颗粒松软，色泽洁白等。

（8）煅烧　回转窑是目前最广泛采用的煅烧设备。

盐处理后的偏钛酸在回转窑中经高温脱水、脱硫及晶型转化等过程，得到具有颜料性能的钛白粉。

（9）后处理　二氧化钛后处理是按照不同用途对煅烧所得二氧化钛进行各种处理以弥补它的光活性缺陷，并改变它的表面性质。后处理包括分级、无机和有机表面包膜处理、过滤、干燥、超微粉碎和计量包装等，从而获得表面性质好、分散性高的二氧化钛成品。

总之，硫酸法的优点是可直接用钛铁矿作原料，设备简单，工艺技术容易掌握，缺点是三废量大，不利于环境保护，并且处理三废费用很多，从而使生产成本增加。为克服上述缺点，采用含 TiO_2 70%～80%的钛渣为原料，不但可降低硫酸消耗的三分之一，而且废副产品物排出量可减少 30%。

生产过程中的主要化学反应：

① 酸解反应：$FeTiO_3+2H_2SO_4 \longrightarrow TiOSO_4+FeSO_4+2H_2O$

② 水解反应：$TiOSO_4+2H_2O \xrightarrow{\text{沸腾}} H_2TiO_3\downarrow+H_2SO_4$

③ 煅烧分解：$TiO_2\cdot xH_2O\cdot ySO_3 = TiO_2+xH_2O+ySO_3$

硫酸法存在的问题：

① 硫酸耗量大、生成稀酸量多。每生产 1t 钛白耗费 3～5t 浓硫酸，约产生 8t 20%稀硫酸。

② 每生产 1t 钛白副产 3～4t 绿矾，主要用做水处理剂、制取硫酸和含铁化合物的原料。但用量很少，市场销售困难。

③ 每生产 1t 钛白排放 15000～20000m^3 的含尘酸性废气，污染环境。

4.5.3　硫酸法钛白生产中钛液的制备

4.5.3.1　原矿准备

按照酸解的工艺要求，用雷蒙磨（球磨机、风扫磨）磨矿，将钛精矿粉碎至一定的粒度。325 目筛余≤1.5%，增加反应接触面，使酸解反应能够正常进行。雷蒙磨结构如图 4.5.4 所示。图 4.5.5 是攀枝花钛都化工有限公司的球磨机。

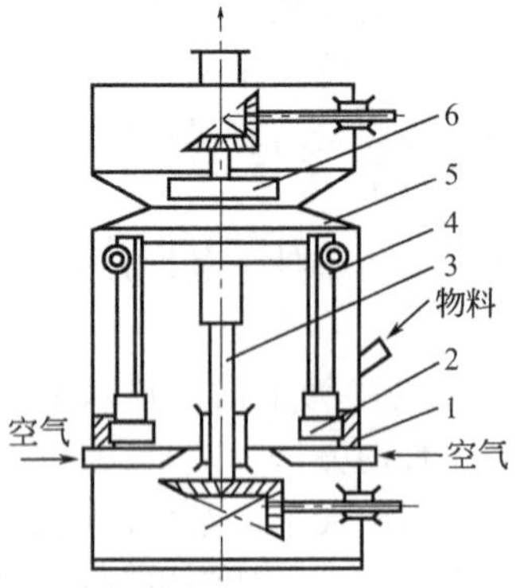

图 4.5.4 雷蒙磨结构示意图

1—磨环；2—旋辊；3—主轴；

4—支架；5—外壳；6—分级器

图 4.5.5 攀枝花钛都化工有限公司的球磨机

钛铁矿选择时要注意如下几点。

① 二氧化钛的品位高低是选择钛铁矿时首先要考虑到的因素，它直接影响工厂的收率和成本。一般矿中的二氧化钛含量应不低于 47%。

② 二氧化钛的品位高低主要涉及经济和消耗定额，而钛铁矿中 FeO/Fe_2O_3 的比值大小直接影响酸解的操作和安全。

③ 控制钛铁矿中有害杂质的含量是提高产品质量（白度、消色力）的关键因素之一。

④ Al_2O_3、SiO_2、S、P 等非金属杂质虽然对产品的白度没有多大的影响，但是它们在酸解时（特别是 MgO，CaO）会形成胶体，严重影响钛液的沉降和净化效果。

为了能生产出高质量的钛白粉，钛铁矿中的杂质含量最好不要超过以下范围：

Fe_2O_3<13%，Cr_2O_3<0.03，MnO<1.5%，Nb_2O_5<0.2%，V_2O_5<0.5%，S<0.2%，Al_2O_3<1%，SiO_2<1%，P_2O_5<0.025%，金红石<0.5%。

对硫酸的要求：硫酸法钛白粉生产中的第二个主要原料是硫酸，它是一种很活泼、氧化性很强的强酸，由于它的沸点很高（338℃），因此很适合用来溶解钛铁矿。通常对硫酸的质量没有特殊要求，只要符合工业硫酸的国家标准即可。对于硫酸浓度的要求，一般为88%～98%，但最好不低于 85%，通常使用 92%～96%浓度的硫酸比较好。

钛铁矿的干燥与粉碎：钛铁矿的干燥一般在风扫磨中进行，风扫磨属于一种卧式球磨机，钛铁矿在不同直径大小的钢球中磨细后，由热风炉吹来的热风把矿粉输送到收料器内。

我国钛铁矿的粉碎普遍采用雷蒙磨，又称为摆轮式研磨机或悬辊式研磨机、环辊磨等。雷蒙磨的生产能力大、能耗低、产品细度比较好，但噪声大、振动比较厉害。一般中小型钛白粉工厂控制细度为 325 目筛余≤1.5%左右。

4.5.3.2 酸解方法简介

液相法：反应始终在液相状态下进行。在这里，硫酸（有效酸）浓度与钛总含量之比值非常重要，叫做酸比值，通常以 F 来表示。采用 55%～60%的硫酸酸比值较高（F 值为 3～3.2），所以得到的钛液绝大部分以正硫酸钛的形式存在。该方法因为反应时间太长，耗酸、耗蒸汽多，加上 F 值太高，造成以后水解困难，水解率低，工业生产一般不采用此法。

两相法：两相法采用的硫酸浓度为 65%～80%，F 值控制在 1.8～2.2 之间，操作时先把硫酸加热至 120℃左右，主反应 3h，然后加入矿粉继续加热到 150～200℃左右，反应物为糊状物，接着冷却、加水浸取，至酸解率达到 85%～90%为止。两相法虽比液相法耗用硫酸少，但反应时间长，酸解率低仍，不经济。

固相法：该法是目前硫酸法钛白粉工厂普遍采用的方法，因为它与前两种方法相比，具有反应温度高、反应历程短、耗用硫酸少的优点。用这种方法生产的硫酸浓度一般在85%～95%，反应激烈、迅速，由于浓硫酸的沸点高，最高反应温度可高达 200～250℃，反应一般在 5～15min 内即可完成，反应放出大量的热，因此能源较省，耗酸也较少，F 值一般控制 1.7～2.1，所得产品为多孔的固相物，容易加水浸取，酸解率通常可以达到 95%以上。

4.5.3.3　固相法酸解

硫酸钛溶液的制备实际上包括钛精矿的酸分解、固相物的浸取、还原等工艺步骤。

酸分解作业是在耐酸瓷砖的酸解罐中进行的。将浓度为 92%～94%的浓硫酸装入酸解罐中并通入压缩空气，在搅拌的情况下加入磨细的钛精矿。精矿与硫酸的混合物用蒸汽加热以诱导酸解主反应的进行，主反应结束后，让生成的固相物在酸解罐中熟化，使钛精矿进一步分解，分解后所得固相物基本上是由钛铁硫酸盐和一定数量的硫酸组成的。

固相物冷却到一定温度后，用水浸出，并用压缩空气搅拌，浸出完全以后，浸出溶液用铁屑还原，将溶液的硫酸高铁还原成硫酸亚铁。

钛铁矿与硫酸的反应非常缓慢，在常温下几乎不发生变化。为了促进这个反应，往往需要加热。

主反应为：

$$FeTiO_3 + 3H_2SO_4 \longrightarrow Ti(SO_4)_2 + FeSO_4 + 3H_2O$$

$$FeTiO_3 + 2H_2SO_4 \longrightarrow TiOSO_4 + FeSO_4 + 2H_2O$$

$$Fe_2O_3 + 3H_2SO_4 \longrightarrow Fe_2(SO_4)_3 + 3H_2O$$

杂质副反应为：

$$MgO + H_2SO_4 \longrightarrow MgSO_4 + H_2O$$

$$CaO + H_2SO_4 \longrightarrow CaSO_4 + H_2O$$

$$Al_2O_3 + 3H_2SO_4 \longrightarrow Al_2(SO_4)_3 + 3H_2O$$

$$MnO + H_2SO_4 \longrightarrow MnSO_4 + H_2O$$

反应结果得到的是（正）硫酸钛 $Ti(SO_4)_2$ 硫酸氧钛 $TiOSO_4$，硫酸亚铁 $FeSO_4$ 和硫酸高铁 $Fe_2(SO_4)_3$ 这四种物质。

高铁的还原反应为：

$$Fe_2(SO_4)_3 + Fe \longrightarrow 3FeSO_4$$

关键参数：

有效酸＝与钛结合的酸＋游离酸

酸比值 F＝（有效酸浓度）/（总 TiO_2 浓度）

钛液经过浓缩或稀释后，F 值是保持不变的，F 值的高低，能显示出钛液中钛的组成。酸解率一般可达到 90%～97%。

酸解率%＝[（溶液中总钛）/（矿粉中总钛）]×100

硫酸氧钛（$TiOSO_4$）是一种白色易潮解的结晶状粉末，它能溶于水，不溶于硫酸，如图 4.5.6 所示。

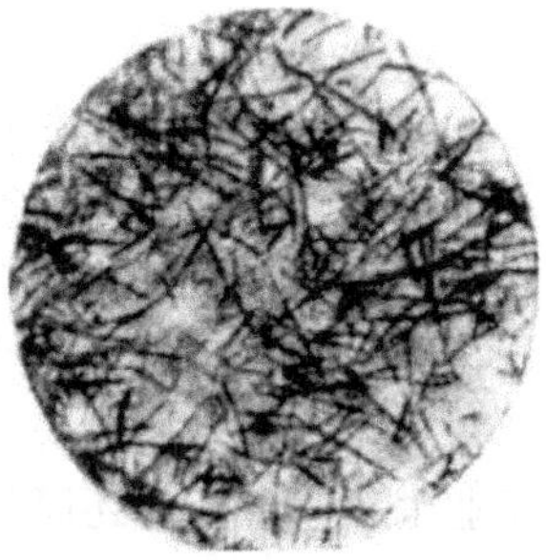

图 4.5.6　硫酸氧钛的显微照片

钛铁矿的酸解工艺操作，工业生产中通常采用固相法工艺。一般有如下三种操作方式。

① 高温法　先把浓硫酸放入酸解罐内，在压缩空气搅拌下将计量好的钛铁矿投入酸解罐内并搅拌均匀，然后添加计算好的稀释水，利用硫酸稀释放出的热量，再用蒸汽加热到一定温度后开始酸解反应。

② 低温法　先在酸解罐内把计量好的浓硫酸稀释到工艺规定的浓度和温度后，把计量好的钛铁矿在压缩空气搅拌下投入酸解罐中，搅拌均匀后直接加蒸汽引发酸解反应。

③ 预混合法　把浓硫酸与钛铁矿先在一台预混合罐中搅拌均匀，然后把此黏稠状的矿浆投入酸解罐内，再加入定量的稀释水，利用稀释热来引发酸解反应。

酸解反应的操作一般是先把计量好的硫酸放入酸解罐中，在压缩空气的搅拌下投入矿粉，即先加酸后加矿。硫酸的稀释夏季通常采用低温法，即先把硫酸稀释到一定的工艺浓度并冷却到一定的温度再投矿粉；冬季通常采用高温法，即先加酸后加砂粉，然后再加入计量后的稀释水，用硫酸的稀释热来引发反应。

4.5.3.4　固相物的浸取

所谓浸取是在压缩空气搅拌下、严格控制温度和浓度的情况下，用水或部分淡废酸、小度水（低 TiO_2 浓度的回收稀钛液）把反应固相物溶解。

浸取与固相物温度、加水方式、加水顺序、加水速率和溶液的温度及浓度有很大的关系，否则浸取不完全、酸解率低、稳定性下降，甚至会出现早期水解。

加水时一般宜先快后慢，在压缩空气搅拌下待大量的水迅速浸没固相物后，再以一定的速率把水加入酸解罐内。

在工业生产中，浸取时常加入部分稀废酸（水解过滤后的母液）和小度水，在这种情况下，一般先加稀废酸后加水或小度水。一般小型酸解罐，水、废酸、小度水直接从罐上部加入，大型酸解罐从底部或上下同时进水以利快速把固相物淹没，避免局部温度过高造成早期水解。

浸取虽然只是酸解固相物的溶解过程，但浸取质量的好坏直接影响钛液的质量指标（稳定性和酸解率）。影响浸取操作好坏的因素主要有：固相物是否呈多孔性；固相物的温度；浸取时的固液比；搅拌作用的好坏；酸比值 F。

通常生产高档颜料级二氧化钛的浸取温度控制在 55～75℃左右，还原时控制在 65℃左右，因为还原时要放热，温度还会上升 5～6℃，F 值控制在 1.8～1.95，钛液的浓度 120～150g/L，除温度外，F 值和 TiO_2 浓度随水解工艺不同有时会上下浮动。

4.5.3.5　钛液的还原

硫酸高铁在酸性溶液中是不稳定的，在 pH＝2.5 时就开始水解生成碱式硫酸盐或氢氧化物沉淀，其反应式为：

$$FeSO_4 + 2H_2O \longrightarrow Fe(OH)_2 \downarrow + H_2SO_4$$

$$Fe(SO_4)_3 + 6H_2O \longrightarrow 2Fe(OH)_3 \downarrow + 3H_2SO_4$$

这些铁的氢氧化物是有害的，在钛液水解时，它们一道沉淀到偏钛酸中，无法通过水洗除去，在煅烧时又变成氧化铁，使钛白粉变色、白度下降，严重影响成品的质量。为了避免这种现象发生，就必须把溶液中的三价铁离子都还原成二价铁离子，然后通过结晶的方法使硫酸亚铁从溶液中分离出来。

工业生产中钛液的还原剂主要使用金属铁粉、铁屑、铁皮，因为铁粉、铁屑和薄铁皮的比表面积较大，可增加它们的反应面积，获得较好的还原效果。硫酸高铁与金属铁粉的还原反应式如下：

$$Fe+H_2SO_4 \longrightarrow FeSO_4+2[H]$$
$$Fe_2(SO_4)_3+2[H] \longrightarrow 2FeSO_4+H_2SO_4$$
$$2Fe^{3+}+Fe \longrightarrow 3Fe^{2+}$$

4.5.3.6　酸解岗位操作规程

不同厂家岗位操作标准是有差异的。某钛白粉厂酸解岗位操作规程如表 4.5.3 所示。

表 4.5.3　某钛白粉厂酸解岗位操作规程

序号	内　容	参　数
1	主题内容 本标准主要用于酸解岗位的技术操作	
2	适用范围 本标准适用于酸解岗位作业	
3	岗位任务	
3.1	将钛矿粉与硫酸反应生成可溶性钛盐和铁盐等固相物	
3.2	用废酸、水、小度水浸取固相物，制得钛盐与铁盐溶液	
3.3	加铁粉使溶液中的三价铁还原成二价铁	
3.4	加入三氧化二锑，加速残渣沉降	
3.5	按所要求的质量技术指标制得合格的硫酸钛溶液	
4	质量技术指标	
4.1	钛液浓度	48～49°Bé
4.2	酸解率	≥96%
4.3	总钛	115～135g/L
4.4	F 值	1.60～1.70
4.5	Ti^{3+}	1～3g/L
4.6	稳定度	≥250
5	操作条件	
5.1	酸矿比	1.48
5.2	每锅投料量	矿粉(6000±50)kg
5.3	原料硫酸浓度	夏季:91.5%～92.5%，冬季:92.5%～93.5%
5.4	矿粉	细度 325 目筛余物≤2%，含水量≤0.5%
5.5	废酸浓度:200±20g/L	固钛含量:≤10g/L
5.6	反应酸浓度	86%
5.7	加铁粉量	175～200kg，金属铁含量:≥90%
5.8	加 Sb_2O_3	2～3kg
5.9	酸矿混合时间	30min
5.10	成熟时间	夏季 40min，冬季:20min
5.11	浸取时间	5～5.5h
5.12	酸矿混合温度	夏季:≤45℃，冬季:≤40℃
5.13	主反应引发温度	80～90℃
5.14	浸取时温度	65～75℃

续表

序号	内　　容	参　　数
5.15	还原时温度	65～70℃
5.16	放料温度	夏季:60～65℃冬季:65～75℃
5.17	压空总压	≥0.3MPa
5.18	酸矿混合压空压力	0.06～0.08MPa
5.19	主反应压空压力	0.04～0.06MPa
5.20	浸取压空压力	0.08～0.10MPa
5.21	还原压空压力	0.04～0.06MPa
5.22	蒸汽压力	0.40～0.60MPa
5.23	小度水加量	3～5m^3
5.24	放料体积	23.5～24.5m^3
6	准备工作	
6.1	检查矿粉储斗、阀门及管路	
6.2	检查硫酸系统阀门、仪表、管路	
6.3	了解硫酸质量、数量、矿粉质量及废酸、小度水的情况	
6.4	备好铁粉、三氧化二锑、消泡剂,检查吊车是否完好	
6.5	检查酸解锅内衬、空气分布板、压空、蒸汽、管路、阀门、仪表是否正常,再检查尾气处理系统是否可用	
6.6	了解空压机运转情况	
7	操作过程	
7.1	通知罐区将酸送入计量罐中,开酸解锅进酸阀门,开搅拌和烟囱,启动酸泵,将酸送入酸解锅,进完酸后,关进酸阀门	
7.2	加入三氧化二锑	
7.3	通知原矿岗位送矿,送完矿后,继续搅拌30min	
7.4	调整压空压力后加入计量的废酸,引发主反应	
7.5	到反应有剧烈振动时,启动尾气处理系统,主反应结束后,关闭尾气处理系统	
7.6	主反应结束后,继续吹压空10min,然后关闭压空,至成熟完之前,通压空10min	
7.7	依次加入废酸、水、小度水浸取固相物,控制好加水速度,使整个浸取时间为40～50min,完后钛液温度为65～75℃,玻美为39～42°Bé,浸取时需控制好浸取体积	
7.8	浸取完后,调大压空压力,每隔1h测一次钛液温度、玻美度,如温度过低,则通入蒸汽,保持温度为65～75℃,玻美度≥50°Bé则加入小度水或水将玻美度调至48～49°Bé	
7.9	在放料前40～50min或钛液波美达到(47～47.5)°Bé时控制钛液温度60～65℃,一次加入铁粉(200±25)kg,铁粉充分还原后,开始通知沉降岗位放料	
7.10	放料前取样化验,如总钛过高,可加入小度水或水进行调节,如 F 值低,可加入废酸或浓酸调节	
7.11	放料前测钛液温度,将温度控制在所需范围内放料	

4.5.3.7 沉降

沉降是借助于重力作用，向钛液中加入沉降剂（主要絮凝剂是改性聚丙烯酰胺），除去钛液中的不溶性杂质和胶体颗粒，使钛液初步净化。

钛液中的胶体是在强酸性高离子浓度的溶液中形成的含量约占不溶性杂质总量的20%～30%，可加入带相反电荷——负电荷的溶胶，合并成较大的粒子，在重力的作用下沉降。

沉降的方法一般分间隙沉降和连续沉降。

间隙沉降是在一个截面积较大、径高比较小的有耐酸衬里的沉淀罐中，在沉降剂的帮助下进行自然沉降，一般经过 6h 即可将 2/3 的固体悬浮物沉降下来。

连续沉降也是重力沉降的一种，只不过是连续操作生产能力大。连续沉降是把待沉降的钛液与沉降剂一道连续加到增稠器（或道尔型沉降器）中，上层沉降后的清液从溢流口连续排放，沉降后的浓浆集于增稠器的底部，依靠一台低速搅拌机把泥浆从放料口连续排出。

沉降剂：在没有沉降剂的帮助下，仅靠重力自然沉降很难达到澄清钛液的目的，添加一些高分子絮凝剂或一些带负电荷的物质与带正电荷的胶体悬浮物进行电中和，使它的电位降低到零而发生聚沉。

常用的沉降剂有：有机絮凝剂，目前聚丙烯酰胺（PAM）改性后的氨甲基化聚丙烯酰胺（AMPAM）是钛白粉行业广泛使用的一种有机高分子絮凝剂；无机凝聚剂（Sb_2O_3-FeS）是一种经典的凝聚剂，它不增加钛液的黏度、不会造成过滤困难、能够凝聚较小的胶体颗粒，但沉降时间较长，对稍大的固体悬浮颗粒凝聚效果不如 AMPAM 好。

沉降后钛液的化学组成范围一般如下：

二氧化钛含量 TiO_2　　120～150g/L

酸度系数（*F* 值）　　1.7～2.0

三价钛（以 TiO_2 计）　　1.0～5.0g/L

沉淀罐中的残渣主要是脉石、金红石、未酸解或未酸解完全的钛铁矿，沉淀残渣的处理，在整个生产工艺中虽然并不重要，但对提高钛液的收率来讲是不可缺少的工序。

4.5.3.8 结晶

冷冻结晶在冷冻锅中进行，主要利用硫酸亚铁的溶解度随着钛液温度降低而降低的性质。用冷冻盐水带走钛液热量，使其降至适当的温度，从而使大量的硫酸亚铁结晶析出。

结晶的原理：在经沉降所得到的热钛液中，各种硫酸盐和磷酸盐的溶解度是不同的，而且与温度有关。$FeSO_4$ 的溶解度与温度的关系见表 4.5.4。

表 4.5.4 $FeSO_4$ 的溶解度（TiO_2＝120g/L，有效酸＝240g/L）

温度/℃	30	20	15	10	5	0	－2	－6
$FeSO_4$/(g/L)	240	190	130	117	95	79	59	38

经过沉降除去绝大部分不溶性残渣的钛液中，含有大量的可溶性铁盐——硫酸亚铁。钛液净化的第二步是通过结晶的办法，把钛液中可溶性铁盐以 $FeSO_4 \cdot 7H_2O$ 的形式结晶出来。

工业生产中主要采用冷冻结晶的方法，冷冻结晶是利用冷冻剂（冷冻水或氯化钙盐水）来降低温度，带走热量，使硫酸亚铁达到过饱和后析出。这种方法效率高、时间短，结晶效果主要取决于换热面积、冷冻剂的温度、搅拌和热交换器（冷冻盘管）材质的热导率等。

冷冻结晶一般在冷冻罐内进行，冷冻剂通过设置在冷冻罐内的盘管（铅、铜或钛管）中循环，钛液在搅拌下与盘管进行热交换使温度不断降低。冷冻效率不仅仅取决于冷冻剂的温度和盘管的热交换面积，还与冷冻速率有关，冷冻速率太快，硫酸亚铁会很快地聚积在盘管的表面，从而降低了传热效果。通常先把沉淀罐来的钛液（50℃左右）用自来水冷却至室温，然后再用冷冻水或氯化钙盐水继续冷冻至工艺需要的温度。

经过结晶后钛液中的硫酸亚铁以 $FeSO_4 \cdot 7H_2O$ 的形式存在，结晶颗粒较粗，可以采用真空吸滤或离心分离的方法来实现。

① 真空吸滤　这是一种古老、简单的方法，至今仍有许多中小型硫酸法钛白粉厂在使用。

② 离心分离　一般都是连续操作、自动化程度高、劳动强度低、设备占地面积小、能耗省，由于离心力大、硫酸亚铁含湿量低、洗涤用水少，没有真空吸滤时所产生的大量小度水。现代大型工厂多采用离心法，常用的离心分离机有如下几种：锥蓝离心机，卧式活塞式离心机，水平圆盘式过滤机。

分离、过滤是由锥蓝离心机分离，抽滤及板框压滤三个工序构成的。冷冻后的钛液经锥蓝离心机分离及抽滤池抽滤，得到初步净化的稀钛液，最后将稀钛液通过板框压滤，得到符合生产需要的清钛液［$TiOSO_4$、$MgSO_4$、$CaSO_4$、$FeSO_4$、$Al_2(SO_4)_3$ 等］。图 4.5.7 和图 4.5.8 分别是某钛白粉厂的板框压滤机和钛液储槽。

图 4.5.7　板框压滤机

图 4.5.8　清钛液槽

冷冻后钛液的质量指标如表 4.5.5 所示。

表 4.5.5　冷冻钛液典型质量指标

名　称	颜料级		非颜料级
	加压水解	常压水解	
总 TiO_2 含量/(g/L)	150～180	150～180	120～130
F 值	1.8～2.1	1.75～1.9	1.7～1.9
三价钛含量/(g/L)	2.0～5.0	1.0～3.0	1.5～3
稳定性	≥350	≥300	≥300
铁钛比	0.2～0.25	0.28～0.33	

4.5.3.9　钛液浓缩

钛液浓缩采用连续式薄膜蒸发器，在减压真空的条件下蒸发掉钛液中的水分，以符合水解工序的需要。

实践证明，当一般钛液的 TiO_2 含量在 200g/L 以上时，才能制造出优越颜料性能的钛白。

未经浓缩的稀钛液是不能生产颜料级钛白粉的，因为用稀钛液水解出来的偏钛酸颗粒粗，产品的消色力、底层色相差、吸油量高，另外根据水解工艺的不同，为了控制一定的水解速率，也需要把钛液浓缩到一定的浓度后使用。但随着技术进步，钛液浓度逐渐降低。

钛液中的溶质是硫酸氧钛、硫酸钛、硫酸亚铁等，溶剂主要是水，一般可以通过加热使水分蒸发而浓缩。但是在常温下钛液的沸点在 104～114℃，而钛液在 80℃以上就会水解，为了避免早期水解，钛液的浓缩必须在真空下低温蒸发浓缩。

浓缩后钛液中的 TiO_2 浓度，在采用外加晶种水解工艺时，一般控制在 190～200g/L 左右；采用自生晶种稀释法水解工艺时，一般控制在 225～245g/L 左右。

4.5.4　硫酸法钛白生产中钛液的水解

4.5.4.1　钛液的水解

过滤后的清钛液（二氧化钛浓度约 200g/L），通过钛液预热槽将钛液预热至一定的温度，再将制备好的晶种加入到浓钛液预热槽中，将晶种、浓钛液混合物加入水解罐中，维持一定的搅拌强度，同时导入饱和蒸汽，使钛液升温至微沸腾，进行微压水解反应，水解完成后，所得偏钛酸经冷却后送水洗工序。

钛液的水解是二氧化钛组分从液相（钛液）重新转变为固相（偏钛酸）的过程，从而与母液中的可溶性杂质分离以提取纯二氧化钛。

钛液水解后可以生成偏钛酸 H_2TiO_3 沉淀，而其他杂质不水解，从而实现钛与其他杂质分离的目的。

如果将钛液加热使其维持沸腾会发生水解反应，生成白色偏钛酸沉淀。这是硫酸法钛白生产在工业上制取偏钛酸的唯一方法。

$$TiOSO_4 + 2H_2O \xrightarrow{\text{沸腾}} H_2TiO_3\downarrow + H_2SO_4$$

钛液热水解过程大致可以分为以下三个阶段。

① 第一阶段——晶核的形成。

② 第二阶段——晶核的成长与沉淀的形成。

③ 第三阶段——熟化。

在工业生产上有三种水解方法：外加晶种加压法水解；外加晶种常压法水解；自生晶种常压法水解。

钛液的水解可以把它当作盐类水解的一部分。最通俗的理解盐类的水解反应，就是把它当作中和反应的逆反应，即：

$$\text{盐} + \text{水} \longrightarrow \text{酸} + \text{碱} - Q$$

不管是哪一种水解机理，水解过程总要通过以下三个阶段来完成。

（1）结晶中心的形成（晶核的形成阶段）　这是可以测出来的最小粒子，它不能被打碎，只能被溶解，它的大小主要取决于晶种浓度。

第一阶段是晶核形成阶段，水解开始首先从澄清的钛液中析出一批极微细的称为晶核的结晶中心，这批晶核的数量、性质、结构、组成为最后水解产物的性质和组成奠定了基础。如果说水解是钛白粉生产中的核心部位，那么晶核的形成又是水解过程中最重要的一环。

（2）晶核的成长与水合二氧化钛开始析出的阶段　晶核成长形成一次聚集体，聚集体大小取决于水解条件，它直接影响颜料的性能，可以被化学和机械力破碎。

在第二阶段，也就是粒子的成长阶段钛。以水合二氧化钛的形式在已经形成的结晶上逐渐沉析长大成为水合二氧化钛颗粒，但还不足以能够沉淀下来，这个阶段就是在水解时发现刚变色的阶段，此时溶液的化学组成未发生变化，这种物质的组成在相当宽的 TiO_2 与 H_2SO_4 浓度范围内是不变的，但是在采用外加晶种水解时，这段晶核成长的阶段没有自生晶种水解时明显。

(3) 水合二氧化钛的凝聚沉析及沉淀物组成改变的阶段　此时凝聚颗粒大小影响偏钛酸的过滤和洗涤性能，对颜料性能影响不大。

在第三阶段，水合二氧化钛颗粒逐步凝聚长大而沉淀下来，这些凝聚颗粒的大小、分散程度对以后的水洗操作带来较大的影响。在这个阶段中，由于从溶液中析出了固体偏钛酸颗粒，打破了原来溶液中的水解平衡，使水解以较大的速率进行，液相中的二氧化钛组分，不断地转为固相偏钛酸的沉淀，溶液中的二氧化钛浓度不断降低，游离酸浓度急剧升高，在这期间也同时发生沉淀粒子的局部溶解和重新析出新的沉淀过程，直至水解过程结束。

钛液水解的方法主要有三种。

① 自生晶种稀释法水解　该方法是在严格规定的条件下，把浓钛液稀释使其在溶液中先形成一批合乎要求的结晶中心（晶核或晶种），然后继续加入待水解的钛液，在它的沸点左右进行加热水解。整个水解过程粒子成长变化的情况如图 4.5.9 所示。

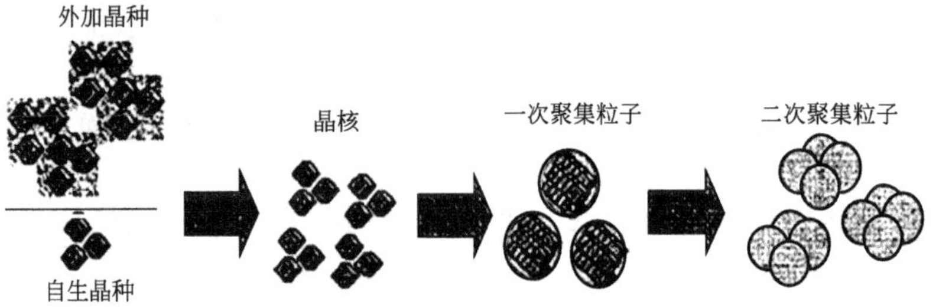

图 4.5.9　水解过程中 TiO_2 粒子变化示意图

② 外加晶种水解法　外加晶种水解法的操作过程比较简单，其工艺关键是制备晶种的方法和晶种的质量。自生晶种稀释法水解的操作过程数十年来变化不大，而外加晶种水解法晶种制备方法变化较多，水解时对钛液的浓度变化较敏感。

所谓晶种就是硫酸氧钛溶液经不完全中和而制得的一种胶体氢氧化钛溶液，它在水解时起着水合二氧化钛结晶中心的作用，它不仅能加速水解反应、缩短水解周期，而且对水解沉淀产物的粒径、粒径分布和最终产品质量都有较大的影响。

③ 外加晶种微压水解法　该法本应从属于第②种，只因目前业内多采用本法，故单列出来介绍。水解是硫酸法钛白生产的关键工序之一，以往采用的加压水解工艺不利于设备的大型化，为降低蒸汽消耗，现在通常都采用外加晶种微压水解技术。

与自生晶种常压水解技术相比，外加晶种微压水解需要钛液二氧化钛浓度更低（低于15%），钛液浓度降低 30g/L 以上，如果以钛渣为主要原料，不需要钛液浓缩装置，投资更节省，能耗更低。通过采取合理设备结构和布置，再加上适应于工艺的控制仪表，对温度、压力、流量、组分、色度等进行全面的控制，可确保获得最佳的水解工艺条件和稳定的产品质量。同时通过对晶种钛液、碱液精密过滤，可使产品粒度更加均匀。

影响水解的因素有以下几个方面。

① 原料钛液的性质与组成　包括钛液的稳定性、钛液的澄清度、钛液的总钛浓度、钛液的 F 值、钛液的铁钛比 Fe/TiO_2、钛液中的三价钛含量。

② 晶种数量的影响　晶种在水解过程中可以加快水解速率、缩短水解周期、提高水解率、控制水合二氧化钛原级粒子的大小、直接影响产品的消色力、遮盖力等颜料性能。

③ 水解操作条件的影响　在钛液组成、晶种质量和添加量已经确定的情况下，水解操作时最主要的是控制它的水解速率和水解率，影响水解速率和水解率的主要因素是水解温度（80～114℃）、水解时间、搅拌速率、加热方式。

4.5.4.2　偏钛酸的水洗及漂洗

由于水解反应是在较高的酸度下进行的，因此大部分杂质磷酸盐仍以溶解状态留在母液中。水洗的任务是将水合二氧化钛与母液分离，再用水洗涤以除尽偏钛酸中所含可溶性杂质。经过水洗仍残留在水合二氧化钛中的最后一部分杂质（高铁为主），则以漂洗来除去，即在酸性条件下以还原剂将不溶的高铁还原为可溶性的亚铁，再进行二次水洗。

偏钛酸漂白的原理如下。

锌漂：用锌粉作为还原剂的漂白方法叫锌漂。还原反应如下：

$$2Fe^{3+} + Zn = 2Fe^{2+} + Zn^{2+}$$

三价钛漂：用三价钛离子作为还原剂的漂白方法叫三价钛漂。还原反应如下：

$$Fe^{3+} + Ti^{3+} = Fe^{2+} + Ti^{4+}$$

4.5.5　盐处理

4.5.5.1　偏钛酸的盐处理概述

偏钛酸在煅烧前加入少量化学品添加剂进行改性处理的过程称为盐处理。盐处理是在盐处理锅中进行的。

在充分搅拌的情况下，向偏钛酸浆液中加入碳酸钾和磷酸等盐处理剂，可防止煅烧物料烧结，隐蔽杂质元素的显色，使煅烧产品颗粒松软，色泽洁白等。

偏钛酸如不经过盐处理而直接煅烧，得到的产品颗粒往往很硬，色相及其他颜料性能差，加入后，则产品具有良好的色相、光泽，较高的消色力、遮盖力，较低的吸油量和合适的晶粒大小，形状以及在漆料介质中的易分散性。

4.5.5.2　锐钛型颜料钛白的盐处理

添加剂有钾盐和磷酸（或磷酸盐）。加入添加剂的作用主要有两点：一是使产品具有优良的颜料性能；二是使锐钛晶型起稳定作用，抑制形成金红石晶型，防止产品中混有金红石晶型。

钾盐：加入碳酸钾或硫酸钾等钾盐，其作用：一是可以使偏钛酸在较低温度下脱硫，从而降低煅烧温度；二是能促进锐钛型二氧化钛微晶体的成长；三是可以改善颜料性能，使钛白粉颗粒松软、色泽洁白，消色力提高。钾盐的添加量一般为 TiO_2 的 0.4%～2.0%。

磷酸盐：偏钛酸经过水洗后，仍含有痕量的杂质元素铁。如果不处理，则在煅烧过程中，铁元素将生成红棕色的氧化铁，这样会大大地降低钛白粉的白度。而加入了磷酸或磷酸盐，可使铁在高温下转变成稳定的淡黄色的磷酸铁，在煅烧的温度下也不会分解，从而能隐蔽杂质元素铁的显色，同时可以提高钛白粉的耐候性。其反应的化学方程式如下：

$$Fe(OH)_3 + H_3PO_4 = FePO_4 + 3H_2O$$

磷酸盐还是钛白粉向锐钛型转化的促进剂，又是锐钛晶型转变为金红石晶型以及金红石晶型粒成长的抑制剂，一般添加量为 TiO_2 的 0.08%～0.3%（以 P_2O_5）。

4.5.5.3　金红石型钛白的盐处理

偏钛酸是无定型的，在高温下（1050℃以下）长时间煅烧虽然可以使产品全部转化为金红石晶型，但是结晶过程会产生严重烧结，晶粒过大而且很硬，因此在生产中，必须在偏钛酸中添加一些金红石化的促进剂和晶型调整剂，使 TiO_2 以合理的速度成长为金红石粒子。

① 金红石化促进剂

锌盐：锌盐是很强也是最广泛使用的金红石化促进剂，常用硫酸锌、氧化锌和氯化锌。采用锌盐可加速晶型转化，提高转化率，降低达到最高转化率的温度，提高产品耐候性。一

般锌盐添加量为 TiO_2 的 0.2%～1.2%（以 ZnO 计）。

镁盐：镁盐是一种弱的金红石型转化剂，它对加速 pH 值达到中性具有显著的作用。一般用量为 TiO_2 的 0.2%～0.5%（以 MgO 计）。

二氧化钛溶胶：二氧化钛溶胶俗称煅烧晶种、乳化晶种或偏钛酸外加晶种，有相当强的促进作用，能提高产品消色力，降低转化温度，改善煅烧物粒子外形，使之较为圆滑规整，使产品疏松易于粉碎。添加量为 TiO_2 的 2%。

② 金红石晶粒调整剂

钾盐：常用的有碳酸钾、硫酸钾和硫酸氢钾。添加钾盐对改善产品的颜料性能有很大的好处，可以使颗粒疏松，提高白度和消色力，可以使二氧化钛在较高的温度下煅烧而不失去优良的颜料性能，因为在较高的温度下煅烧时二氧化钛颗粒比较致密，有利于提高耐候性和降低吸油量。添加量一般为 TiO_2 的 0.25%～0.7%（以 K_2O 计）。

铝盐：一般使用硫酸铝加入偏钛酸中。添加铝盐能防止二氧化钛烧结，避免颗粒过分长大，产品比较柔软，即使在 1000～1100℃ 煅烧，产品白度仍很好。添加量为 TiO_2 的 0.8%～1.0%（以 Al_2O_3 计）。

磷酸或磷酸盐：磷酸或磷酸盐能改善产品白度和耐候性，颗粒比较柔软，容易粉碎。添加量一般为 TiO_2 的 0.1%（以 P_2O_5 计）。

4.5.6 偏钛酸的煅烧

4.5.6.1 回转窑及煅烧过程概述

在硫酸法钛白生产中，偏钛酸是通过高温煅烧转变为二氧化钛的。煅烧过程主要是除去偏钛酸中的水分和三氧化硫，同时使二氧化钛转变成所需要的晶型，并呈现出钛白的基本颜料性能。

回转窑是目前最广泛采用的煅烧设备。盐处理后的偏钛酸在回转窑中经高温脱水、脱硫及晶型转化等过程，得到具有颜料性能的钛白粉。

经过盐处理的偏钛酸料浆，送至煅烧工序的储槽内，然后用积压泵打入回转窑内进行煅烧。

燃料及助燃空气由较低的窑头端入窑，经燃烧产生的高温气体自窑头向窑尾流动，与偏钛酸浆料成了逆流运行。偏钛酸就是这样从窑尾送到窑头，同时在温度逐渐升高的过程中完成脱水、脱硫、晶型转化和粒子成长等一系列物理化学变化，而形成一定晶型的钛白粉产品。钛白粉经窑头下料口落入冷却转鼓。燃烧生成的大量废气从窑尾排出。煅烧回转窑结构如图 4.5.10 所示。窑内温度如表 4.5.6 所示。

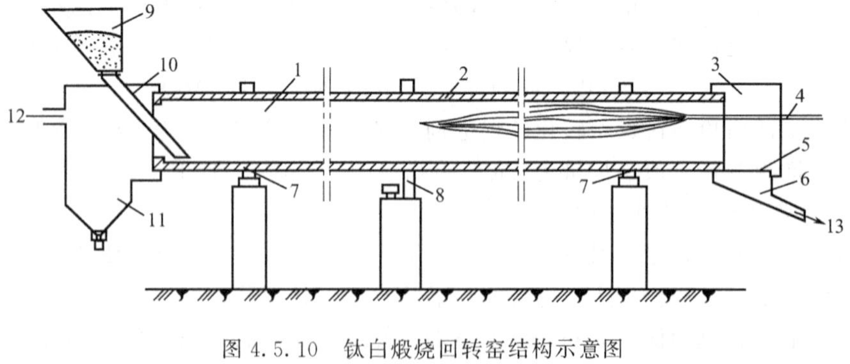

图 4.5.10 钛白煅烧回转窑结构示意图

1—窑身；2—耐火材料；3—窑头；4—燃烧嘴；5—条栅；
6—排料口；7—托轮；8—传动齿轮；9—料仓；10—下料管；
11—灰箱；12—进尾气净化系统；13—进雷蒙磨（锤磨）

表 4.5.6　煅烧回转窑各区域的温度范围

区域	干燥区	晶型转化区	粒子成长区
温度/℃	200～800	800～860	860～920

回转窑内各区域中发生的物理化学变化：

① 干燥区：$TiO_2 \cdot xH_2O \cdot ySO_3 = TiO_2 + xH_2O + ySO_3$

② 晶体转化区

偏钛酸由无定形转化为锐钛型晶体，再由锐钛型晶体转化为金红石型晶体。

③ 粒子成长区

在 860～950℃之间，使长大的晶体聚结成颜料粒子。影响 TiO_2 煅烧质量的因素有：煅烧温度、煅烧时间、转窑尺寸及结构、窑内气氛、投料量、偏钛酸的含水量及颗粒度等。

4.5.6.2　偏钛酸煅烧的物理化学变化

偏钛酸煅烧时，除脱水脱硫外，最主要的是晶型转化及粒子成长两个过程。具有颜料性能的钛白粉有锐钛型及金红石型两种晶型。燃烧窑的区域划分：燃烧窑按偏钛酸在各部位发生的不同变化，可划分为干燥区、晶型转化区和粒子成长区三个区域。

(1) 干燥区　在干燥区域中，偏钛酸发生脱水和脱硫的变化。这种变化可用下式表示：

$$TiO_2 \cdot xH_2O \cdot ySO_3 = TiO_2 + xH_2O + ySO_3$$

脱水：偏钛酸所含的水有两种形式：一种是湿存水，即附着在颗粒表面及夹带在颗粒间隙里的水，这部分水与 TiO_2 的结合不牢固，在 100～200℃之间便蒸发掉；另一种是化合水，即结合在偏钛酸分子内部的水，这部分水与二氧化钛的结合比较牢固，要在 200～300℃之间才能脱掉。

脱硫：水解生成的偏钛酸浆料中，含有的硫酸大部分是游离酸，通过水洗即可除去。但是占偏钛酸总量 7%～8%的硫酸，以 SO_2 的形式与偏钛酸结合得很牢固。由于偏钛酸形成的条件和夹带的杂质不同，它所含的硫酸要在 500～800℃间，才能分解成 SO_2 和 SO_3 气体而脱去。

(2) 晶体转化区　一般硫酸法制得的偏钛酸是锐钛型晶体。经较低温度煅烧后，得到的全部是锐钛型钛白。这种锐钛型通常在 900℃以下是稳定的，当温度超过 950℃时，就开始向金红石型晶型转化。纯净的锐钛型晶型必须在 1200℃以上的高温才能完全转化为金红石型晶型。在这样的高温下煅烧，TiO_2 易烧结，为此，必须加入各种金红石型转化促进剂，使其晶型转化的温度降低到 800～860℃之间。

偏钛酸煅烧时，其转化动力学遵循等温过程一级反应方程式：

$$C_a = C_a^0 e^{-kt}$$

式中，C_a 为在 t 时间内锐钛晶型质量分数，%；C_a^0 为在 t_0 开始时刻锐钛晶型的质量分数，%；k 为反应速率常数。

(3) 粒子成长区　细小晶体聚结成颜料粒子需要获得一定的能量。煅烧温度越高，粒子成长的速率便越快。在 600℃以下，粒子成长的速率非常慢，如果煅烧温度升高到 1000℃时，则聚结成的粒子的直径将达到 1μm。为此，应根据不同的条件，将这个区域的温度控制在 860～950℃之间，使长大的晶体聚结成颜料粒子。

4.5.6.3　煅烧条件对颜料性能的影响

(1) 煅烧强度的影响

① 煅烧温度　窑内所发生的一切变化必须有一定的煅烧温度。温度越高，则反应速率

越快，反应也进行得越完全。窑头温度通常称为高温带温度，它决定着二氧化钛晶型的转化和颜料粒子的成长，是影响钛白粉颜料性能的重要因素。窑尾温度直接影响到干燥区内的各种变化，也是一种窑内通风状态好坏的标志。窑头温度一般控制在850～1150℃之间。窑尾温度一般控制在150～300℃之间。

② 煅烧时间　煅烧时间长短是由物料在回转窑内的滞留时间决定的。二氧化钛颜料粒子是在煅烧后形成的，在这一阶段中，物料的滞留时间对二氧化钛的晶型转化、粒子的大小和形状有决定性的影响。因此，煅烧必须有足够长的时间，温度相应降低，烧结及聚结现象也可相应减少。一个直径3.6m、长48m、倾斜度为3.3%的转窑，最高温度为900～1100℃时，物料滞留时间为9～12h。

(2) 转窑尺寸及结构的影响　煅烧二氧化钛的转窑宜短而粗，工业上的转窑内径从1.0～4.2m不等，根据直径大小，长度与直径比一般为12∶1～20∶1。直径大时物料填充系数相应低一些，对质量有好处。转窑有没有一个单独的燃烧室，对质量有很大影响。

(3) 窑内气氛的影响　当窑内出现还原性气氛，如一氧化碳气体后，二氧化钛将被还原成三氧化钛，影响钛白粉的质量。为了避免产生一氧化碳还原物质，就得保证燃料在窑内完全燃烧。应加强窑内通风，以防止产生还原物质。

(4) 投料量　投料量的多少是由窑的数量和几何尺寸来决定的。对于一定数量的窑，如果投料量过多，窑内的料层过厚，则物料在窑内的各种变化进行得不完全，煅烧品会夹带生料。如果投料过少，窑内的料层就过薄，容易使物料发生烧结，使煅烧品颗粒变硬，色泽变黄、变灰，并且降低班产量，增加能耗。

(5) 偏钛酸的含水量及颗粒度　偏钛酸含水量的高低决定了物料在干燥区中脱水脱硫的完全程度。涂料钛白生产时，偏钛酸含水量控制在65%左右。

4.5.6.4　二氧化钛的粉碎

颜料钛白对颗粒分布有很严格的要求。因此煅烧物需通过粉碎过程生产出符合这种要求的钛白粉。

湿式粉碎：球磨机、砂磨机等。

干法粉碎：雷蒙磨、锤磨、离心磨、流能磨（气流粉碎机）等。

图4.5.11和图4.5.12分别是某钛白粉厂的卧式砂磨机和气流粉碎机。

图4.5.11　某钛白粉厂卧式砂磨机

图4.5.12　某钛白粉厂气流粉碎机

4.5.6.5　回转窑产能的计算

钛白煅烧回转窑产能G的计算公式为：

$$G=15\pi D^2 L\gamma\varphi/t$$

$$t=(24+\alpha)L/(324Dn\sin\beta)$$

上面两式中：G为产能，kg/h；D为窑内径，m；L为窑长，m；γ为物料堆积密度，

kg/m^3；φ 为填充率，m^2/m^2；t 为停留时间，min；α 为物料安息角，（°）；n 为窑转速，r/min；β 为转窑筒体水平倾角，（°）。

以 ϕ2.6m×48m 回转窑及采用隔膜压滤机窑前脱水偏钛酸为例，相关参数为：

煅烧物料：偏钛酸（固含量约为 55%）；

煅烧最高温度：950～1150℃（平均 1100℃）；

回转窑煅烧实际产量：：2500kg/h；

回转窑转速：4.3min/r（0.2326r/min）；

窑内停留时间：420～440min；

偏钛酸堆积密度：780kg/m^3；

偏钛酸平均安息角：37.5°（煅烧过程中是变化的，通常 35°～40°）；

回转窑倾斜度：4%（倾斜角为 2.29°）；

回转窑内径：2.2m；

回转窑长度：48－1.4（进料螺旋伸进窑内长度）＝46.6m。

4.5.7　钛白后处理

4.5.7.1　后处理概述

二氧化钛后处理是按照不同用途对煅烧所得二氧化钛进行各种处理以弥补它的光化学活性缺陷，并改变它的表面性质。后处理包括分级、无机和有机表面包膜处理、过滤、干燥、超微粉碎和计量包装等，从而获得表面性质好，分散性高的二氧化钛成品。

无机包膜是在钛白颗粒表面沉积一层金属的氢氧化物或水合氧化物，以降低光化学活性，提高耐候性。

有机包膜即表面活性处理，主要目的是改进钛白在不同介质中的分散性。

（1）铝包膜　常用的是硫酸铝，当以碱中和时，它即水解为氢氧化物或它的聚合物 $[HO-Al-O]_y$ 的沉淀，式中，$y \geqslant 2$，其反应式为：

$$Al_2(SO_4)_3+6NaOH+(x-3)H_2O = Al_2O_3 \cdot xH_2O+3Na_2SO_4$$

包膜剂的用量，以 Al_2O_3 计，一般为钛白重量的 0.5%～5%。

（2）硅包膜　常用的有硅酸钠、硅的卤素化合物、醋酸硅或一些有机硅化合物，经过水解，成为 $Si(OH)_4$、$SiO(OH)_2$ 等。处理剂的用量，以 SiO_2 计应为 1%～10%。

（3）有机包膜　有机处理剂种类很多，二异丙醇胺特别适用于油性漆用钛白，也可用于水性乳胶漆或丙烯酸树脂工业装饰漆以及塑料、造纸用钛白。有机处理剂的用量，一般为钛白质量的 0.01%～3.0%。

4.5.7.2　后处理工艺流程

钛白后处理的核心是表面处理，TiO_2 包覆金属（或非金属）氧化物的工艺核心是溶胶-凝胶法制备粉体材料，国内外实际生产厂家的工艺不尽相同，国内近年才开始模仿国外技术完善了大部分工艺，如增加了砂磨阶段，对一洗、二洗和三洗阶段进行了隔膜压滤处理，干燥阶段采用喷雾方式。

总的来说，不论实际生产中采用何种工艺流程，进行钛白后处理主要工艺流程原则上如图 4.5.13 所示。

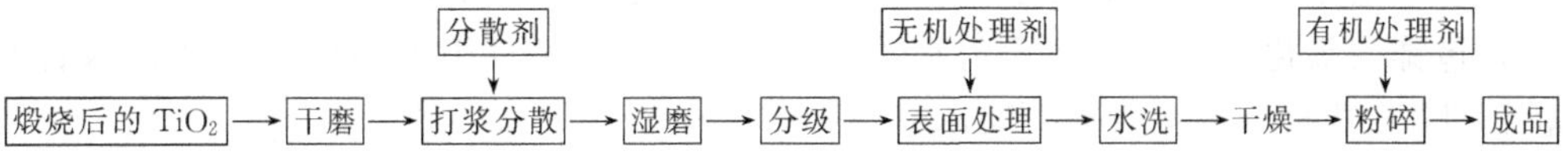

图 4.5.13　钛白后处理原则工艺流程

4.5.7.3 主要原辅材料

金红石钛白初品。主要颜料性能如表 4.5.7 所示。某两种代表性钛白初品的平均粒径均为 0.26μm。渝钛白初品的粒径分布相对较窄。

分散剂：六偏磷酸钠等。无机包膜剂：①硅酸钠；②偏铝酸钠；③硫酸铝；④硫酸锆；⑤硝酸铈等。有机包膜剂：三羟甲基丙烷（TMP）等。酸碱中和剂：硫酸；氢氧化钠等。

表 4.5.7 某两种代表性钛白初品的主要颜料性能

序号	编号	亮度/Jasn	色调/Ton	消色力/TCS	蓝相光谱特征值/SCX	分散性/μm
1	渝钛白初品	92.77	−7.58	1710	3.245	50
2	锡宝初品	93.88	−7.68	1810	2.395	50

4.5.7.4 主要仪器与设备

（1）打浆分散阶段 高速分散机，转速>2000r/min。

（2）砂磨阶段 立式（卧式）砂磨机，不锈钢内衬材质，玻璃（刚玉）珠研磨，平磨仪，振筛机，如 Mini Zeta 型循环型砂磨机（耐弛公司进口），内衬刚玉材质。

（3）无机包膜阶段 包膜槽（表面处理罐）。

（4）水洗、过滤与干燥阶段 真空泵；板框式压滤机；喷雾干燥器等。

（5）粉碎阶段 超音速气流粉碎机。

（6）检测阶段 激光粒度分析仪；色彩色差仪；目试比色箱；涂层测厚仪;；湿膜制备器;；数显光泽度仪；白度仪；刮板细度计；反射率测定仪等。

4.5.7.5 表面处理原理

（1）打浆分散 目的是使粉状 TiO_2 与除盐水充分混合形成液态浆料，使 TiO_2 颗粒均匀分散在水溶液中，作为无机包膜的母液。为了使 TiO_2 不发生凝聚，需要加入分散剂，本项目中采用六偏磷酸钠作分散剂，并控制 pH 值在 9～11 之间。

（2）砂磨 由于钛白初品中仍然含有少量的 1～10μm 的粗颗粒，因此在表面处理前必须进行湿磨，本项目采用砂磨机对打浆分散后的浆料进行湿磨，使大部分颗粒达到 0.5μm 以下，再通过筛余法除去极少量 45μm 以上颗粒。

（3）无机包膜 由于 TiO_2 表面存在晶格缺陷，因而具有光化学活性，通过无机包膜，可以堵塞其晶格缺陷，遮蔽其表面上的光活化点，从而提高颜料抵抗紫外线的耐候性。无机表面处理使用的离子通常有 Si、Al、Zr、Ce、Ti、Zn 等。

（4）包铝 氧化铝包膜通常采用 $NaAlO_2$ 或 $Al_2(SO_4)_3$，在酸性或碱性条件下发生中和反应，水合 Al_2O_3 膜沉淀到 TiO_2 表面，反应式如下所示：

$$Al_2(SO_4)_3+6NaOH+(x-3)H_2O \longrightarrow Al_2O_3 \cdot xH_2O+3Na_2SO_4$$

$$2NaAlO_2+H_2SO_4+(x-1)H_2O \longrightarrow Al_2O_3 \cdot xH_2O+Na_2SO_4$$

（5）包硅 氧化硅包膜通常采用 Na_2SiO_3（水玻璃），在酸性条件下发生中和反应，水合 SiO_2 膜沉淀到 TiO_2 表面，反应式如下所示：

$$Na_2SiO_3+H_2SO_4+(x-1)H_2O \longrightarrow SiO_2 \cdot xH_2O+Na_2SO_4$$

（6）包锆 氧化锆包膜通常采用 $Zr(SO_4)_2$，在碱性条件下发生中和反应，水合 ZrO_2 膜沉淀到 TiO_2 表面，反应式如下所示：

$$Zr(SO_4)_2+4NaOH+(x-2)H_2O \longrightarrow ZrO_2 \cdot xH_2O+2Na_2SO_4$$

（7）包铈 氧化铈包膜通常采用 $Ce(NO_3)_3$，在碱性条件下发生中和反应，水合 CeO_2 膜沉淀到 TiO_2 表面，反应式如下所示：

$$2Ce(NO_3)_3+6NaOH+(x-2)H_2O \longrightarrow 2CeO_2 \cdot xH_2O+6NaNO_3$$

（8）包膜过程控制　在无机包膜过程中，控制浆料的 pH 值、化学反应温度、时间和反应速率相当重要，否则会严重影响包膜产品的质量，使氧化膜不能均匀包覆在二氧化钛颗粒表面，甚至出现包覆不上的现象。不同的工艺条件决定了不同的钛白颜料性能。这也就是钛白表面处理在全世界范围内都是一个高技术的原因。

（9）水洗　经过包膜后的 TiO_2 浆料含有大量的 Na_2SO_4、$NaNO_3$ 等可溶性盐类和其他杂质，必须通过水洗去除，否则会影响到钛白颜料的性能，并对下游用户产品如涂料、塑料等存在不同的影响。

（10）有机包膜　经过水洗后的浆液在高速搅拌下加入有机包膜剂三羟甲基丙烷（TMP），使其沉积在颗粒表面，增强 TiO_2 颜料的湿润性和分散性。浆料经过滤、干燥后，其含水量需控制在 0.5%以下。

（11）粉碎　由于干燥后的 TiO_2 颜料颗粒会凝聚在一起，直径达到几微米至几十微米，必须进行超微粉碎，通过气流粉碎机粉碎可以使 TiO_2 颜料呈现单颗粒状，直径达到 0.5μm 以下，最终获得包膜钛白产品。

经过后处理包膜后的典型钛白粉颜料性能如表 4.5.8 所示。

表 4.5.8　后处理包膜后钛白颜料典型性能指标

序号	亮度/Jasn	色调/Ton	消色力/TCS	蓝相光谱特征值/SCX	分散性/μm
1	92.6	−8.02	1680	4.18	20
2	94.12	−8.29	1730	5.22	10
3	93.9	−8.12	1836	4.38	15

4.5.8　钛白生产过程中的大型主体设备

国内钛白生产装置的设备选型一般是本着可靠、先进、适用的原则，充分考虑设备的大型化。建设过程中为了节省工程投资，设备立足在国内采购，对于国内不能满足工艺要求的关键设备则从国外引进。如攀枝花钛都化工有限公司采用“硫酸-钛白联产”工艺技术建设 7 万吨/a 化纤钛白生产线时，采用了 ϕ3600mm×6000mm 的风扫球磨机、$V_g=160m^3$ 的酸解罐、ϕ3600mm×62000mm 的回转窑、ϕ1200mm 汽粉机等大型设备。国内某 6 万吨/a 钛白生产线的主体装备如表 4.5.9 所示。

4.5.9　主要技术经济指标

各厂的钛白生产装置的技术经济指标是有一定差异的，新建生产线一般较好。表 4.5.10 是某厂的主要技术经济指标，表 4.5.11 是某厂的消耗定额。

4.5.10　硫酸法钛白生产新技术

4.5.10.1　钛白生产新技术概况

国外采用硫酸法生产钛白已有近百年的历史，在此过程中对生产技术进行了不计其数的研究开发和技术改进，最终形成了目前比较成熟的整体工艺路线。近年来，国内外研究人员对硫酸法钛白生产技术的研究主要集中在四个方面。

一是不同原料选择上的研究。最初硫酸法钛白生产采用的是钛矿（钛精矿），针对钛矿的工艺流程长，主要表现在硫酸亚铁的冷冻结晶工序。后来部分工厂采用 TiO_2 品位较高的钛渣作为原料，使硫酸亚铁的冷冻结晶工序得以取消，也有工厂采用钛渣和钛矿的混合物作为原料。该技术已在国内大部分厂家应用。该研究成果使得硫酸法钛白生产工艺的环保问题得到明显缓解。但是，有厂家开始取消钛渣原料路线，改用钛矿，原因在于处理钛矿路线的环保成本明显低于钛渣原料上升成本。

表 4.5.9　某 6 万吨/a 钛白生产装置主体设备一览表

序号	名称	规格	材料	序号	名称	规格	材料
1	球磨机	ϕ2800mm，L=5900mm	组合件	15	煅烧窑回转窑	ϕ4000mm，L=80000mm，i=3.5%，附：燃烧器	碳钢衬耐火砖
2	酸解罐	V_g=160m^3，ϕ5300mm×11135mm	碳钢，耐酸耐温砖，橡胶衬里	16	冷渣机	RC-D-15 * L	碳钢、不锈钢
3	澄清槽	V=500m^3，10000mm×10000mm×4200mm	砼、玻璃钢、耐酸砖	17	辊压磨	10m^3/h	组合件
4	泥浆槽	V=123m^3，ϕ5600mm，H=5000mm，加热管加热面积：F=6m^2	碳钢，橡胶	18	砂磨机	V=1000L，成套设备国外引进	碳钢、不锈钢
5	泥浆板框过滤器	过滤面积：F=250m^2	碳钢，聚丙烯	19	表面处理罐	V=110m^3，ϕ5500mm×5200mm	钢、耐酸瓷砖
6	钛液板框过滤器	过滤面积：F=250m^2	碳钢，不锈钢；PP	20	隔膜压滤机	过滤面积：500m^2，滤板规格：1500mm×2000mm	组合件
7	薄膜蒸发器	换热面积：F=82m^2	钛	21	旋转闪蒸干燥器	ϕ1850mm×2500mm，附：热风炉，除尘器等	
8	水解槽	V=112m^3，ϕ 5600mm，H=5000mm	碳钢，橡胶	22	汽流粉碎机		组合件
9	上片、洗涤槽	6290mm×2440mm，H_t=2200mm，V=33.5m^3	钢玻璃钢	23	包装机	25kg/袋	组合件
10	叶滤机	叶片规格 2140mm×1630mm，n=30，过滤面积 F=208.8m^2	碳钢，PP	24	除盐水系统	制水能力：100t/h	
11	漂白罐	V=62.4m^3，D=4000mm，H_t=5400mm	钢衬胶衬砖	25	煤气炉	ϕ3200mm	
12	叶滤机桥吊	Q=2×20t	碳钢	26	微油螺杆式空气压缩机	排气量 40m^3/min，排气压力 0.4MPa	
13	盐处理槽	V=20m^3	碳钢、橡胶	27	离心式压缩机	200m^3/min	
14	立式隔膜压滤机	过滤面积 84m^2，滤板 1500mm×2000mm	组合件	28	煅烧尾气废锅	蒸发量 10t/h	

表 4.5.10　某金红石钛白生产装置的主要技术经济指标

序号	指标名称	单位	数量	序号	指标名称	单位	数量
1	生产规模	万吨/a	6.0	10	废水	m^3/h	300
2	年操作时间	天	330	11	废气	×$10^4$$Nm^3$/h	49.95
3	钛渣	万吨/a	7.11	12	废渣	t/a	12000
4	钛精矿	万吨/a	3.03	13	煤渣	t/a	4200
5	硫酸(98%)	万吨/a	16.5	14	石膏渣	t/a	90600
6	煤气站用煤	万吨/a	3.6	15	装置定员	人	420
7	石灰	万吨/a	4.54	16	建筑面积	m^2	20000
8	新鲜水	t/h	375	17	总投资(2012 年)	万元	15000
9	电	×10^4kWh/a	3600	18	投资内部收益率(FIRR，2012 年)	%	105(税前)

表 4.5.11　某金红石钛白生产装置的消耗定额　　单位：t/t 钛白

序号	项　目	消耗定额	序号	项　目	消耗定额
1	钛渣	1.183	10	六偏磷酸钠	0.00121
2	钛精矿	0.507	11	硫酸铝	0.220
3	硫酸	2.755	12	硅酸钠	0.0743
4	磷酸	0.00535	13	盐酸	0.0331
5	氢氧化钠	0.44	14	TME	0.0004
6	氢氧化钾	0.00356	15	石灰	0.616
7	氢氟酸	0.00158	16	氧化锌	0.0006
8	铝粉	0.00030	17	煤气炉用煤	0.600
9	纤维素	0.00042	18	水	50.00

二是各生产工序参数的优化研究。包括酸解工序、沉降工序、钛液浓缩工序、水解工序、盐处理工序、煅烧工序等。通过这些研究，使得各中间产品的质量得到提高，各过程环节的成本得以下降，从整体工艺来看，主要体现在钛白产品的质量得到明显改善，特别是国内产品与国外产品的差距越来越小。

三是钛白后处理的研究。在钛白前段工艺基本成熟的情况下，钛白产品，特别是金红石钛白产品的品质主要取决于后处理（包膜）工艺。近年关于钛白的专利绝大部分是包膜方面的研究，国外在后处理研究方面已经进行了 30 余年，而国内开展这方面的研究还只是近十年的事情。因此，国内钛白产品目前与国外相比还是存在较大差距的。包膜的研究成果使得钛白产品的品质进一步提高。

四是节能环保问题的研究。主要集中在废酸浓缩、硫酸亚铁处理和尾气余热利用研究等方面。国外的废硫酸主要采用浓缩回用的方法处理，国内目前主要采用废酸中和处理的方式，由于浓缩成本偏大，国内仅有少数厂家采用浓缩方法处理废酸。硫酸亚铁目前在国外主要采取钛渣原料路线消除，国内主要采取作为饲料添加剂、净水剂及生产其他化工原料等方法处理。

随着我国钛白产业的急剧扩大，整体生产技术水平明显提升，已达到国际上 20 世纪 90 年代末的水平，先进的、关键的生产装备技术均已被采用，陆续实现了国产化。

在工艺技术方面，自生晶种常（微）压水解，外加晶种常（微）压水解，致密型表面包膜处理，锆和有机硅等新型处理剂的应用，连续酸解技术以及 DCS 自动控制技术等都得到了推广应用。

以攀枝花钛都化工有限公司为代表的厂家实现了机器人自动包装、码垛，主要装置 DCS 控制，废热锅炉生产蒸汽浓缩废酸。对于煅烧尾气，普遍采用水喷淋、电除尘方式净化，酸解尾气因瞬间处理量大，处理难度高，但武汉方圆等公司已获得技术突破，山东道恩钛业、广东云浮惠沄钛白等公司针对废副处理开发了综合产品链技术，多家钛白企业在节能、节水、降耗技术方面已取得显著进步。攀枝花多家钛白公司已采用了低总钛、高铁钛比钛液生产钛白粉技术，总钛浓度达 160～185g/L（以 TiO_2 的含量计），铁钛比为 0.31～0.45，不需要硫酸亚铁结晶过滤过程，甚至不需要钛液浓缩过程。

在装备技术方面，风扫磨用于钛精矿粉碎，圆盘过滤机用于硫酸亚铁分离，隔膜压滤机用于水洗工序，超大型（130m^3 及以上）酸解锅和水解锅的应用，巨型煅烧转窑 ϕ(3.2～3.4) m×（55～58）m 以上，喷雾、闪蒸连同带式干燥机等都已得到普及应用。

4.5.10.2 钛白领域代表性专利技术

（1）微波热法制备金红石型钛白粉　中山大学公开了一种新的金红石型钛白粉的制备方法，即利用微波辐射场下的微波介电热效应驱使锐钛型钛白粉转型为金红石型钛白粉，一定量的锐钛型钛白粉原料在适当的微波功率条件下加热适当时间，即可完全转型为金红石型钛白粉；微波热使转型完全且迅速，产物的物相单纯，符合使用要求，且所用设备简单，操作简便，工作环境洁净，适合生产应用，具有可靠、节能、高效、环保等方面的优势。

（2）硫酸法钛白酸解废料通过浮选获得钛精矿的方法　周建国提出了一种硫酸法钛白酸解废料通过含钛介质浮选获得钛精矿的选矿方法，具体为钛白酸解废料在沉淀、浓缩过程中采取加水、加碱或同时加水和碱的方法降低废料的含酸量，采用机械搅拌式浮选机等常规浮选机，反浮选脱硫 pH 值控制在 3.5～5，浮选钛矿过程中 pH 值控制在 5.0～5.8，加入的含钛介质可添加在浮选脱硫之前，也可添加在浮选脱硫之后、浮选钛矿之前。本发明方法可获得合格的钛精矿（TiO_2≥47%，硫≤0.2%），酸解废料中 TiO_2 的回收率≥60%。可以实现资源的重复使用，减少环境污染。

（3）利用氢氧化钠清洁生产二氧化钛的方法　中国科学院过程工程研究所提出了一种由高钛渣及利用氢氧化钠清洁生产二氧化钛的方法。以高钛渣为原料，使其与 350～550℃的氢氧化钠发生反应制备中间产物，然后将中间产物进行水洗（或碳酸化）、酸溶、还原、水解、煅烧后制备锐钛型或金红石型二氧化钛。碱循环、酸循环和分离技术大大降低了生产能耗，简化了生产过程，减少了设备投入，提高了工艺可操作性，为钛资源的综合利用及二氧化钛（钛白粉）的制备提供了一条有效的途径。

（4）一种铈包膜钛白粉及其制备方法　攀枝花学院提出了一种复合包膜钛白粉及其制备方法，该复合包膜钛白粉的表面包膜硅、铝、锆中至少一种和铈。制备方法分为打浆分散、细磨筛选、无机包膜、洗涤过滤、干燥、粉碎共 6 个步骤，方法简单，不需要特殊设备。其综合颜料性能优良，蓝相光谱特征值优于国际先进水平，其分散性、亮度等方面也达到国际先进水平，具有广阔的应用前景。

（5）盐酸-萃取法制备金红石钛白的方法　陈泽安公开一种盐酸-萃取法制备金红石钛白的方法。将钛铁矿用盐酸分解，铁粉还原高价铁，再用溶剂萃取法分离出四氯化钛变成一定浓度的水溶液，往水溶液添加高分子有机物进行热水解，过滤漂白获高纯度偏钛酸微细颗粒，盐处理，微波干燥，900℃煅烧，过筛，即可得微细金红石钛白。反应过程中盐酸循环使用，无废物排放，环境友好，容易操作，成本低，能耗小，低品位或富钛料均可使用。比传统的氯化法生产金红石钛白优越。

（6）一种硫酸法钛白粉生产中酸解主反应时尾气处理的方法　武汉方圆钛白粉公司提出了一种硫酸法钛白粉生产中酸解主反应时尾气处理的方法，它包括酸解罐、烟囱、文丘里管、循环水池、水洗塔，其特征在于在水洗塔和尾风机之间还有文丘里管和气室，水洗塔的上端通过管道通入文丘里管的上端，文丘里管的下端位于气室上，气室上端的管口与尾风机连接。克服了现有技术处理方法易造成环境污染的不足，具有污染物的排放浓度大大低于国家规定的限值标准，同时尾气排气温度更低、气量更小的优点。

（7）由钛铁矿或高钛渣亚熔盐法清洁生产二氧化钛和六钛酸钾晶须的方法　中国科学院

过程工程研究所提出了以钛铁矿或高钛渣为原料清洁生产二氧化钛（钛白粉）与六钛酸钾晶须的方法。该方法包括钛铁矿或高钛渣在亚熔盐 KOH 液相介质中进行反应，KOH 与钛铁矿或高钛渣的质量比为 4∶1～8∶1；反应得到含碱液、钛酸盐和富铁渣的混合反应产物；钛酸盐反应产物的水解或酸解、煅烧、除杂后获得纯化的二氧化钛或六钛酸钾晶须产品。反应温度为 240～350℃，钛回收率在 99%以上，与目前工业上采用的硫酸法或氯化法工艺相比较，钛回收率提高，所制备的二氧化钛可以做颜料，涂料等；所制备的六钛酸钾（$K_2Ti_6O_{13}$）晶须可作为绝缘材料，耐火材料，摩擦材料等。

（8）一种致密复合膜钛白粉的表面处理方法　清华大学等提供了一种金红石型致密复合膜钛白粉的表面处理方法。它突破了传统的致密膜包膜处理思路，从提高料浆搅拌强度、降低包膜温度的理论入手，通过对包膜温度、浓度、速度、pH 值等工艺控制，实现厂整体工艺的创新，简化了流程，降低了生产成本。生产出来的金红石钛白粉，膜层光滑、均匀、连续、致密，耐候性达到国际同类产品水平。

（9）一种硫酸法制钛白的连续酸解方法　惠沄钛白公司公开了一种硫酸法制钛白的连续酸解方法。先开启尾气处理系统，按浓硫酸中的纯硫酸与钛矿粉质量比为 1.3～1.7∶1，将浓硫酸与钛矿粉混合均匀，混合温度低于 35℃，得到酸矿混合液；将酸矿混合液和反应启动水注入反应容器内，酸矿混合液注入速率为 3～6m^3/h，以反应器内温度为 140～170℃为准调整反应启动水的注入速率，得到颗粒固相物；将颗粒固相物与水或废酸加入到溶解槽内溶解，通过调节溶解水的流量确保硫酸氧钛钛液的 F 值为 1.75～1.85，钛液稳定性＞500mL，而得到硫酸氧钛钛液。通过控制酸解主反应的浓硫酸和钛矿粉的混合比和主反应的状态和温度，使得反应过程十分平稳，提高了酸解的质量，酸解后的固相物颗粒均匀细小，溶解得更快更彻底，从而提高了酸解的收率和产量。

（10）一种钛白粉的连续无机包膜方法　攀钢提供了一种钛白粉的连续无机包膜方法，包括以下步骤：第一包膜处理，将钛白粉浆料与第一包膜物质和第一中和物质在第一混料装置中混合，混合后的钛白粉浆料在第一超声装置中进行超声分散以及在第一熟化装置中对钛白粉浆料进行熟化；第二包膜处理，经第一包膜处理的钛白粉浆料与第二包膜物质和第二中和物质在第二混料装置中混合，混合后的钛白粉浆料在第二超声装置中进行超声分散以及在第二熟化装置中对钛白粉浆料进行熟化。制备的钛白粉包覆均匀、产品耐候性好、分散性好。

（11）采用低浓度钛液水解生产颜料钛白的方法　攀枝花学院公开了一种采用低浓度钛液水解生产颜料钛白的方法，提供了一种生产成本更低的生产颜料钛白的方法。包括如下步骤：①按体积配比取 13～25 份 92～98℃的水作为底水，加入 2～4 份以 TiO_2 计总钛浓度为 220～240g/L 的钛液，立即加入 100 份已预热至 90～98℃的 170～189g/L 低浓度钛液，混匀并维持体系温度 92～98℃；②升温至第一沸点，保持微沸，待溶液变为灰色，停止加热，进行熟化；③熟化结束后，再次加热至第二沸点，保持微沸，第二沸点后 80～100min 时加稀释水，第二沸点后 2.5～3h 结束水解反应，得到水解物料；④水解物料经过酸洗、漂白、水洗、盐处理、煅烧、粉碎后得颜料钛白。

（12）偏钛酸直接包膜生产金红石型钛白粉的方法　攀枝花学院公开了一种偏钛酸直接包膜生产金红石型钛白粉的方法，先将偏钛酸进行表面包膜处理，再进行煅烧，具体是偏钛酸先经强力分散后，直接进行表面包膜处理，再通过水洗除去包膜时留下的酸碱盐，然后进入回转窑煅烧，出窑后进行气流粉碎，即可制得金红石型钛白粉产品。可以降低设备投资，减少生产成本，具有较好的经济效益和社会效益；生产的钛白粉颜料性能与传统商品钛白粉相当或优于传统商品钛白粉，钛白粉颜料性能指标均符合国家最新《二氧化钛颜料国家标准》（GB/T 1706—2006）中对钛白粉的要求。

（13）一种以盐酸浸出渣制备钛白粉的方法　攀枝花新中钛公司提供了一种制备钛白粉的方法，包括：采用钛铁物料以盐酸浸出法制备的高钛盐酸浸出渣作为原料或原料之一，利用硫酸酸解制备钛液，钛液经氧化和有机萃取提纯后水解得偏钛酸，偏钛酸再经洗涤、盐处理、煅烧和表面处理而制得钛白粉。将含氯化盐的盐酸复合体系溶液在浸取钛铁物料后分流处理循环回用，并且将其与钛液有机萃取提纯和硫酸体系循环工艺有机配套，从而减少了钛液处理工序和成本，且由于所用盐酸、硫酸和有机萃取剂可循环使用，因此不产生硫酸亚铁（绿矾），从而有效降低了稀硫酸和酸性废水的排放，显著提高了钛白粉质量。实现了整个流程的高效、清洁、低成本、低能耗、低废弃物排放功效，为硫酸法钛白粉生产提供了一种新型的工艺技术，并能有效利用攀西地区高钙镁含量的细粒岩型钛铁矿。

（14）连续浓缩分离机　无锡市扬名金属工具厂提供了一种连续浓缩分离机用于废水中偏钛酸的回收，属过滤装置。主要有框架、滤板两部分组成。滤板由进口端片和尾片分别置放首尾各一片，中间放槽片和滤片，槽片和滤片则有若干片，总数为单，槽片和滤片间隔置放，片与片之间有滤布相隔。可以连续操作运行，特别适用钛白行业废水中的偏钛酸的回收，并能降低成本，提高工作效率。

（15）一种钛白粉生产专用闪蒸干燥机　河北麦森钛白公司公开了一种钛白粉生产专用闪蒸干燥机，包括干燥器、加料器、送风机、加热器、搅拌机、分级器、旋风分离器、引风机、除尘装置以及卸料装置；搅拌筒为上开口的回转结构，其底面的回转截面为“W”形，其立面为圆柱状筒体、且其顶端通过过渡锥面与干燥器底端对接；搅拌筒底面外侧倒锥面与水平面之间的夹角为60°，所述搅拌筒侧壁上设有沿其切线方向的进风口；其优点在于：将搅拌筒底面倒锥面与水平面之间的夹角修改为60°，同时增大搅拌筒侧壁上的环隙的距离，在具体使用时可以增大底部风速，有效改善搅拌筒底部颗粒堆积的状况，防止超负荷停车现象的发生，提高设备使用效率和产能。

（16）食品级二氧化钛的制备方法　江苏宏远药业公司公开了一种食品级二氧化钛的制备方法，制备过程如下：将钛白粉与去离子水按3～8：1质量份的配比先混合均匀，然后再加入0.0048～0.064质量份双氧水、0.0024～0.32质量份甲酸、0.0012～0.128质量份乙酸铵及0.12～0.64质量份硝酸，待反应后静置一段时间，然后加入23～63质量份的去离子水，之后进行吸滤、干燥处理，干燥后进行粉碎即得食品级二氧化钛产品。易于去除工业级二氧化钛中的杂质，产品制备出来就是食品级二氧化钛，产量高，产品质量有保证。

（17）一种从钛白废水中规模化回收钪的方法　湖南东方钪业公司公开了一种从钛白废水中规模化回收钪的方法，将离心萃取机和管道混合器配合使用，用P507作为萃取剂萃取。具有时间短、处理量大、占地面积小、同时实现油水分离。通过用H_2O_2和硫酸混合液洗涤有机相，大大降低碱反物的量，进一步的酸溶解，除去大部分的杂质，减少了后段工序处理量。该方法可以大规模从废水中获得纯度为98%的氧化钪。

（18）一种高浓度钛液的制备方法　中国科学院过程工程研究所提供了一种由碱熔盐法钛白清洁生产技术中的固体中间产物一步制备高浓度钛液的方法。以碱熔盐法钛白清洁生产工艺中的无定形的固体中间产物为原料，采用低浓度硫酸，在低温酸解下一步制备出高浓度澄清钛液（浓度为220～300g/L，以TiO_2计），较传统硫酸法钛白生产技术，可省去真空浓缩等步骤，且得到的钛液浓度高于传统硫酸法真空浓缩后的钛液浓度；简化了钛白生产流程，减少了设备投入，降低了能耗，提高了产能与产品质量。

（19）连续无污染液相二氧化钛制备方法　哥伦比亚 KEMICRAFT 海外有限公司公开了一种用钛矿或钛渣制备二氧化钛的方法和装置。矿或渣在反应器中同硫酸发生反应。在该反应器中使用热气体来进行搅拌。将来自管线的补充酸供应至另一管线。反应产物同来自喷雾蒸发器的回收酸一起从反应器中溢流到旋转滤器之中。在旋转滤器中冲洗滤饼，其中旋转滤器的水来自其他管线。经冲洗的滤饼送至溶解罐。将浓酸和冲洗水一起经由一管线返回反应器。在水解罐中水解滤液，形成二氧化钛水合物，然后在液态化焙烧炉中煅烧二氧化钛水合物，形成二氧化钛。

（20）超细微粒二氧化钛及其制备方法　日本昭和电工株式会社提出了水解四氯化钛制备二氧化钛溶胶的液相法，包括在 60s 内在 80℃或更高温度下将四氯化钛水溶液与水混合，同时将混合溶液保持在该温度下，然后在混合完毕 15min 后将溶液冷却至 60℃以下。同时公开一种上述方法生成的二氧化钛溶胶，其平均原始粒径（DBET）为 3～8nm，累积容积粒径 50%（D50DLS），两者之间的关系可采用 D50DLS＝kDBET 表示，式中 $1\leqslant k<5$，其锐钛矿含量 70%以上。还公开了一种通过干燥二氧化钛溶胶获得的微粒二氧化钛及其制备方法，以及在太阳能电池、锂离子电池电极和介质材料方面的用途。

4.6　四氯化钛

四氯化钛是一种有趣的无色液体，有刺激性酸味，在水中或潮湿的空气中都极易水解，冒出大量的白烟，变成白色的二氧化钛的水凝胶，在化工、电子工业、农业及军事等领域有广泛用途。在军事上，人们利用四氯化钛作为人造烟雾剂，尤其是用在海洋战争中，因水气多，放出的四氯化钛形成的浓烟就像一道白色的长城，挡住了敌人的视线。在农业上，人们利用四氯化钛形成的浓雾覆盖地面，减少夜间地面热量的散失，保护蔬菜和农作物不受严寒、霜冻的危害。在工业上，四氯化钛是钛及其化合物在生产过程中的重要中间产品，为钛工业生产的重要原料，主要用于生产金属钛、珠光颜料、钛酸酯系列、钛白以及烯烃类化合物的合成催化剂等。同时四氯化钛也用于陶瓷、玻璃、皮革、纺织和印染等工业领域。

4.6.1　四氯化钛的生产原理

四氯化钛的生产方法很多，一般用氯气或其他氯化剂氯化金属钛或其他富钛物料，再经氯化、冷凝分离、精制等过程而制得，常采用的氯化剂有 Cl_2 和盐酸等。目前工业上用作生产四氯化钛的高钛物料主要有钛铁矿精矿、高钛渣、人造或天然金红石、碳氮化钛等。

4.6.1.1　氯化过程的热力学分析

（1）钛化合物的氯化反应

① 直接氯化的可行性　钛渣中的物质与 Cl_2 直接发生如下反应：

主反应：
$$1/2TiO_2+Cl_2 = 1/2TiCl_4+1/2O_2$$

副反应共 8 个：

$$1/6Ti_3O_5+Cl_2 = 1/2TiCl_4+5/12O_2$$
$$1/4Ti_2O_3+Cl_2 = 1/2TiCl_4+3/8O_2$$
$$1/2TiO+Cl_2 = 1/2TiCl_4+1/4O_2$$
$$Ti_3O_5+Cl_2 = 1/2TiCl_4+5/2TiO_2$$

$$Ti_2O_3+Cl_2 = 1/2TiCl_4+3/2TiO_2$$
$$TiO+Cl_2 = 1/2TiCl_4+1/2TiO_2$$
$$1/2TiC+Cl_2 = 1/2TiCl_4+1/2C$$
$$1/2TiN+Cl_2 = 1/2TiCl_4+1/4N_2$$

对于主反应，$\Delta G^0=184300-58T$（409～1940K），即使 $T=2000K$，$\Delta G^0>0$，反应无法正常进行。其他副反应同样不能自发进行。事实上这些反应是一个可逆反应，在标准态下逆反应的趋势很大。要使该反应向正方向顺利进行，必须向系统里不断地通入氯气和不断地排出 $TiCl_4$ 和 O_2，直接氯化才能实现。但这要消耗大量的氯气，同时氯气的利用率很低，在经济上不可取。因此，直接氯化不可行。

② 有碳存在时的反应　当往系统中加 C 时，钛渣中的物质与 Cl_2 发生如下反应：

主反应：　$1/2TiO_2+1/2C+Cl_2 = 1/2TiCl_4+1/2CO_2$

副反应共 9 个：

$$1/2TiO+C+Cl_2 = 1/2TiCl_4+CO$$
$$1/2TiO_2+CO+Cl_2 = 1/2TiCl_4+CO_2$$
$$1/4TiO_2+1/2C+Cl_2 = 1/4TiCl_4+1/2COCl_2$$
$$1/6Ti_3O_5+5/6C+Cl_2 = 1/2TiCl_4+5/6CO$$
$$1/6Ti_3O_5+5/12C+1/2Cl_2 = 1/4TiCl_4+5/12CO_2$$
$$1/4Ti_2O_3+3/4C+Cl_2 = 1/2TiCl_4+3/4CO$$
$$1/4Ti_2O_3+3/8C+Cl_2 = 1/2TiCl_4+3/8CO_2$$
$$1/2TiO+1/2C+Cl_2 = 1/2TiCl_4+1/2CO$$
$$1/2TiO+1/4C+Cl_2 = 1/2TiCl_4+1/4CO_2$$

对于主反应，$\Delta G^0=-210000-58T$（409～1940K），无论如何，均有 $\Delta G^0<0$，反应可自发进行，其他副反应也基本可以自发进行。

将上述 19 个氯化反应在 900～1400K 温区反应可以分成四类：

(a) TiO_2 无碳氯化

$$1/2TiO_2+Cl_2 = 1/2TiCl_4+1/2O_2, \Delta G_1(kJ\cdot mol^{-1})>0$$

(b) 低价钛无碳氯化

$$Ti_2O_3(TiO,Ti_3O_5)+Cl_2 = 1/2TiCl_4+3/2TiO_2, \Delta G_2(kJ\cdot mol^{-1})<0$$

(c) TiO_2 加碳氯化产物为 CO

$$1/2TiO_2(Ti_2O_3,TiO,Ti_3O_5)+Cl_2+C = 1/2TiCl_4+CO, \Delta G_3(kJ\cdot mol^{-1})<0$$

(d) 加碳氯化产物为 CO_2

$$1/2TiO_2(Ti_2O_3,TiO,Ti_3O_5)+Cl_2+1/2C = 1/2TiCl_4+1/2CO_2, \Delta G_4(kJ\cdot mol^{-1})<0$$

上述的四类氯化反应，在 900～1400K 区间内：

ⅰ. 反应 (a) ΔG_1 ($kJ\cdot mol^{-1}$) >0，不具备热力学条件，不能进行；

ⅱ. 反应 (b) ΔG_2 ($kJ\cdot mol^{-1}$) <0，但负值不大，氯化反应不完全；

ⅲ. 当温度低于 1000K 时，若 $\Delta G_4<\Delta G_3$，氯化反应以 (d) 为主，反应气体产物以 CO_2 为主；

ⅳ. 当温度大于 1000K 时，若 $\Delta G_4>\Delta G_3$，氯化反应以 (c) 为主，反应气体产物以 CO 为主。

(2) 杂质氧化物的氯化反应　富钛料中还含有多种杂质，它们的加碳氯化反应如下：

$$2/3FeO+2/3C+Cl_2 = 2/3FeCl_3+2/3CO$$

$$2/3FeO+1/3C+Cl_2 = 2/3FeCl_3+1/3CO_2$$
$$FeO+C+Cl_2 = FeCl_2+CO$$
$$FeO+1/2C+Cl_2 = FeCl_2+1/2CO_2$$
$$1/3Fe_2O_3+C+Cl_2 = 2/3FeCl_3+CO$$
$$1/3Fe_2O_3+1/2C+Cl_2 = 2/3FeCl_3+1/2CO_2$$
$$CaO+C+Cl_2 = CaCl_2+CO$$
$$CaO+1/2C+Cl_2 = CaCl_2+1/2CO_2$$
$$MgO+C+Cl_2 = MgCl_2+CO$$
$$MgO+1/2C+Cl_2 = MgCl_2+1/2CO_2$$
$$MnO+C+Cl_2 = MnCl_2+CO$$
$$MnO+1/2C+Cl_2 = MnCl_2+1/2CO_2$$
$$1/3Al_2O_3+C+Cl_2 = 2/3AlCl_3+CO$$
$$1/3Al_2O_3+1/2C+Cl_2 = 2/3AlCl_3+1/2CO_2$$
$$1/2SiO_2+C+Cl_2 = 1/2SiCl_4+CO$$
$$1/2SiO_2+1/2C+Cl_2 = 1/2SiCl_4+1/2CO_2$$

含钛物料中各种氧化物与 Cl_2 反应的先后顺序为：

$$CaO > MnO > FeO > MgO > Fe_2O_3 > TiO_2 > Al_2O_3 > SiO_2$$

有些杂质还可能被 $TiCl_4$ 氯化：

$$2CaO+TiCl_4 = 2CaCl_2+TiO_2$$
$$2MgO+TiCl_4 = 2MgCl_2+TiO_2$$

4.6.1.2　氯化过程的动力学分析

动力学研究的目的是讨论影响氯化反应速率的因素，确定优化的工艺条件，提高反应速率。富钛料的氯化反应是个多相反应过程，过程依次按以下步骤连续不断地进行：

（氯化剂通过边界层向颗粒表面的）外扩散→（在钛物料颗粒表面上的）吸附→（经毛细微孔向颗粒内部的）内扩散→化学反应→（反应产物在颗粒内向表面的）内扩散→解吸→（产物分子通过边界层的）外扩散。

$$TiO_2(s)+2Cl_2(g)+C(s) = TiCl_4(l)+CO_2(g)$$

其反应速度取决于三个动力学过程：

① 相界面上的化学反应；

② 反应物和产物的扩散速率；

③ 反应物和产物表面上的吸附与解吸速率。

4.6.1.3　影响氯化的因素

（1）温度　钛渣的加碳氯化是放热反应，只需开始时从外部供热达到反应温度启动反应后，氯化反应就可以靠自热进行到底。根据动力学的分析：在低温（<650℃）时，氯化过程处于反应动力学区域，此时提高温度使反应速率加快。大于 650℃以后，氯化过程处于扩散区域，继续提高温度对反应速率影响不是太大。

（2）氯气速率和浓度　在一定的物料粒度下，氯气流速过低，物料沸腾不起来，成了固定层氯化；氯气流速过高，物料在炉内来不及反应就被带走，使得炉料带出率高。适宜的氯气速率应该介于临界流化速度和颗粒带出速率之间。

Cl_2 气浓度越高，反应速率越快，进行得越完全。实际上为了综合利用，降低成本，在镁电解的低浓度 Cl_2 气中，加入一定量纯 Cl_2 使其浓度保持在 80%以上，是满足生产要求的。

(3) 物料的粒度和孔隙度　当氯气流速一定时，物料粒度太大，就沸腾不起来；粒度越细，孔隙度越大，比表面积就越大，反应速率也越快。但若物料粒度太细，有可能发生沟流和腾涌现象，从而破坏沸腾床的稳定性，还可能来不及反应就被带出炉外。

实践中常常采用较宽的粒径分布，可使流态化层流化平稳、均匀和气泡较小，并增大相界面积。为了保证在同一氯气流速下，钛渣和石油焦均匀沸腾而不分层，必须使密度大的钛渣的粒度小于密度小的石油焦的粒度。

(4) 配碳量　若配碳量过低，不能满足反应的需要，氯化不完全，部分 TiO_2 进入炉渣排出，降低了钛的回收率。若配碳量过高，不但增加炉渣量，而且使气体量增加，$TiCl_4$ 在混合气体中分压降低，不利于 $TiCl_4$ 的冷凝。

在实际生产中，一般控制在钛渣：石油焦＝100：30 左右。若氯化金红石或使用稀释的氯气，应适当增加配碳量。

(5) 料氯比　一般在实际中采用氯：料＝100：65。

(6) 原料中钙镁含量的影响　当钛渣中 MgO 和 CaO 含量较高时，由于生成的 $MgCl_2$ 和 $CaCl_2$ 熔点较低而沸点较高，在较低的氯化温度下难于挥发，留在炉内呈熔融状态，使炉料粘结，排渣困难，而且破坏沸腾状态，使沸腾氯化难于进行，所以要求钛渣中 CaO 和 MgO 的含量总和不超过 1%。

4.6.2　四氯化钛生产工艺和设备

对于四氯化钛的生产过程，虽然各个国家工艺流程上稍有差异，但主要是由配料、氯化和精制三部分组成。配料工段来自高位料仓合格粒度的富钛料与破碎、干燥后的石油焦按一定配料比加入到螺旋输送机，经初混后送入流化器，风送至氯化工段，经旋风和布袋收尘卸入混合料仓，供氯化炉使用。

4.6.2.1　氯化工艺概况

自 20 世纪 50 年代开始工业化规模生产 $TiCl_4$ 以来，氯化工艺主要采用了竖炉氯化、熔

表 4.6.1　氯化方法的比较

比较项目	沸氯化	熔盐氯化	竖炉氯化
主体设备	沸氯化炉	熔盐氯化炉	竖式氯化炉
炉型结构	较简单	较复杂	复杂
供热方式	自然	自然	电加热
最大炉生产能力,($TiCl_4$/$t \cdot d^{-1}$)	80～120	100～150	20
适用原料	低 CaO、MgO	低 CaO、MgO	低 CaO、MgO
原料准备	粉料	粉料	制成团块
工艺特征	流态化	熔盐介质	团块表面反应
碳耗	中	低	高
炉气中 $TiCl_4$ 浓度	中	较高	低
炉生产能力,($TiCl_4$/$t \cdot m^{-2} \cdot d^{-1}$)	25～40	15～25	4～5
“三废”治理	氯化渣可回收	废盐没利用	定期清渣、换碳素格子
劳动条件	较好	较好	差

盐氯化和沸腾氯化三种氯化方法（表 4.6.1）。沸腾氯化是现行生产四氯化钛的主要方法（中国、日本、美国采用），其次是熔盐氯化（主要是独联体国家采用，中国攀钢也采用），而竖炉氯化已被淘汰。沸腾氯化一般是以钙镁含量低的高品位富钛料为原料，而熔盐氯化则可使用含高钙镁的原料。

（1）竖炉氯化　将被氯化的富钛料和石油焦磨细，加黏结剂混匀制团并经焦化，制成的团块料堆放在竖式氯化炉中，呈固定层状态与氯气作用制取 $TiCl_4$ 的方法。

（2）熔盐氯化　是将磨细的富钛物料和石油焦悬浮在熔盐介质中，和 Cl_2 气反应生成 $TiCl_4$。

（3）沸腾氯化　采用细颗粒富钛物料与石油焦的混合料在沸腾炉内和 Cl_2 气处于流态化的状态下进行氯化反应，又称流态化氯化。

4.6.2.2　**沸腾氯化**

沸腾氯化是采用细颗粒富钛物料与固体碳质还原剂，在高温、氯气流作用下呈流态化状态，同时进行氯化反应制取 $TiCl_4$ 的方法。流态化氯化的操作温度一般控制在 1000～1050℃，在此温度下富钛料发生加碳氯化反应，主要反应方程式如下：

$$TiO_2 + 2Cl_2 + C \longrightarrow TiCl_4 + CO_2$$

$$TiO_2 + 2Cl_2 + 2C \longrightarrow TiCl_4 + 2CO$$

$$TiO_2 + 2Cl_2 + 2CO \longrightarrow TiCl_4 + 2CO_2$$

在实际生产中，准确的配炭比、氯料比、混合料粒度以及合适的氯化温度是影响沸腾氯化的关键因素。

（1）沸腾氯化工艺

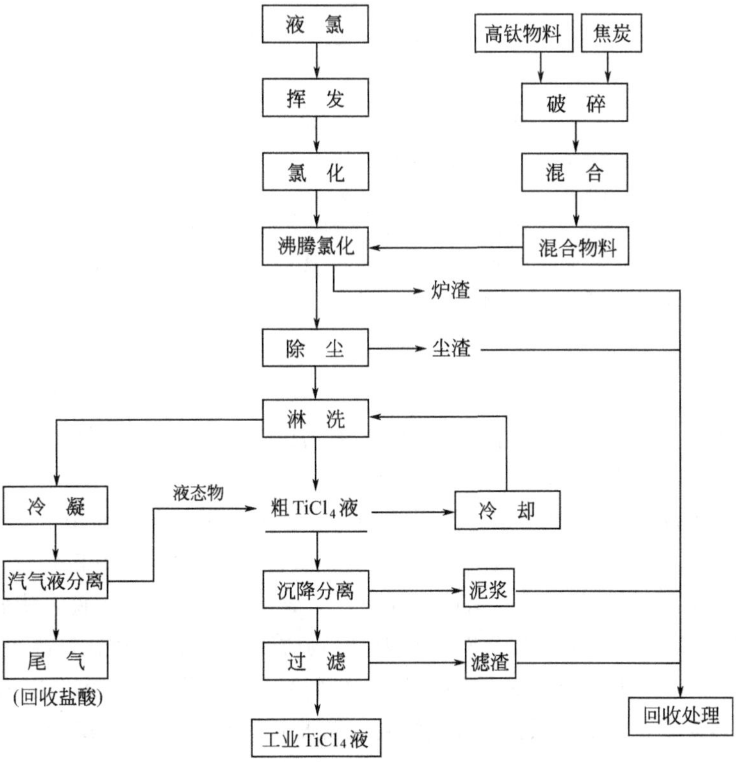

图 4.6.1　沸腾氯化原则工艺流程图

① 沸腾氯化制取 $TiCl_4$ 的原则性流程图　沸腾氯化的工艺流程如图 4.6.1 所示。

② 沸腾氯化工艺特点和条件　沸腾氯化工艺的特点：(a) 反应在沸腾层中进行，传热、传质好，使生产强化；(b) 无需制团，操作过程简单，可连续生产；(c) 缺点是气流带出的粉尘大；(d) 不适于含钙、镁高的物料。

沸腾氯化工艺的条件：钛渣/石油焦=100/30（质量比）；粒度=120 目>90%；氯化温度 800～1000℃；排渣量=加料量的 7%；系统压力 5～50mmHg。

(2) 沸腾氯化的设备流程图　沸腾氯化设备流程图如图 4.6.2 所示。

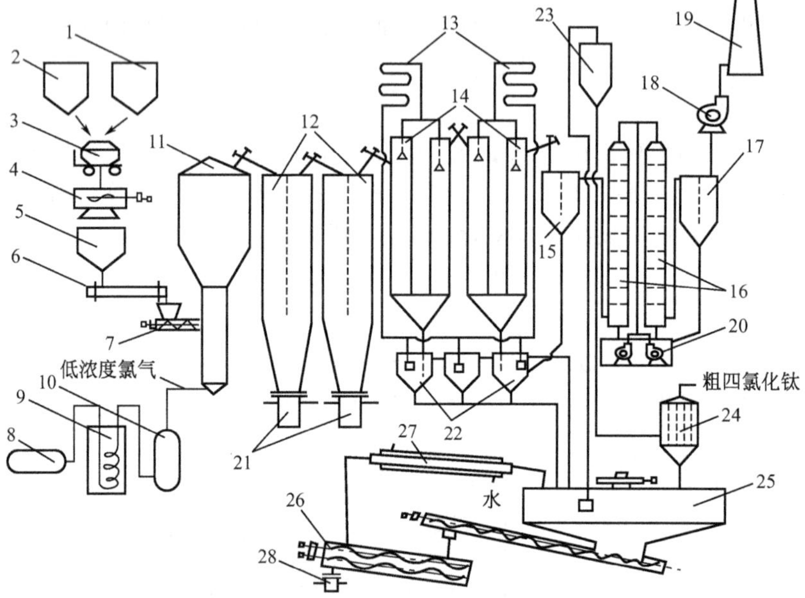

图 4.6.2　沸腾氯化设备流程图

1—钛渣料仓；2—石油焦料仓；3—配料称；4—混合机；5—混合料仓；6—管状加热器；7—加料螺旋；8—液氯钢瓶；9—蒸发器；10—缓冲罐；11—氯化炉；12—收尘器；13—套管冷却器；14—淋洗塔；15—捕滴器；16—洗涤塔；17—气水分离器；18—排气风机；19—烟囱；20—耐酸泵；21—收尘渣桶；22—环泵槽；23—高位槽；24—过滤器；25—浓密机；26—泥浆蒸发器；27—冷凝器；28—渣桶

(3) 氯化设备

① 沸腾氯化炉　目前国内采用的沸腾炉型多为圆柱形沸腾床。分沸腾段、过渡段、扩大段和氯气分配室四个部分。如图 4.6.3 所示。

(a) 沸腾段。沸腾段的直径可以按照需要的产能和沸腾炉的单位面积生产能力来确定。沸腾段的高度决定于所处理物料的性质。在实际生产中，若所处理的物料粉尘较多，则沸腾段高一点可降低粉尘率，但太高了又容易出现大气泡，造成不正常流化。因此，沸腾段高度对于小型炉取直径的 2～4 倍（即 $H_{沸}/D_{沸}=2\sim4$）为宜。随着沸腾炉的大型化，高径比逐渐减小。

沸腾段内衬一般由五层组成。最外层是保温材料捣固层，第二层和第四层为耐火黏土砖层；第三层为电极糊熔铸层，最里一层为水玻璃混凝土或矾土磷酸盐混凝土预制块或耐火高铝砖。

(b) 扩大段。实际中采用增大扩大段的直径达到除尘的目的，但其直径过大会增加建设费用，效果也不理想。目前扩大段的直径一般取为沸腾段直径的 4 倍（即 $D_{扩}=4D_{沸}$）。

扩大段高度一般取为扩大段直径的 1.5 倍左右（即 $H_{扩}=1.5D_{扩}$）。扩大段的内衬一般分为三层。最外层为耐火耐酸混凝土捣固层或耐火高铝砖，里面两层为黏土砖。

（c）过渡段。过渡段锥角即其锥面所夹的角，其大小直接与过渡段的高度有关，也与沸腾炉的总高度有关。其合理的锥角应按物料的自然堆积角来确定。实际中过渡段的锥角一般取 60°。其内砌层为耐火黏土砖及耐酸混凝土，靠沸腾段部位局部可用耐火高铝砖。

（d）Cl_2 气分配室和筛板。氯气分配室的作用，一是支撑筛板，二是使氯气静压分布均匀，并创造一个良好的初始流化条件。筛板的作用是支承物料、均匀分布气体造成良好的沸腾条件。影响筛板性能的是开孔率和筛板形式。开孔率一般采用 0.8%～1%；筛板的形式有直流型、风帽型和密孔型三种。

（e）加料口和排渣口。加料口一般选在流化床层自由面稍高处。排渣口的位置取决于所采用的筛板，一般在筛板上 200mm 处。

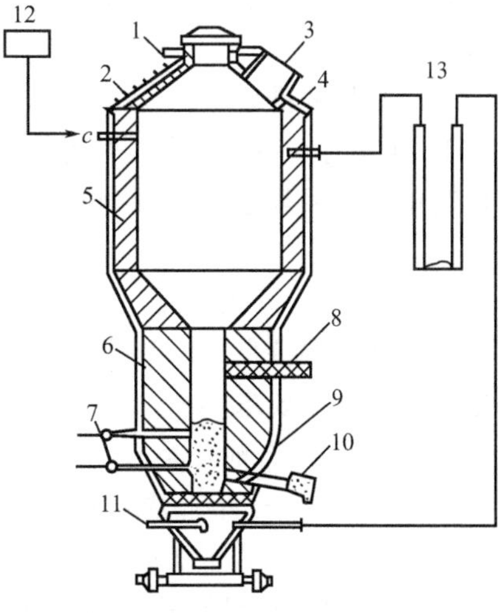

图 4.6.3　沸腾氯化炉示意图

1—炉盖喷水管；2—水冷炉盖；3—炉气出口；4—挡水板；5—扩大段炉衬；6—反应段炉衬；7—热电偶；8—加料器；9—筛板；10—放渣口；11—氯气入口管；12—高温计；13—压力计

② 后处理设备　后处理设备主要包括收尘冷凝器、淋洗塔和固液分离三大系统设备。如图 4.6.4 所示。

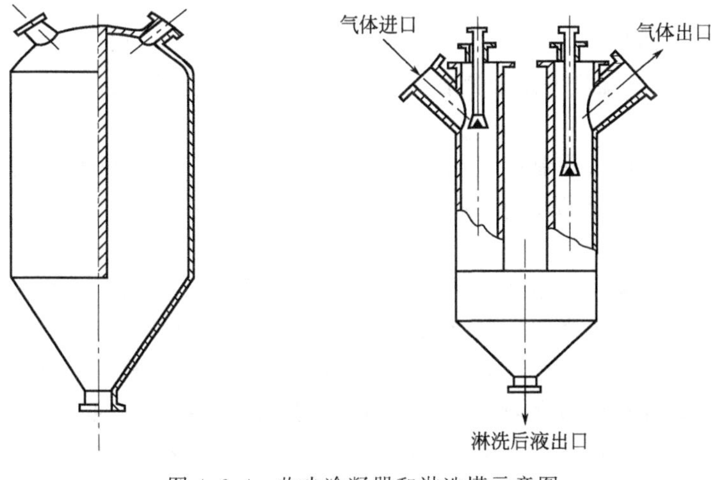

图 4.6.4　收尘冷凝器和淋洗塔示意图

（a）收尘冷凝器。收尘冷却器的作用是使从氯化炉出来的混合气体，经过减速、冷却降温的作用，使高沸点杂质氯化物冷凝并与夹带的固体颗粒一起沉积下来。通常采用加长设备长度或增加收尘器的数目来提高除尘效果。

（b）淋洗塔。淋洗塔的作用是将 $TiCl_4$ 气体以及低沸点杂质冷凝成液体，当然在收尘器内未被分离的高沸点杂质也被冷凝下来。因此，不宜采用填料塔、筛板塔、泡罩塔等一类易被堵塞的设备。最低冷却温度维持在 −10～−15℃为宜。

（c）固液分离设备。沸腾氯化中的固液分离设备包括浓密机和管式过滤器。浓密机的作用是通过重力沉降，使悬浮在四氯化钛中固体杂质沉积下来，呈泥浆状，然后由底部螺旋排出。为了使粗 $TiCl_4$ 中的固体杂质含量降到最低限度，由浓密机出来的 $TiCl_4$ 需经过管式过滤器再次过滤。

（4）原料的准备

① 氯气的准备。工业上用紫铜管将钢瓶内的液氯引入沉浸在热水浴中的蛇形管蒸发器，进行气化，然后经过缓冲罐和孔板流量计计量，再进入氯化炉内。蒸发器的水浴温度不宜太高，一般保持在45～70℃。缓冲罐压力控制在0.29～0.39MPa。

② 钛渣。从氯化来说，要求钛渣的品位越高越好。另外还要求 CaO 和 MgO 含量不能太高，以利于保持良好的流化状态。但是随着钛渣品位的升高，钛渣的成本会急剧上升。从氯化生产考虑，要求60～200目之间的总和不少于80%为宜。

③ 石油焦。石油焦是石油炼制过程的产物，各种焦的成分不一样。在实际氯化配料中，采用一半3#焦，一半煅烧焦是比较好的。应指出的是，炉料中水分含量高对氯化有不利影响，最好在配料前对石油焦进行单独干燥。

④ 混合料。物料的混合大致有筛分法和竖井风选法两种方案。

（a）筛分法。此方案对物料的粒径和配比的控制都很精确，但生产流程长，且若不经过机械筛分，很难达到理想的粒度。

（b）竖井风选法。此方案具有工艺流程简单、能连续生产和生产率高的优点。

（5）氯化炉的操作

① 氯化炉的烘烤：氯化炉启动前必须进行烘烤。烘烤最后达800～900℃时，氯化炉即可启动。

② 启动前的准备工作。

③ 氯化炉的启动。

④ 氯化炉的正常操作：（a）混合物料的加料速率及量；（b）通氯量通常为400～500kg/h；（c）目前反应温度一般控制在800～1000℃，炉出口温度控制在500～700℃；（d）排渣；（e）尾气。

（6）氯化后续系统的操作制度　包括收尘器的操作制度、淋洗操作制度、沉降过滤操作制度、尾气处理、氯化系统的压力控制和泥浆蒸发操作制度。

4.6.2.3　钛渣的熔盐氯化

（1）熔盐氯化工艺流程　熔盐氯化技术是针对高钙镁含量的含钛原料难以采用沸腾氯化技术的问题，采用的一种生产粗四氯化钛的生产技术。目前只有我国的锦州钛白粉厂、攀钢海绵钛厂和前苏联的海绵钛生产厂等采用这种氯化技术。含钛矿物熔盐氯化法的原理是将磨细的钛渣和石油焦悬浮在熔盐介质（碱金属和碱土金属氯化物）中通氯氯化生成四氯化钛的一种氯化方法。碱金属氯化物（NaCl、KCl）和碱土金属氯化物（$CaCl_2$、$MgCl_2$）本身并不直接参与反应，但它们的物理化学性质（黏度、表面张力等）对氯化过程却有重要影响。工艺流程如图4.6.5所示。

当高速的氯气流喷入熔盐后对熔盐和反应物产生了强烈的搅动。氯气流本身分散成许多小泡，逐渐由底部向上移动。在表面张力作用下，悬浮于熔盐中的固体粒子粘附在熔盐与氯气泡的界面上，随熔盐和气泡的流动而分散于整个熔体中，使反应物之间有良好接触，为氯化反应过程创造了必要条件。反应物根据其性质差异，低蒸气压组分（$CaCl_2$、$MgCl_2$、$MnCl_2$、$FeCl_2$）以熔融态转入熔盐中，高蒸气压组分（SiO_2、Al_2C_3）逐渐以固体渣形式在熔盐中积累。

（2）熔盐氯化设备　熔盐氯化是将待氯化粉状物料从上部加入熔盐氯化炉（其结构如图

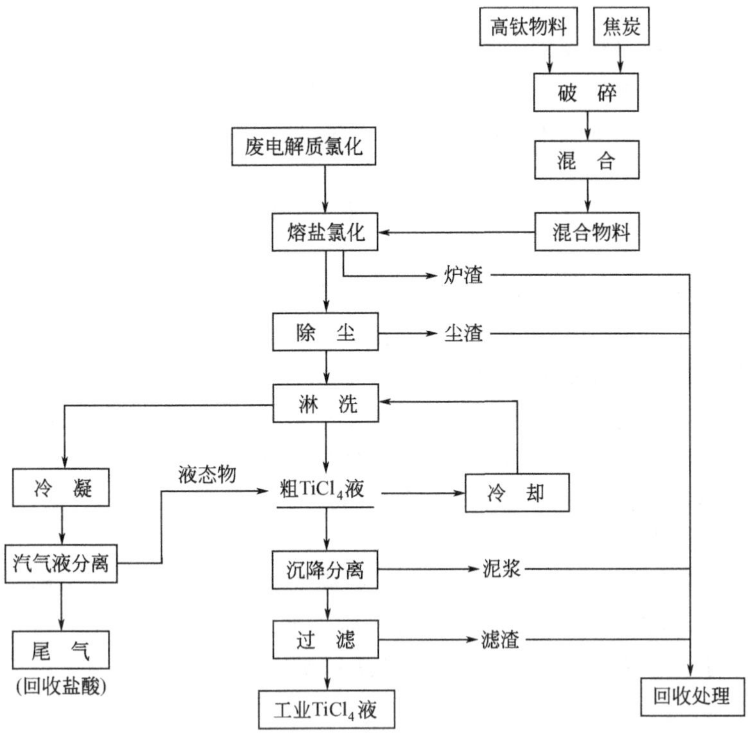

图 4.6.5　熔盐氯化原则工艺流程示意图

4.6.6 所示）内，气体氯气以一定流速从底部通过熔盐与物料的混合层，利用熔盐的循环运动及氯气与气体反应的鼓泡搅拌作用，使待氯化物料、还原剂碳和氯气充分接触发生氯化反应。

熔盐氯化工艺的主要优点在于传热传质好，操作连续化，生产能力高；可使用低浓度氯气，碳耗低；可用于处理含镁、钙高的原料。缺点是随氯化反应进行熔盐组成变化，导致氯化反应不稳定，需定期更换电解质，所以废电解质量大（160～200kg/吨 $TiCl_4$），并难回收利用；炉结构复杂，高温腐蚀严重，炉寿命短。

（3）熔盐氯化的特点　熔盐不只是氧化物氯化时的介质，而且是提高反应区氯浓度的有效催化剂。$FeCl_3$ 的存在可使 TiO_2 的氯化速率提高几倍。因为 $FeCl_3$ 在过程中起着氯化剂和催化剂的作用，它把溶解度不大的气态氯传递给了 TiO_2：

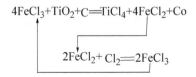

$$4FeCl_3+TiO_2+C=TiCl_4+4FeCl_2+Co$$

$$2FeCl_2+Cl_2=2FeCl_3$$

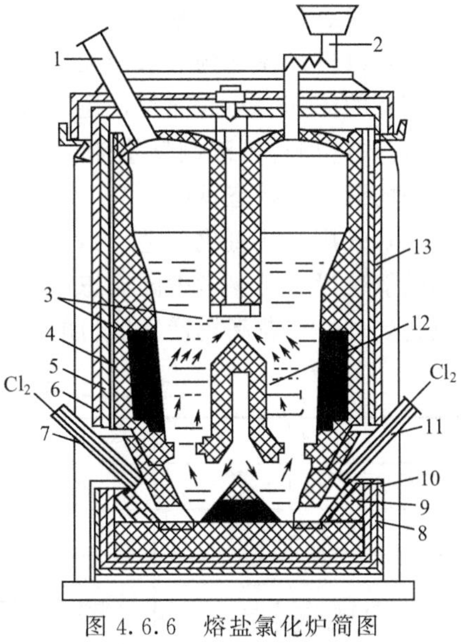

图 4.6.6　熔盐氯化炉简图

1—气体出口；2—加料器；3—电极；4—水冷空心；5—石墨保护壁；6—炉壳；7—氯气管；8—侧电极；9—中间隔层；10—水冷填料箱；11—通道；12—分配用耐火砖；13—热电偶

熔盐氯化的最宜温度为 700～800℃。与其他氯化法相比，熔盐氯化法具有以下优点。

① 粉料入炉，对原料粒度无苛刻要求。

② 熔盐体中的剧烈搅拌，强化了固-液-气三相传热和传质，因而炉子的单位生产率高。

③ 因为生成的几乎全是CO_2，而CO含量少，炉气中$TiCl_4$浓度增高，有利于后续系统的冷却、冷凝过程。

④ 过程在较低温度下进行，炉气中铁、铝、硅的氯化物浓度低，利于$TiCl_4$的精制提纯。

⑤ 因为主要生成CO_2，即使漏入了空气，也没有爆炸危险性，生产比较安全。

⑥ 对炉料的要求不苛刻，适宜处理高钙镁钛渣和TiO_2品位较低的钛渣。

显然，熔盐氯化也存在如下一些缺点。

① 废熔盐量大，处理比较困难，而且由于要经常排盐，会造成钛和碳的损失。

② 废熔盐不能处理而长期堆存，所含有害氯化物难免造成环境污染。

③ 高温熔盐体腐蚀性强，因而氯化炉寿命不长。

4.6.2.4 高钙镁钛渣的处理

对于钙镁含量高的富钛物料，沸腾氯化所生成的$MgCl_2$和$CaCl_2$呈熔融状态，易粘结物料，当$MgCl_2$和$CaCl_2$积累到一定程度后，便会破坏正常的流态化，使沸腾氯化作业无法进行。实践表明，用下列方法处理这种高钙镁富钛料是可行的。

(1) 在现行氯化炉上改进的工艺

① 采取提高炉温（达900～1000℃）；

② 增大配碳量（碳/矿比达0.3～0.35）；

③ 增大氯气流速和加大排渣量等措施。

经改进的这种工艺，在氯化含（MgO+CaO）=0.521%～5.74%高镁钙人造金红石时，炉内流态化状态良好，可以进行连续作业。

(2) 改进炉体结构　采用无筛板流态化炉。因炉不设筛板，克服了有筛板孔眼易被黏性物料堵塞的弊病。与此同时，还采取了提高炉温（900～1050℃）、增加配碳量（碳/矿比达0.48），改进加料排渣制度措施。用这种方法处理含（MgO+CaO）达7%～10%的钛渣，氯化炉的流态化状态良好。其工艺参数与用有筛板流态化炉氯化大致相同。

(3) 采用熔盐氯化工艺　我国熔盐氯化制取$TiCl_4$工业实验，每吨$TiCl_4$耗盐100kg。所用的氯化设备是参考中国流态化氯化炉和前苏联的熔盐氯化炉设计的。表4.6.2所列是熔盐氯化处理攀枝花高钙镁富钛料的一些工艺条件。

表4.6.2 攀枝花高钙镁富钛料熔盐氯化工艺条件

项　目	工艺条件	项　目	工艺条件
熔盐配比(KCl/NaCl)	0.30～0.05	石焦油粒度/mm	约0.13
1t $TiCl_4$耗盐量/kg	100	石焦油加入量	钛渣的18%(质量分数)
混合料的碳/矿比	0.20～0.21	熔盐中TiO_2浓度/%	2～3
盐层高度/m	3～5	熔盐中碳浓度/%	7～9
炉顶压力/Pa	0～300	氯气浓度/%	65～70
炉生产能力/$t \cdot d^{-1} \cdot m^{-2}$	9	氯气进口速率/$m \cdot s^{-1}$	20
钛渣粒度/mm	约0.08	反应温度/℃	750～800

4.6.3　粗四氯化钛的精制

粗四氯化钛必须进行精制，否则由于杂质的存在将严重影响下游钛产品的加工性能。粗四氯化钛是一种红棕色浑浊液，含有许多杂质，成分十分复杂。

4.6.3.1　粗四氯化钛的主要杂质

粗四氯化钛中重要的杂质有 $SiCl_4$、$AlCl_3$，$FeCl_3$、$FeCl_2$、$VOCl_3$、$TiOCl_2$、Cl_2、HCl 等。这些杂质在四氯化钛液中的含量是随氯化所用原料和工艺过程条件不同而异的。对于用作制取海绵钛的 $TiCl_4$ 原料而言，这些杂质几乎都是程度不同的有害杂质，特别是含氧、氮、碳，铁、硅等杂质元素。对于制取颜料钛白的原料而言，特别要除去使 $TiCl_4$ 着色（也就是使 TiO_2 着色）的杂质，如 $VOCl_3$、VCl_4、$FeCl_3$、$FeCl_2$、$CrCl_3$、$MnCl_2$ 和一些有机物等，但 $TiOCl_2$ 则不必除去。

（1）杂质的类型　按杂质在 $TiCl_4$ 冷凝过程中所收集到的物态和溶解度的不同，粗四氯化钛中的杂质主要包括可溶性气体、液体、固体和不溶性固体悬浮物四大类，如表 4.6.3 所示。

表 4.6.3　粗四氯化钛中的主要杂质分类

可溶于 $TiCl_4$ 中的杂质	常温下为气体	H_2、O_2、HCl、Cl_2、CO、CO_2、$COCl_2$、COS
	常温下为液体	S_2Cl_2、CCl_4、$VOCl_3$、$SiCl_4$、$CHCl_3$、CCl_3COCl、$SnCl_4$、CS_2
	常温下为固体	$AlCl_3$、$FeCl_3$、$NbCl_5$、$TaCl_5$、$MoCl_5$、C_6Cl_6、$TiOCl_2$、Si_2OCl_6
固体悬浮物		TiO_2、SiO_2、$MgCl_2$、$ZrCl_4$、$FeCl_2$、C、$FeCl_3$、$MnCl_2$、$CrCl_3$

$TiCl_4$ 是从氯化过程的气体中冷凝得到的，在 $TiCl_4$ 液化时（$TiCl_4$ 熔点－23.6℃，沸点 135.9℃），有些杂质溶于 $TiCl_4$ 中，淋洗 $TiCl_4$ 时也掺入不溶固体杂质。这些杂质在四氯化钛液中的含量随氯化所用原料和工艺过程条件不同而异。杂质含量如表 4.6.4 所示。

（2）除去杂质的方法　对于不溶悬浮固体杂质（TiO_2、SiO_2、$VOCl_3$、$MgCl_2$、$ZrCl_4$、$FeCl_2$、$MnCl_2$、$CrCl_3$），可用固液分离方法除去，工业中因 $TiCl_4$ 中浆黏度大，过滤困难，通常采用沉降方法分离。对可溶性气体杂质，在处理过程中会随温度的升高而除去。而可溶性液体和固体类杂质因溶解在 $TiCl_4$ 中，属于难分离杂质，这类杂质可依据其沸点的不同除去。表 4.6.5 所列为一些物质的沸点数据，如控制温度在 136℃以下，降低沸点，杂质除后，剩余的 $VOCl_3$ 和 Al_2Cl_6 再用化学方法除去。

表 4.6.4　粗 $TiCl_4$ 中杂质的大致含量　　单位：(质量分数) /%

生产方法	$TiCl_4$	杂质成分						
		Fe	Al	Mn	Si	V	游离 Cl_2	固体悬浮物/$g \cdot L^{-1}$
竖炉氯化	>98	0.004	0.01		0.009	0.07	0.08	3.6
熔盐氯化	>98	0.0002	0.001		0.001	0.08	0.05	3.1
沸腾氯化	>98	0.01～0.04	0.01～0.04	0.01～0.02	$SiCl_4$ 0.1～0.6	0.005～0.1	0.05～0.3	

表 4.6.5　一些物质的沸点

物　质	$TiCl_4$	$SiCl_4$	$VOCl_3$	Fe_2Cl_6	Al_2Cl_6
沸点/℃	136	56.5	126.8	31.8	180.2

4.6.3.2 粗四氯化钛的精制工艺及设备

四氯化钛精制的基本原理是用蒸馏方法去除 $FeCl_3$ 等高沸点杂质，通过精馏方法去除 $SiCl_4$ 等低沸点杂质，用置换等化学方法去除沸点相近杂质中的 $VOCl_3$，该工艺的焦点在如何除去杂质钒。目前工业生产实际应用的粗四氯化钛除钒方法有铜丝除钒、H_2S 除钒、铝粉除钒和有机物除钒等，但优缺点各异。国内绝大部分钛厂采用铜丝除钒法；独联体三家（俄罗斯 AVISMA、哈萨克斯坦 UKTMP 和乌克兰 ZTMK）海绵钛生产企业目前仍使用铝粉除钒法；日本东邦钛（Toho Titanium）公司曾采用 H_2S 除钒法，大阪钛（Osaka Titanium）公司采用有机物除钒法；美国 Timet 公司采用有机物除钒法。如图 4.6.7 为四氯化钛精制的原则流程示意图。

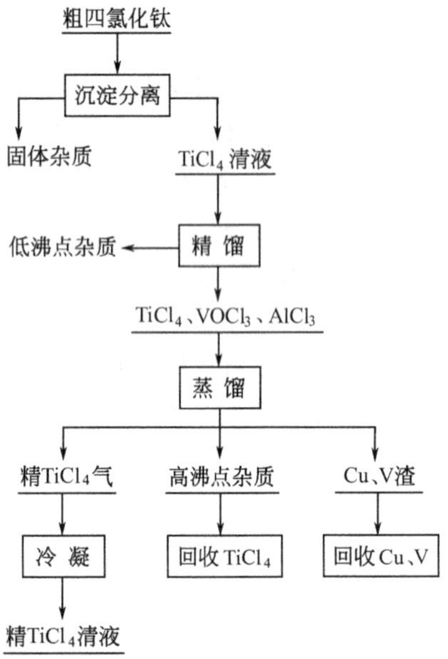

图 4.6.7 四氯化钛精制原则流程示意图

循环过程回收 $TiCl_4$，而 $AlCl_3$ 不会积累，因 $AlCl_3$ 溶解度低，在沉降室析出被分离。四氯化钛中高沸点和低沸点杂质主要依据它们与 $TiCl_4$ 沸点及蒸气压差异很大，采用物理方法——蒸馏式精馏法除去。高沸点杂质富集在蒸馏釜内；气体杂质在加热时通过精馏塔逸出；而与 $TiCl_4$ 互溶的低沸点液体杂质 $SiCl_4$ 通过精馏塔除去。四氯化钛精制设备流程如图 4.6.8 所示。

精制除高沸点、低沸点杂质的具体操作如下：粗 $TiCl_4$ 由粗 $TiCl_4$ 罐计量加到粗 $TiCl_4$ 高位槽中，经计量罐从塔中上部加入浮阀塔，当 $TiCl_4$ 流入蒸馏釜中，送电加热到 $TiCl_4$ 的沸点（约 140～145℃），产生的 $TiCl_4$-$SiCl_4$ 混合蒸气从浮阀塔下部进入塔中，通过浮阀逐渐向上移动，冷却下来的 $TiCl_4$ 沿溢流孔向下流动，依据 $TiCl_4$-$SiCl_4$ 的沸点相差较大及蒸气压的不同进行分离。

因 $SiCl_4$ 沸点低，越向上，气相和液相中的 $SiCl_4$ 浓度越高；愈向下，液相中的 $TiCl_4$ 浓度愈来愈纯，塔顶部控制 57～60℃，高于 $SiCl_4$ 沸点；仅含有少量的 $TiCl_4$ 而绝大部分为 $SiCl_4$ 的气体进入冷凝器中，被冷凝下来。尾气中含有氯气、光气等，通过液封罐排出，进入洗涤系统。

冷凝下来的 $SiCl_4$ 为进一步精馏提纯，经计量罐从塔顶部加入即回流，而经过精馏提纯的不含气体杂质和 $SiCl_4$ 的 $TiCl_4$ 从塔底部排到 $TiCl_4$ 储罐，待下一步除钒。溶于 $TiCl_4$ 中的高沸点杂质富集在蒸馏釜中，定期排放到粗 $TiCl_4$ 罐中，最后返回氯化处理。图 4.6.9 为浮阀塔工作示意图。

控制塔底温度，在 140～145℃下 $TiCl_4$ 气化；控制塔底温度，在 57～70℃下，$TiCl_4$ 液化；高沸点物质向下溢流，$SiCl_4$ 从塔顶逸出，$TiCl_4$ 液化及高沸点物质由下口流出。部分杂质的沸点及在 $TiCl_4$ 中的溶解度情况如表 4.6.6 所示。

第一阶段：塔顶温度 57～70℃，塔底 139～141℃，蒸馏釜温度 136℃，压力 14.66～18.66kPa。除去 $SiCl_4$ 等低沸点杂质。

第二阶段：塔顶温度 136℃，除去高沸点杂质。

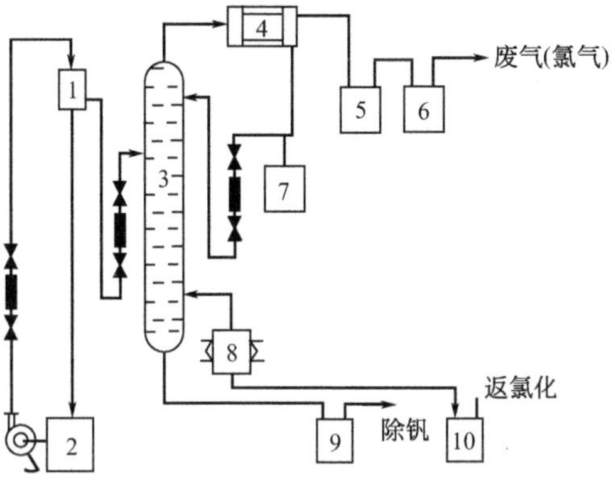

图 4.6.8　四氯化钛精制设备流程示意图

1—粗 $TiCl_4$ 高位槽；2—粗 $TiCl_4$ 罐；3—蒸馏塔；4—$SiCl_4$ 冷凝器；5,6—液封罐；7—$SiCl_4$ 储罐；8—蒸馏釜；9—$TiCl_4$ 中间罐；10—高沸点杂质罐

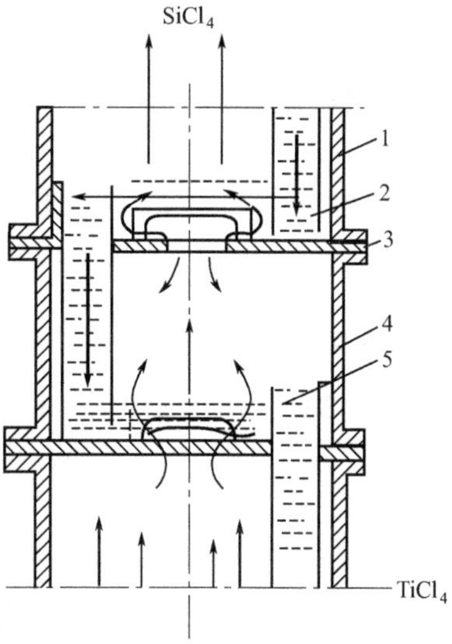

图 4.6.9　浮阀塔工作示意图

1—塔节；2—溢流管；3—塔板；4—浮阀；5—支架

表 4.6.6　某些杂质（质量分数大于 0.1%）的沸点和在 $TiCl_4$ 中的溶解度

物　质	沸　点/℃	$TiCl_4$ 中各成分的质量分数/%	在 $TiCl_4$ 中溶解度/%
$VOCl_3$	127	0.1～0.3	无限
$TiOCl_2$	—	0.04～0.5	0.44(20℃);2.4(120℃)
$SiCl_4$	57	0.1～1.0	无限
$AlCl_3$	180	0.01～0.5	0.26(18℃);4.8(125℃)
$COCl_2$	8.2	0.0005～0.15	55(20℃);2(80℃)

注：$TiCl_4$ 沸点为 136℃。

4.6.3.3　粗 $TiCl_4$ 中钒杂质的去除方法

粗 $TiCl_4$ 中的钒杂质主要是 $VOCl_3$ 和少量的 VCl_4，它们的存在使 $TiCl_4$ 呈黄色。精制除钒，不仅是为了脱色，而且是为了除氧，这是精制作业极为重要的环节。

（1）物理除钒

① 高效精馏塔除钒。依据 $TiCl_4$-VCl_4 系两沸点差为 14℃的原理，采用高效精馏塔除钒。

② 冷冻结晶法除钒。$TiCl_4$-$VOCl_3$ 系两组分凝固点差异较大，约相差 54℃，因此也可采用冷冻结晶法除 $VOCl_3$。

（2）化学除钒

① 选择性还原或选择性沉淀。在粗 $TiCl_4$ 中加入一种化学试剂，使 $VOCl_3$（或 VCl_4）杂质生成难溶的钒化合物，和 $TiCl_4$ 相互分离。

② 选择性吸附。选择吸附剂，选择性吸附 $VOCl_3$（或 VCl_4），使钒杂质和 $TiCl_4$ 相互分离，铜、铝粉、硫化氢和有机物四种已在工业上广泛应用。

a. 铜除钒法

$$TiCl_4 + Cu = CuCl \cdot TiCl_3$$

$$CuCl \cdot TiCl_3 + VOCl_3 = VOCl_2 + CuCl + TiCl_4$$

$$VOCl_3 + Cu = VOCl_2 + CuCl$$

b. 铝粉除钒法

$$AlCl_3 + H_2O = AlOCl \downarrow + 2HCl$$

$$TiCl_4 + H_2O = TiOCl_2 + 2HCl$$

$AlCl_3$ 可将溶于 $TiCl_4$ 中的 $TiOCl_2$ 转化为 $TiCl_4$：

$$TiOCl_2 + AlCl_3 = AlOCl \downarrow + TiCl_4$$

c. 硫化氢除钒法

硫化氢是一种强还原剂，将 $VOCl_3$ 还原为 $VOCl_2$：

$$2VOCl_3 + H_2S = 2VOCl_2 + 2HCl + S$$

$$VOCl_3 + H_2S = VOCl_2 + HCl + S$$

硫化氢也可与 $TiCl_4$ 反应生成钛硫氯化物：

$$TiCl_4 + H_2S = TiSCl_2 + 2HCl$$

d. 有机物除钒法

将少量有机物加入 $TiCl_4$ 中混合均匀，将混合物加热至有机物碳化温度（一般为 120～138℃）使其碳化，新生的活性炭将 $VOCl_3$ 还原为 $VOCl_2$ 沉淀，或认为活性炭吸附钒杂质而达到除钒目的。

4.6.3.4 粗 $TiCl_4$ 中铝杂质的去除方法

一般是将用水增湿的食盐或活性炭加入 $TiCl_4$ 中进行处理，$AlCl_3$ 与水反应生成 AlOCl 沉淀，加入的水也可以使 $TiCl_4$ 发生部分水解生成 $TiOCl_2$：

$$AlCl_3 + H_2O = AlOCl \downarrow + 2HCl$$

$$TiCl_4 + H_2O = TiOCl_2 + 2HCl$$

有 $AlCl_3$ 存在时，可将 $TiOCl_2$ 重新转化为 $TiCl_4$：

$$TiOCl_2 + AlCl_3 = AlOCl \downarrow + TiCl_4$$

由此可见，在进行脱铝时加入水量要适当，并应有足够的反应时间，以减少 $TiOCl_2$ 的生成量。当 $AlCl_3$ 在 $TiCl_4$ 中的浓度大于 0.01%时，则会使铜表面钝化，阻碍除钒反应的进行。所以，当粗 $TiCl_4$ 中的 $AlCl_3$ 浓度较高时，一般要在除钒之前进行除铝。

4.6.4 四氯化钛生产技术进展

（1）沸腾氯化炉的大型化技术研究 四氯化钛的制造技术是钛产业链中的关键技术，所以，今后应把氯化炉的大型化、氯化技术水平的提高（包括提高钛的氯化率、氯的利用率、氯化炉产能、降低尾气氯含量、提高四氯化钛回收率等）作为研究工作的重点之一。

（2）四氯化钛除钒新工艺 目前工业生产中，有用铜丝、矿物油和铝粉三种除钒的方法。其中，铜丝除钒效果好，可获得高质量的四氯化钛，但是间歇操作，铜丝失效后的洗涤再生操作劳动强度大、操作环境差、铜耗高，除钒的成本高，仅适合小规模生产中应用；矿物除钒成本低，但需要采用特殊的加热方法，产生体积庞大的残渣液，残渣易在加热壁上结疤，除钒后的四氯化钛中含有少量有机物不易分离除去，较适用于氯化法生产钛白；铝粉除钒的残渣量少，不易结疤，容易从残渣回收钒，除钒成本低，是一种适合用于海绵钛生产的除钒方法。铝粉除钒已在独联体国家海绵钛生产中成功使用多年，北京有色金属研究院等单位早已完成了小型试验研究，说明铝粉除钒是可行的工艺技术。但独联体国家使用的这种超细活性铝粉价格昂贵，并具有可爆性，需要研究改进。

2012年，攀枝花运达钛业公司在国内首次攻克了铝粉除钒产业化技术，通过外加$AlCl_3$作催化剂制备$TiCl_3$浆料，改善了低价钛浆液的除钒性能。在$TiCl_4$、铝粉的混合物中直接外加$AlCl_3$，加热至136℃以上，保温3～5h，铝粉利用率为50%～75%。能满足规模化连续除$AlCl_3$与控制产品中$AlCl_3$杂质含量的要求，已在年产10000t$TiCl_4$生产线上成功应用。每生产1t精$TiCl_4$，铝粉消耗不大于1.0kg，低于独联体技术的1.2kg单耗。

(3) 杜邦公司的新工艺　杜邦的新工艺使用低品位钛铁矿、焦炭和氯气生产四氯化钛，再用纯氧置换氯。该工艺仅为传统工艺成本的1/3，对于利用低品位矿和降低成本，给予我们很大的启示。

(4) 以金红石为原料生产$TiCl_4$　贵阳铝镁设计研究院发明了一种粗四氯化钛制取方法，它是用天然金红石为原料，冶金焦炭为还原剂，经加氯气沸腾氯化、旋风抽风机、冷却、喷雾、布袋过滤器过滤、填料吸收塔吸收而得粗四氯化钛。其优点是：采用天然金红石作为原料，拓宽了生产粗四氯化钛的原料来源；除渣、收集四氯化钛都是从氯化炉上部排出的混合炉气中解决；而原来的以高钛渣为原料生产四氯化钛的炉渣是从炉底排出，操作环境极为恶劣，需要戴防毒面具进行操作。

(5) 一种低温氯化生产四氯化钛的方法　清华大学公开了一种利用氯代烃低温氯化含钛原料生产四氯化钛的方法，该方法采用移动床反应器或流化床反应器，在氧化性气体的协同作用下，使氯代烃与含钛原料在低于钙镁氯化物熔点的温度条件下发生碳氯化反应，将含钛原料氯化为四氯化钛及其他低沸点的副产物混合气体，经反应器顶部的分离器分离冷凝后获得四氯化钛，并回收氯代烃循环使用。该方法消除了现有沸腾氯化工业技术对含钛原料中钙镁杂质含量的苛刻限制和由钙镁氯化物引起的粘结问题，适用原料广泛、具有设备腐蚀小及能耗低的优点，可用于工业化生产四氯化钛，也可用于处理工业副产物中的氯代烃。

(6) 含钛高炉渣高温碳化低温氯化生产$TiCl_4$　攀钢公司发明了一种使用低品位钛原料生产四氯化钛的方法，用低品位钛原料（如含钛高炉渣）连续工业化生产四氯化钛的方法。该方法的特点是采用含一定比例碳化钛的低品位钛原料在600～700℃的条件下直接与氯气进行反应，生产四氯化钛，能够长时间连续稳定运行，钛原料中碳化钛的氯化率达90%以上，可很好地用于生产四氯化钛。

(7) 一种半循环流化制备四氯化钛的方法　重庆大学发明了一种半循环流化制备四氯化钛的方法，以低品位的高钛渣和焦炭为固体原料，以氯气和氮气为气体原料，利用半循环流化床，经氯化反应和冷却及气固分离制得成品。通过让黏性很小的焦炭颗粒循环，而对于黏性较大的高钛渣颗粒悬浮于流化床反应器中，避免了颗粒的聚团和粘结，能充分利用低品位高钛渣资源，并具有生产效率高、产品质量好、操作简便、适宜于大规模工业生产等特点。可广泛应用于利用钛矿制备四氯化钛，特别适用于利用低品位高钛渣制备四氯化钛。

(8) 可连续制备精四氯化钛的工艺系统及制备方法　天华化工机械及自动化研究设计院公开了一种可连续制备精四氯化钛的工艺系统及制备方法，该系统包括并联设置的两套主反应装置，该两套主反应装置分别与粗四氯化钛储罐、沉降槽、四氯化钛清液储槽和缓冲罐相通，沉降槽、干燥机、干燥冷凝器和四氯化钛清液储槽依次相通，缓冲罐、蒸发换热器、蒸发器、精馏塔和塔顶冷凝器依次相通。将原料送入主反应装置进行除钒反应，反应生成物通过过滤、缓冲、加热、蒸发、精馏和冷凝，得到精四氯化钛溶液，同时，将系统中生成的含三氯化铝的四氯化钛溶液返回主反应装置，以补充除钒反应中对三氯化铝的需求，除钒反应中产生的杂质经沉降分离、干燥和冷凝，分离出四氯化钛清液，循环利用。工艺系统能连续生产精四氯化钛，且液相出料，更有利于除钒。

4.7 氯化法钛白

4.7.1 氯化法钛白的生产工艺流程及特点

4.7.1.1 氯化法钛白工艺流程简介

氯化法钛白主要有以下三大工艺过程。

① 用高品位钛铁矿或天然金红石、人造富钛料，采用氯化工艺生产粗 $TiCl_4$；粗 $TiCl_4$ 经过提纯制取精 $TiCl_4$。

② 精 $TiCl_4$ 气相氧化制取符合颜料性能的金红石型 TiO_2 粒子。

③ 后处理生产出适应不同用途的产品。

氯化法钛白生产工艺流程如图 4.7.1 所示。

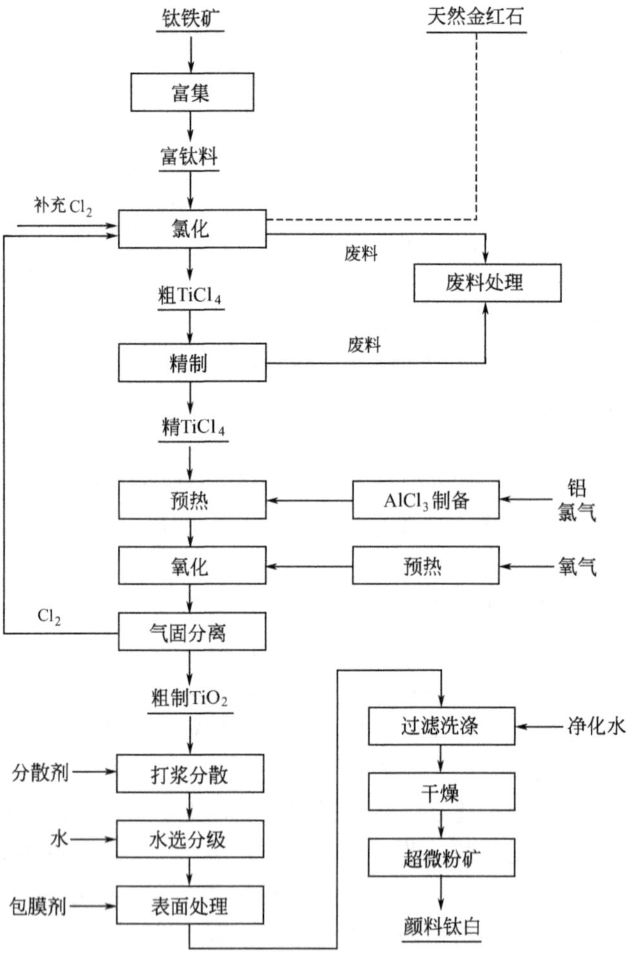

图 4.7.1 氯化法钛白生产工艺流程

我国氯化法钛白的开发研究始于 20 世纪 60 年代，至 80 年代，分别建设了中试装置和千吨级的工业性试验装置，尽管在开发研究过程中取得了不少进步，但距大规模工业化生产的要求尚有较大差距。80 年代末，锦州铁合金（集团）公司面对国外技术的垄断和封锁，采用咨询方式从美国引进了氯化法钛白生产技术和关键设备，并于 1994 年建成了我国第一套 1.5 万吨/a 氯化法钛白生产装置，经多次的技术攻关，目前此套装置已经实现正常运行，达到设计产能，特别是氯化钛白的核心部分——氧化炉能够实现连续运行，产品质量亦稳步提升。锦州氯化钛白生产线的成功达产，标志着我国已经逐步攻克氯化钛白生产技术，具备在此基础上进一步建设、形成真正有市场竞争能力的产业化生产线的条件。其主要工序如下。

(1) 配料　以高钛渣为主要富钛料原料，来自高位料仓合格粒度的富钛料与破碎、干燥后的石油焦按一定配料比加入到螺旋输送机，经初混后送入流化器，风送至氯化工段，经旋风和布袋收尘卸入混合料仓，供氯化炉使用。

(2) 氯化　来自混合料仓的富钛料和石油焦连续加入氯化炉，与氧化工段返回氯气和补充的新鲜氯气在高温下反应生成含 $TiCl_4$ 的混合气体，向混合气体中喷入精制返回钒渣泥浆和粗四氯化钛泥浆以回收 $TiCl_4$，并使热气流急剧冷却，在分离器中分离出钒渣、钙、镁、铁等氯化物固体杂质。分离器顶部排出的含 $TiCl_4$ 气体进入冷凝器，用粗 $TiCl_4$ 循环冷却液将气态 $TiCl_4$ 冷凝，冷凝尾气再经冷冻盐水冷凝后，废气进入废气处理系统处理合格后，由烟囱排空。粗 $TiCl_4$ 送至精制工段除钒。分离器排渣经处理后去专用渣场堆放。

(3) 精制　粗 $TiCl_4$ 和矿物油按一定比例连续加入除钒反应器，控制一定的温度和压力，使矿物油和粗 $TiCl_4$ 中的 $VOCl_3$ 反应生成不溶性 $VOCl_2$，同时使 $TiCl_4$ 大量蒸发，$TiCl_4$ 蒸气进入装有填料的精馏塔，塔顶排出的 $TiCl_4$ 气体经冷凝器冷凝后收得精 $TiCl_4$。不凝性气体送废气处理工序处理，钒渣泥浆返回氯化工段回收 $TiCl_4$。

(4) 氧化　从精制工段来的精 $TiCl_4$ 用泵连续送入 $TiCl_4$ 预热器，用燃料油间接加热，预热后的 $TiCl_4$ 气体进入 $AlCl_3$ 发生器，同时氯气与铝粉通过精确计量加入到 $AlCl_3$ 发生器中，铝粉与氯气反应生成 $AlCl_3$ 并利用反应热进一步预热四氯化钛，$TiCl_4$ 和 $AlCl_3$ 混合物进入氧化反应器。

氧气经氧气预热器用燃料油间接加热，预热后的氧气导入燃烧室，加入燃料燃烧进一步提高氧气温度。热氧流进入氧化反应器与热 $TiCl_4$ 流迅即混合，反应生成 TiO_2 和氯气。反应生成的 TiO_2 悬浮在含氯尾气中，经导管快速冷却后，进入布袋过滤器收集 TiO_2。为防止反应器壁结疤和 TiO_2 粘壁，须采用适合的防疤和防粘壁措施。含氯尾气全部返回氯化工段。

收集下来的 TiO_2 进入打浆槽，用脱盐水再浆，脱氯后送至后处理工段。

(5) 后处理　后处理工段由分散湿磨、表面处理、过滤洗涤、干燥、微粉碎及成品包装等工序组成。

氧化工段来的 TiO_2 浆液进入料浆罐，加入一定量的分散剂搅拌分散，然后送入砂磨机研磨，经分级后除去粗粒子，合格的 TiO_2 浆液通过泵送至表面处理罐。

在表面处理罐中，加入各种表面处理剂，在不同条件下，可以得到不同品种的钛白粉。表面处理完成后，用泵送至过滤机进行洗涤，洗涤合格后的滤饼卸料至干燥机，在干燥机中，TiO_2 滤饼中水分不断蒸发，产品得以干燥。

干燥后的 TiO_2 送至汽粉前料仓，通过螺旋给料机连续送入汽流粉碎机中，以过热蒸汽为工质，对 TiO_2 粒子进行超微粉碎，粉碎后的 TiO_2 加入分散剂（也可在分散前加入）后连同蒸汽一并进入袋滤器，收集下来的 TiO_2 经螺旋冷却器冷却后进入成品料仓，而后经包装机包装成袋入库。

由于 $TiCl_4$ 的制备部分已经在前面章节中讲述，因此，本节只介绍 $TiCl_4$ 氧化工序，而后处理内容基本与硫酸法钛白相同，因此，本节只略讲。

4.7.1.2 氧化法钛白生产的特点

氯化法钛白工艺流程短，装置生产能力大，自动化程度高，产品质量好，与环境友好性优于硫酸法，日益被人们所公认，获得快速发展。目前，国际够经济规模的钛白粉装置都首选氯化法钛白工艺。氯化法最大的特点如下。

（1）工艺流程短　原料高品位钛铁矿、天然金红石、富钛料或人造金红石进厂前都已按要求加工好。省略原料加工准备工序。氯化、精制、氧化工艺过程简单，连续化，生产不停顿，工艺流程短。

（2）核心设备如氧化炉装置小，反应速度快，生产能力大　主要设备连续运行，装置生产弹性较小，中间无法存储停留。

（3）各相关工艺要求可靠性高，自动化程度高，较难掌控　因为全过程在有压力、高温、强腐蚀介质中进行，调节控制需要非常迅速、精确才能保证系统安全运行，所有的工艺动力、原料必须保证连续不间断。

（4）产品质量好　原料纯度高，特别是四氯化钛精制除钒、铁的能力是硫酸法所不及的。氧化系统参数可调节，所以氯化法半成品粒度细，均匀，分布窄，白度好。

由于环保法规的日益强化和用户对产品质量要求的日益提高，氯化法在钛白生产中已占有明显的优势。但是，氯化法钛白生产技术难度大，关键设备结构复杂，要求采用耐高温耐腐蚀抗氧化的特殊材料，研究开发形成商业化生产需巨额投资，因此，氯化法钛白生产技术至今仍被世界上少数几家公司所垄断。

4.7.2 四氯化钛气相氧化制取二氧化钛的原理

4.7.2.1 四氯化钛气相氧化的热力学

$TiCl_4$ 气相氧化反应及热力学数据

$$TiCl_4(g)+O_2(g)=\!=\!=TiO_2(R)+Cl_2(g)$$

反应热效应为：$\Delta H^0=-181.5856$kJ/mol（为放热反应）

不同温度下的反应热按基尔霍夫公式计算：

$$\Delta H_T=298\Delta H^0+\int_{298}^{T}\Delta C_p \mathrm{d}T$$

式中，$\Delta C_p=C_pTiO_2+2C_pCl_2-(C_pTiCl_4+C_pO_2)$。

不同温度下反应热焓值见表 4.7.1。

从表 4.7.1 中可以看出，气相反应是放热反应，其热焓值变化不大，随着反应温度升高，热焓值略有降低。其反应热不足以维持反应在高温下进行。为保证反应的同步、快速进行，在工业实践中通常把 $TiCl_4$、O_2 预热到一定温度再进行反应。

表 4.7.1 不同温度下反应热焓值

反应热	T/K				
	298	1000	1300	1600	1900
ΔH_T(kJ/mol)	−181.6	−179.7	−178.1	−175.8	−172.9

4.7.2.2 $TiCl_4$气相氧化反应的动力学

$TiCl_4$ 气相氧化反应生成 TiO_2 是多相复杂反应，其特征是在相变过程中成核。反应大致包括下列步骤。

① 气相反应物在极短时间内相互扩散和接触。

② 加入晶型转化剂兼成核剂 $AlCl_3$，首先与氧反应生成 Al_2O_3，并成核。

③ $TiCl_4$ 与 O_2 反应生成 TiO_2，并附着在 Al_2O_3 核上长大。

④ TiO_2 晶核长大，并转化为金红石型。表示为：

$$n\ TiO_2(s) \longrightarrow (TiO_2)_n(s)$$

$$n\ TiO_2(A) \longrightarrow (TiO_2)_n(R)$$

⑤ 生成物被快速降温并移出反应区，控制晶体颗粒长大，防止失去颜料性能。

通常认为，$TiCl_4$ 气相氧化反应是非均相成核的典型例子，优先在反应器壁上成核。随着反应进行，新相 TiO_2 颗粒不断粘附在反应器壁上，TiO_2 产物不断长大形成疤层。实际也是如此，在反应器壁表面形成较软的疤层又被气流冲刷不断去除，反复进行，周而复始。在没有有效驱除疤层的情况下，疤层就会逐渐加厚、烧硬，最终会影响反应正常进行，这就是通常讲的氧化炉结疤。

实践中 $TiCl_4$ 气相氧化反应是在高温下进行的（≥1300℃），TiO_2 粒子受反应温度、反应区停留时间和加入成核心剂影响很大。

4.7.2.3　$TiCl_4$ 气相氧化反应温度

$TiCl_4$ 和氧气反应在 500～600℃可以缓慢进行，700℃时就可明显观察到 TiO_2 气溶胶存在。随着反应温度的提高，反应速率呈幂次函数增加。在 600～1100℃温度范围内，反应从受化学反应控制变为受动力学控制。当反应温度高于 1100℃时，已达到很高的反应速率，反应时间小于 0.01s，反应活化能为 138kJ/mol。

研究表明，反应产品的晶型结构主要取决于反应物的起始温度（即反应的引发温度）和化学反应时间。当反应温度为 500～1100℃时，反应产品主要是锐钛型 TiO_2；当引发温度提高到 1200～1300℃时，反应产品金红石率可达 65%～70%。由锐钛型 TiO_2 转化为金红石型 TiO_2 的活化能较高（460kJ/mol），特别是在反应区高温下停留时间极短的情况下，反应的起始温度就显得更重要一些。实践证明，即使温度提高到 1300℃，如果不加晶型转化促进剂，也无法实现金红石型 TiO_2 的转化率≥98%。

4.7.2.4　$TiCl_4$ 气相氧化反应时间

$TiCl_4$ 气相氧化反应需要在高温下进行，反应温度的提高虽然有利于生成粒子长大，但是生成粒子在高温区停留时间过长会使其过分长大，难以获得颜料用 TiO_2 产品。为了防止其过分长大，必须控制生产粒子在高温区的停留时间。

从反应历程看，反应停留时间应包括 $TiCl_4$ 与 O_2 混合成核时间、化学反应时间、晶粒长大和晶型转化时间。

实验结果表明，当 $TiCl_4$ 预热温度为 450～500℃，O_2 预热温度为 1700℃，反应温度为 1300℃，反应停留时间为 0.05～0.08s，可以获得平均粒径为 0.2μm 的产品。如果引发温度提高，相应的停留时间还应该进一步缩短。这样参加反应的物质同步集中进行，历程相同，并能骤冷至 700℃，使得到的产品平均粒径小、分布窄、产品质量好。

4.7.2.5　$TiCl_4$ 气相氧化过程晶型转化剂的作用

锐钛型 TiO_2 在高温条件下可以向金红石型 TiO_2 转化，在转化过程中自由能降低，晶体表面收缩，体积小，结构致密，稳定性好。

实践证明，单一 $TiCl_4$ 与 O_2 反应的金红石型转化率只有 30%～65%，为获得金红石型产品含量≥98%，需要加入晶型转化剂。$TiCl_4$ 气相氧化反应过程中没有引入成核剂，产品的平均粒度粗、粒度分布宽，很难得到优良的颜料级 TiO_2 粒子。通常的成核剂有水蒸气及元素周期表中第一主族元素、第二主族元素及镧系元素的盐类，如锂、钠、钾、钙、钡、铈的各种盐类，它们在高温下很容易生成氧化物。通常把它们按一定比例溶解在水中，利用氮气或者氧气作载体把它们压送到氧化反应器中，最好加入到热氧气流中。试验认为 $AlCl_3$ 是最经济、效果较好的晶型转化剂。当氧化产品中 Al_2O_3 含量达 0.9%～1.2%时，产品中金红石型的含量就可以达到≥98%的要求。

4.7.3 四氯化钛气相氧化工艺流程

4.7.3.1 氧化工艺流程描述

四氯化钛气相氧化工艺流程如图 4.7.2 所示。

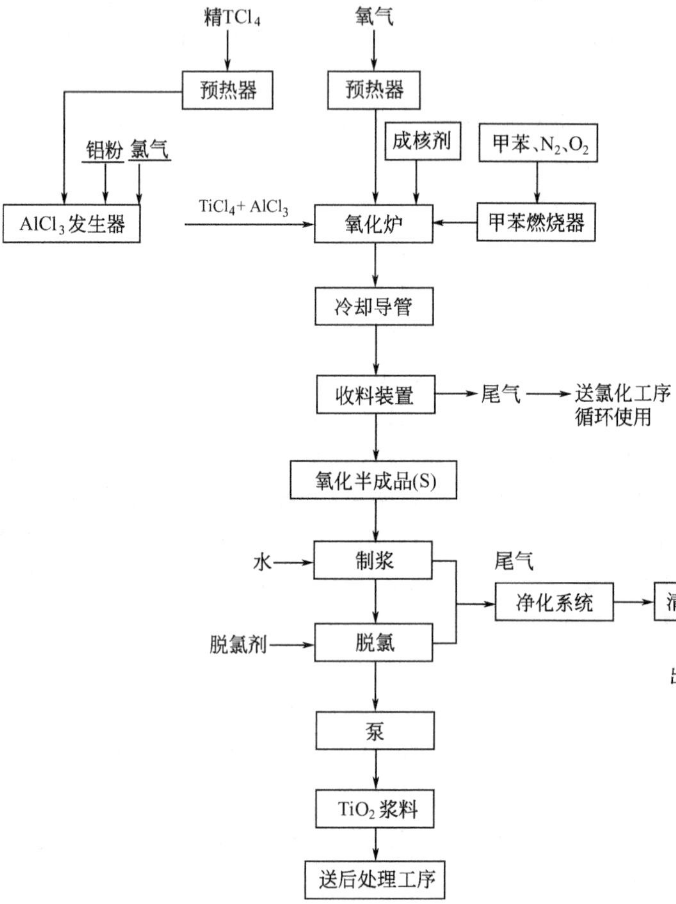

图 4.7.2　四氯化钛气相氧化工艺流程

氧化工序工艺简单，流程短，但技术难度很大。从氯化精制车间来的精 $TiCl_4$ 气体需经预热，再送入 $AlCl_3$ 发生器，共同混合后，一起送至氧化炉，与此同时，氧气经过预热后，同时送入氧化炉，此外，该过程中还同时加入成核剂，通过甲苯或 CO 气体等燃烧供给反应热，在氧化炉内发生剧烈的、快速的、瞬间的气-气高温氧化反应，生成固体 TiO_2 颗粒和气体 Cl_2，TiO_2 颗粒需采取干法或湿法脱氯，湿法脱氯方法是在加水制浆后，于打浆槽中完成，干法脱氯方法是在流化床中完成，最终获得 TiO_2 粉料或浆料，即可送至后处理工序。

在核心设备氧化反应器内，可用关键参数温度进一步描述反应过程。经蒸发预热的精制四氯化钛、经预热的氧气以及反应所必需的成核剂、晶型转化促进剂等反应物以各种方式加入氧化反应器。氧化反应引发温度在 800℃以上，主反应一般在 1300～1800℃进行。从反应器出来的气流（夹带着反应生成的二氧化钛颗粒）用低温的循环氯气骤冷到 700℃以下，再经沿程管路冷却到 200℃，逐级用旋风分离器和布袋收集器将二氧化钛从氯气中分离出来，二氧化钛经脱氯处理后送后处理工序。

4.7.3.2　工艺技术要点

（1）反应温度　此工段是将 $TiCl_4$ 与空气或氧气进行氧化反应，生成纯的 TiO_2 和氯气。氧化温度低于 600℃时，其反应速率微乎其微；超过此反应温度反应迅速增加，最后反应温度范围在 1300～1800℃。氧化反应对产品的细度及质量是控制的关键。

氯气与四氯化钛在所使用的氧化温度条件下腐蚀性极强。通常的反应器采用不锈钢衬耐火材料做成。氧化反应热不能维持足够的反应温度，必须提供辅助热量，通常的做法有：①$TiCl_4$和氧气/空气与少量蒸气混合，分别预热到所需的温度，并分别进入反应器；②通过燃烧 CO 成 CO_2 提供辅助热；③氧气通过电火花加热。

（2）晶种　在氧化时，为增加 TiO_2 的产率，通常加晶种以促使 TiO_2 的生成，$AlCl_3$ 是一个常见的辅助材料被加到 $TiCl_4$ 进料中，氧化时以固体颗粒的形式生成 Al_2O_3 以提供所需的晶种，也可在氧化时的空气或氧气中喷入液滴，作为晶种以促使 TiO_2 颗粒的生成。

为增加 TiO_2 的收率，需在能形成 TiO_2 粒子的地方周围加固体晶核。为此，有时将氯化铝（$AlCl_3$）加到 $TiCl_4$ 的进料装置中。氯化铝氧化成氧化铝（Al_2O_3），以细粒形式固化，提供了所需的晶核剂。输入的空气/氧气气流中所带的少量蒸汽在快速冷却阶段形成水滴，这也可起到晶核的作用促进 TiO_2 粒子的形成。

（3）结疤　氧化易造成 TiO_2 结痂于反应器器壁、气体进口喷嘴及其他一些表面上，因此，必须进行防御。在氧化工艺是十分难办的。生成的 TiO_2 迅速稳定地粘附在氧化反应器壁上、进口喷嘴外壁上，并不完全被气体带走。

在反应温度下，氯气和四氯化钛都有极强的腐蚀性。所以氧化器常用不锈钢制成并衬有耐火材料。

一些工厂采用连续的氮气保护其反应器气体进口部分、保证其冷却以防止 TiO_2 结疤沉淀。也有用砂和砂砾防结疤的方法。氧化炉结疤的困难尤其是在小装置上最难克服。锦州铁合金厂年产 1.5 万吨氯化法钛白装置是目前全球最小的生产装置；经过该厂多年的努力，已基本克服氧化炉结疤的困难，由原来几天运行周期提高到现在的连续运行。其除疤措施是氧化炉气膜保护和加盐除疤。

（4）脱氯　在将反应物料迅速冷却之后，钛白粉与气体采用旋风、布袋等过滤进行分离。排出气体循环回氯化工段再用。

从滤器中收集的 TiO_2 含有大量的吸附氯，需通过加热等方法移去，也可采用蒸气处理，氯被洗出并转化为盐酸，再进一步处理是用含 0.1％硼酸的蒸气除掉微量的氯和盐酸。

（5）粒径　在将 $TiCl_4$ 氧化成适于钛白应用的 TiO_2 产品时，对其粒度控制非常严密，这是新建厂需解决的技术诀窍。

4.7.4　四氯化钛气相氧化设备

4.7.4.1　四氯化钛预热器

四氯化钛预热器的作用是把精 $TiCl_4$ 气化并预热到 450～550℃，见图 4.7.3。

4.7.4.2　氧气预热器

将氧气加热至 1800℃，与 450～550℃的 $TiCl_4$ 气体均匀混合进行反应。通常采用两段式加热。第一段预热器先把氧气预热到 850～920℃；第二段在氧化炉内用甲苯燃烧产生的热量把流入的热氧流加热到 1800℃。氧气预热器的结构如图 4.7.4 所示。

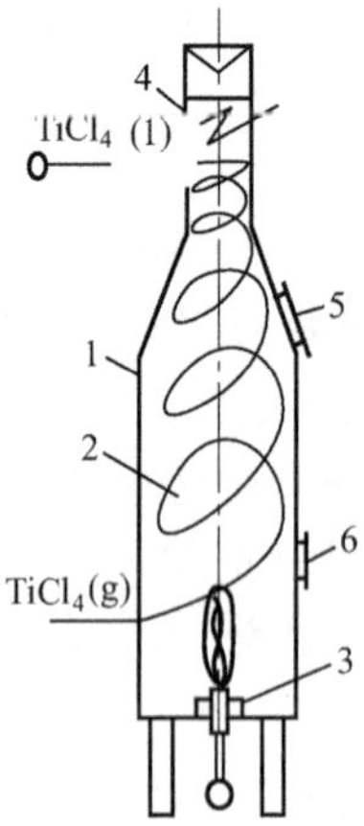

图 4.7.3　四氯化钛预热器结构

1—炉壳；2—$TiCl_4$ 加热蛇形管；3—燃烧器；4—烟道；5—防爆孔；6—视孔

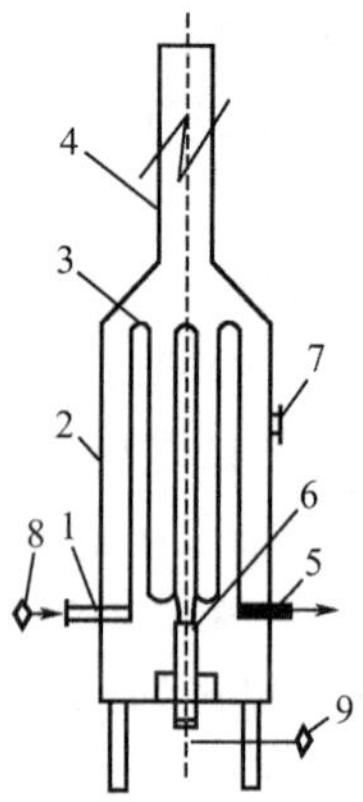

图 4.7.4　氧气预热器的结构

1—冷氧气进管；2—炉壳；3—蛇形管加热器；4—烟道；5—热氧出口管；6—重柴油燃烧器；7—视孔；8—冷氧入口；9—流量切换系统和柴油流量雾化控制系统

4.7.4.3　三氯化铝发生器

晶型转化剂 $AlCl_3$ 的加入和发生工艺有以下几种。

① 溶解法。把 $AlCl_3$ 溶解在 $TiCl_4$ 中，这种方法工艺过程复杂，装置多，加入量难以控制准确，需要定期除去水解的 $AlCl_3$，操作条件恶劣，环境较差。这种方法已经淘汰。

② $AlCl_3$ 升华法。因 $AlCl_3$ 装置条件差，蒸发量控制困难等因素，掌握和操作难度大。

③ 用铝粉与氯气反应直接产生 $AlCl_3$，同时与 $TiCl_4$ 气体均匀混合后进入氧化炉进行反应。这种方法产生的 $AlCl_3$ 活性强，反应热得到充分利用，工艺过程简单，可控性强。现在国外大型装置一般都采用这种方法生产。该方法又分为两种工艺：一种为熔融铝法，国外有 K. M 公司采用；另一种为流化床法发生 $AlCl_3$，很多大公司采用。

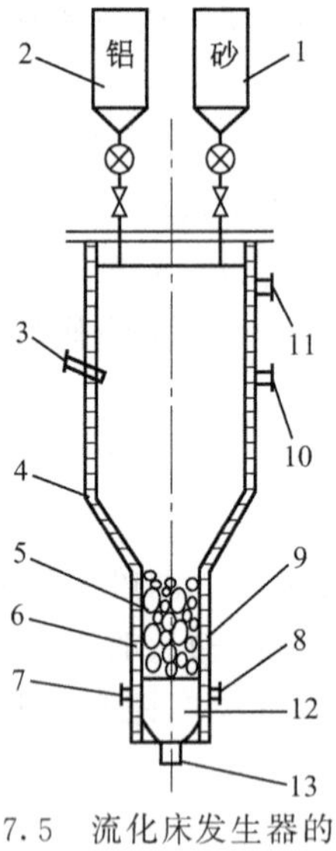

图 4.7.5　流化床发生器的结构

1—惰性物加入罐及加入系统；2—铝粒加入罐及加入系统；3—测压孔；4—炉壳；5—耐高温耐腐蚀炉衬；6—惰性物填料；7—$TiCl_4$ 气体进口管；8—Cl_2 进口管及计量控制系统；9—筛板；10—测温孔；11—$AlCl_3$、$TiCl_4$ 出口；12—缓冲室；13—出渣管

该流化床发生器的结构如图 4.7.5 所示。

工作原理：加入惰性填料的发生器经过预热到 200℃ 以上。按产能要求，加入过量铝粒的同时分别通入 $TiCl_4$ 和定量的 Cl_2，使惰性物床流化的同时，铝粒与氯气反应生成 $AlCl_3$ 并放出大量的热，与同步导入的 $TiCl_4$ 进行热交换并混合。炉气上升到扩大段，铝粉颗粒沉下去，炉气净化后由出口进入氧化炉。由于惰性填料损失由惰性物加入系统补加新的填料。填料的作用是防止铝粉粒相互接触，在高温下熔结在一块，同时也有强化传热、传质的功能。停产时可由放料管放出床中的惰性填料和残留的铝粒。这种工艺装置体积小，生产能力大，传质、传热效果好，结构简单，安全可靠。国外大型装置基本都采用此方法。

4.7.4.4　氧化反应器

氧化反应器的形式多种多样，按氧化加热方式分为甲苯燃烧二次提温型、C0 作燃烧反应器、等离子加热等多种方式。最为普遍的是甲苯燃烧二次加热使氧气提温到 1800℃的方式。按除疤形式分分为喷砂除疤式、喷盐除疤式、喷盐和气流保护式、高速气流和气膜保护相结合等多种方式。而最为普遍、先进的为高速气流、加盐除疤的方式，按 $TiCl_4$ 喷入方式分为单狭缝和双狭缝喷入节能型。

氧化反应器是 $TiCl_4$ 气相氧化技术的核心设备，它关系到氧化产品是否具有良好的颜料性能，高的使用价值。氧化反应器的除疤系统关系到全系统的稳定运行，装置耐高温、耐腐蚀性能关系到全系统的安全可靠性，它是氯化法钛白生产厂和工程技术人员最为关注的关键设备。

(1) CO 作燃料的氧化反应器　CO 和氧气从反应器炉头进入，经分布板整流，轴向喷入燃烧室燃烧，温度达 2000℃（见图 4.7.6），下游第一环惰性气体沿切向多孔喷入，目的是形成旋转气幕（膜），保护第二环——$TiCl_4$ 喷入环不过热，喷口不结疤和反应高温膨胀气流不返混。第二环为 $TiCl_4$ 喷入环，$TiCl_4$ 沿环进入流道，经缓冲稳压室稳压后，又通过均布分配孔沿径向喷入反应器内与高温（≥1800℃）的热氧气正交混合，并瞬间发生反应。因产生大量的热量的氯气，极易被氧化的反应器内层表面通过冷却剂冷却。第三环为气膜，有防结疤的作用，惰性气体在此环沿切线快速喷入形成气膜，使新生成的 TiO_2 粒子无法与反应器内壁接触，防止结疤。又因旋转气速较快，对器壁有一定的吹扫作用，减缓和冲刷去结疤，延长反应器的工作时间。同时对系统轴向气流和器壁有冷却作用，控制 TiO_2 长大和

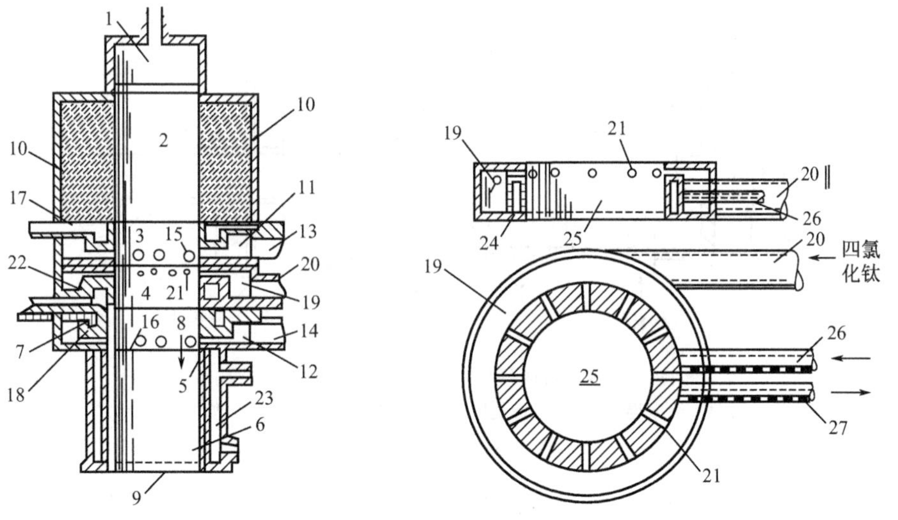

图 4.7.6　CO 作燃料的氧化反应器的结构

1—CO、O_2 分配室；2—CO、O_2 燃烧室；3—第一环气膜保护；4—第二环 $TiCl_4$ 喷入环；5—第三环气膜保护环；6—反应室；7—第二环冷却环；8—混合后的气流；9—反应器出口法兰；10—燃烧室耐火砖衬；11—第一环气体均压腔；12—第二环 $TiCl_4$ 均压腔；13—第一环氯气进口；14—第二环氯气进口；15—第一环氯气喷口；16—第三环氯气喷口；17—第一环内层表面冷却气体环道；18—第三环冷却气体环道；19—第二环 $TiCl_4$ 均压腔；20—第二环 $TiCl_4$ 进口管；21—第二环 $TiCl_4$ 喷孔；22,24—第二环冷却气体环道；23—反应管冷却水套；25—第二环内层表面；26—第二环冷却气体进口管；27—第二环冷气体出口管

防止内层被热腐蚀。$TiCl_4$ 与 O_2 充分反应的反应室，此处温度可达 1400℃，反应器出口设计有混合气流骤冷装置。该反应器反应室为 ϕ200mm×1500mm，反应室各部件用镍制成，水冷，生产能力为 5.0t/h。

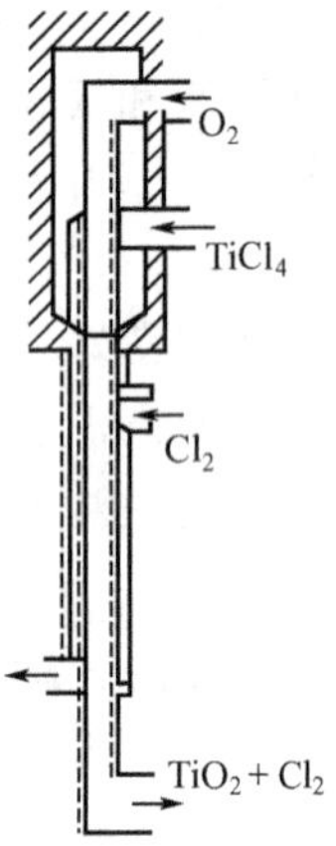

图 4.7.7 多孔壁反应器的结构

(2) 多孔壁反应器 多孔壁反应器的结构如图 4.7.7 所示。热 O_2 与 $TiCl_4$ 气流垂直交叉混合后进入反应区，反应区圆筒壁有小孔以高速喷入 Cl_2 或惰性气体，冷却反应壁不被腐蚀的同时形成气幕隔离新生成 TiO_2 粒子不与反应器壁接触，实现防止结疤，多孔壁开孔率为 0.1%～0.6%，清洁气体的用量为 $TiCl_4$ 的 1/20～1/3（质量比）。孔壁材质以镍质为最好。内径 305mm，每平方英寸开有一个直径 1.6mm 小孔，600～700℃的 $TiCl_4$ 以 18t/h 的速度加入，干燥的室温 Cl_2 以 1130～1360kg/h 的速度送入穿过多孔镍壁，使壁温在 300℃以下，长时间反应后多孔壁不结疤，清结光滑。

特点：进入冷风量比较小，生产能力较大的反应器引入的气量占炉气中比例很小，对氧化反应的干扰和对氯气浓度的冲稀作用都是很小的。这种反应器的改进型正在线上运行。

(3) 高速气流再配以加盐除疤式的氧化炉 这种氧化炉的结构更为简单（见图 4.7.8）。$TiCl_4$ 与 O_2 成 90℃交叉混合，由于推动力压力很大，在氧化炉高温区停留时间很短（≤0.10s），造成很高的流速（10～15m/s）。反应新生态的 TiO_2 粒子还来不及在器壁上结疤，就进入骤冷段；与此同时，以 N_2 作载体加入岩盐冲刷器壁上的结疤，实现长周期稳定运行，目前国外大公司产能高的装置几乎都采用这种方法。

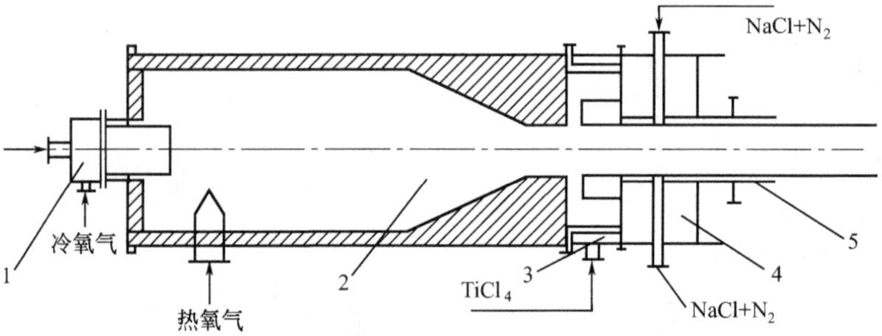

图 4.7.8 高速气流、加盐除疤式氧化炉结构

1—甲苯燃烧器；2—燃烧室；3—$TiCl_4$-$AlCl_3$ 混合气体喷口；4—加 $NaCl+N_2$ 除疤系统；5—冷却导管

(4) 喷粒除疤氧化反应器 该反应器由中科院和锦州钛白粉厂联合发明，如图 4.7.9 所示。管式炉身焊接在下法兰的另一面上，法兰的上面固定下环室底；管式预混器的沿与炉头外壳内壁固定，炉头外壳的下口焊接在下环室底部上；喷枪、加料管、焊接在炉头外壳壁上；下环室壁以上带有一阶梯圆台，内有一通孔，其下带有一圆锥面；形成喷粒通道，炉头外壳、管式预混器、下环室壁之间是上、下环室，两下环室壁之间形成喷口，喷盐装置焊接在炉身上。

由高温氧气通道 22 进入带有圆盘沿的管式预混器的高温氧气，与经 $TiCl_4$ 进气管 37 进入进气室 18，并经导流环 10 进入气流均压室 19，再由 $TiCl_4$ 喷口 20 喷入夹层式气幕装置的夹层圆管的中心管道中的高温 $TiCl_4$ 形成高速的交叉射流，进行快速均匀的分子状态混

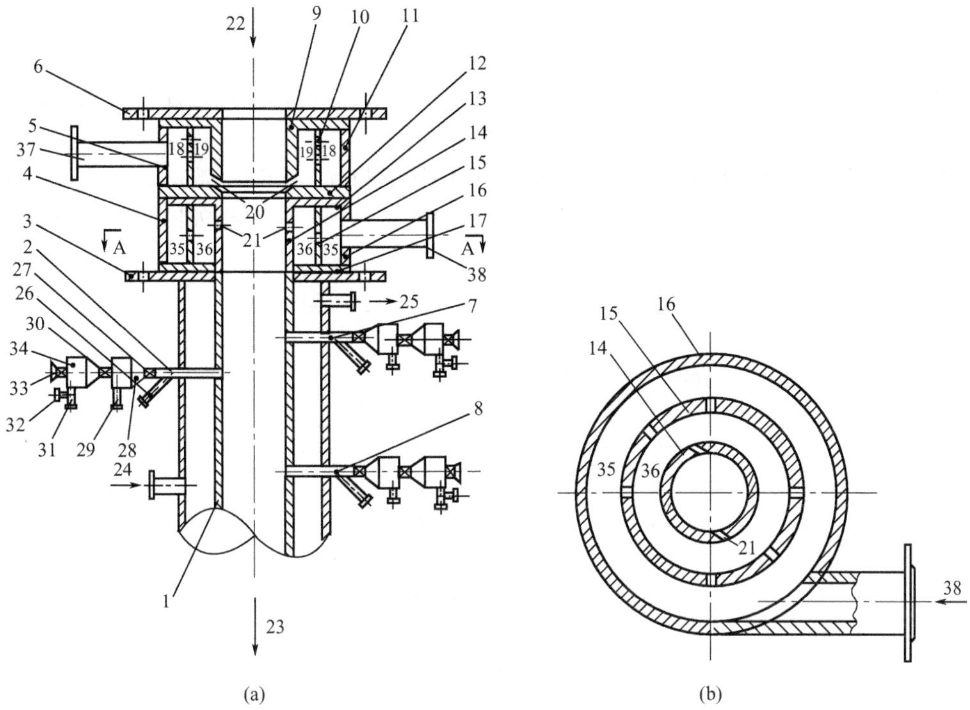

图 4.7.9　喷粒除疤氧化反应器结构

1—夹套管式反应器炉身；2—喷盐装置；3—下法兰；4—夹层式气幕装置；5—圆管；6—上法兰；7—喷盐装置；8—喷盐装置；9—带有圆盘沿的管式预混器；10—导流环；11—圆管壁；12—底盘法兰；13—顶盘；14—夹层圆管的内管壁；15—导流环；16—夹层圆管的外管壁；17—底盘；18—进气室；19—均压室；20—$TiCl_4$ 喷口；21—氯气通道；22—高温氧气通道；23—反应生成物出口通道；24—进水管；25—出水管；26—氯气载气管；27—旋转给盐阀；28—岩盐料斗；29—均压管；30—球阀；31—进气加压管；32—放气管；33—旋转加料阀；34—岩盐储箱；35—进气室；36—均压室；37—$TiCl_4$ 进气管；38—氯气进口管

合，实现快速反应，同时放出大量的热量，进一步加大了反应物与产物的流速，形成除疤的动力。由氯气进口管 38 进入的适量冷氯气，经气流进气室 35、导流环 15 进入气流均压室 36，再由氯气通道 21 成切线方向进入夹层式气幕装置的夹层圆管的中心管道中，形成一个强大的旋转气幕，防止生成的 TiO_2 在炉内结疤，由喷盐装置 2、喷盐装置 7、喷盐装置 8 喷入的岩盐固体粒子，靠夹套管式反应器炉内主气流的高速带动，具有很高的动能，冲掉炉内高温区可能的疤层和絮料，保证氧化反应器管道的良好热传导性能，以保证其产品的收集和设备安全，使之长周期运行。

喷盐装置是不间断喷盐，岩盐很容易除去，对产品无污染。通过生产运行所得的结果如下。

氧气：温度为 1300～1700℃，加入量为 900～950kg/h。

$TiCl_4$：温度为 450～500℃，加入量为 5000～5500kg/h。

岩盐喷入量：10～20kg/h。

在上述工艺参数下进行生产，30 天后，炉内工作面光滑，氧化半成品的质量达到产品要求。

4.7.5　氯化钛白后处理

氯化法或硫酸法生产的钛白粉，未经完善的表面处理（通称包膜），都不能充分发挥其优异的光学性能，并具有良好的耐候性、抗老化性能和良好的化学稳定性。所以钛白表面处理——包膜是非常重要的工艺过程。

表面处理是在一个完整的系统内实现的。它包括前粉碎、分散、湿磨、分级、包膜、水洗、干燥、粉碎和包装等多道工序。氯化钛白粉的表面处理工艺流程如图 4.7.10 所示。

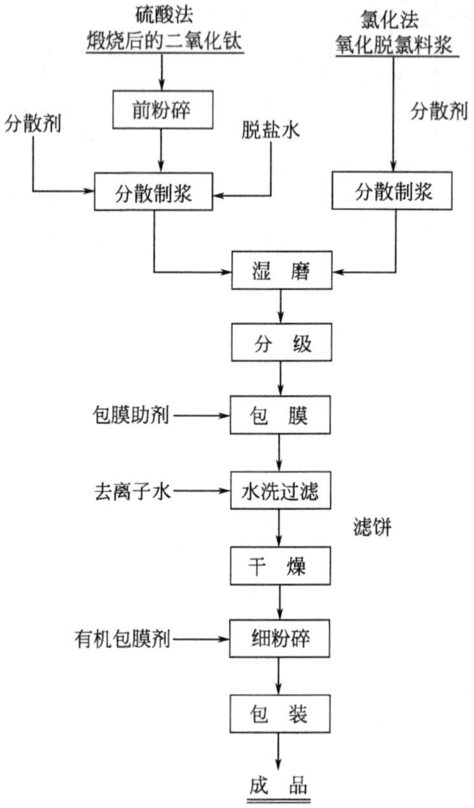

图 4.7.10　钛白粉的表面处理（后处理）工艺流程

从工艺流程可以清晰看出，硫酸法和氯化法后处理的工艺过程基本是一样的。区别是在于相同工艺过程中的控制（操作）参数有所不同而已。具体内容参见硫酸法钛白章节。

4.7.6　氯化钛白生产技术经济指标

从金红石原料生产钛白粉的回收率在 93%～95%，而从钛精矿与板钛矿混矿原料生产钛白粉其回收率约为 90%。从钛渣中的回收率高于人造金红石，因为钛渣中颗粒粒度均较人造金红石高，氯化时带走的细粉少。

以国内某氯化钛白项目（年产能 5 万吨）为例，其设计时的部分技术经济指标如下（仅供参考）。

（1）每吨钛白粉生产需原料和排除废料量

① 原料掺混 90% TiO_2 或更高含量　金红石或人造金红石：1.1～1.3t；氯气：1.9～2.3t；石油焦：0.25～0.27t；氧气：0.45～0.50t；$AlCl_3$：0.03t；排除废料：0.03～0.05t 氯（主要为 $FeCl_3$）。

② 原料掺混 65% TiO_2　钛精矿＋板钛矿：1.75t；氯气：1.15t；石油焦：0.30～0.35t；排除废料：1.5～1.6t $FeCl_3$。

（2）主要原料用量

① 金红石矿或高钛渣（含 TiO_2≥90%）　年用量 5.8 万吨。

② 氯气　年需量 10 万吨，由公司内氯碱厂供给。

③ 石油焦　年需量 1.3 万吨，由公司内炼油厂供给。

（3）主要辅料用量

① 三氯化铝　年需量 50t。

② 硫酸铝（以 15.8% Al_2O_3 计）　年需量 1 万吨。

③ 硅酸钠（以 20% SiO_2 计）　年需量 2750t。

④ 六偏磷酸钠（以 68% P_2O_5 计）　年需量 50t。

⑤ 单异丙醇胺　年需量 125t。

⑥ 三羟甲基丙烷（TMP）　年需量 200t。

⑦ 新戊二醇（NPG）　年需量 2.5t。

⑧ 有机硅　年需量 200t。

⑨ 包装袋　年需用量 200 万个。

（4）燃料动力

① 电　由公司热电厂供给。

② 天然气　年需用量 770 万立方米，由当地油田供给。

③ 蒸汽　由公司加热锅炉供给。

④ 工艺水　由公司水处理站供给。

⑤ 无离子脱盐水　由公司热电厂化水车间供给。

4.8 海绵钛

4.8.1 镁热还原法生产海绵钛的基本原理

镁还原法生产海绵钛是目前唯一工业化的生产方法。在高温下用金属 Mg 或 Na 还原 $TiCl_4$，得到金属钛，呈海绵状，纯度为 98.5%～99.7%，工业上叫作海绵钛。

用镁还原法生产金属钛是在密闭的钢制反应器中进行。将纯金属镁放入反应器中并充满惰性气体，加热使镁熔化（650℃），在高温下，以一定的流速放入 $TiCl_4$ 与熔融的镁反应。

镁热还原过程为间歇作业，在惰性气体氩或氦的保护下进行，还原温度为 800～900℃，在还原过程中间歇排出生成物 $MgCl_2$。

还原所得产物中夹有 $MgCl_2$ 和金属镁，可用真空蒸馏法除去并回收。真空蒸馏温度为 950～1000℃。

生产海绵钛的原料：液态 $TiCl_4$、金属 Mg，典型化学成分如表 4.8.1 和表 4.8.2 所示。

生产海绵钛的产品：海绵钛（金属钛）、$MgCl_2$。海绵钛产品的国家标准如表 4.8.3 所示，海绵钛外观如图 4.8.1 所示。

生产海绵钛的工艺：克劳尔法（镁热还原法）、亨特法（钠还原法，已淘汰）。

生产海绵钛的设备：倒“U”型或“I”型还原-蒸馏炉，还原反应罐如图 4.8.2 所示。

表 4.8.1 四氯化钛原料典型化学成分

指标	$TiCl_4$	Si	Fe	V	比色度
含量	>99.9%	<0.004%	<0.0007%	<0.0007%	5mg $K_2Cr_2O_7$/L

表 4.8.2 金属 Mg 原料典型化学成分 单位:%

元素	Mg	总杂质	Mn	Fe	Si	Al	Cu	Cl^-	K	Na
含量	99.9	0.08	0.05	0.04	0.01	0.02	0.01	0.05	0.005	0.01

表 4.8.3 国内海绵钛产品标准(GB/T 2524—2010)

产品等级	产品牌号	化学成分(质量分数)/%										布氏硬度 HBW10/1500/30 不大于
		Ti 不小于	杂质,不大于									
			Fe	Si	Cl	C	N	O	Mn	Mg	H	
0A 级	MHT-95	99.8	0.03	0.01	0.06	0.01	0.01	0.05	0.01	0.01	0.003	95
0 级	MHT-100	99.7	0.05	0.02	0.06	0.02	0.01	0.06	0.01	0.02	0.003	100
1 级	MHT-110	99.6	0.08	0.02	0.08	0.02	0.02	0.08	0.01	0.03	0.005	110
2 级	MHT-125	99.5	0.12	0.03	0.10	0.03	0.03	0.10	0.02	0.04	0.005	125
3 级	MHT-140	99.3	0.20	0.03	0.15	0.03	0.04	0.15	0.02	0.06	0.010	140
4 级	MHT-160	99.1	0.30	0.04	0.15	0.04	0.05	0.20	0.03	0.09	0.012	160
5 级	MHT-200	98.5	0.40	0.06	0.30	0.05	0.10	0.30	0.08	0.15	0.030	200

Mg 还原 $TiCl_4$ 的主反应:

$$TiCl_4(g)+2Mg(l)\longrightarrow 2MgCl_2(l)+Ti(s)$$

$$\Delta G=-462200+136T \qquad (987\sim1200K)$$

$$\Delta G^0_{1000}=-312.66kJ/mol$$

图 4.8.1 含 Mg 和 $MgCl_2$ 杂质的粗海绵钛

图 4.8.2 还原反应罐

常压下,$TiCl_4$ 为液态,熔点-23℃,沸点123℃;Mg 的熔点 649℃,沸点 1107℃。还原温度一般控制在 750~975℃。

由于 $TiCl_4$ 和 Mg 中存在微量杂质,Mg 还原 $TiCl_4$ 过程中会出现副反应:

$$2AlCl_3+3Mg=2Al+3MgCl_2$$

$$2FeCl_3+3Mg=2Fe+3MgCl_2$$

$$SiCl_4+2Mg=Si+2MgCl_2$$

将液态 $MgCl_2$ 排放后的固态还原产物中，含金属 Ti55%～60%，含液态 Mg 25%～30%，含液态 $MgCl_2$ 10%～15%，及少量的 $TiCl_3$、$TiCl_2$ 等。生成的 Ti 为多孔状，故称为海绵钛。

为了使含有大量杂质的海绵钛更纯净，需采用真空蒸馏法除去 Mg 和 $MgCl_2$。

常压下，Mg 的沸点 1107℃，$MgCl_2$ 的沸点 1418℃，Ti 的沸点 3262℃。10Pa 时，Mg 的沸点 516℃，$MgCl_2$ 的沸点 677℃。

因此，当 $T>677$℃时，即可真空蒸馏除去 Mg 和 $MgCl_2$，得到较纯的海绵钛 Ti。因温度未达到 Ti 的熔点（2000℃），气体从固态的 Ti 中冒出，故 Ti 是海绵状，而非致密状。

$MgCl_2$ 通过电解回收 Mg 和 Cl_2 而分别返回还原工序和氯化工序而循环利用。

4.8.2　还原过程机理

目前，工业生产上仍沿用“钛矿物→海绵钛→钛材/钛合金”的工艺流程。其中海绵钛的生产还在广泛应用金属热还原法，该法是以某些金属化合物被其他更活泼的金属（还原剂）还原成金属的物理化学过程。金属热还原法过程可用下列总反应式表示：

$$MeX+Me' \longrightarrow Me+Me'X \quad +Q$$

式中　Me、MeX——相应为被还原金属及其化合物；

Me′、Me′X——相应为还原剂及其在还原后生成的化合物。

金属热还原过程能否顺利进行，很大程度上取决于还原剂的选择是否合适。选择还原剂，一般要考虑以下几个条件。

① 还原能力强，应能将被还原金属的化合物顺利地还原为金属（不是还原到低价化合物）。还原反应的吉布斯自由能为负值，且绝对值较大。

② 还原反应放出的热量足以使反应靠自热进行，以减少电能消耗。

③ 还原过程中产出的渣以及剩余的还原剂容易与还原出的金属分离，并能回收，返回循环使用。

④ 还原出的金属和还原剂不能相互溶解形成合金。

⑤ 还原剂易于提纯，以避免还原剂的杂质沾污被还原的金属。

⑥ 还原剂价格便宜，容易制得，即经济上合算并能大量供应，适于大规模生产。

此外，还要考虑过程的技术经济指标，如回收率、产品质量及成本等。按热力学分析，制取金属钛时，作四氯化钛还原剂的可能有 K、Na、Ca、Mg 等金属。金属钾产量少、成本高，金属钙除成本高外，还容易吸收氮气，难于提纯，故在生产上均不采用。钠和镁较符合还原剂的要求：其资源都比较丰富，生产成本较低，且都易提纯；钠或镁与四氯化钛的反应在 800℃左右就能迅速进行，且反应完全，与钛不生成合金；还原后的生成物 NaCl、$MgCl_2$ 用湿法处理或真空蒸馏法除去，容易与海绵钛分离，并可用电解法回收，使 Na、Mg 循环使用。因此，镁和钠最适于用作大规模工业生产钛的还原剂，其中 Mg 的加入可提高钛的相变温度，约在 890℃出现包析反应，二元系中未发现任何化合物。

海绵钛生产用镁进行还原的方法称为 Kroll 法（克劳尔法），该法生产海绵钛的基本工艺路线是：钛矿物（金红石、钛渣、或钛铁矿）→钛渣→粗四氯化钛→精四氯化钛→镁还原蒸馏→海绵钛。该工艺的优点是：产品质量稳定，“三废”排放较少等。

该反应过程涉及 $TiCl_4$-Mg-Ti-$MgCl_2$-$TiCl_3$-$TiCl_2$ 多相体系，是一个复杂的物理化学过程。

镁还原 $TiCl_4$ 的总反应式为：

$$TiCl_4(g)+2Mg(l) = Ti(s)+2MgCl_2(l)$$
$$\Delta G=-462200+136T \qquad (987\sim1200K)$$

该反应是放热反应。此反应在1073K时的热效应为$\Delta H=-419.3kJ/mol$。此值远超过$TiCl_4$由室温（298K）升至1073K所需的热量。因此，反应热足以维持还原反应自热进行，而且绰绰有余。因此可以满足热力学自发进行的条件。镁热还原法的温度与自由焓之间的关系如图4.8.3所示。

由于反应生成的钛、氯化镁的比重均大于同一温度下镁的比重，从理论上分析应很好分层，且镁液面能不断暴露于表面上可连续地与四氯化钛作用，相关的研究表明，这是一个十分复杂的多相反应过程。

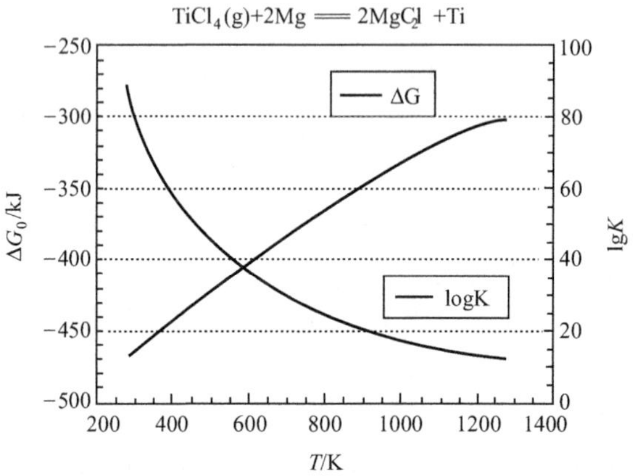

图4.8.3 镁热还原法的ΔG-T关系

钛是典型的多价过渡元素，还原反应还会生成$TiCl_3$和$TiCl_2$，其反应式为：

$$2TiCl_4+Mg = 2TiCl_3+MgCl_2$$
$$TiCl_4+Mg = TiCl_2+MgCl_2$$
$$2TiCl_3+Mg = 2TiCl_2+MgCl_2$$
$$2/3TiCl_3+Mg = 2/3TiCl_3+MgCl_2$$

在进行上述反应的同时，在一定条件下还可能出现下列“二次”反应：

$$TiCl_4+TiCl_2 = 2TiCl_3$$

当Mg含量不足时，也可能发生金属钛的“二次”反应，具体的反应式如下：

$$3TiCl_4+Ti = 4TiCl_3$$
$$TiCl_4+Ti = 2TiCl_2$$
$$2TiCl_3+Ti = 3TiCl_2$$

当然这些“二次”反应仅仅为还原过程的副反应，为避免上述“二次”反应的发生，同时确保还原产物中钛的低价氯化物尽量减少，Mg的添加量是过量的，其利用率一般为65%～70%。

当然反应过程中还存在一些副反应（$TiCl_4$和Mg中的微量杂质）：

$$2AlCl_3+3Mg = 2Al+3MgCl_2$$
$$2FeCl_3+3Mg = 2Al+3MgCl_2$$
$$SiCl_4+2Mg = Si+2MgCl_2$$

镁还原过程包括：$TiCl_4$液体的汽化→气体$TiCl_4$和液体Mg的外扩散→$TiCl_4$和Mg分子吸附在活性中心→在活性中心上进行化学反应→结晶成核→钛晶粒长大→$MgCl_2$脱附→

$MgCl_2$ 外扩散。镁还原四氯化钛按还原过程阶段性阐述可分为三个阶段，即起始阶段、海绵钛坨形成阶段、还原反应后期阶段。

（1）第一阶段　还原过程的起始阶段。

还原开始时，镁液面暴露充分，刚刚加入 $TiCl_4$ 时，$TiCl_4$ 蒸气与液态镁反应剧烈，同时伴随着气相反应的发生。不过由于起始阶段熔池表面温度不高，Mg 与 $TiCl_4$ 的接触仅局限于镁表面，反应表观活化能较高，反应速率一般不大。还原反应开始前，因为镁对反应器中的铁不浸润，镁液面呈凸形，反应开始后迅速生成的钛颗粒吸附镁中杂质，一部分粘附在反应器管壁，大部分与 $MgCl_2$ 一起沉向罐底。这部分初生钛杂质含量高，起净化镁的作用；生成的 $MgCl_2$ 因为表面张力的作用覆盖在金属镁的表面，松弛了镁表面张力，改变了镁的浸润状况，使镁液面由凸形变成了凹形。

在反应起始阶段，还原速率比较慢。镁消耗 5%左右。

（2）第二阶段　海绵钛坨形成阶段。该还原阶段继续在镁液面上进行，持续时间长，是还原的主要阶段。生成的 $MgCl_2$ 仍然可覆盖部分镁液面，不过由于反应器内进行着剧烈的化学反应和物质的对流输运作用，导致镁液面上的 $MgCl_2$ 薄膜不断波动而破损，并从波峰上向下滑动，新鲜镁表面重又暴露，使还原反应在镁液面上能够继续发生。随着反应的进行，反应罐内的 $MgCl_2$ 含量逐渐增多，罐内压力逐渐升高，反应速率变慢。不过在定期排放出 $MgCl_2$ 后，反应速率又可以加快。

另一方面，自催化机理是形成海绵体的原因。

最初还原反应生成的金属钛，由于其化学反应活性比较高，$TiCl_4$ 首先被吸附在它的表面，同时被活化，容易与还原剂镁发生化学反应，生成的钛微粒便沉积在这些活性点上。由于晶体的尖端、棱角处的活性最强，所以，得到的产物钛也就沿着这些尖角处发展，由于反应放热发生烧结和再结晶，最终形成了海绵状结构。

依靠海绵钛自动催化作用，表观活化能下降，新生成的钛在旧基体上沉积，沿着纵向和横向发展，逐步形成海绵钛坨。在还原过程中，化学反应速率是很快的，控制因素是物料的扩散过程即镁的上升和氯化镁的下沉速率。

在反应中期，由于海绵钛的自催化作用，还原速率比较大。镁消耗至 50%左右。

（3）第三阶段　还原反应后期阶段。进入该阶段后，还原过程的反应速率逐渐降低，海绵钛基本成型。理论界有观点认为：随着"自由镁"的减少（镁进入海绵钛的空隙中），反应速率主要取决于镁在毛细孔中的扩散速率，从而使反应速率减慢。镁上升基本上是在海绵钛致密处和镁消耗快的地方，也就是镁以毛细管作用沿器壁和中间凸起部分上升到反应带与 $TiCl_4$ 作用。在还原罐中的熔体表面上生成海绵钛的同时，溶解于 $MgCl_2$ 中的 $TiCl_2$ 在 $MgCl_2$ 下降过程中被存在于海绵孔中的镁还原，导致罐中间海绵钛逐渐密实。但是，企业业内人士认为：上述观点理由是不充分的，致密钛的形成是由于反应器内部热量不能及时排出才形成高温区域，最终生成致密钛的。

在反应后期，反应速率较慢，当反应进行到镁消耗 65%～70%时，应及时结束还原作业。具体的还原过程机理见图 4.8.4。

4.8.3　蒸馏过程机理

经排放 $MgCl_2$ 操作后的镁还原产物，含钛 55%～60%、镁 25%～30%、$MgCl_2$ 10%～15%，还有少量 $TiCl_3$ 和 $TiCl_2$。常用真空蒸馏法将海绵钛中的镁和 $MgCl_2$ 分离除去。

蒸馏法是利用蒸馏物各组分某些特性差异而进行的分离方法。真空蒸馏是基于在温度

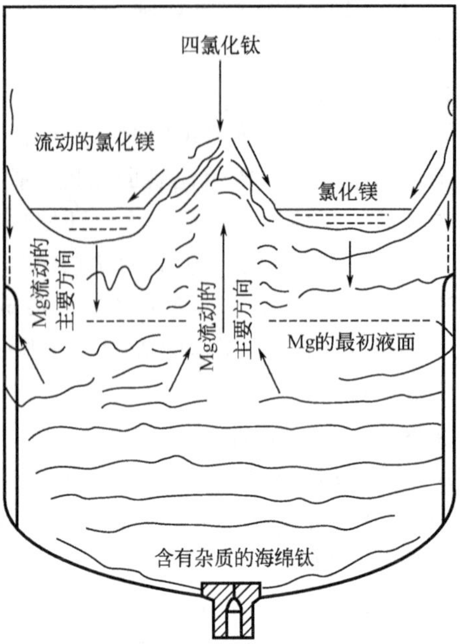

图 4.8.4 工业反应器中还原过程机理示意图

800～1000℃下镁与氯化镁有较大的蒸气压，而钛的蒸气压很小，让镁及氯化镁在真空下挥发后冷凝在冷凝器上，钛留在原来的还原罐内，从而使钛与其他组分分离。

蒸馏法是根据 Mg 和 $MgCl_2$ 在温度 700～1000℃下蒸气压较高，而 Ti 在同温度下蒸气压很低，因而可利用它们在高温下蒸气压相差很大，Mg 和 $MgCl_2$ 对 Ti 的相对挥发度（分离系数）很大的原理进行分离。采用常压蒸馏时，由于 $MgCl_2$ 比 Mg 的沸点高，分离 $MgCl_2$ 比 Mg 困难，提高蒸馏温度将导致海绵钛与铁制容器壁生成 Ti-Fe 合金而污染产品，同时在常压高温下，Ti、Mg 和 $MgCl_2$ 与水蒸气以及 Mg 和 Ti 与空气中的氧、氮均易作用。而在真空条件下蒸馏时，Mg 和 $MgCl_2$ 的沸点将大大降低，挥发度比常压蒸馏时大很多倍，因此采用真空蒸馏可以降低蒸馏温度和提高 Mg 和 $MgCl_2$ 的挥发速度，还可以减少产品钛被罐体铁壁和空气中的氧、氮污染。

镁还原产物中上述各种成分的沸点差异是比较大的，相应的挥发性也有很大差别。在标准状态下，镁的沸点为 1107℃，$MgCl_2$ 为 1418℃，钛为 3262℃；在常压和 900℃时，镁的平衡蒸气压为 1.3×10^4Pa，$MgCl_2$ 为 975Pa，钛为 1×10^{-8}Pa。采用真空蒸馏可以使各组分的沸点大幅度下降，Mg 和 $MgCl_2$ 的挥发速率比常压蒸馏大很多倍，因此可以采用比较低的蒸馏温度。

蒸馏过程按时间顺序分为 3 个阶段，即初期、中期和后期。蒸馏初期主要脱除的挥发分为：$MgCl_2$ 吸水后形成的 $MgCl_2\cdot nH_2O$ 中的结晶水，还原产物中 $TiCl_2$ 和 $TiCl_3$ 分解后产生的 $TiCl_4$ 气体，大部分裸露在海绵钛块外表的 Mg 和 $MgCl_2$。中后期即恒温阶段至终点，主要脱除钛坨中毛细孔深处残留约 2%的 $MgCl_2$，此时蒸馏速率较慢。相关研究表明，在长时间的蒸馏高温及自重影响下，海绵钛内部结构不断地收缩挤压，而且蒸馏时间越长，收缩挤压越严重，海绵钛的结构变得更致密。

蒸馏过程中，$MgCl_2$ 向外迁移和挥发的过程如下：

① $MgCl_2$ 通过海绵钛内部从毛细孔向钛坨外表面迁移，并到达钛坨外表层；

② 钛坨表面的 $MgCl_2$ 脱附并从表面挥发；

③ $MgCl_2$ 通过气体扩散，排出炉外；

④ $MgCl_2$ 气体在冷凝区冷凝收集。

其中，第二步骤为控制性环节。

以上各个步骤既相互联系又相互影响，相关研究表明，蒸馏过程的速率取决于最慢的步骤，这个最慢的步骤通常称为控制步骤。在一般情况下，Mg 和 $MgCl_2$ 在海绵钛孔隙中的扩散速率和蒸发速率常成为控制步骤。随着温度的升高，Mg 和 $MgCl_2$ 从还原物表面蒸发，待钛块表面的 Mg 和 $MgCl_2$ 蒸发完后，海绵钛毛细孔中的 Mg 和 $MgCl_2$ 再开始蒸发。一般蒸馏温度为 950～1000℃，不要超过 1020℃，在蒸馏生产中采用比较缓慢的升温速率，以防止海绵钛过早烧结，闭塞其毛细孔。

在蒸馏过程中，要保持一定的真空度，研究表明，在其他相同条件下，真空蒸发的速率比在常温下蒸发的速率要快得多，且真空度越高，Mg 和 $MgCl_2$ 的蒸发速率越快，蒸馏周期越短，同时还可减少海绵钛被氧、氮等污染。还原产物海绵钛在真空蒸馏过程中经受长期高温烧结，逐渐致密化、毛细孔逐渐缩小，树枝状结构消失，最后呈一坨状整块，俗称钛坨。

蒸馏的温度通常选取 1000℃左右为宜，以防止高温下钛和铁罐反应生成钛铁合金，同时还可保证蒸馏罐的强度。炉内蒸馏压力一般选取 0.07Pa 左右，既保证蒸馏速率，又能控制成本。

4.8.4　镁电解机理

金属镁的工业生产方法是 $MgCl_2$ 的熔盐电解法，用 Mg 还原 $TiCl_4$ 过程中排放的 $MgCl_2$ 作原料，进行熔盐电解制镁，反应产物 Mg 和 Cl_2 分别用于还原 $TiCl_4$ 和氯化制取 $TiCl_4$，这样就构成氯、镁闭路循环的工艺。

氯化镁电解生产工艺的实质是用直流电流通过熔融电解质把 Mg^{2+} 还原为金属镁的过程。当直流电流通过熔融电解质时，阴极上析出镁，阳极上析出氯气，反应方程式如下：

$$2Cl^- - 2e^- = Cl_2 \quad (Cl^- \text{在阳极上失去电子})$$

$$Mg^{2+} + 2e^- = Mg \quad (Mg^{2+} \text{在阳极上得到电子})$$

阴极产生的液态镁因比电解质的密度小而上浮于表面，阳极产生的氯气则通过氯气罩排出收集处理。该工序的主要用能为电力。典型用能设备为容量为 95～160kA 的双极性电解槽以及容量为 200kA 的电解槽。

镁精炼：电解槽产出的镁包含许多杂质，精炼是根据各杂质的物理性质的不同进行分层，制取高纯度的镁。该工序主要用能为电力，主要用能设备为精炼炉。

4.8.5　海绵钛生产工艺

生产海绵钛全部的生产流程包括采矿—选矿—富集—氯化—精制—镁还原—真空蒸馏—取出、破碎、分级、混合—海绵钛产品。镁热还原过程中具体的工艺流程图见图 4.8.5。

镁热法生产海绵钛是利用镁从 $TiCl_4$ 中还原出钛，再将反应物进行真空蒸馏，将海绵钛、镁和氯化镁分离。还原过程复杂，是在多相系中进行的，还原产物主要就是海绵钛，还含有未反应完的镁和剩下的氯化镁。而蒸馏过程主要是基于钛、氯化镁和镁的蒸气分压的显著分别，使海绵钛和易挥发物分离，获得最终的海绵钛产品。

其中镁还原工艺过程如下。

（1）反应罐准备　将还原反应器清理干净并入炉后抽真空，当温度升至 300～350℃时，需要低恒温抽空排气 2～4h，停泵后向还原反应器内通入高纯氩气至正压 2.67kPa 以上，在此过程要绝对避免空气进入反应器内。

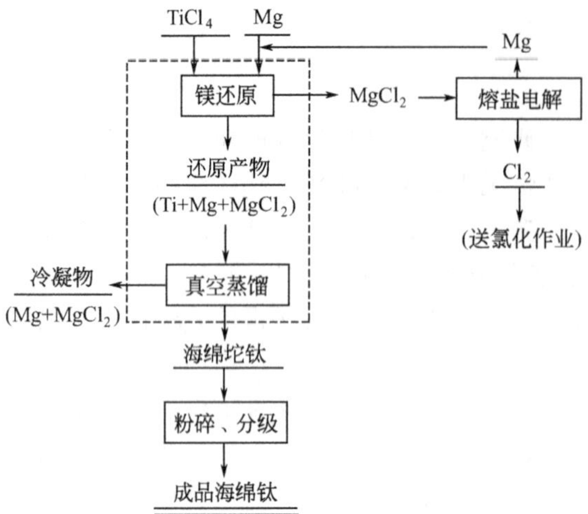

图 4.8.5 镁热还原过程生产工艺流程

(2) 加液镁　当反应器内各点的温度均升到 400～500℃时，向反应器内添加液体镁，加完液体镁后迅速堵严加液镁管道。在这里特别需要注意的是，在升温和以后的生产过程中，反应器内始终保持正压在 2.67kPa 以上，最高压力一般不超过 33.33kPa。压力大时要及时采取措施放气降压。

(3) 加 $TiCl_4$　当反应器下部和中部温度升到 720～750℃时，将反应器压力减小到 2.67kPa，即开始加 $TiCl_4$。为了减小气相反应，开始加料温度不宜太高。加料速率应根据还原初期慢、中期快、后期减慢的原则，具体结合反应器大小、还原炉散热情况。

一般而言，$TiCl_4$ 加料速率增大，反应速率加快，要产生大量的热。因此为使反应带器壁保持正常温度，需用通风机经还原炉的风口进行排风和鼓风以冷却反应带，在 $TiCl_4$ 加料期间，反应器的反应区域靠壁处的温度控制在 880～930℃，反应器上部温度控制在 600～700℃，下部温度控制在 820～860℃，前期控制稍低，后期应逐渐升高。$TiCl_4$ 加料速率一般在 120～200kg/(m^2·h) 之间。

在 $TiCl_4$ 的加料过程中，反应器内压力会逐渐升高，主要的压力为氩气的分压，另外还由于反应器内生成物逐步集聚之后改变了气体的容积。为了降低反应器的压力，工业生产中必须使用专门的排气系统排走放出来的气体。当然还原过程也不允许有负压操作，如果反应器内在 $TiCl_4$ 加料过程中发生负压，则可在不超温的情况下适当提高 $TiCl_4$ 加料速率或往反应器内通少许氩气。

(4) 排放 $MgCl_2$　随着 $TiCl_4$ 的加入，$MgCl_2$ 生成量增加，为了提高反应器的容积利用系数，要定期放出 $MgCl_2$。排放 $MgCl_2$ 有两种不同的方案：其一是理论上应设法从反应器内把生成的 $MgCl_2$ 尽量都放出来，但实际操作上难以做到；其二是与最初液面比较，将多余量放出，始终保持一个波动较小的正常液面。工业实践中一般采用第二种排放方案，也就是设备中留有余量的 $MgCl_2$。具体留量可根据过程中生成物和原料的密度、反应器的直径和液面波动的允许高度，在恒定的温度和所生成的海绵钛都浸入熔体的条件下计算出来。

(5) 真空蒸馏　经排放 $MgCl_2$ 操作后的镁还原产物，含钛 55%～60%、镁 25%～30%、$MgCl_2$ 10%～15%及少量 $TiCl_3$ 和 $TiCl_2$，常用真空蒸馏法将海绵钛中的镁和 $MgCl_2$ 分离。因此真空蒸馏工序就是将还原时的过量 Mg 和放盐时未放尽的剩余 $MgCl_2$ 蒸发出来，使之与海绵钛分离的过程。

真空蒸馏过程由下列几个步骤构成：

① 对反应物加热、抽空，使反应物排气、脱水；

② Mg 和 $MgCl_2$ 在反应物的表面进行蒸发；

③ Mg 和 $MgCl_2$ 在海绵钛毛细管中蒸发；

④ Mg 和 $MgCl_2$ 的蒸气扩散到冷凝器中；

⑤ Mg 和 $MgCl_2$ 蒸气在冷凝器壁上的冷凝；

⑥ 海绵钛的烧结。

（6）拆罐　蒸馏结束后，当蒸馏罐壁面温度冷却到室温时，可拆卸蒸馏罐，产品从反应器中取出，可以采用机械化，也可以采用风镐人工取出，在此过程中，要严防产品着火，一旦着火，立即盖上灭火罩，进行补充氩气灭火。产品取出后，剥去边皮，压碎或切割成钛块后，经粗碎、中碎、细碎后制成海绵钛块。

还原结束后反应器的外观如图 4.8.6 所示，从反应器中直接取出的海绵钛如图 4.8.7 所示。

图 4.8.6　还原结束后反应器的外观

图 4.8.7　从反应器中取出的海绵钛

国内某 5000t/a 规模的海绵钛厂生产工艺技术经济指标为：还蒸采用倒“U”型 5t 联合反应炉，共 45 套，单炉产量 5t，还原加料时间约 72h，蒸馏时间约 85h。四氯化钛消耗约 4.08t/t，金属镁消耗约 1.08t/t，炉前电耗约 7500kWh/t。真空机组在带负荷条件下能达到 0.1Pa 以下。

国内某 15000t/a 规模的海绵钛厂生产工艺技术特点是：以攀枝花高钙镁钛渣为主要原料，采用从乌克兰引进的熔盐氯化技术，氯化工序钛回收率不低于 92%，单台产能不低于 85t/d，每吨海绵钛的液氯消耗量由国内的 1.4t 减少到 1.05t，尾氯及 CO 排放总量远低于国内工艺水平。精制采用 Al 粉除钒，还原蒸馏采用“I”型炉，工厂钛总收率达到 88.3%，高于国内 75%～83% 的水平。采用流水线式 200kA 镁电解及精炼技术，吨镁电耗为 12900kWh，为国内吨镁电耗的 79%，电解氯气浓度达 90%，远高于国内技术的 50%～60%水平。

4.8.6　海绵钛生产设备

镁热法生产海绵钛的装置主要包括：还原炉、还原反应器、供给 $TiCl_4$、氩气和水及其管路系统，控制与调节工艺过程用仪表、真空系统等。

大型的钛冶金企业都是镁钛联合企业，多数厂家采用还原-蒸馏一体化工艺。这种工艺被称为联合法或半联合法，它实现了原料 Mg-Cl_2-$MgCl_2$ 的闭路循环。

分为倒“U”型和“I”型两种。倒“U”型设备是将还原罐（蒸馏罐）和冷凝罐之间用带阀门的管道连接而成，设专门的加热装置，整个系统设备在还原前一次组装好。倒“U”型还原-蒸馏一体化设备如图 4.8.8 所示。

而“I”型一体化工艺的系统设备如在还原前一次性组装好，即称为联合法设备，而先组装好还原设备，待还原完毕，趁热再将冷凝罐组装好进行蒸馏作业的系统设备则称为半联合设备，中间用带镁塞的“过渡段”连接。“I”形装置有“上冷式”和“下冷式”两种。“I”型还蒸炉如图 4.8.9 所示。

这两种型式的设备各有优缺点。

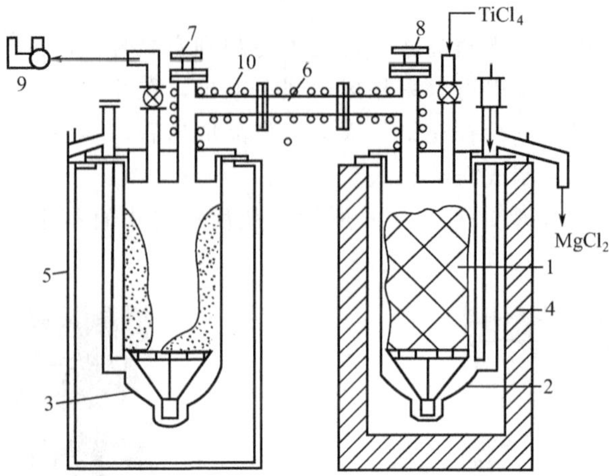

图 4.8.8 倒“U 型”还原-蒸馏一体化设备示意图

1—还原产物；2—还原-蒸馏罐；3—冷凝器；4—加热炉；
5—冷却器；6—联结管；7,8—阀门；9—真空机组；10—通道加热器

(1) I 型炉 优点是设备结构简单、易操作，产品疏松度好；缺点是在蒸馏结束后需同时吊起两个反应器，对天车吨位、厂房标高要求高；反应器在安装、拆卸时需翻转 180°，因吨位大而翻转困难。

(2) 倒 U 型炉 缺点是连接两反应器的过渡管需加热，并需解决热胀冷缩问题，结构复杂，操作要求仔细；优点是两反应器可分别吊装。倒 U 型法有利于设备大型化，可进一步扩大单炉产能。目前国内最高已达 8t/炉，准备扩大到 10t/炉，12t/炉也已通过鉴定。但设备太大，散热性和透气性差，可能导致产品疏松度差，海绵状不好。但日本倒 U 联合法由于采用了特殊技术，其产品疏松度好。

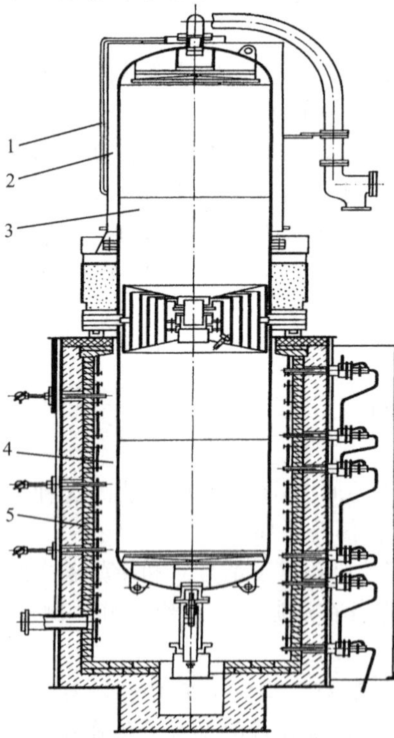

图 4.8.9 “I”型还蒸炉示意图

1—喷淋器；2—冷凝器；3—蒸馏釜；
4—还原罐；5—加热炉

倒“U”型还原蒸馏联合装置（简称联合装置）是由反应器（还原、蒸馏、冷凝三罐相同互换使用）、反应器盖（包括反应器盖上设置的高温阀门、加热过道、加料装置、抽空、充氩、测温、测压等管口装置）、还蒸加热炉、除尘器、真空系统以及相应的供电、自控、通风、循环水等装置组成，从图 4.8.8 中可以看出倒“U”型联合装置成套设备本身就是一套复杂、高温、高真空的冶金设备。实际上就是单体还原设备（它同时又是蒸馏罐）与单体返回冷凝器经栈管连接起来，组合成一体化的设备。既是还原炉也是蒸馏炉，还原罐也是蒸馏罐，它与冷凝器可以互换。这样，冷凝器与蒸馏不是上下重叠，而是处在同一水平上，整个高度减小，安装也比较方便。采用“U”型还原-蒸馏一体化设备在一定程度上可缩短生产周期、可能降低镁耗和电耗、降低生产成本，便于实现设备大型化、自动化控制

等优点。总之，在某种程度上可以认为能省时节能。

4.8.7　国内某厂 7.5t 还蒸炉技术规程

4.8.7.1　主要设备

"I" 型炉还蒸车间主要设备及参数如表 4.8.4 所示。

表 4.8.4　还蒸车间设备及参数

编号	名称	数量	主要参数
1	桥式天车	3	Q=50/10t,L=25.5m,H=20m
2	还原电炉	22	炉壳法兰内径:2080mm,炉壳高度:5477mm,$N=600^{+60}$kW
3	还原反应器	25	质量:12500kg(空)/26500kg(满),尺寸:内径 1800mm,壁厚 40/36mm,长 4450mm
4	$TiCl_4$ 储罐	3	H=12550mm,$V_{容}$=100m³,质量 17080kg,工作压力 0.015MPa。
5	高位槽	2	ϕ1516mm×2620mm×8mm,$V_{容}$=3.2m³·;工作压力 0.015MPa
6	滑阀真空泵	33	型号 H-180,Q=180L/s,极限真空度 1.3Pa,N=15kW
7	风机	22	N=7.5kW,n=3000r/min,Q=6500m³/h,P=2690Pa
8	补偿圈	33	$\phi_{外}$=2280mm,$\phi_{内}$=2045mm,H=95mm。
9	还原反应器紧急冷却器	1	$\phi_{法兰}$=2080mm,H=5885mm,质量:32920kg
10	氯化镁抬包	4	V=4.96m,Q=5t

4.8.7.2　原材料及产品质量要求

化学成分应符合下列要求：

(1) 镁

MR-0：Mg≥99.95%，Fe≤0.030%，Si≤0.004%，Cl≤0.004%，N≤0.003%，O≤0.004%；

MR-1：Mg≥99.90%，Fe≤0.035%，Si≤0.005，Cl≤0.005%，N≤0.004%，O≤0.004%。

(2) 精四氯化钛

PPT-0：$TiCl_4$≥99.97%，V≤0.0002%，氯化钛中的氧≤0.0001%，Si≤0.0002%，氯化乙酰和光气总量≤0.0002%，CS_2≤0.00004%。

PPT-1：$TiCl_4$≥99.96%，V≤0.0006%，氯化钛中的氧≤0.0005%，Si≤0.0010%，氯化乙酰和光气总量≤0.0003%，CS_2≤0.00006%。

(3) 氩气

Ar≥99.99%，O≤0.0007%，N≤0.005%，H_2O≤0.0009，CO_2≤0.0005。

(4) 压缩空气：压力 0.6MPa，露点－40℃。

(5) 循环冷却水

进口温度：32℃，出口温度 45℃，pH：6.5～8.5，硬度：107～530mg/L，悬浮固体物质：≤8mg/L，进水压力：最大值 0.6MPa。

(6) 低温冷却水：进口温度为 15℃；出口温度为 20℃。

产品质量要求如下。

本工段生产的产品为含钛坨的反应器，在反应器内要求：

海绵钛：50%～60%。

精镁：30％～36％。

氯化镁：6％～12％。

4.8.7.3 主要生产过程

（1）入炉准备 作好生产前的准备工作，使各生产设备、原辅料均满足生产、安全要求。

（2）加料控制 还原过程中 $TiCl_4$ 加料速率控制稳定、准确。

（3）温度控制 通过控制通风冷却强度、料速等使还原反应温度处于设定范围内。

（4）压力控制 保持反应器中压力在规定范围（4.9～24.5kPa）内，使反应物始终处于氩气保护之下。

（5）氯化镁排放控制 按时排放氯化镁，使反应液面处于适当的位置，保持一定的反应空间，使还原过程平稳进行。

（6）停料判定 根据温度、压力、镁利用率等生产数据准确判断还原停料时间。

（7）穿火要求 排放最后一次氯化镁要排放干净，以减少蒸馏负荷。

4.8.7.4 主要技术条件

（1）四氯化钛供给系统控制要求

① 呼吸系统控制工艺参数：压力 4.9～14.7kPa，$O_2 \leqslant 0.2\%$。

② 四氯化钛储料系统密封性检测要求：检测压力正压 49.0kPa，一小时内系统压力不允许变化。

③ 四氯化钛流量计和加料管道的密封性检测要求：检测压力为正 29.4kPa，一小时内系统压力不允许变化。

④ 储罐高位槽液位控制：a. 储罐最高液位 9.0m，储罐最低液位 1.0m，紧急情况下储罐允许的最高液位 10m，b. 高位槽工作液位 1～1.1m。

（2）反应器伸长量和使用垫圈数量的关系

反应器伸长量和使用垫圈数量的关系如表 4.8.5 所示。

表 4.8.5 反应器伸长量和使用垫圈数量的关系

反应器延伸量/mm	0～150	151～200	201～250	251～300	301～350
补偿圈数量	0	1	2	3	4

（3）单炉设计产能 7.5t。

（4）单炉加镁量 空反应器 13.0～13.6t，含冷凝物的反应器：8.6～9.0t。

（5）抽空脱水时温度控制 400～550℃。

（6）加镁温度要求 800～820℃。

（7）单炉 $TiCl_4$ 加料量 29～30t（按加镁 13.0～13.6t 计）。

（8）开始加 $TiCl_4$ 温度要求 780～820℃。

（9）反应带温度控制。

1#、2# 740～800℃；

3# 780～820℃；

4# 800～850℃。

（10）反应器内压力控制范围 4.9～24.5kPa。

（11）还原停料时间判定

① 四氯化钛加入量达到预先设定的量；

② 镁的利用率达到 58%±2%；

③ 反应器内压力上升较快，频繁超过 24.3kPa。

（12）还原炉停料恒温控制　反应器要保持如下温度至少 1h。

1#、2#，850～900℃；

3#、4#，900～920℃。

（13）还原反应器炉内冷却要求　炉内冷却 800～850℃，方可吊出。

4.8.7.5　环境要求

还原炉在加 $TiCl_4$ 和排 $MgCl_2$ 时会产生废气，其中含有 $TiCl_4$、$SiCl_4$、HCl、Cl_2 等有害物质，需经尾气处理系统净化后才能排放。

4.8.8　海绵钛生产技术状况

我国海绵钛生产技术，依靠国内力量不断实现进步。现在主要工序都已采用了国际主流技术，如沸腾氯化技术、浮阀塔精馏技术、还原-蒸馏联合法技术、还原-蒸馏过程计算机控制技术和无隔板槽电解镁技术等。主要设备也已基本上实行了大型化，如直径 2.6m 以上沸腾氯化炉、12t 倒“U”型还原-蒸馏联合炉。

镁还原-真空蒸馏制造海绵钛，已全部采用联合法，目前有 5t、8t、10t、12t 倒“U”型联合法和 3t、4t、5t、7.5t“I”型半联合法两种。海绵钛的破碎，已采用剪切式破碎机，避免了产品在破碎过程中的氧化现象。电解氯化镁制造金属镁，已采用了大型无隔板电解槽，但技术经济指标较差，需进一步进行技术改进。

设备的联合化、大型化方面，日本进步明显，大阪和东邦钛股份公司现在都拥有世界上容量最大的倒“U”型联合炉，每炉批量约 10t 和 12t。

前苏联从 1971 年研究出“I”型串联式半联合法以来，现有的 3 个镁钛厂均用半联合法生产海绵钛，单炉产量为 4t、7.5t。

我国在 20 世纪 70 年代末至 20 世纪 80 年代前后进行过半联合法、串联式联合法和倒“U”型联合法的试验，批量也从 1t、2t 到目前的 12t，目前遵义钛厂已实现了 8t 炉的倒“U”型联合炉的海绵钛生产，开发的倒“U”型还原-蒸馏 12t 联合炉成功投产，试验指标接近或达到国际先进水平。

两种炉型各有优缺点，都有一个共同的特点：即还原蒸馏都在一个炉子内进行，都取消了还原过程的通风散热系统，仅靠炉子的自然散热来维持还原过程的生产。这样一来，为了维持炉子的热平衡，不至于产生过多的热量而不能散发出去，往还原罐内的加料量仅仅能维持在 200kg/h 左右。否则，将会使还原罐内反应温度上升，导致生成致密性海绵钛即所谓的“硬芯”，而使海绵钛的质量也受到了影响。为了减少或避免这种现象的发生，不得不采取减少加料量的办法。这将大大延长还原反应的加料时间，占炉周期和占用反应器的周期都大大延长。这意味着要达到设计产能需要多建炉子和多设置反应器，不仅增加了投资而且也相应增大了占地面积。每台炉子都设置了一套真空系统，有一半时间在闲置，也是一种浪费，也增加了投资。

这种取消了还原过程的通风散热系统的炉子在一个完整的生产周期内还原所用时间大致与蒸馏所用时间相等，这是极不正常的现象。日本的海绵钛生产企业还原期间的加料量已达 500～600kg/h，我国从乌克兰钛设计院引进的海绵钛生产线，还原期间的加料量也在 400kg/h 左右。值得指出的是，从乌克兰引进的炉子，仍然是传统的将还原炉和蒸馏炉分开的半联合型“I”型炉，与国内的半联合型“I”型炉相比，无论是炉子的各项技术经济指标，还是产品的质量都优于我国的炉子。

与国外先进水平比较，还存在较大差距，主要表现在技术经济指标、三废治理、设备配套水平和自动控制等方面。

目前在建和将要建的海绵钛工厂，特别强调应用国内外先进的工艺技术，强调工艺流程和原料的完整配套，以实现氯和镁完全循环利用，特别重视产品质量与国际接轨，特别注意废料治理和环境保护，建成在国内外具有竞争能力的现代化工厂。

大型化还原-蒸馏联合法，是新建工厂追求的重要技术。采用I型联合法的公司，计划引进俄罗斯和乌克兰开发的炉产5～7.5t的I型半联合法技术。采用倒U型联合法的公司，在设计时强调改进还原反应器的结构，重点放在解决中心产品硬芯的有关技术。

标准化操作是值得重视的一项技术，如果还原-蒸馏过程中能实现标准化操作，不仅有利于提高产品质量，而且可提高设备产能。

4.8.9 海绵钛生产新技术

工业生产中普遍使用的金属钛生产方法仍是几十年前建立的Kroll工艺和Hunter工艺，前者是通过镁还原，而后者是通过钠还原由$TiCl_4$生产海绵钛。这两种工艺自建立以来一直无太大改变，但Kroll工艺和Hunter工艺均是非连续的，在生产过程中必须对反应进行装料、高温加热以及卸料操作，不仅能耗高而且周期长，生产成本高；同时，生产出的钛产品呈海绵状，必须对其进行包括去除杂质和固结等在内的一系列后续加工，否则无法使用，这使得成本进一步增加。

4.8.9.1 电解法生产金属钛

目前正在开发或改进的连续的低成本的钛生产工艺有许多种，其中包括FCC剑桥工艺法、OS工艺、USTB工艺、金属氢化物还原法（MHR）法、预成型还原工艺（PRP）、机械合金化法（MA）法等。

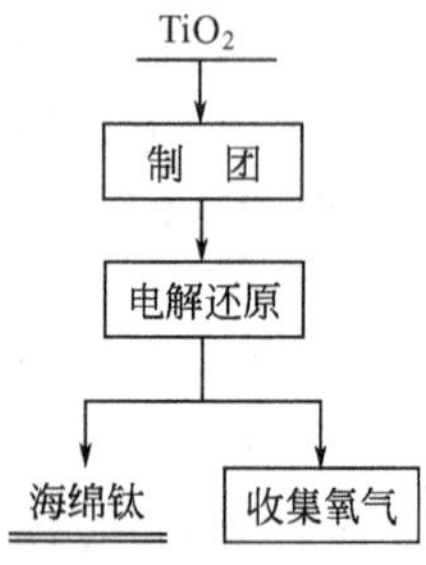

图4.8.10　FCC法的工艺流程

（1）FCC法　FCC剑桥工艺是一种固体TiO_2直接还原的方法。氧离子化并溶解在熔盐中，然后在阳极上放电，纯金属钛则沉积在阴极上，其工艺流程见图4.8.10。

对于二氧化钛（金红石或锐钛矿）而言，在一定的条件下，固态TiO_2作为阴极，在熔融电解质$CaCl_2$中发生电化学反应，结果阴极TiO_2电离出氧离子并向阳极迁移，在阳极上析出氧气。钛金属被留了下来，沉积在电解槽底部。由于阳极采用石墨电极，石墨被氧化，故阳极同时还有CO和CO_2生成。FCC工艺的电极反应如下：

阴极还原反应：$TiO_2+4e^- = Ti+2O^{2-}$

阳极氧化反应：$2O^{2-}-4e^- = O_2\uparrow$

总反应：$TiO_2 = Ti+O_2\uparrow$

整个电解过程要在密闭的反应器中进行，并通氩气保护。为了去除熔盐中的水分，实验中在2.5～2.7V的电压下进行2h以上的预电解。由TiO_2粉末制成直径5～10mm，厚度2～10mm的薄片，然后挂在铝铬电热丝上，电解坩埚为钛质、石墨质或刚玉质（如图4.8.11），$CaCl_2$熔盐的温度为850～950℃。在阴极和阳极之间加上3.0～3.2V的电压，这时在TiO_2薄片的表面电流密度为约为10^4Am^{-2}，在随后的电解过程中，电流逐渐下降到一个极限值，这与薄片的尺寸和数量有关。对于较大的薄片而言，电流则是迅速上升然后缓慢下降。电解后将薄片进行冲洗，发现薄片呈金属灰色。在扫描电镜下可以观察到金属钛颗粒，颗粒有轻微的烧结现象，微观结构与 Kroll 法生产的海绵钛类似。

由于该法直接从 TiO_2 电解得到海绵钛，极大地简化了工艺流程及设备，必将有效地缩短生产周期、能耗和生产成本。该法的节能措施有：采用合适的电解槽结构；选用适当的电解质组成；采用适当的电解温度和阴极电流密度；保持较高的电流效率（减少副反应和短路损失，适当提高电解质中低价钛的浓度，合适的加料速率等）等。

FFC 剑桥工艺虽然在实验室取得一定的成功，但是要走向工业化还面临着许多的技术难点。主要表现在：

① TiO_2 原料的纯度能否满足工艺的要求。各国对海绵钛质量的颁布标准中对 Fe、Si、O 等杂质的要求非常严格，而要做到这一点首先得以高纯度的原料为前提。

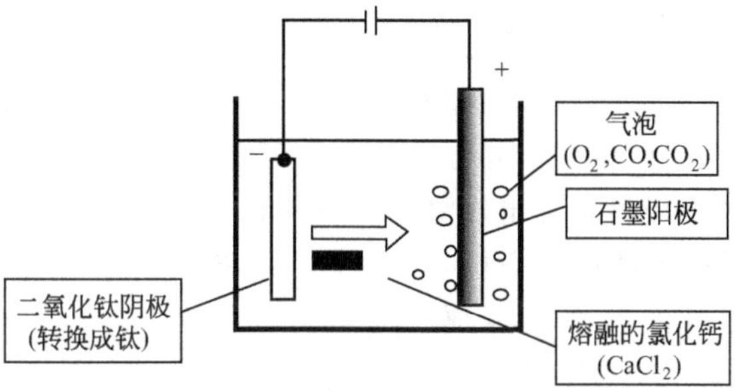

图 4.8.11 TiO_2 电解制取金属钛的实验装置

② TiO_2 阴极制造的全套工艺。阴极的制备涉及原料的混合、阴极的压制成型、阴极烧结和储存条件。

③ 电解槽密封和气氛保护。高温下钛的反应活性很强，电解产物极易被氧气、氮气污染。电解应在严格的惰性气氛下进行。

④ 如何克服电解过程中钛离子价态变化对电解的影响。

⑤ 电解工艺参数的确定。

⑥ 产品的保护和连续作业的保障措施。要实现工业化生产，连续作业是起码的要求，但这与电解槽的密封和气氛保护又存在着矛盾。

（2）OS 工艺　日本京都大学的 Ono 和 Suzuki 对钙热还原 TiO_2 进行了深入研究，提出在 $Ca/CaO/CaCl_2$ 熔盐中，用电解得到的活性钙将 TiO_2 还原为钛金属。这种方法被称为 OS 工艺。由于 TiO_2 和钙的密度差异较大，两者并不直接接触，因此 TiO_2 是由溶解在熔盐中的 Ca 还原为金属钛。图 4.8.12 为 OS 工艺实验装置示意图。以石墨坩埚作为阳极，用不锈钢网制成阴极篮，将 TiO_2 粉末直接放入阴极篮中，在两极间加电压进行恒压电解。所用的电压高于 CaO 的分解电压而低于 $CaCl_2$ 的分解电压。Ca^{2+} 在阴极上还原为钙，而氧在阳极上与碳生成 CO 或 CO_2。

目前京都大学正在与日本铝冶炼公司进行合作，并已进入工业化研究阶段。但据报道，OS 工艺要实现大规模生产合格的产品还有很多问题需要解决。该工艺目前存在的主要问题是生产的钛金属中氧含量较高。

（3）USTB 工艺　北京科技大学研究小组开发了一种新型的热还原-电解钛提取方法，被称为“USTB 工艺”。该方法借鉴钛精炼的思路，采用含钛的可溶性阳极材料为钛源，电解制取高纯钛。其具体工艺分为可溶性阳极材料 TiC_xO_y 的制备和 TiC_xO_y 熔融盐电解提取钛。

USTB 钛冶炼工艺是在成功制备新型可溶性阳极材料 TiC_xO_y 的基础上所开发的一种新

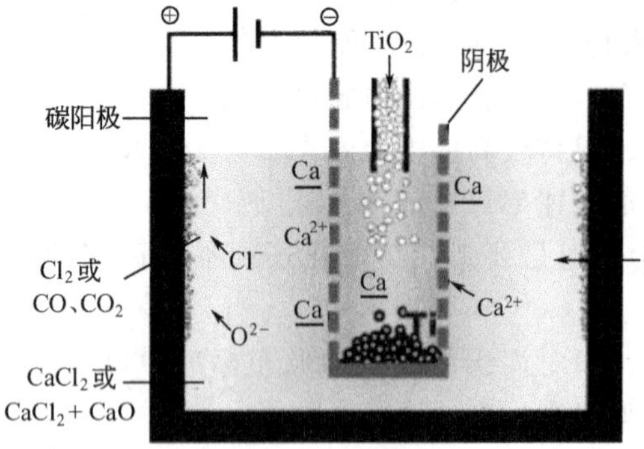

图 4.8.12 OS工艺实验装置示意图

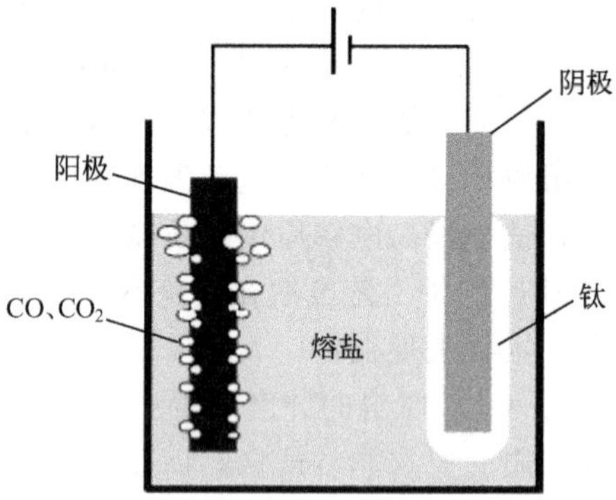

图 4.8.13 USTB工艺实验装置示意图

的高纯钛电解冶炼技术。工艺中可溶性阳极 TiC_xO_y 的制备分别是以 TiO_2 和石墨或者碳化钛为原材料，以一定的化学计量配比混合，并在一定的热处理温度下进行热处理得到可溶性阳极材料 TiC_xO_y。这种电极材料导电性好，可以用做电解的电极材料。将制备得到的块体材料在如图 4.8.13 所示的熔盐体系中长时间电解，伴随着电解的进行，钛在阳极以离子的形式溶出，与此同时在阴极沉积出金属。元素分析结果显示，电解产物钛含氧量小于 0.03%，含碳量小于 0.07%，阴极电流效率可达到 89%。

USTB法最大的特点是熔融盐电解过程中钛是从原料阳极中溶出来的，它首先克服了FFC法、OS法电解过程中带入Ca、Mg、Al、Si、Fe等杂质的问题，电解得到的金属钛纯度可达 99.9%以上。其次解决了 FFC 法、OS 法等方法普遍存在的电解电流密度小、电流效率低的难题，其实验室电流效率一般保持在 90%左右。最后就是电解所得产品易分离，可连续作业，相对容易实现工业化生产。该方法已完成了日产公斤级的放大试验，目前正在开展半工业级规模的试验。但实现工业化生产还面临着大型电解槽的设计、大尺度可溶阳极的加工以及稳定电解等方面的问题。

(4) PRP工艺　预成型还原工艺（Preform Reduction Process，简称 PRP）是由日本 Okabe 等人提出的一种制备钛粉末的方法。将 TiO_2 和助熔剂 CaO 或 $CaCl_2$ 混合均匀后，制成所需的形状，然后在 800℃烧结以除去黏结剂和水。烧结后的固体样品放入不锈钢容器中的 Ca 金属上方，在 800～1000℃，Ca 蒸气与 TiO_2 反应生成 Ti 和 CaO。产物经过酸洗，可以得到纯度为 99%的钛粉末。目前 PRP 工艺尚处于初步研究阶段，反应的机理也正在研究之中。由于反应放出大量的热，因此如何控制温度是工艺放大的一个难题。另外反应中使用了金属钙，生产成本较高。

(5) MHR法　前苏联的 Book 于 20 世纪 60 年代提出了用金属氢化物还原法（MHR）生产钛粉这一技术构想，并进行了试验研究。这种方法是由 CaH_2 等直接还原 TiO_2 制备钛粉：

$$TiO_2+2CaH_2 = Ti+2CaO+2H_2$$

反应在 1000～1100℃下进行。因为该钛粉生产方法中不包括 $TiCl_4$ 的生产工序，所以，粉末中氯化物杂质含量很低，而且更为重要的是，该技术是目前所有已知的、生产高质量钛粉工艺中成本最低的。目前，美国和俄罗斯主要采用 MHR 法生产低成本低氧含量钛粉。为进一步降低成本，研究人员提出通过机械合金化（MA）和低温热处理在低温下用 CaH_2 还原 TiO_2，生产钛粉。在 MA 过程中，彼此碰撞的研磨球可将局部温升传递给反应物，从而使高温固相反应在低温下进行。

引入 MA 法的优点之一是可以控制粉末产品的尺寸。用此法生产的钛粉的成本为前苏联高温法的 1/2.4 左右。美国爱达荷大学的 Froes 等对低温 MHR 法进行了试验研究，取得初步结果。要将此工艺由实验室规模扩大至工业生产规模还需要做几方面的改进：首先，必须在实验室内将规模从几克扩大到 100g 的水平，以研究增加反应物质量可能带来的问题；第二，开发可控制氢化钛颗粒从而最大限度地降低浸出时其反应性的技术；第三，通过优化工艺参数进一步降低能耗；第四，通过改进浸出工艺和设计更好的粉末处理设备将污染和杂质降至最低；第五，在合成及固结的各个步骤中，对粉末和固结件的性能进行测试。

（6）MA 法　将机械合金化法（MA）用于化学提炼制备金属或合金无需加热，可以在常温下进行，而且 3 个工艺过程，即提炼、合金化和粉末制造可在一个步骤中完成。由于 MA 具有这些特点，使得它在降低金属或合金的生产成本方面很有潜力。

将 MA 法用于钛粉制备的研究始于 20 世纪 90 年代初期，目前仍停留在实验室阶段。研究证明，可在室温或－55℃下，对镁和 $TiCl_4$ 进行 MA 制备钛。在室温下，$TiCl_4$ 为液体，在研磨过程中发生液-固反应；将研磨温度降至－55℃以下（即低于 $TiCl_4$ 的凝固温度）时，在研磨过程中发生固-固反应。在－55℃下形成钛所需要的研磨时间明显少于在室温下所需的时间，前者为后者的 1/6，这表明，在研磨时固体与固体之间的碰撞效率更高。由于钛为活泼金属，所以在 MA 过程中要特别注意从装料、研磨设备和研磨气氛三方面入手控制污染，从而降低产品中的杂质（氧、氮等）含量，这也是目前用 MA 法制备钛要解决的问题之一。此外，还要找出一条有效的去除反应副产品的方法。

4.8.9.2　镁热还原专利技术

近年来，镁热还原海绵钛工艺和设备方面的代表性专利技术如下。

（1）一种生产海绵钛蒸馏反应器内的加热装置　遵义钛业公司发明了一种生产海绵钛蒸馏反应器内的加热装置，反应器与大盖通过法兰连接，在其连接法兰处设有密封圈，在反应器大盖上设有筒体，筒体外径小于钛坨孔的直径，筒体伸入钛坨孔内，在筒体上设有法兰并与反应器大盖连接，其间设有密封圈，在筒体内设有加热组件。采用该加热装置后，即可实现在蒸馏过程中从海绵钛坨内部加热的目的；海绵钛蒸馏是加热炉的发热元件加热和筒体内设有的加热组件共同加热；该装置适用于使用“海绵钛生产还原过程的散热及钛坨成孔装置”所形成的成孔钛坨的蒸馏。

（2）海绵钛生产还原过程的散热及钛坨成孔装置　遵义钛业公司发明了一种用于海绵钛生产中还原过程的散热和钛坨成孔装置，方案是：反应器与大盖通过法兰连接，在其连接法兰处设有耐高温密封圈，其特征在于在反应器大盖上开口，加设筒体，该筒体伸入至反应器内部液体镁反应液面以下，筒体为下端密封、上端敞口结构；在筒体上设有法兰并与反应器大盖连接，其间设有密封圈。解决了海绵钛生产过程中还原期间反应器内中心部位，尤其是钛坨中心部位，散热情况不好，温度过高、影响还原加料速率和产品质量的问题。

（3）一种镁法生产海绵钛的四氯化钛雾化方法　遵义钛业公司公开了一种镁法生产海绵钛的四氯化钛雾化方法，该方法是在反应器的四氯化钛进口管的出口处安装一个旋流式雾化喷头。喷头为圆柱形状，内部安装有旋流叶片，出口为圆锥形；从高位槽进入的液相四氯化钛经过喷头的旋流叶片，在喷头内形成高速旋转的液流而雾化，微小雾滴呈实心圆锥或空心圆锥，再经喷头的圆锥形出口高速甩出后形成微小雾滴，喷射到金属镁之上，进行还原反应。该方法克服了现有技术中液态四氯化钛在反应器中心部位与金属镁剧烈反应、影响海绵钛质量的难题，四氯化钛雾化后，反应器内的还原反应均匀地进行，不会出现热量聚积的状况，从而保证了海绵钛的产品质量。

（4）用于海绵钛生产的并联式真空蒸馏设备　四川恒为制钛公司提出了一种用于海绵钛生产的并联式真空蒸馏设备，包括分别通过热端大盖和冷端大盖封闭的热端反应器和冷端反应器，热端反应器和冷端反应器通过连接通道连通，热端反应器上设置有与其内部连通的测量口，该测量口上设置有与真空计连接的热端真空度传感器。能及时反映热端反应器内的真空度，适用于海绵钛的生产，能针对现有设备进行改进及新设备的设计，能够保障海绵钛的产品品质。

（5）一种以氟钛酸钠为原料制备海绵钛的工艺方法　深圳市新星轻合金材料股份有限公司提供了一种以氟钛酸钠为原料制备海绵钛的工艺方法，该方法包括以下几个步骤。步骤A：将铝放置在密闭的电阻炉中，抽真空，通惰性气体，加热成铝液。步骤B：打开反应器盖，加入适量的氟钛酸钠于反应器中，盖上反应器盖后，检漏，缓慢升温至150℃后，抽真空并持续加热至250℃。步骤C：向反应器中通入惰性气体，继续升温至900℃，搅拌均匀。步骤D：开启阀门，调节搅拌速率，滴入铝液，并控制反应的温度为900～1000℃。步骤E：打开反应器盖，移出搅拌装置，清除上层的$NaAlF_4$，得到海绵钛。该技术的有益效果是：工艺流程短、成本低、并且环保无害，最后生成的海绵钛可直接用于工艺生产，进一步节约了资源，节省了成本。

（6）海绵钛的还原蒸馏U型联合装置　贵阳铝镁设计研究院提出了一种海绵钛的还原蒸馏U型联合装置，包括还原反应器和冷凝器，还原反应器装在还原蒸馏联合炉内，冷凝器装在冷却器内，在还原反应器的顶部装有排放管道和加料管，在还原反应器与冷凝器之间连接有连接管，在连接管上装有高温阀。与现有技术相比，可实现还原反应器与冷凝器之间的随时连通，无需工人在高温条件下用连接管连接还原反应器与冷凝器，不但操作方便，大大提高了工作效率，而且安全可靠、产品的收率高。

（7）海绵钛反应釜强化冷却方法及装置　贵州大学公开了一种海绵钛反应釜强化冷却方法及装置，该方法是通过鼓风机将缓冲气罐内的惰性气体介质通过进风管道从进风口鼓入到倒U型海绵钛还原-蒸馏联合装置内，惰性气体在联合装置内与反应釜进行热交换，换热后经出风口由出风管道送至气体冷却装置，冷却后的气体由回风管道进入缓冲气罐内又进入进风管道，从而实现对反应釜的循环冷却。所使用的惰性气体介质较为广泛，易得；还可以根据反应釜的温度要求调节鼓风机风量大小，满足还原反应釜的散热要求；而且在满足反应釜散热要求的同时，隔绝了反应釜表面与空气的接触，延长了反应釜的使用寿命。另外，热交换管内获得的热量可以作为其他工序的热源，如氯化工序的液氯气化等。

（8）海绵钛反应炉散热系统　朝阳金达钛业公司公开了一种海绵钛反应炉散热系统，包括送风主管路，多个送风支管路，和多个反应炉，每个反应炉设有上风带和下风带，上风带设有排风口，每个下风带连接一个送风支管路，每个送风支管路上安装有一个风量控制阀门，所有的送风支管路均和送风主管路连接，送风主管路的两端分别连接有风机，风机和变频器连接，送风主管路中间设置有风压检测点。是一种降温效果好、使用方便、成本低的集中送风设备。

（9）海绵钛反应器的底部排料装置及排料方法　攀钢公司发明了一种海绵钛反应器的底部排料装置，包括排料阀机构和传动机构，排料阀机构包括法兰盘、外套管、内排料管和顶针，法兰盘设置在海绵钛反应器的底部并开有排料口，外套管固定在法兰盘下端，内排料管设置在外套管中并与排料口相通，内排料管能够沿着其轴线方向移动，顶针从排料口的上方放置在排料口上并密封排料口，顶针的下端固定在内排料管的一端上，其中，顶针头部包括上锥体和下锥体并且上锥体和下锥体背向设置；传动机构包括气缸、伸缩部件和连杆，伸缩部件的一端与气缸相连，伸缩部件的另一端通过连杆与内排料管的另一端相连，通过传动机构带动内排料管及顶针的运动。海绵钛反应器的排料方法则使用上述底部排料装置进行排料。

（10）镁电解车间与海绵钛还原蒸馏车间的组合布置方法　贵阳铝镁设计研究院提出了一种镁电解车间与海绵钛还原蒸馏车间的组合布置方法。把镁电解工段和镁精炼工段合并布置在镁电解车间内，并用连廊把镁电解车间与还原蒸馏车间连接在一起。可减少投资，降低工人劳动强度，有利于节能降耗，运输安全性大大提高。

（11）镁法“I”型炉生产海绵钛的真空蒸馏蒸气的分流装置　朝阳金达钛业公司公开了一种镁法 I 型炉生产海绵钛的真空蒸馏蒸气的分流装置，由三层独立的倒锥面分流器组合而成，自下而上分别为第一层倒锥面分流器、第二层倒锥面分流器和第三层倒锥面分流器，第一层倒锥面分流器和第二层倒锥面分流器中间分别开设有不同直径的开口，第一层倒锥面分流器的开口大于第二层倒锥面分流器的开口，第三层倒锥面分流器不设中心开口为封闭式倒锥面分流器，三层倒锥面分流器组装后再一起垂直放置于保温桶上。减少了蒸馏初期蒸馏镁气流湍急未能完全冷却而返回到大盖上冷凝的现象，高效地利用了现有蒸馏用冷凝内套筒的冷凝面积，解决了蒸馏物分布不均匀的问题，同时可较大地降低回炉率，提高产品质量。

（12）镁法海绵钛生产反应器内部热交换的方法和装置　中信锦州铁合金公司发明了一种镁法海绵钛生产反应器内部热交换的方法和装置，其方法是将热交换器插入反应器内部，向热交换器内通入风冷介质，对反应器内的海绵钛进行冷却。热交换器是套管式热交换器，风冷介质是压缩空气或氩气；该装置是套管式热交换器，在外管内通过法兰盘安装内管，内管的上部侧面安装进风管，内管的顶部安装窥镜，外管的上部侧面安装回风管，在外管与回风管的连接处下面安装用于与反应器相连的装配法兰盘。在套管式热交换器的外管的外面、装配法兰盘的上面焊接环形加料槽，装配法兰盘上沿圆周均匀分布若干个与环形加料槽相通的加料孔。该方法和装置可以消除反应器内部的局部高温，防止产品致密化，并且可缩短生产周期，提高设备产能。

（13）海绵钛制取方法　俄罗斯 KORPORATSIJA VSMPO AVISMA AOOT 钛业集团公司提出了一种在容器内借助镁降低四氯化钛含量从而制备海绵钛块，以及清除杂质的方法。从容器中取出钛坨，分离球团壳，将球团分成上下两个部分；然后进一步制得一批适销海绵钛。为了获得一批适销高纯度海绵钛，将球团的上半部分与下半部分分开，分离高度为球团高度的 21%～35%。将球团分离出的上半部分压碎、分散成碎片，然后使用含下述成分的（70±12）mm 碎片制成一批适销的海绵钛：含 0.009%的镍、铬和 0.025%的铁。从而可获得杂质含量小的海绵钛。

4.9 钛锭

钛及钛合金铸锭可简称为钛锭。生产钛锭的原料为海绵钛，通过高温熔炼后可获得致密状的钛锭，以利于进一步的锻压加工处理成钛材。只有将海绵钛制成致密的可锻性金属，才能进行机械加工并广泛应用于工业各部门。刚焊接完成后的海绵钛电极如图 4.9.1 所示，熔炼后获得的钛锭如图 4.9.2 所示。

4.9.1 真空蒸馏脱除杂质元素的机理

海绵钛的纯度约为 99.0%～99.7%，其中含杂质约 0.3%～1.0%。杂质可以分为三类，第一类为游离的水、金属镁、$MgCl_2$ 和 $TiCl_2$、$TiCl_3$，它们和钛呈混合物状态夹杂存在；第二类为氧、氮、氢和碳（化合物）等气体杂质，它们在钛中以间隙固溶体形式存在；第三

图 4.9.1 焊接后的海绵钛电极

图 4.9.2 熔炼后的钛锭

类如铁、硅、锰、镍、钒、钼等金属杂质，在钛中以固溶体的形式存在。

4.9.1.1 热力学

真空蒸馏是利用被蒸馏物中各组分不同的挥发性能，对蒸馏物进行低压下加热，通过控制蒸馏温度使一些组分挥发，而与另一些不挥发物达到分离进行提纯的目的。在镁还原工艺中，对还原物进行真空蒸馏目的是除去海绵钛中大部分 $MgCl_2$ 和镁，工艺作业制度是一个温度高（1000℃）、中真空和周期长（120～200h）的过程。而真空自耗电弧熔炼这个真空蒸馏过程，与上述过程不同的是，工艺作业制度是温度（1800℃）更高、中真空和周期较短（几小时），它是前者的继续，可以除去海绵钛中残留的杂质，获得纯度更高的金属钛。

从热力学上讲，杂质在海绵钛中被高温蒸馏去除的难易程度与该杂质的蒸馏分离系数 α 大小有关。蒸馏分离系数 α 的定义如下：

$$\alpha=(P_i/P_{Ti})M_{Ti}^{0.5}/M_i^{0.5}$$

其中，P_i 和 P_{Ti} 分别表示杂质 i 和钛的蒸气压，M_i 和 M_{Ti} 分别表示杂质 i 和钛的摩尔数，海绵钛中一些杂质对钛的分离系数 α 如表 4.9.1 所示。

表 4.9.1 一些杂质对钛的分离系数

项目	杂质								
	Mg	$MgCl_2$	TiO	Mn	Al	Fe	Si	V	Mo
t/℃	1000		2000						
α	4.1×10^{12}	1.8×10^{11}	0.87	1680	267	15.7	21	0.24	1.8×10^{-5}

钛中的各种杂质按其与钛的分离系数，可以分成三种类型。第一种是 $\alpha>1$ 的杂质。这种杂质可能分离，而且 α 越大越易分离除去，特别是当 $\alpha_m>100$ 时，杂质较易分离除去。第二种是 $\alpha=1$ 或接近 1 的杂质，这种杂质无法除去。第三种是 $\alpha<1$ 时的杂质，这种杂质在熔炼中无法除去，只能浓缩。

海绵钛中属第一类的游离杂质是容易分离除去的。如 Mg 和 $MgCl_2$ 挥发性大，α 值也大，500～600℃时开始挥发，到达 2000℃时基本上都能除去。又如吸附的水在更低的温度下便开始挥发除去。

海绵钛中夹杂的低价氯化钛，如 $TiCl_2$ 和 $TiCl_3$，在一定温度下发生解离反应，生成物中的气态 $TiCl_4$ 被排出炉外。

$$2TiCl_2 = Ti + TiCl_4$$

$$4TiCl_3 = Ti + 3TiCl_4$$

海绵钛中第二类间隙固熔体杂质氧、氮和碳，它们不能以单元素解析排除，因为钛吸收这些气体杂质后无法解脱。可以认为，它们在钛中以钛化物 TiO、TiN、TiC 形态存在。而这些钛化物分解压很低，很难离解。这些钛化物只能以 TiO、TiN 和 TiC 形态脱除。但是，它们和钛的分离系数为 1 或接近 1，无法通过熔炼脱除分离。

钛中的 TiO 既不能加碳脱氧，也不能加气体 CO 用还原的方法除氧。因为高温下碳或加 CO 均会被钛吸收或分解，相应地会增加钛中的杂质碳和氧。

间隙性杂质氢是唯一能解析脱除的。氢的解析也经过一连串过程，先是氢原子向金属界面扩散、随后在界面上结合成氢分子、氢分子最后在界面脱附，随气流排除。反应历程为：

$$TiH \Longrightarrow Ti + H$$

$$2H \Longrightarrow H_2$$

氢化钛的分解压很大，很易被分解脱除，最终氢含量可以达 $2\times10^{-3}\%$。

海绵钛中第三类金属杂质，和钛分离系数 $\alpha>1$ 的有铁、硅等，在熔炼中能挥发除去一些；和钛分离系数 $\alpha<1$ 的有钒、钼等低挥发性金属，这类杂质在熔炼中只能浓缩，但因含量甚微，不会引起明显变化。

在上述易挥发组分中的 H_2O、H、$TiCl_2$、$TiCl_3$ 和 Mg 最易除去，而 $MgCl_2$ 的 α 比较稍小且含量多，海绵钛中 Cl^- 含量约为 0.05%～0.20%，它是在熔炼中要除去的关键组分。

4.9.1.2　动力学

从动力学上讲，海绵钛中的杂质挥发时是受不同步骤控制的，比如，$MgCl_2$ 等杂质从液态钛中的挥发由下述三个步骤组成：

① $MgCl_2$ 从钛液内部通过边界层迁移到熔池表面层；

② 熔池表面层气相 $MgCl_2$ 脱附和从表面挥发；

③ 气相 $MgCl_2$ 通过气相界面层迁移到气相内部。

不同的杂质元素或化合物的挥发脱除过程，因其挥发性不一样而具有不同的控制步骤。蒸气压较小的杂质 Mo、V、TiO、TiN、TiC 等上述第二步骤为其蒸发脱除的控制步骤。蒸气压较大的杂质 Mg、$MgCl_2$、H、Mn、Al 则上述第一步骤即边界层传质速率是其蒸发脱除的限制性环节。

在真空条件下，第二步骤的速率很快，不会成为控制步骤，但在氩气中熔炼时有可能成为控制步骤。

4.9.2　钛锭熔炼方法分类

钛及其合金的熔炼分为两类：真空自耗和真空非自耗熔炼。真空自耗熔炼主要包括真空自耗电极电弧熔炼、电渣熔炼、真空凝壳炉熔炼。非真空自耗熔炼主要包括真空非自耗电弧熔炼、电子束熔炼、等离子束（或等离子弧）熔炼等，后两种又称冷床炉熔炼。

4.9.2.1　真空自耗电弧炉熔炼（VAR 法）

目前，生产钛及其合金铸锭的方法依然是真空自耗电弧炉熔炼（VAR），它可以成功的熔炼易偏析和高活性的金属材料。其实质是自耗电极作负极，铜坩埚作正极，在真空或惰性气氛中，将已知化学成分的自耗电极在电弧高温加热下迅速熔化，形成熔池并受到搅拌，一些易挥发杂质将加速扩散到熔池表面被去除，合金的化学成分经搅拌可达到充分均匀。该法是目前工业上大量采用的方法。

4.9.2.2　冷床炉熔炼（CHM 法）

钛及钛合金冷床熔炼技术工作原理是将熔炼过程分为熔炼区、精炼区和凝壳区。高密度的夹杂在流经精炼区时，因为重力作用，下沉进入凝壳区并沉积，从而得以消除。中间密度的夹杂在冷床内的流动过程中，因冷床内流场复杂，有充足的时间溶解消除。低密度的夹杂上浮到熔池表面，经高温加热，在溶解过程中消除。

4.9.2.3 凝壳-自耗电极熔炼（GRE法）

凝壳-自耗电极（GRE）熔炼的工作原理是第一次熔炼时，在凝壳底部铺一层海绵钛、残钛及合金化组分，将炉子密封并抽真空。在电极与装入坩埚的海绵钛及合金化组分之间引弧，靠电弧将电极和坩埚中的炉料熔化。熔融金属与冷坩埚壁接触凝固形成凝壳，阻止熔融金属与坩埚材料反应可能对钛合金造成的污染。当熔化需要数量的金属之后，将坩埚中的熔融钛浇入锭模或铸型，剩下一部分作为下次的自耗电极使用。GRE是通过电弧熔化金属的，浇注前构成铸锭的全部金属都处于熔融状态，更加有利于化学成分的均匀化。

4.9.2.4 冷坩埚感应熔炼（CCM法）

材料的冷坩埚感应熔炼通常是在一个由感应绕组包围的耐火坩埚中进行的，坩埚的作用是在熔炼和浇注的过程中容纳液态金属。感应炉应用于活泼金属是很困难的，这些材料或者有高熔点，或者有高纯度，液态金属和耐火坩埚的反应会导致熔池的污染，而且会损坏坩埚。钛及其合金的熔点很高，当达到钛的熔点1660℃时，C和O有相当高的活度，所以，目前这一技术对熔炼钛及其合金仍处于探索之中。

4.9.2.5 电渣熔炼（ESR法）

该法利用电流通过导电电渣时带电粒子的相互碰撞，将电能转化为热能，以熔渣电阻产生的热能将炉料熔化和精炼。ESR法使用自耗电极在非活性材料（CaF_2）中进行电渣熔炼，可直接熔铸成不同形状的锭块，具有良好表面质量，适宜于下道工序直接加工。

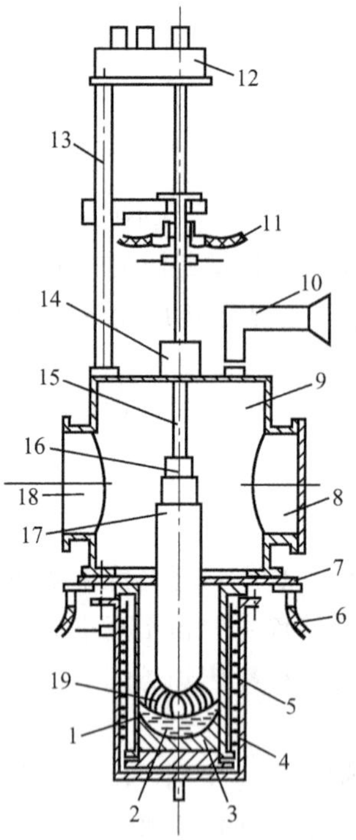

图4.9.3 真空自耗电弧炉结构示意图
1—坩埚；2—熔池；3—铸锭；4—稳弧线圈；5—水套；6—阳极电缆；7—法兰；8—人空；9—炉体；10—观测装置；11—阴极电缆；12—复式差动齿轮；13—电极升降机构；14—动密封盒；15—电极杆；16—电极夹头；17—自耗电极；18—排气口；19—电弧

4.9.3 真空自耗电弧熔炼原理

真空自耗电弧熔炼（VAR）是在真空高温下进行的，每次熔炼都相当于进行一次真空蒸馏和一次区域熔炼，对钛起到一定的精制提纯作用。自耗炉结构如图4.9.3所示。

VAR炉由真空系统、电极驱动机械系统、铜坩埚及冷却循环系统、直流电源、自动和手动控制系统、稳弧搅拌系统、检测和自动记录系统等部分组成。VAR炉现已处于较为完善的阶段，在结构上具有同轴性、再现性和灵活性特征，正在向更大容量和远距离精确操作发展。VAR炉采用先进的计算机自动电控和数据收集系统，能够对给定的合金和铸锭规格建立良好的熔炼模式，并分析熔炼过程中出现的问题，获得良好的铸锭表面质量和内在冶金质量，提高金属成品率。

真空自耗电弧熔炼是在低压或惰性气氛中，钛电极棒在直流电弧的高温作用下迅速熔化，并在水冷铜坩埚内再凝固的过程。

当液态金属钛以熔滴的形式通过高温的电弧区向铜坩埚中过渡，以及在铜坩埚中保持液态和随后的凝固过程中，不仅实现了致密化，而且还起到提纯金属的作用，使金属具有更好的性能。

因此，过程的实质是借助于直流电弧的热能把已知化学成分的钛自耗电极在低压或惰性气氛中进行重新熔炼。熔炼本身是一个定向连续过程。在高温加热形成的熔池区内，液态钛合金成分和杂质不断地扩散，随后凝固成钛锭。熔炼过程如图 4.9.4 所示。

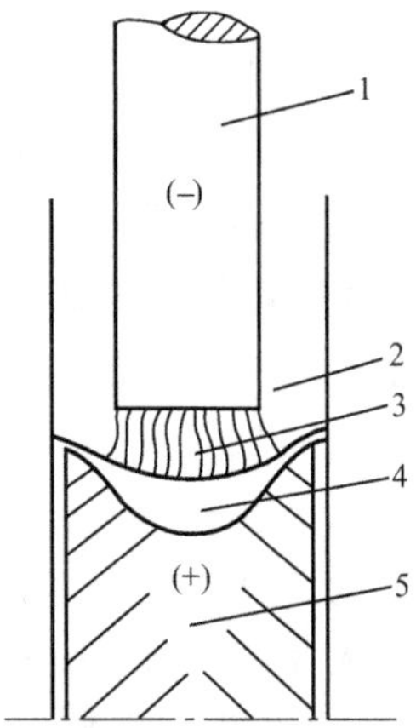

图 4.9.4　真空电弧熔炼过程示意图
1—金属自耗电极，2—气相区（残余气体及反应气态生成物运动区）；3—弧柱区（脱气、分解、电离）；4—金属熔池（脱气、分解、偏析、夹杂物上浮及再生、结晶）；5—金属锭

4.9.3.1　打弧

真空自耗电弧熔炼的热能来自电弧。熔炼过程的电弧行为直接影响到熔炼产品的质量。

电弧的产生是一个弧光放电过程。辉光放电和弧光放电都是气体自激导电的形式。辉光放电特点是电压高、电流小，仅有少量电子和正离子参与导电过程，发出较弱的光。弧光放电特点是气相中有大量的电子和正离子参与导电过程，发生的电流密度大，并发出耀眼的亮光。弧光放电的产生，不仅可以用高压引弧，也可以用低压引弧。实践上常采用低压引弧，先将两电极短路后再拉开，瞬间两极间电流密度极大而产生高温，阴极发射出热电子而产生电弧。

电弧中的温度场的温度分布情况很复杂，具体的温度值与电极材料、电流大小和气相组成有关。一般来说，当以钛阴极作自耗电极称为正极性熔炼时，阴极端的温度约为 1775℃；金属熔池表面的工作温度约为 1850℃；而弧柱区中心的温度最高，可达约 4700℃。

4.9.3.2　熔化

熔化钛从海绵体变为液体，并发生体积变小和比表面积缩小的过程。因此，也是比表面能降低的过程。在相变过程中自由能的变化（ΔG）包括体积自由能变化（ΔG_v）和表面积自由能变化（ΔG_S）两项。因此，$\Delta G_v<0$，$\Delta G_S<0$，故有：

$$\Delta G=\Delta G_v+\Delta G_S<0$$

只要达到熔化温度此过程便能自发进行。因为此时不存在要克服表面能垒的问题，故熔化时不需要过热度。在熔炼纯钛时，只要达到钛的熔点（1668℃）即可。在熔炼钛合金时，熔化过程在一个温度范围内进行，比纯钛的熔化要复杂得多。因为钛合金的熔点与其成分有关，必须高于液相线温度才能开始熔化。

4.9.3.3　液态金属的扩散

熔池里的液态金属在磁场的搅拌作用下，大大增加了熔池内合金组元和杂质的扩散作用，有利于成分的均匀化。

4.9.3.4　凝固

从液态钛或钛合金中凝固结晶出新的晶粒时，有新相生成，属非均相成核过程，需要克服成核时的表面能垒的影响。开始结晶的核心是在水冷铜坩埚壁处的粗糙表面上。结晶的一般过程是一个内生核和长大两过程交错重叠组合而成的。对于单个晶粒而言，存在明显的形核和长大阶段。但从液态金属整体凝固过程而言，二者是交织在一起的。

形核的数目与钛液结晶时的过冷度大小有关。过冷度越大，形核几率越多，形核数目也越多。此时，可以生成晶粒细小的钛锭。

钛的真空自耗电弧熔炼是一个快速并产生大批结晶体的过程，不同的条件下形成的微观结构是不一样的。

结晶过程有两大特点，一是冷却速率快；二是结晶过程即为钛锭逐渐凝固过程，锭子上部存在着一个高温金属熔池。由于熔炼的过热度大，金属熔池保持较大的轴向温度梯度和径向温度梯度，而形成较深的熔池。

4.9.4 真空自耗电弧熔炼工艺与设备

钛和钛合金铸锭工艺流程如图 4.9.5 所示。下面分别按步骤进行介绍。

4.9.4.1 炉料准备

熔炼钛及钛合金铸锭的炉料包括海绵钛、钛残料、纯金属及中间合金添加剂。

(1) 海绵钛　生产不同牌号的钛及钛合金锭应选用不同级别的海绵钛。在选用海绵钛级别时，主要是依据铸锭级别和牌号。碘化钛专供生产 TA0 之用，TA1 级基本上使用一级品海绵钛，TA2 和 TA3 则可根据力学性能要求搭配使用。

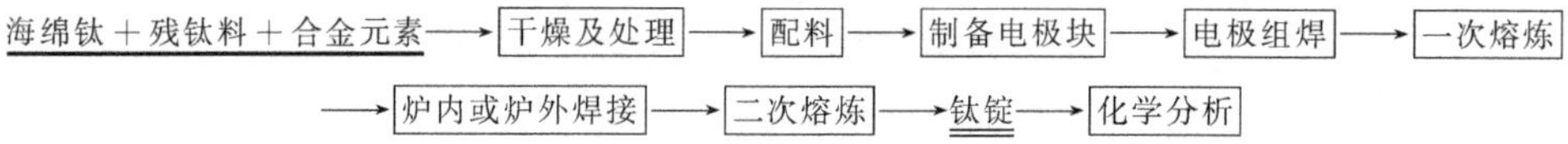

图 4.9.5　真空自耗电弧炉熔炼铸锭工艺流程

(2) 残钛料　为了综合利用和降低成本，就要尽量将未被混料的残钛返回入炉，加以利用。作为钛及钛合金炉料的钛残料，是预先经过净化处理、碎化、严格检验而不带氧化层、低密度及高密度夹杂物的干净残料。其形式有屑状、条状、块状等。块状残料的净化，需根据残钛表面氧化皮的厚度分别处理。对于氧化不严重的残钛，用 HF 和 HNO_3 混合酸液酸洗，然后再水洗；对于氧化严重的残钛，必须先用喷砂等机械加工方法去除氧化皮，接着用 HF 和 HNO_3，混合酸液酸洗，然后再水洗。

(3) 合金添加剂　各种合金元素和钛之间的物理性质（主要是熔点和密度）相差甚大，合金元素的加入可用纯金属和中间合金两种形式。其中锰、铁、铜、铬和锆等可以以纯金属形式加入，钼、锡、硅和铝、钒、硼等常以中间合金形式加入。具体的加入形式需根据不同牌号的合金灵活应用。

4.9.4.2 原料处理

(1) 含钛物料　商品海绵钛尽可能选用粒级合格的。当海绵钛粒度不合格时，应进一步在颚式破碎机上破碎到粒度符合工艺要求为止。随后，在真空烘干箱中干燥，干燥的目的是除去表面吸附的水分。真空烘干条件：温度约 120～180℃；真空度约 5Pa；保温时间 4～6h，然后可直接出炉。

返回料，包括残钛边角料和钛屑，一定要牌号相同，加工成的粒度和海绵钛大致相同，经除油、除氧化皮及干燥等处理后方可使用。

(2) 合金添加剂或中间合金　所使用的合金添加剂和中间合金众多，它们的物理性质不同，它们存在的外形也各异，必须依据不同的状况分别加以下料处理。

对于具有脆性的物料，如 Al-V、Al-Mo 等中间合金，它们可以在锤式破碎机上进行破碎，再经筛分至所需粒度。

对于具有韧性的物料，常采用多种机械切割或机械加工成合适的粒度。因为过大的粒度易造成合金成分的偏析和产生夹杂。然后将加工好的物料净化处理，除去表面的氧化皮和油污，再干燥后待用。

4.9.4.3 自耗电极制备

(1) 配料　配料是获得合金成分和杂质含量合格、分布均匀铸锭的决定性工序。一旦失误，无法获得预想的合格锭。

配料是按钛及钛合金的牌号和化学成分为理论计算基础。同时必须充分考虑以下因素：

① 合金组元在熔炼中的烧损率和偏析状况；

② 合金组元和杂质含量允许波动范围和均匀度要求；

③ 合金最佳性能要求的合金成分和杂质含量；

④ 合金添加方式，是纯金属还是中间合金；

⑤ 熔炼方法和熔炼次数。

钛合金添加元素的加入方式可按实践经验来进行：

海绵钛混料组批后的平均杂质含量应低于合金允许含量，但也要保证适当的氧含量。海绵钛组批后平均力学性能应满足产品牌号规定要求。一般选用抗拉强度小于 $45kg/mm^2$ 的海绵钛作基体金属原料。

合金组元中不易挥发元素 Mo、W 等应取配料成分波动值的下限，低熔点易挥发元素的配料成分取上、中限。高熔点金属 Mo、W 等作为合金组元加入时必须采用中间合金加入，而不能用纯金属加入。

TC1、TC2 合金中锰的加入量当采用二次自耗熔炼时配入量应大于 2%；当采用真空-充氩自耗熔炼时配入量则可小于 1.8%。

合金元素配入海绵钛基体时尽量均匀分布，组批后的电极配料或应混合均匀，或可将合金元素做成用铝箔制成的球形合金包，置入电极配料块中，然后压制成电极块。另外，在用多组分料配料制取单块电极时，配料组分质量应小于一次熔炼正常熔池钛液质量的 1/3。

(2) 电极块的压制　自耗熔炼对电极的要求主要是：足够的强度；足够的导电性；平直度；合金元素在电极中的分布合理；不受潮、不污染。

单块电极的制备方法有压制（又分立压和横压）和挤制（又分卧式和立式）两类，较常用的是压制法。

电极块的密度与被压制的原料有关。一般地说，电极块的密度大于 $3.2g/cm^3$ 就可以满足熔炼要求。一般使用压力达到 300～500MPa 的压机。

(3) 电极的组焊　电极的组焊是将压好的单块电极块组焊成自耗电弧熔炼所需截面和长度的电极。工业上，常采用氩气保护等离子焊、真空等离子焊和电子束焊。为了防止混入高密度夹杂，一般不使用钨极氩弧焊接。焊接用氩气纯度为 99.99%。海绵钛自耗电极组焊的设备如图 4.9.6 所示。

图 4.9.6　真空等离子焊箱

图 4.9.7　真空自耗电极电弧炉

4.9.4.4 熔炼

（1）熔炼过程概述 圆饼状海绵钛经焊接成较长的圆柱状海绵钛电极后，就可放入真空自耗电极电弧炉的电极把持器中，调整好电流参数后即可开始真空熔炼，以除去杂质。真空自耗电极电弧炉如图4.9.7所示。

熔炼过程中，钛阴极不断熔化滴入水冷铜坩埚，借助于吊杆传动使电极不断下降。为了熔炼大型钛锭，采用引底式铜坩埚，随着熔融钛增多，坩埚底逐渐向下抽拉，熔池不断定向凝固成钛锭。

由于熔炼过程在真空下进行，而熔炼的温度高于钛的熔点，熔池通过螺管线圈产生的磁场对熔化的钛有强烈的搅拌作用，因此，海绵钛内的 H_2 极易挥发，杂质和残余盐类会大量排除，故熔炼过程有一定的精炼作用。

熔炼工艺操作过程可概述为：以海绵钛或加合金元素的海绵钛为原料而压制成自耗电极，夹在电极杆上（为直流电源的负极），于真空或惰性气体氛围中使之与水冷铜坩埚（直流电源的正极）上的引弧料间产生电弧，依靠电弧的热量将自耗电极熔化，熔化的电极以液滴形式进入坩埚，形成熔池，熔池表面被电弧加热，始终呈液态，而底部和周围受水强制冷却产生自下而上的结晶过程，不间断地以适当的速率下降电极，以保持电弧熔炼的持续进行，直至自耗电极熔化耗尽，熔炼阶段结束。该过程按时间排列，又可分为装炉、熔炼和出炉三阶段。

（2）工艺操作要点 实际工艺操作要点如表4.9.2所示。

表4.9.2 真空自耗电极电弧炉操作要点

工艺名称	工艺程序	内容
装炉	坩埚的清理和检查	坩埚的法兰盘、内壁和底座都要用砂纸打磨光滑并用棉纱擦干净。认真检查坩埚的法兰盘与内壁的焊缝及其各部分的表面有无被电弧击中的烧伤痕迹或凹坑。如凹坑大而深则不能使用
	铸锭底垫的准备	用同一牌号的电极残头放在坩埚底部作为底垫或配制一份与待熔炼的自耗电极成分相同的合金包和海绵钛摊放在坩埚底部作为底垫
	引弧料的制备	在底垫上放置由铝箔折叠而成的大约30mm高的三角形引弧料
	电极的调整	自耗电极与坩埚壁之间的周围间隙应一致，一般为30～40mm
熔炼	二次熔炼电极安装	为使化学成分均匀，将一次熔炼得到的铸锭作为自耗电极进行二次熔炼并将一次铸锭颠倒装卡，使其底部与电极夹头连接。一般，二次铸锭的直径＝一次铸锭的直径＋两倍间隙尺寸
	侧弧的处理	如果在电极与坩埚壁之间产生侧弧，多半是由电极偏移或电弧太长造成的，应加快电极下降的速率，缩短电弧
	电极短路的处理	电极下降速率太快，容易产生短路，此时应迅速改变电极运动方向，向上提升，待电弧正常后应保持恒定速率下降。如果来不及提升电极，电极端部就会与熔池凝固在一起，这时只能待铸锭冷却后取出铸锭和电极，再将两者分开，重新装炉熔炼
	电极断路的处理	电极下降速度太慢或因其他原因电弧被切断，这时必须在铸锭上部熔池冷凝后再下降电极起弧。此时因没有引弧料，起弧困难，最好重新装炉
	电极残头的处理	熔炼完毕后，电极残头温度较高，应放置在水冷炉体部分内冷却
出炉	铸锭出炉	铸锭应冷却至较低温度出炉，避免被油腻等脏物污染
	打标记	铸锭及其残头出炉后，应打上钢印标记，以免混料

（3）熔炼作业 熔炼大致分为引弧期、正常熔炼期、封顶期和冷却等四个阶段。

① 引弧期 电弧引燃的方法是在底结晶器上面直接放置一些引弧剂（海绵钛），并使引弧剂和自耗电极端面距离不小于15mm，一般为20～30mm。为了顺利地起弧，必须把空载

电压（即开路电压）提高到70V。在空载电压下，借助于自耗电极与引弧剂之间瞬间接触而产生弧光放电进而达到稳定的电弧燃烧，造成一定量的金属熔池，为过渡到正常熔炼创造条件。

电弧长度（弧距）通常控制在25～50mm或更大，太短会造成频繁短路，降低铸锭质量，太长会使电弧移动，击穿坩埚壁。弧距不能超过电极和坩埚之间的最小距离。在高的电流情况下，若电弧集中在坩埚表面某一位置就会瞬间击穿坩埚而造成严重的爆炸事件。为此应采取和安装有效的安全预防设施，包括炉子观测系统、自动断电元件、爆破口、防爆墙。

生产实际中要求引弧期尽量短并迅速形成金属熔池，以减缓电弧对底结晶器的冲击。

② 正常熔炼期　当引弧期结束以后，逐渐增加熔炼电流，迅速转入正常熔炼期。熔炼期操作是否准确直接影响到熔炼产品的质量。待熔池覆盖坩埚底后，迅速将电流升到工艺要求的设定值，进行正常熔炼。同时要控制好电压、真空度、熔炼速率等其他工艺参数。熔炼电流一经确定，熔炼是否正常就取决于电弧的长度。电弧过长，热量不集中，表现为金属熔池呆滞，表面有漂浮的杂质花膜，使金属的沾污程度增加；弧长过短，会造成电弧频繁短路而使熔池温度急剧变化，同时会发生严重喷溅；弧长正常时，熔池十分清晰活跃，熔液徐徐波动并将杂质膜推向结晶器壁。

生产中，应对重熔电极和炉室彻底清理，清除外来物和炉室中的冷凝物，诸如氧化物、氯化物等。这些是造成氧、氯含量增加、引起铸锭冶金质量问题的潜在来源。熔炼的初始电流设置应低一些，电压在30～50V之间，主要取决于电极和炉室中的气体含量、电流大小、电弧间隙、电极的电阻及铸锭的尺寸。形成熔池后，将熔炼功率增加到高于主熔炼期所预定的水平，以弥补坩埚底部的激冷效应。

熔炼期间，功率应保持不变，直到熔炼末期，这时按照预定热封顶工艺降低功率，以便把锭料头部缩孔和偏析减少到最小。

熔炼时，要保证电极与坩埚间隙为50～80mm或更大，一方面确保安全性，另一方面为气体排除提供良好的通道。

真空自耗电弧熔炼的真空度一定要避开危险区。一旦出现真空度骤降，要立即采取有效措施，适当地减慢熔化速率，控制好电极的进料速度，以保持合适的弧长，防止边弧产生，待真空度回升后再转入正常熔炼。

③ 封顶期（又称补缩期）　封顶的目的是为了减少铸锭头部的缩孔和疏松区，降低钛锭的切头量，提高锭坯的成材率。从正常熔炼进入封顶后，热封顶的电流逐渐递降，分别从正常熔炼电流的1/3减低最后达1/10；热封顶时间一般占总熔炼时间的1/4～1/3。为了确定最佳封顶开始时间，一般采用电极杆行程或平均速熔法计算确定预留电极量。

④ 冷却　钛铸锭在真空或惰性气体保护下冷却至400℃以下温度出炉。一般来说，惰性气体保护冷却效果比真空冷却好。

4.9.4.5 关键工艺参数的确定

（1）熔炼功率　在真空自耗电弧熔炼时，用于金属熔化的功率仅占总输入功率的30%～50%，有50%～70%的功率以各种形式损失掉。其中包括金属挥发损失、电极热损失、金属表面热损失和液体金属导热损失。

熔炼所需的总输入功率可按下述经验公式计算：

$$P_{总}=\frac{P_{熔}}{\eta}=IV$$

式中　$P_{总}$——熔炼所需的总输入功率，kWh；

$P_{熔}$——金属熔化所需功率，kWh；

η——热效率，一般为30%～50%；

I——电弧电流，kA；

V——电弧电压，V。

真空自耗电弧熔炼钛的电压通常为28～40V，惰性气体保护熔炼的电压比真空熔炼高6～8V。随着电流的增大电弧电压略有升高。

熔炼电流是真空自耗熔炼的重要参数，它与被熔炼材料、铸锭直径、坩埚与电极直径比、炉内压力、极性、炉子结构及电源类型有关。熔炼电流大小，除决定金属的熔化速率和熔池温度外，还直接影响到熔池的形状、体积和深度。电流越大，金属熔化速率越大，铸锭表面质量越好。同时，随着电流的增加，金属熔池深度增加引起铸锭组织变坏：粒状晶粗大、径向发展、疏松和偏析程度增加。熔炼电流小，则熔化速率低，金属熔池浅，柱状晶细小且轴向发展，有利于获得疏松程度小、成分偏析度小、结晶构造致密的铸锭。

在熔炼过程中，电弧供热除了供电极料熔化外，还需为熔炼区域内维持适当温度。为此，熔炼初期，需为整个炉体升温和散热提供更多的热能；熔炼中期已经维持了较长时间的热平衡，到熔炼后期可适当减少提供的热能。因此，为了维持恒定的熔炼区温度，需要分阶段提供不同的电弧热，即分阶段提供不同的电功率。熔炼电流是影响电功率最敏感参数。当熔炼中期较长时间选用某一电流时，在熔炼初期适当地增大电流；熔炼后期适当地减少电流。

钛及钛合金自耗熔炼时的参数见表4.9.3。

表4.9.3 钛及钛合金自耗熔炼主要参数

参数名称	数值				
电极直径/mm	508	320	152	700	200
电极横截面/cm^2			181.5	3850	314
坩埚直径/mm	622	406	254	800	280
电流/A	24000	9500	9000	250000	6000
电压/V	38	32～35	30	32	31
压力/Pa	0.27	10.67	4000(氩)	1.33	40
比电能/$kWh \cdot kg^{-1}$	0.9	0.843	1.1	1.09	0.9
电极电流密度/$A \cdot cm^{-2}$	36.7	36.7	49.5	6.5	19.1
理论比电能/$kWh \cdot kg^{-1}$	0.482	0.482	0.482	0.482	0.482
炉子效率/%	47.6	50.8	39	40	47.6
熔速/$kg \cdot min^{-1}$	16.8	6.2	4.1	12.1	3.45

(2) 熔炼速度　真空自耗熔炼的速度与熔炼的电流大小有关。在保证铸锭质量的前提下，提高熔速有利于增加生产效率。提高熔炼速度的主要方法是增加电压和电流，一般以增加电流为好。

(3) 坩埚比　电极直径与坩埚直径之比简称坩埚比，是影响铸锭质量和安全生产的重要参数之一。对于钛而言，坩埚比一般在0.625～0.88之间。

目前有采用大断面电极的倾向。大断面电极的优点在于电弧热能均匀地分布在整个熔池表面，使金属熔池呈扁平状，增加了熔池固液两相区的温度梯度，有利于获得成分偏析小、致密度高的优质铸锭。

（4）熔炼真空度　钛及钛合金的熔炼真空度一般为 0.1～1.33Pa。

（5）搅拌电流　金属熔池的旋转，对铸锭质量既有好的作用，也有坏的影响。合适的搅拌电流，可以细化晶粒，减轻结晶偏析的程度。通常是根据所熔炼的合金来确定搅拌电流的大小和频率。一般地说，有正偏析特征组元的钛合金，在二次重熔时，选择较低的频率和较小的搅拌电流。

（6）补缩　在熔炼封顶期需要采取补缩措施，通常采用多级降电流补缩。补缩的具体工作曲线，应据实际电极预留量和熔池情况做适当的调整，以期在补缩终了时电极恰好耗尽。

（7）充氩重熔　对于 TC1 和 TC2 等钛合金，采用二次自耗熔炼工艺很难保证化学成分合格，而且锰在锭中分布也很不均匀。只有改变工艺，将真空熔炼获得的一次锭二次熔炼时，采用充氩重熔，则能有效地控制其中高挥发性组元锰的挥发损失率，而且锰在锭中的分布均匀，大大提高成品率。

充氩重熔过程：在真空下起弧、熔炼至熔池健全时，在不断弧的情况下关闭抽空阀门停止抽空，向炉室内充氩（1～2）$\times10^4$ Pa 压力。稍后短时间出现熔速很低的情况，随之相应提高电流 25%～30%、电压 6～8V，熔炼便转入正常。

（8）铸锭规格　铸锭尺寸不仅影响铸锭的质量，而且对生产率也有影响。一般，铸锭尺寸依据半成品尺寸来确定。大规格铸锭具有实用经济性优点，但增大铸锭的尺寸，偏析倾向就增高。铸锭长度的确定必须考虑到炉子的生产率。一定的电流下，随着铸锭长度的增加，生产率增加较小。应当指出，长度的增加应合理，否则，会给生产带来困难，实际上起不到提高生产率的作用。一般铸锭的合理长度 L 可依下式确定：

$$L=0.16I$$

式中，I 为熔化电流；0.16 为系数，单位为 mm/A。

4.9.5　钛锭熔炼新技术

钛和钛合金的工业生产，不论是重熔的自耗电极或锻造用的开坯料，或是异型铸件，大多都是通过真空自耗电极电弧熔炼来获得的。随着现代技术的发展和进步，钛和钛合金的熔炼，包括真空自耗电极电弧熔炼在内，先后又发展了一些新的先进技术。近年代表性的专利技术如下。

4.9.5.1　直接添加高熔点金属的钛合金真空自耗熔炼用电极制备方法

西安赛特金属材料公司提出了在钛合金真空自耗电弧熔炼用电极常规制备的基础上，由直接压制的具有一定凹槽的电极块与适合电极块凹槽形状的高熔点金属棒拼焊组成电极的方法，通过选择合适的真空自耗电弧熔炼工艺，能够熔炼出达到配比计算要求的、成分均匀的无偏析优质铸锭。

4.9.5.2　钛及钛合金真空自耗熔炼过程中断电后重新起弧的工艺

攀长钢公司发明了一种钛及钛合金真空自耗熔炼过程中断电后重新起弧的工艺，包括如下步骤：当熔炼中断后重新起弧时，将熔炼电流快速提升至正常熔炼电流的 75%～80%，保持此时的熔炼电流；当熔池的边缘到达坩埚壁后，保持 2～3min，再将此时的熔炼电流快速提升至正常熔炼电流。该工艺优势在于，使总的起弧时间大幅缩短，减小铸锭的冷却体积收缩后与坩埚壁间产生的间隙及避免铸锭冷却凝固形成的内部缩孔；当熔炼电流达到正常熔炼电流的 75%～80%时，保持该熔炼电流一段时间，这样可以较为准确地控制电极及已凝固熔池的熔化速度，避免瞬时产生大量的熔液流入铸锭与坩埚壁的间隙，或造成冷隔缺陷。

4.9.5.3 一种纯钛块状废料的熔炼回收方法

洛阳双瑞精铸钛业公司提出了一种纯钛块状废料的熔炼回收方法，使用6个电子枪的电子束冷床炉，将选定成分的原料装入电子束冷床炉的进料器，进行熔炼，然后将得到的铸锭冷却出炉，即可得到成品。该法直接使用TA1回收料进行熔炼，避免了废料破碎，电极块压制，电极的焊制。单锭熔炼每天单台设备可熔炼9个棒料总重约6.5t，双锭熔炼每天单台设备可熔炼18个棒料总重约13t，极大地提高了回收效率和速度。

4.9.5.4 EB炉熔炼纯钛补缩的工艺方法

云南钛业股份公司提出了一种EB炉熔炼纯钛补缩的工艺方法，该工艺方法步骤为：在正常熔炼结束后，将电子枪功率降为正常熔炼时功率的一半即200kW，扫描图形不变，持续工作10～12min；将电子枪功率降为补缩第一步功率的一半即100kW，扫描图形不变，持续工作10～12min；将电子枪功率降为70～80kW，沿铸锭宽度方向上将扫描图形减半即两边向中间减少，铸锭厚度方向上扫描图形不变，持续工作4～6min；将电子枪功率降为50kW，扫描图形不变，持续工作5～6min；关闭电子枪，补缩结束。该法既不会破坏结晶结构的连续性，又保证了夹杂物的充分上浮以及缩孔体积的减小和位置的提高，减少了铸锭的切头量，提高了成材率。

4.9.5.5 一种钛及钛合金屑状废料的电子束冷床熔炼回收方法

西北有色金属研究院提供了一种钛及钛合金屑状废料的电子束冷床熔炼回收方法，过程为：根据所熔炼钛及钛合金成分，称取纯钛屑状废料，或称取纯钛屑状废料和钛合金屑状废料中的一种或两种与海绵钛以及纯合金添加元素和/或中间合金混合的混合料，混合料中的纯钛及钛合金屑状废料添加量按质量百分比计为10%～90%；然后将其压制成电极块，用电子束冷床熔炼炉将所述电极块进行一次电子束冷床熔炼，得到钛或钛合金铸锭。该方法可以利用高达100%纯钛屑状废料生产出合格的纯钛铸锭，或利用高达90%钛及钛合金屑状废料，生产出合格的钛合金铸锭；只需要电子束冷床一次熔炼，不需要二次或三次熔炼。

4.9.5.6 一种洁净钛及钛合金铸锭的熔炼方法

西北有色金属研究院公开了一种洁净钛及钛合金铸锭的熔炼方法，该方法为：称取海绵钛或称取纯合金添加元素、中间合金和海绵钛，将海绵钛或将混合后的纯合金添加元素、中间合金和海绵钛压制成电极块，将压制成的电极块焊接为电极，用电子束冷床炉将电极进行一次电子束冷床熔炼，得到洁净的、化学成分均匀的钛或钛合金铸锭；电子束冷床熔炼的熔炼真空度低于6×10^{-2}Pa，熔炼速度为70～150kg/h，熔炼功率为100～300kW；纯合金添加元素和中间合金为钛合金铸锭总重量的0～20%。生产的钛及钛合金铸锭，化学成分均匀，铸锭宏观组织优于真空自耗电弧熔炼铸锭，无TiN和WC等高熔点夹杂。

4.9.5.7 一种含高熔点合金元素的钛合金的熔炼方法

中南大学发明了一种含高熔点合金元素钛合金铸锭工业化制备方法。通过选择合金的原料，采用专门组拼的电极块，采用常规的真空自耗电弧熔炼技术，调整三次熔炼的电流和电压，制备化学成分均匀，无夹杂的含高熔点合金元素的钛合金铸锭。高熔点金属在自耗电极中分布均匀，自耗电极制备方便、成本低，熔炼时电流、电压参数合理，在传统的工艺路线基础上，采用低成本的纯金属板按照特定的自耗电极组拼方式，代替添加成本高昂的中间合金和其他纯金属加入钛合金方式，采用多次真空自耗电弧熔炼炉进行熔炼获得成分均匀的含高熔点合金元素钛合金铸锭，适于工业化应用。

4.9.5.8 一种电子束冷床炉熔炼制备TC4钛合金铸锭的方法

西北有色金属研究院公开了一种电子束冷床炉熔炼制备TC4钛合金铸锭的方法，该方法为：将海绵钛和铝豆混合均匀后压制成电极块，焊接成电极后置于真空自耗电弧炉中，一次熔炼得到 Ti-Al 中间合金；将 Ti-Al 中间合金破碎成 Ti-Al 中间合金颗粒；将海绵钛、Al-V 中间合金和 Ti-Al 中间合金颗粒混合均匀后压制成电极块，拼接成电极后置于电子束冷床炉中，一次熔炼得到 TC4 钛合金铸锭。该法以 Ti-Al 中间合金代替铝豆，减少了 Al 元素的挥发量，提高了原材料的利用率和电子束冷床炉的使用效率，采用的电子束冷床炉一次熔炼在降低钛材的加工成本及提高生产效率方面具有更强的优势，可提高钛合金铸锭的洁净度，获得高质量铸锭。

4.9.5.9　利用废料制造钛锭的方法和设备

日本东邦钛金属株式会社发明了一种利用废料制造钛锭的方法和设备，将回收的废料钛用作熔融原料，并加入添加剂，可制造优质钛锭。将分配有个体识别信息（工作过程历史信息）的废料穿过自动读取装置，该信息将被自动获取，并存储在数据服务器之中。在钛锭制造初期，通过数据服务器中存储的信息，由计算装置计算必要的组合，以及每件废料、海绵钛和添加剂的进料速度，从而满足目标钛锭的化学成分和制造速度。然后将与组合和进料速度计算结果相应的信号从计算装置发送至每件废料、海绵钛和添加剂的进料装置的进料速度控制装置。钛锭制造启动之后，钛锭拉制部分探测装置将读出钛锭实际制造速度，计算装置则根据实际制造速度控制废料、海绵钛和添加剂的进料速度。

4.9.5.10　钛锭制造方法

日本神户制钢公司发明了一种钛锭制造方法，包括如下步骤：利用冷坩埚感应熔炼（CCIM）技术熔炼钛合金，熔炼时间预先决定；将钛水送入冷床炉之中，然后在冷床炉中进行沉淀，同时在钛水表面喷射等离子体射流或电子束，从而析出高密度内含物（HDIs）；将利用沉淀法析出 HDIs 的钛水原材料供应至模具中，生成钛锭。

4.10　钛（合金）材

4.10.1　钛（合金）材的种类和特征

4.10.1.1　钛材的种类

钛及其以钛为基体的合金材料均简称为钛材，钛材大致分为工业纯钛、α 钛合金、α+β 钛合金、β 钛合金 4 类。后 3 种分别用 TA、TB、TC 加顺序号表示产品牌号。工业纯钛的室温组织为 α 相，因此牌号划入 α 型钛合金的 TA 序列。合金元素的加入是在真空熔炼过程中完成的，形成的钛合金铸锭即决定了钛材种类。

工业纯钛在常温下为密排六方晶体（α 相），大约 885℃ 转变为体心立方结构（β 相），该温度称为 β 相变点。若在制备铸锭时在海绵钛中添加各种合金元素如 Al、Mo、Cr、Sn、Mn、V 等等，随着添加量的不同，会引起 β 相变点变化，会出现在室温时为纯 α 单相、α+β 两相及纯 β 单相三种组织状态，将在室温下仅存在 α 单相的合金叫 α 合金，在室温下同时存在 α、β 两相组织的合金叫 α+β 合金，将在室温下仅存在 β 单相组织的合金称为 β 合金。

以钛为基的二元合金相图大致可分为四类，见图 4.10.1。

① 合金元素与 α-Ti 及 β-Ti 形成连续固溶体［图 4.10.1(a)］，锆、铪、锡等属于中性元素，其性质与 Ti 极相近，原子半径差别也不大，因此可以形成连续固溶体。

② 合金元素与 β-Ti 形成连续固溶体，而与 α-Ti 只形成有限固溶体［图 4.10.1(b)］，这类元素扩大 β 相区，缩小 α 相区，降低 β 相→α 相的相变温度，称为 β 相稳定元素。在元素周期表中位于钛右边的几乎所有过渡族元素及ⅠB 族元素，如钒、铌、钽、铼、钼均属于

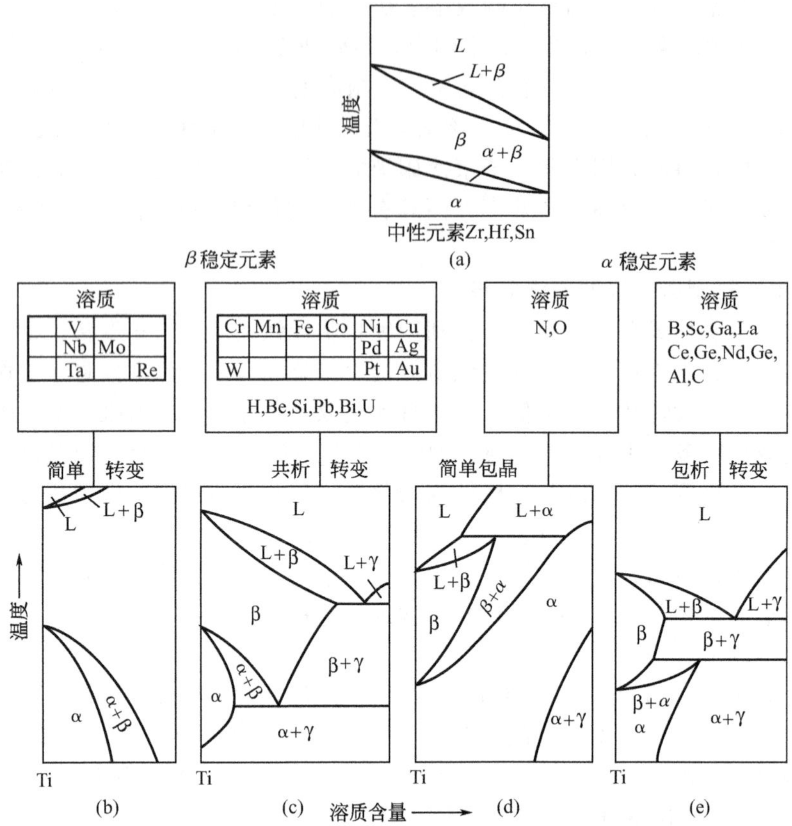

图 4.10.1　Ti-Me 二元相图分类

这一类，它们也是 bcc 结构，原子尺寸也相差不大。

③ 此类合金元素与β-Ti、α-Ti 都形成有限固溶体，β 相会发生共析分解，如图 4.10.1(c)。这类元素有铬、钴、钨、锰、铁、镍、铜、银、金、钯、铂等。它们使β相转变温度下降，所以也属于稳定β相元素。

④ 合金元素与α-Ti、β-Ti 都形成有限固溶体，但α相由包析反应生成［图 4.10.1(e)］，使β相转变温度升高，因而是α相稳定元素。主要元素有铝、硼、氧、氮、碳、钪、镓、镧、铈、钕、锗等，其中氮、氧属于图 4.10.1(d) 类简单的包晶相图。

4.10.1.2　钛材的特征

(1) 工业纯钛　所谓的“工业纯钛”是指含有一定量杂质的纯钛，其氧、氮、碳、氢、铁、硅等杂质总量一般为 0.2%～1.0%。这些杂质使工业纯钛既具有一定的强度和硬度，又有适当的塑性和韧性，可用做结构材料。

我国按杂质含量和力学性能将工业纯钛分为 9 级，见 GB/T 3620.1—2007 标准中 TA1ELI～TA4)。纯钛的力学性能主要用氧、铁的添加量调整，拉伸断裂强度在 240～580MPa 范围内，杂质元素含量越多，强度越高，延性下降。钛的低温性能很好，在液氮温度下仍有良好的机械性能，强度高而仍保持有良好的塑性和韧性。

(2) α型钛合金　室温下基本是α相组织的一类钛合金通称α型钛合金，该类合金中主要含有α相稳定元素及中性元素。工业纯钛是典型的α型钛合金，α型钛合金中的主要元素是铝、锆、锡等。当加入少量β相稳定元素时，可以得到近α型钛合金，显微组织上除α相基体外，还有少量β相。典型的α型钛合金有 Ti-8Al-1Mo-1V、IMI685 (Ti-6Al-5Zr-

0.5Mo-0.25Si)，GB/T 3620.1—2007 标准中 TA 系列则属此类。

性能：室温强度低，高温强度高；具有良好的抗氧化性、焊接性和耐蚀性，热处理强化程度有限，一般采用退火态使用。

牌号：GB/T 3620.1—2007 标准中的 TA5～TA28 等，常用的有 TA5、TA7、TA9、TA10、TA11、TA18、TA24 等，以 TA7 最常用。TA7 还具有优良的低温性能。

用途：用于制造 500℃以下温度工作的火箭、飞船的低温高压容器，航空发动机压气机叶片和管道、导弹燃料缸等。TA5 主要用于制造船舰零件。

(3) β 型钛合金　包括全 β 型钛合金和近 β 型钛合金两类。这类钛合金含有大量的 β 相稳定元素，多数还含有铝、锆、锡等元素。β 型钛合金的室温强度可达到 α+β 钛合金水平，具有最佳的工艺性能，不过其高温强度比不上 α+β 合金。近 β 钛合金的显微组织也是由 α+β 钛合金两相组成。典型的 β 型钛合金如 Ti-15V-3Cr-3Sn-3Al (TB5)，典型的近 β 钛合金如 Ti-10V-2Fe-3Al (TB6)。

牌号：录入国标的有 TB2～TB11 共十个，还有几十个合金未录入国家标准。该类钛合金可通过热处理强化，录入国标的均已得到实际应用。

性能：β 型钛合金的强度高、塑性好，冷加工成型性能好，焊接性较好（但比不上 TA 类钛合金），热稳定性较差。

用途：用于制造 350℃以下温度工作的飞机压气机叶片、弹簧、紧固件等。

(4) α+β 型钛合金　含有较多的 α 相稳定元素和 β 相稳定元素，室温下具有 α+β 两相混合的组织结构。这些相的金相形态和数量依成分、热加工变形和热处理方式而异。这类合金可经处理得到很高的强度水平，典型例子有 Ti-6Al-4V 合金和 IMI550 (Ti-4Al-2Sn-4Mo-0.5Si)。Ti-6Al-4V 合金至今仍是使用最广泛的钛合金。

性能：具有 α 型和 β 型钛合金的优点，但焊接性能不如 α 型钛合金、较 β 型钛合金优异，可通过热处理来强化。

牌号：GB/T 3620.1—2007 标准中的 TC1～TC26，常用的有 TC4、TC9、TC10、TC11、TC18 等，以 TC4 最为常用。

用途：制造 400℃以下工作的航空发动机压气机叶片，火箭发动机外壳，火箭和导弹的液氢燃料箱部件，船舰耐压壳体等。TC10 是在 TC4 基础上发展起来的，具有更高的强度和耐热性。

4.10.2　钛（合金）材塑性成形原理和特点

钛的塑性成型原理包括体积不变定理、最小阻力定律、弹-塑性变形共存定律等。钛的塑性加工应用了金属的塑性加工技术，它是将钛锭通过各种金属压力加工技术加工成各种钛材的工艺过程。换句话说，它是利用了固态钛的塑性，借助于工具对钛锭施加外力，迫使其发生塑性变形达到预期要求钛材的过程。

首先，钛的塑性加工应用了金属塑性加工技术，因此，金属塑性加工的基础理论和加工原理就是钛塑性加工的基础理论和加工原理。其次，在应用金属塑性加工技术过程中，必须将普遍原理和钛的自身特点结合起来。与常用金属如钢、铜、铝相比，钛合金具有变形抗力大、塑性低、高温下易氧化、和钢模具粘结性强等特点，所以成型和加工比较困难。只有充分掌握了钛合金本质特性，将其和金属塑性加工的基础理论和加工原理两者有机地结合起来，才能形成合理的钛合金加工技术。实际生产中必须充分考虑钛合金的自身特点，才能够顺利制造出组织、性能合格的钛材。

钛材料塑性加工的特点有：变形抗力大、室温塑性低、屈强比高；弹性模量低，造成变形后回弹大；钛原子和铁原子的亲和力强，造成变形过程中易与模具粘结，所以变形过程的润滑非常重要等。

钛材的变形抗力随温度升高而减少，塑性随温度升高而增加。尤其对高合金化的钛合金材料，加热变形是主要的变形方式。在铸锭开坯锻造之前，加热是必需的工序。钛的导热性差，在加热过程中，必须控制升温速度，以防止在铸锭中形成很大的热应力。对一些高合金化的钛合金铸锭，这种热应力可能引起铸锭开裂。钛材料的化学活性高，加热时很容易吸氧、氮和氢。在空气中加热时，坯料表面会形成氧化皮和吸气层。太厚的吸气层，变形时将引起开裂，使产品质量恶化。此外，钛材料吸氢超过标准规定值时，在以后的使用中可能产生氢脆。为了减少加热时氧化，在坯料表面涂抹抗氧化防护涂层是有效的方法。为了防止吸氢，加热时最好采用中性气氛炉，如电炉，采用油或气体燃料炉加热时，一定要保证炉内气氛是氧化性气氛。

虽然钛工业历史不长，但钛加工工业发展迅速，特别是近十多年来我国的钛工业发展速度取得了突飞猛进的快速发展，这不仅因其优异的性能特点受到众多的工业领域重视有关，而且还与成熟的金属塑性加工技术可以应用和借鉴有关，这也使得钛的塑性成形技术日趋成熟和完善。

4.10.3 钛（合金）材塑性成形工艺流程

钛（合金）材塑性变形加工的一般工艺流程如图 4.10.2 所示，通过塑性变形可以加工出的钛（合金）材品种有：板材、棒材、锻件、管材、带材、型材、箔材、丝材及各种铸件、异型管件、粉末冶金件等等。

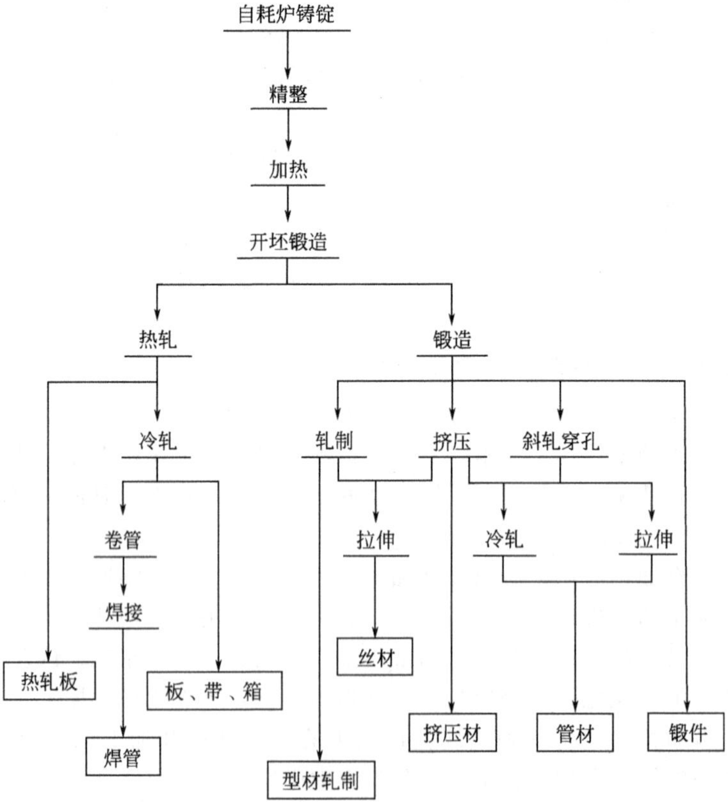

图 4.10.2 钛材塑性成形工艺流程

钛材塑性成形方法和钢材等一样，也主要采用轧制、挤压、拉伸及锻造等四种基本方法。在这四个基本方法中，锻造是必不可少的，铸锭的开坯是首先要进行的工序，即钛的每种塑性成形均需首先使用的方法。其余的几种方法中，轧制用得较多，挤压主要用作管坯及型材的制造，拉伸主要应用在丝材的制备方面。

4.10.4　锻造

4.10.4.1　锻造原理

钛的锻造是指在水压机、快锻机、汽锤、各种锻造机床上对钛金属坯料施加外力，使其产生塑性变形，达到改变尺寸、形状及改善组织性能的目的。用以制造机械零件、工件、工具或毛坯的成形加工方法。　然而，钛及钛合金冷变形困难，所以，在加工钛及钛合金产品时，通常需要经过热加工方法变形成各种坯料和锻件，其中，钛合金的锻造加工是一种应用较普遍的方法。这是因为锻造不仅可以达到尺寸和形状跟产品接近，而且也能改善钛合金组织从而提高其性能。

根据在不同的温度区域进行的锻造，针对锻件质量和锻造工艺要求的不同，可分为冷锻、温锻、热锻三个成型温度区域。原本这种温度区域的划分并无严格的界限，一般地讲，在再结晶的温度以上区域的锻造叫热锻，不加热在室温下的锻造叫冷锻，加热到再结晶的温度以下（≤700℃）的锻造叫温锻。因为钛合金的室温变形抗力大、屈强比高，锻造易开裂，一般不进行冷锻。

钛合金在 700℃以下锻造，氧化皮形成较少，只要控制好温度区间、变形率并保证润滑，700℃以下的温锻可以获得较好的尺寸精度。热锻时，由于变形能和变形阻力都很小，可以锻造形状复杂的锻件。

钛合金热加工中，变形的温度区间极为重要，温度过低，变形抗力大，容易产生裂纹等缺陷，温度过高，组织容易粗化，因此，钛及钛合金的锻造温度范围较窄。

4.10.4.2　锻造设备

锻造设备的模具运动与自由度是不一致的，根据下死点变形限制特点，锻造设备可分为下述四种形式：

限制锻造力形式：油压直接驱动滑块的油压机。

准冲程限制方式：油压驱动曲柄连杆机构的油压机。

冲程限制方式：曲柄、连杆和楔机构驱动滑块的机械式压力机。

能量限制方式：利用螺旋机构的螺旋和摩擦压力机。

为了获得高的精度应注意防止下死点处过载，控制速度和模具位置。因为这些都会对锻件公差、形状精度和锻模寿命有影响。另外，为了保持精度，还应注意调整滑块导轨间隙、保证刚度，调整下死点和利用补助传动装置等措施。

此外，根据滑块运动方式还有滑块垂直和水平运动（用于细长件的锻造、润滑冷却和高速生产的零件锻造）方式之分，利用补偿装置可以增加其他方向的运动。上述方式不同，所需的锻造力、工序、材料的利用率、产量、尺寸公差和润滑冷却方式都不一样，这些因素也是影响自动化水平的因素。图 4.10.3 即为某特殊钢有限公司使用的钛锭锻造设备及相应产品。

4.10.4.3　锻造工艺

根据坯料的移动方式，锻造可分为自由锻、镦粗、挤压、模锻、闭式模锻、闭式镦锻等。闭式模锻和闭式镦锻由于没有飞边，材料的利用率就高，用一道工序或几道工序就可能完成复杂锻件的精加工。由于没有飞边，锻件的受力面积就减少，所需要的荷载也减少。但

图 4.10.3　钛材锻造设备及锻造制品

是，应注意不能使坯料完全受到限制，为此要严格控制坯料的体积，控制锻模的相对位置和对锻件进行测量，努力减少锻模的磨损。

根据锻模的运动方式，锻造又可分为摆辗、摆旋锻、辊锻、楔横轧、辗环和斜轧等方式。摆辗、摆旋锻和辗环也可用精锻加工。为了提高材料的利用率，辊锻和横轧可用作细长材料的前道工序加工。与自由锻一样的旋转锻造也是局部成形的，它的优点是与锻件尺寸相比，锻造力较小情况下也可实现形成。包括自由锻在内的这种锻造方式，加工时材料从模具面附近向自由表面扩展，因此，很难保证精度，所以，将锻模的运动方向和旋锻工序用计算机控制，就可用较低的锻造力获得形状复杂、精度高的产品，例如生产品种多、尺寸大的汽轮机叶片等锻件。

钛合金锭的开锻模通常是在高于 β 相变温度下进行的，因为钛的 β 相属于体心立方，体心立方结构有较多的滑移系，因此具有较高的塑性，所以对锻造压力的要求一般也较低。但终锻一般在低于 β 相变温度下进行，这样可以防止 β 晶粒的过度长大而引起塑性降低。应变速率的变化对 α 和 α+β 钛合金可锻性能的影响不大。钛合金的锻造按其开始锻造温度是在 β 相区还是在 α+β 相区，可分为 α+β 锻造和 β 锻造两种。近年来又出现了近 β 锻造、等温锻造等新工艺。

钛合金的高温锻造也称“β 锻造”，分为两种。第一种是坯料在 β 区加热，在 β 区开始并完成锻造的工艺方法；第二种是坯料在 β 区加热，在 β 区开始锻造，并控制很大变形量在两相区完成锻造的工艺方法。但 β 锻造的锻件常存在热稳定性和塑性差等缺点，会导致 β 脆性出现。但通过采取适当的热锻后热处理及控制好锻后冷却速度等可以制备出良好综合机械性能的钛合金锻件。

α+β 两相合金、α 合金在 β 转变温度下以中等应变速率锻造的工艺常被称为 α+β 两相锻造或常规锻造。典型的常规锻造组织具有室温塑性好、强度高等优点，然而其断裂强度、高温性能及断裂韧性等较差。且模具对锻件的冷却容易在锻件表面产生裂纹，锻造后需要进一步加工且加工余量大，造成材料利用率低。因此，常规锻造钛合金难度较大。然而，只要能合理控制锻造温度、变形量和处理制度等，就能获得质量较好的锻件。

近 β 锻造工艺是将钛合金坯料在 β 相变点以下 10～15℃加热锻造，锻后水冷，然后进行高温韧化再低温强化处理。然而，由于近 β 锻造温度控制极为严格，因此如何控制加热锻造温度就成了最大的技术难点。同时，加热锻造温度还会受到加热炉炉温的不均匀性和锻造过程中产生的热效应等因素影响。研究结果表明：采用近 β 锻造工艺对 TC11、TC17、TA15 等钛合金进行锻造，可获得较好的综合性能，如 TC11 近 β 锻造试样 520℃的高温强度与常规锻造和 IMI685 合金 β 锻造 500℃性能水平相当，塑性和热稳定性与常规锻造相当，其疲劳寿命、蠕变性能等均高于常规锻造。

等温锻造是指工件在变形过程中始终保持基本相同的温度，以低应变速率进行变形的一种锻造方法。等温锻造可分为等温超塑性锻造、等温精密模锻以及粉末等温锻造三类。同常规锻造相比，等温锻造主要有以下优点：可以锻造出尺寸可控、形状复杂、精度高的锻件，节省了原料，降低了成本；锻造工序少，减少了锻造作业量提高了生产效率；因锻造温度较高，使坯料易于充满模具型腔，减少了对模具的磨损；锻件质量好，一般无残余应力。利用等温锻造的诸多优点，可使钛合金的加工变得更加容易。然而，等温锻造也有一些缺点：需要温度可控的加热系统、耐高温的模具、需要使用在高温下具有良好润滑性能、且能防止工件和模具氧化的润滑剂。

4.10.4.4　锻造钛及合金注意事项

首先，应注意对污染层和缺陷及时清除，由于在空气中对钛进行加热而产生的硬的、富 α 的皮下吸气层，是难以用机械加工方法除掉的。根据加热时间不同，外表面氧化层厚度一般介于 0.13～0.64mm 之间，可在氢氟酸＋硝酸溶液中对锻件富 α 的皮下吸气层进行浸蚀，用每分钟 0.025mm 的速度蚀除表层，但污染较严重。此外，还需要除去表面一层非常厚的氧化层，一般要求进行两次处理：即先在熔融碱槽中完成除磷皮工作，然后再完成上述酸蚀过程。

其次，对设备的清理在锻造时必须小心，以免钛与钢磷皮接触，否则会发生“热剂”类型的反应，使锻模毁坏。钛会使氧化铁在高压高温条件下所爆发的放热反应中得到还原。因为炉膛和锻造设备可能是钢磷皮的来源，所以在用来加热钛之前，应进行彻底的清理。

再次，注意润滑。钛毛坯在加热时形成的磷皮硬而脆，有很大摩擦作用，能引起模具很快磨损。因此，有必要采用润滑剂。钛合金锻造时所用润滑剂必须满足下述基本要求：在整个变形过程中能够形成牢固而连续的保护膜；在加热和变形过程中能够保护毛坯不被氧化和气体污染，且容易从锻件表面上清除；能在锻造温度下较长时间内保持润滑性能；具有良好的隔热性能，使毛坯从炉子转移到模具以及在变形过程中减少热量损失；不与毛坯和模具的表面发生化学作用；容易涂到毛坯表面上且和毛坯表面牢固结合，并便于使该工序机械化。

4.10.5　轧制

4.10.5.1　轧制原理

轧制过程是靠旋转的轧辊与轧件之间形成的摩擦力将轧件拖进辊缝之间，并使之受到压缩产生塑性变形的过程。轧制过程除使轧件获得一定形状和尺寸外，还必须具有一定的性能。轧制过程中有如下几个重要参数需注意。

其一，轧制变形区：轧件承受轧辊作用产生变形的部分称为轧制变形区，即从轧件入辊的垂直平面到轧件出辊的垂直平面所围成的区域如图 4.10.4 中 AA_1B_1B，通常又把它称为几何变形区。

其二，咬入角：轧件与轧辊相接触的圆弧所对应的圆心角，图 4.10.4 中 α 所示。

其三，接触弧长度（l）：轧件与轧辊相接触的圆弧的水平投影长度，如图 4.10.4 中线段 AC，所以通常又把 AC 称为变形区长度。

关于轧制时变形的分布有两种不同理论，一种是均匀变形理论，另一种是不均匀变形理论。后者比较客观地反映了轧制时金属变形规律。

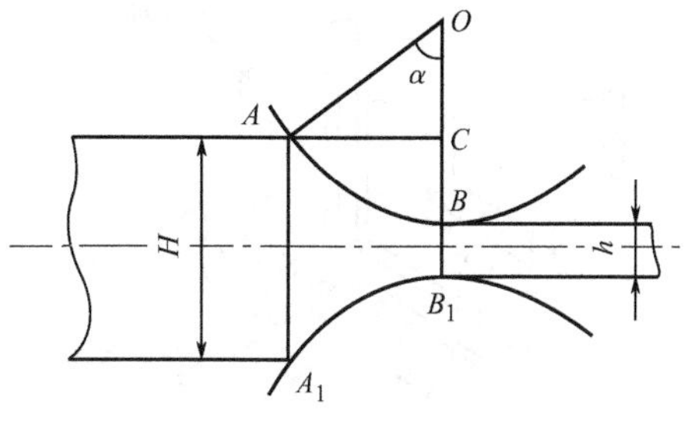

图 4.10.4　变形区几何形状图

均匀变形理论认为沿轧件断面高度上的变形、应力和金属流动分布都是均匀的。不均匀变形理论认为沿轧件断面高度上的变形、应力和金属流动分布都是不均匀的。

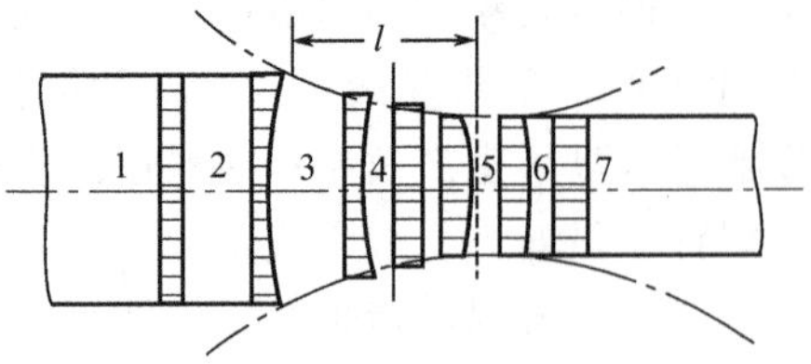

图 4.10.5 沿轧件断面高度上的金属流动速度图

1,7—外端；2,6—过渡区；3—后滑区；4—粘着区；5—前滑区

不均匀变形理论的主要内容如下。

① 沿轧件断面高度上的变形应力和流动速度分布不均。其中，沿轧件断面高度上的金属流动速度如图 4.10.5 所示。

② 几何变形区内在轧件与轧辊接触表面上，不但有相对滑动，还有粘着。所谓粘着是指轧件与轧辊间无相对滑动。

③ 变形不但发生在几何变形区内，而且也产生在几何变形区外，把轧制变形区分成过渡区、前滑区、后滑区、粘着区。

④ 粘着区内有一个临界面，此面上金属的流动速度分布均匀，且等于该处轧辊的水平速度。

4.10.5.2 轧制工艺及设备

板、带、箔轧制有热轧、温轧和冷轧三种方法。热轧温度一般比锻造温度低 50～100℃。较厚的板材可采用热轧或温轧工艺，更薄尺寸的板材可用冷轧。冷轧时两次退火间的变形量为 15%～60%。为了保证板材质量和轧制过程顺利进行。应采用中间退火和表面缺陷清理等工艺措施。

(1) 棒、线材轧制　钛及钛合金线材轧制坯料经过熔炼、锻造而成。锻造后的坯料要除去表面氧化皮，并对局部表面缺陷进行清理，要求坯料表面光滑，无裂纹、刮伤、折叠和氧化皮等缺陷。在轧制前对坯料应进行预热，通常采用中频感应或电炉加热。当坯料加热达到规定温度时，保温一段时间（时间根据坯料断面尺寸确定），将坯料送入轧机。根据不同钛合金的相变温度、成品组织性能要求选取不同的轧制温度进行轧制。一般而言，纯钛加热温度为 880℃，TC4 加热温度为 950℃，TC16 加热温度为 800℃等。轧制后采用空冷处理，一般可得到性能优异的线材。按照不同的轧制方式，常用的有以下几类轧制方式：

Y 型轧机可以加工钛合金棒材。可生产直径 30mm 以下的棒线材及对边距离小于 30mm 的六角方直条。Y 型轧机的 3 个轧辊呈 Y 型分布，由直流电机通过减速箱传动架内的三个轧辊，其水平辊为主传动辊，靠锥齿轮传动其他两个辊，每个轧辊互成 120°，以正 Y 和倒 Y 交替布置，如图 4.10.6 所示。

步进轧制是将轧制和锻造两种变形特点结合在一起的加工方式，它同时具备锻造的大变形和轧制速度快两个特点。图 4.10.7 是扇形轧辊步进轧机的工作原理图。扇形轧辊分为 4

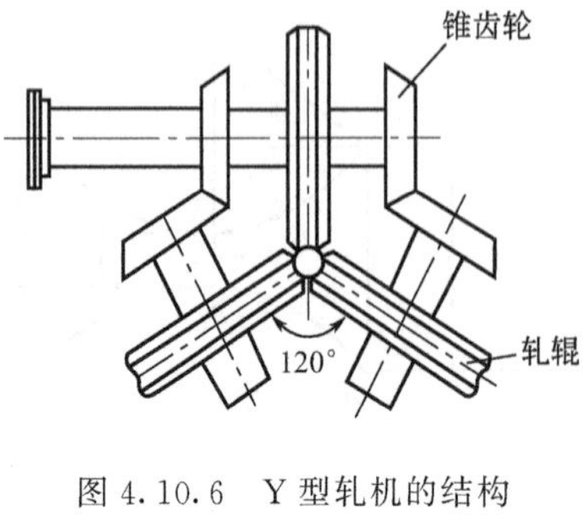

图 4.10.6 Y 型轧机的结构

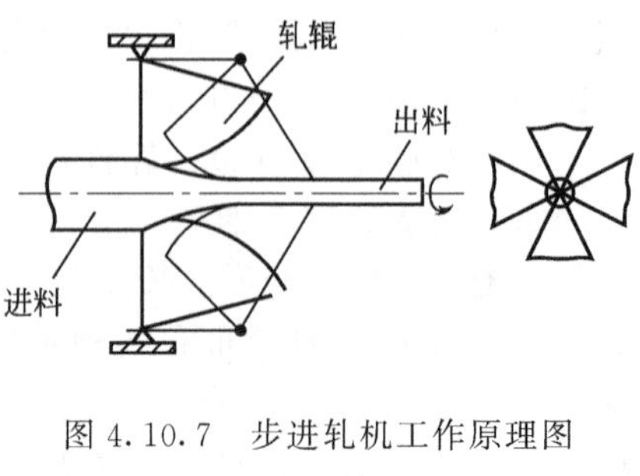

图 4.10.7 步进轧机工作原理图

个半模，呈 90°分布于圆形牌坊之内，轧辊表面呈圆锥形，轧制时几个轧辊同时绕其轴往复摆动，压缩金属并使其形成变形锥。轧辊的逆向行程是空行程，可以使金属得到恢复和软化，从而改善材料的加工塑性。

(2) 管材轧制　厚壁管材可用挤压或斜轧法生产。小直径薄壁无缝管材需再经冷轧或拉伸制得。钛合金在冷状态下塑性有限，对缺口敏感，易加工硬化，易粘模。为了提高钛合金管材的可轧制性，可采用温轧工艺。轧管质量很大程度上取决于壁厚减缩率和直径减缩率的比值，当前者大于后者时，可得到质量良好的管材。此外，以轧制的薄带卷为坯料，在焊管机系列上经裁剪、卷管、焊接成薄壁焊管，也已在电力、化工上得到广泛应用。

(3) 板材及箔材轧制　用带卷轧制方法生产板材，我国主要使用的坯料是通过真空自耗电弧熔炼获得的圆形铸锭，主要采用大吨位立式液压锻压机将圆坯铸锭热模锻成扁坯以便供轧制板材时使用。2013 年前后，我国也有采用真空电子束冷床炉直接制备纯钛或 TC_4 扁锭，再通过刨面后直接轧制生产板带的工艺。国际上采用真空电子束冷床炉、真空等离子冷床炉制备钛合金扁锭然后轧制制备板带材已被普遍应用。根据轧制坯料的温度不同，板材轧制分为热轧、温轧及冷轧三类。对于钛板的热轧，通常是将扁坯在加热炉中进行加热，注意在加热过程中应在表面涂抗氧化涂层，以尽量减少坯料表面氧化层的厚度。热轧时可在如图 4.10.8 所示的四辊炉卷热轧机上进行。温轧与热轧比较，由于其加热温度较低，因此显著降低了金属的氧化及吸气程度，能获得表面质量好的板带材，减轻了去掉氧化吸气层的工作量。而温轧与冷轧相比，显著地降低了金属变形抗力，有较好的塑性，可以加大道次压下量，强化轧制过程，减少中间退火次数，以及可将难变形钛合金轧成薄板材。

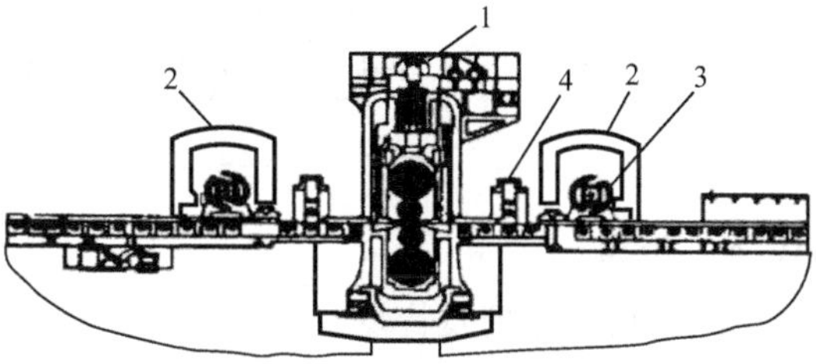

图 4.10.8　四辊炉卷热轧机

1—工作机架；2—加热炉；3—卷取机；4—牵引辊

钛合金薄带及箔材的生产工艺过程由主要工序（制备热轧带卷坯料、温轧及冷轧带坯、多辊轧机轧制薄带材）及辅助工序（酸洗、脱脂、热处理、剪切）组成。薄带材及箔材主要用二十辊轧机轧制。在井式真空退火炉中退火，真空度为 0.01Pa，温度为 600～700℃。

(4) 环材轧制　钛及钛合金环材轧制设备根据轧制中环形件位置分为立式轧环机和卧式轧环机两种，如图 4.10.9 所示。

环材轧制前，必须制备出满足环材轧制要求的环坯。环坯制备目前最常用的方法是采用

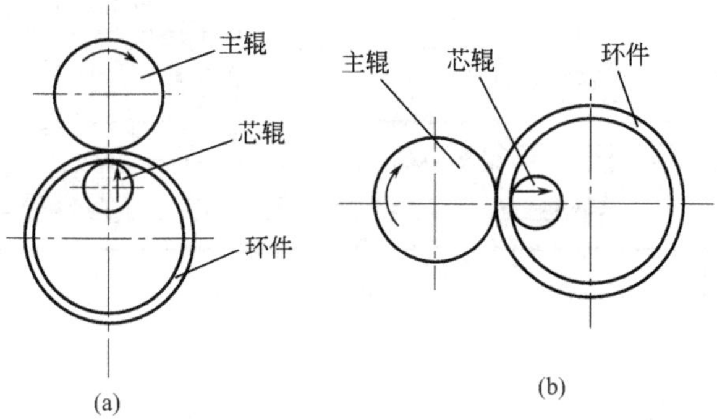

图 4.10.9　轧环机形式示意图

(a) 立式轧环机；(b) 卧式轧环机

自由锻对棒坯镦粗、冲孔制备而成。环材轧制用环坯内径必须大于轧环机芯辊 30mm 以上，环坯高度一般与轧环的高度相同或稍高，壁厚根据轧环机的径向轧制力大小、钛合金的变形抗力、环件内质量要求而不同，由于轧环机最适合轧制薄壁环材，因此一般环坯壁厚不要超过 200mm。

从钛铸锭加工成钛环成品包含的主要工序如图 4.10.10 所示，由图可知，环材的制备工艺较为复杂，这也是造成钛制品成本高的原因之一。

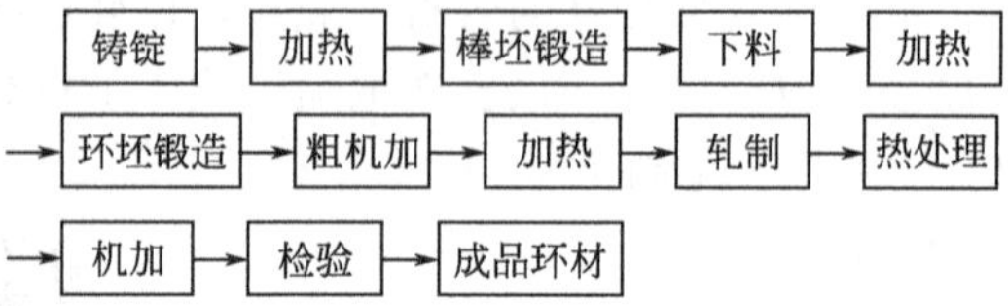

图 4.10.10　钛及钛合金环材轧制生产工艺流程

4.10.6　挤压

4.10.6.1　挤压原理及特点

挤压法可生产管、棒和型材。钛及钛合金材料热导率低，在热挤压时温升严重，会使表面层与内层产生极大的温差。在变形强化和坯料断面有很大温差的共同影响下，坯料表面和中心材料的组织、性能较大，在挤压过程中会造成严重的不均匀变形，在表面层中产生大的附加拉应力，成为在挤压制品表面形成裂口和裂纹的根源。钛及钛合金材料因为和钢材亲和力强，在挤压时容易和模具粘接，若润滑不良，不仅要损坏模具，而且会使挤压件表面形成纵向“沟槽”状缺陷。常用的润滑方式是包金属套或涂玻璃润滑剂加涂石墨乳（或 MOS_2）润滑剂等。

4.10.6.2　挤压设备

钛及钛合金的挤压设备主要是挤压机。按结构不同可分为立式挤压机和卧式挤压机两大类。图 4.10.11 为卧式管棒型材正向挤压机结构图。其实物如图 4.10.12（a）所示，图 4.10.12（b）是经过挤压后再冷轧制的钛成品管材。

除此之外，在对钛合金进行挤压时还需要配备挤压模、挤压针、挤压垫片及其他配套的工模具。由于挤压工具承受着长时间的高温、高压及剧烈摩擦，因此使用寿命较短，消耗量

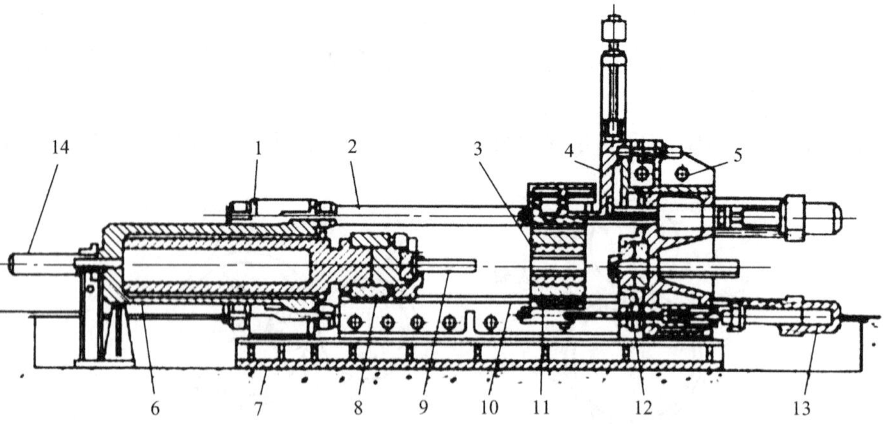

图 4.10.11　25MN 无独立穿孔系统的卧式管棒型正向挤压机结构

1—后机架；2—张力柱；3—挤压筒；4—餐料分离剪；5—前机架；

6—主缸；7—基础；8—挤压活塞衡量；9—挤压杆；10—斜面导轨；

11—挤压筒座；12—模座；13—挤压筒移动缸；14—加力（副缸）主柱塞返回缸

(a) 卧式挤压机　(b) 采用挤压和冷轧制生产的钛合金管

图 4.10.12　卧式挤压机及挤压产品

较大，而这些工具的成本也高。正确地设计工具结构形状与尺寸，寻找新的工具材料，确定良好的挤压工艺，制定合理的操作工艺规程，是钛及钛合金挤压生产中的关键所在。

4.10.6.3　挤压工艺

在钛及钛合金的挤压加工中，管材的挤压工艺较为复杂，同时也最具代表性。本章以钛管的挤压来介绍一下钛材的挤压工艺。

钛及钛合金的无缝管材可采用几种工艺流程来生产。管坯一般采用热挤压或斜轧穿孔（二辊或三辊斜轧穿孔机）两种方法制备，薄壁无缝管材多按下列工艺流程制造：①挤压（斜轧穿孔）-轧制；②挤压（斜轧穿孔）-轧制-拉伸。管材挤压的主要工艺要求为：按照确定的工艺，或者对不同直径的轧棒进行机械加工，或者对坯料进行挤压穿孔，均可获得空心管坯。图 4.10.13 为钛合金管材穿孔-挤压工艺过程，主要包括穿孔和挤压两个过程。

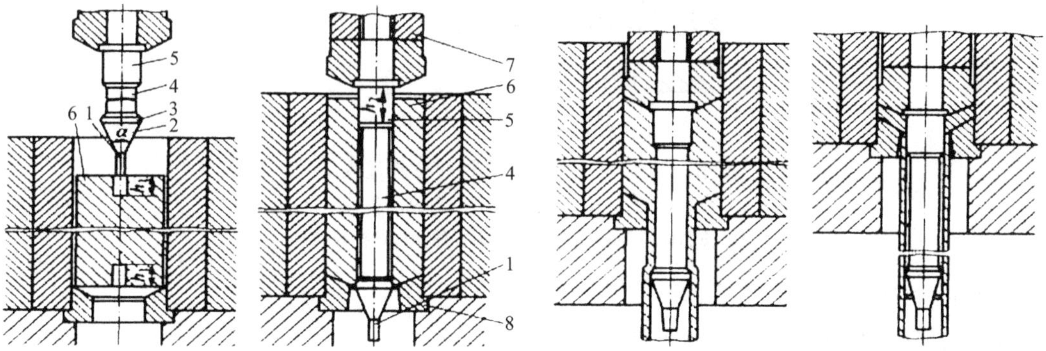

(a)　(b)　(c)　(d)

图 4.10.13　钛合金管材穿孔-挤压工艺过程

（a）穿孔开始；（b）穿孔结束；（c）与（d）挤压进程示意

1—导向锥；2—工作锥；3—前定径带；4—穿孔针工作部分；5—后定径带；6—坯料；7—针座；8—挤压模

在立式挤压机上挤压中等直径和较小直径管材的工艺过程，包括穿孔和随后挤压这两道工序。在采用这种方法以前，是用预先钻孔的坯料进行挤压的。然而，这种钻孔不但对钻头消耗量大，而且碎屑量也大。目前穿孔技术对以前的钻孔技术大有取而代之的趋势。

4.10.7　拉伸

4.10.7.1　拉伸原理

拉伸可生产管材、小直径棒材和丝材。为防止粘模，拉伸前先对坯料表面进行涂层处理，已使钛合金表面形成一层多孔且和基体结合紧密的薄膜，有利于拉伸时润滑剂的涂抹，达到降低摩擦力目的。同时，为了提高丝材质量、降低拉伸力和延长模具寿命，可采用增压模和超声波拉伸。

拉伸是指金属坯料在拉拔力的作用下，通过截面积逐渐减小的拉伸模孔，获得与模孔尺寸、形状相同的制品的金属塑性成形方法。拉伸成形广泛应用于管、棒、型、线材生产。棒材和管材的拉伸过程如图 4.10.14 所示。

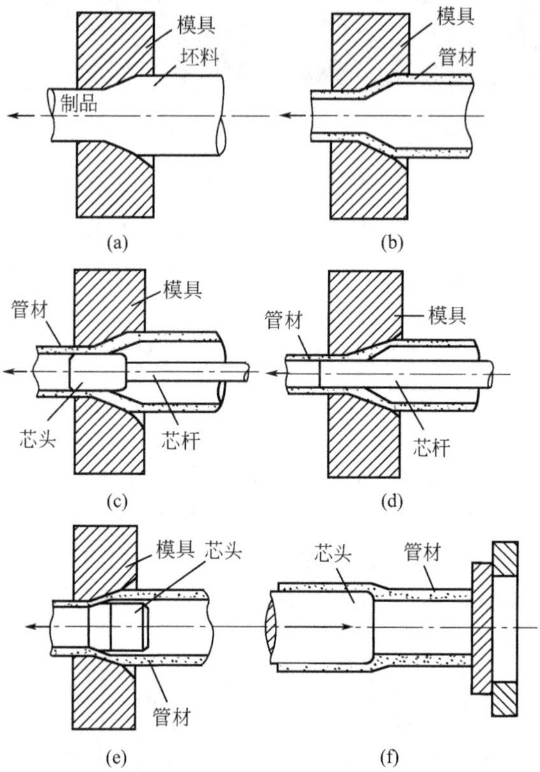

图 4.10.14 棒材和管材的拉伸过程

(a) 棒材拉伸；(b) 管材空拉；(c) 固定芯头拉伸；(d) 长芯杆拉伸；(e) 游动芯头拉伸；(f) 扩径拉伸

拉伸的主要特点有：

① 拉伸制品尺寸精确，表面光洁；

② 拉伸法适于生产细而长的制品，圆盘式拉伸机可生产数千米长的制品；

③ 拉伸时金属受到较大的拉力和摩擦力的作用，能量消耗较大；

④ 拉伸法使用的设备和工具简单、投资少、占地面积小、生产紧凑、维护方便、有利于生产多种规格的制品；

⑤ 拉伸时速度快，但道次形变量和两次退火间的总变性量小，生产中需要多次拉伸和退火，尤其是生产钛合金和小规格制品时，效率低、周期长。

4.10.7.2 拉伸设备

目前广泛使用的管棒材拉伸机是链式拉伸机。它的特点是设备结构和操作简单，适应性强，管棒制品皆可在同一台设备上拉伸。

根据链数的不同，可将链式拉伸机分为单链式拉伸机和双链式拉伸机。最常见的单链式

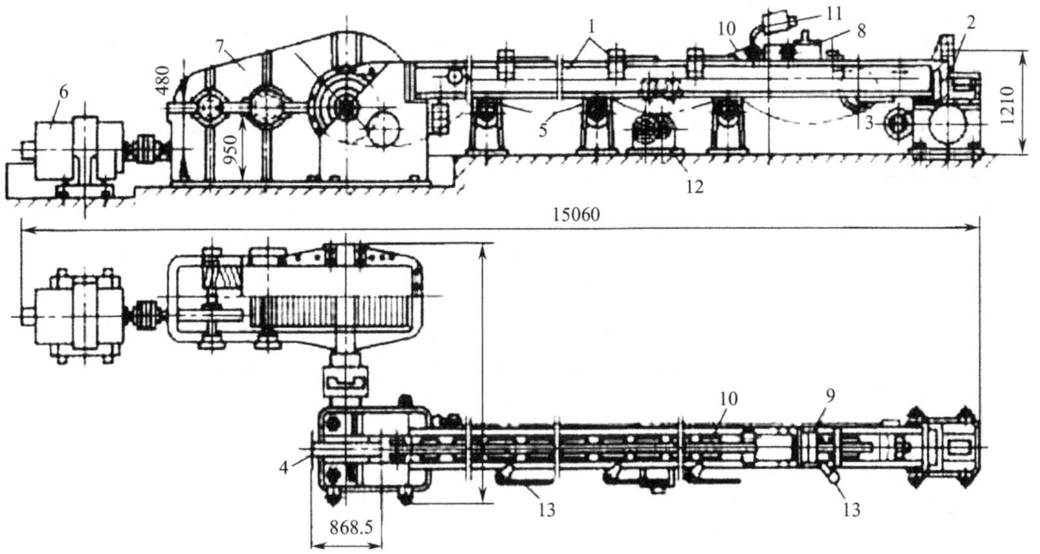

图 4.10.15　单链式拉伸机
1—机架；2—模架；3—从动轮；4—主动链轮；5—链条；6—电动机；
7—减速机；8—拉伸小车；9—钳口；10—挂钩；11—平衡锤；
12—拉伸小车快速返回机构；13—拔料杆

拉伸机的结构如图 4.10.15 所示。

拉伸工具主要包括拉伸模和拉伸芯头，它们直接和拉伸金属接触并使其发生变形。拉伸工具的材质、几何形状和表面状态对拉伸制品的质量、成品率、道次加工率、能量消耗、生产效率及成本都有很大的影响。因此，正确地设计、制造拉伸工具，合理地选择拉伸工具的材料是十分重要的。

根据模孔纵截面的形状，可将普通拉伸模分为弧线形模和锥形模，如图 4.10.16 所示。弧线形模一般只用于细线材的拉伸；拉伸管、棒及粗线材时，普遍采用锥形模。

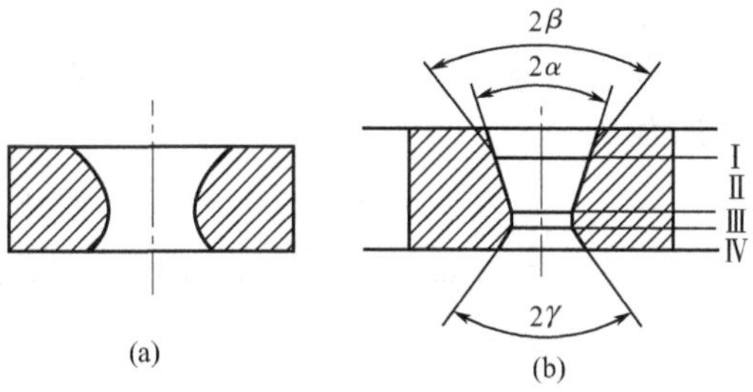

图 4.10.16　模孔的几何形状
(a) 弧线形模；(b) 锥形模
Ⅰ—润滑锥；Ⅱ—工作锥；Ⅲ—定径带；Ⅳ—出口锥

(1) 润滑锥　形状近似锥形，长度不应小于工作锥的长度，作用是便于拉伸时润滑剂进入模孔，使金属丝获得充分润滑、减小摩擦力、带走产生的热量及避免金属丝轴线与模孔轴线不重合时划伤金属丝。

(2) 工作锥　它是拉丝模的关键部位，拉伸时金属在此区发生塑性变形，使金属丝的外形尺寸变形为拉伸后的制定尺寸。它的形状分弧线形和直线形。弧线形工作锥多用于拉伸直径小于 1.0mm 的金属丝，对大、小道次变形量皆能保持金属丝与模壁有足够的接触面积，利于拉伸。而直径较大的金属丝拉伸，由于变形区长，制作弧线形工作锥困难，多采用直线形工作锥。直线形工作锥适用于道次变形量大的拉伸。

(3) 定径带　由它决定被拉伸金属丝的尺寸及精度，增加模孔的使用寿命。定径带使拉伸力增加。它的长短选择主要考虑模孔的寿命及拉伸阻力的大小。拉伸粗丝的模孔的定径带比拉伸细丝的长，软质丝的比硬质丝的长，干法拉伸的比湿法拉伸的长。

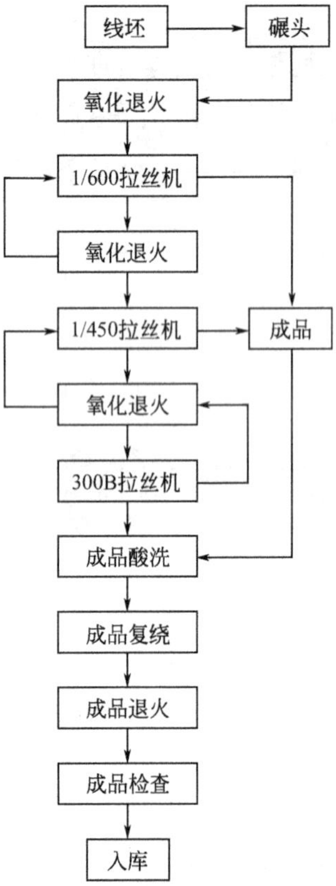

图 4.10.17 钛及钛合金线材拉伸的工艺流程

(4) 出口锥 它可保护定径带不绷裂，防止金属离开模孔时被划伤。中拉和粗拉模出口锥呈锥形，细拉模呈凹球面形。出口锥与定径带的连接部分应研磨得十分光滑，以免金属丝通过定径带后由于弹性恢复或拉伸力方向不正时划伤表面。

4.10.7.3 拉伸工艺

钛及钛合金线材拉伸的工艺流程如图 4.10.17 所示。棒材和管材的工艺流程与线材大体上相仿，大同小异，但它们的拉伸配模需要独立设计。

管材也可采用斜轧穿孔和挤压制备管坯，然后通过轧制和拉伸相结合的工艺制备管材，但常用的工艺是冷轧制。钛合金本身的特点决定了冷拉拔有困难，可采用温拉拔，如图 4.10.18 所示管材拉伸，通过加热后可以改善拉伸效果。

总之，拉拔钛棒材、管材及线材主要的流程为：拉伸配模→坯料准备→碾头→拉伸→热处理→精整→成品。

4.10.8 钛合金的技术进展

全世界已研制了几百种钛合金，但投入工业生产的不到 100 种。我国自己新研制的钛合金有近 60 种，列入国家标准的已有 76 种，还有多种钛合金材料因为应用领域窄还未录入国际标准。

目前钛合金材料的发展趋势是发展竞争力更强的钛合金，实现高性能化、多功能化和低成本化。

(1) 研究耐热性更高的高温钛合金 为满足高推重比航空发动机生产的需要，研究 600～650℃长时使用的钛合金。有三条途径：

① 研究传统型（以固溶体为基的）钛合金。受抗氧化性的制约，这种钛合金的极限温度估计为 650℃。

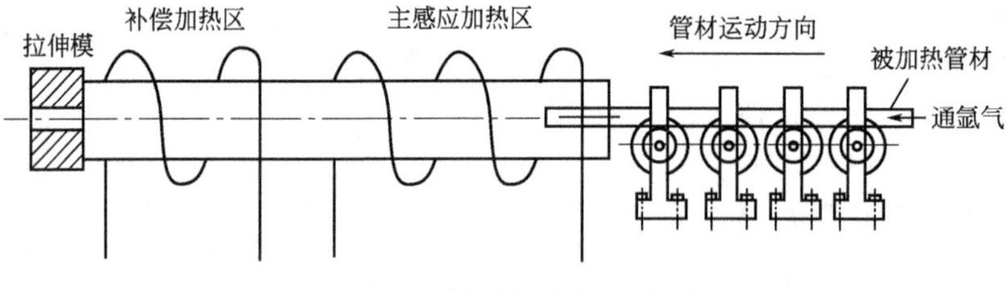

图 4.10.18 拉伸加热原理示意图

② 发展金属间化合物为基的钛合金，即 Ti3Al 基与 TiAl 基合金，其极限使用温度分别达 750℃和 900℃，高铌的 TiAl 基合金甚至可达 1000～1100℃。这些高比强、高比模、抗氧化的钛合金，可向镍基超合金挑战，用于航空发动机的“热端”（涡轮部分）。α_2 和 γ 型合金已进入工程评价阶段，预计在 2015 年前后可获得实际应用。

③ 发展以 SiC 纤维增强的钛基复合材料和以 TiC 或 TiB 颗粒增强的钛基复合材料。SiC 纤维增强的钛基复合材料技术已比较成熟，它将使航空发动机的结构发生革命性变化，实现压气机的“叶盘一体化”，使发动机的推重比达到 20 以上。

（2）发展综合性能更好的高强钛合金　高强钛合金目前已达到 $\sigma_b \geqslant 1250MPa$ 水平，其强度可与 30CrMnSiA 优质结构钢媲美，但其延伸率与断裂韧性（K_{IC}）及弹性模量还差一些，耐热性在 350℃以下。人们正努力提高其综合性能，如近年研制出了既高强又耐热的β21S 合金。

（3）发展耐蚀性更好的钛合金　特别是发展在还原性介质中像 Ti-32Mo 一样耐蚀，但加工性较好的合金。

（4）发展多用途的专用钛合金　如新型形状记忆合金、新型储氢钛合金、恒弹性钛合金、低膨胀钛合金、高电阻钛合金、消气剂用钛合金、抗弹钛合金、透声钛合金、低屈强比易冷成形的钛合金和高应变速率的超塑成形钛合金等。

（5）发展低成本的钛合金　包括不含或少含贵重元素的钛合金，能充分利用残留的钛合金和易切削加工的钛合金等。

（6）日本近年发展了一些新型钛合金　一类合金是可冷变形的合金，如 Ti-22V-4Al（DAT51），Ti-20V-4Al1Sn（SAT－2.41CF），Ti-16V-4Sn-3Nb-3Al 等 β 钛合金。另一类是 α 钛合金 Ti-10Zr［氧含量 w(O) 小于 0.1%］。这些合金的使用目标是民用汽车、眼镜架、钟表和高尔夫球头等。日本还发展了一系列高强度低成本 β 钛合金，例如 Ti-0.5Fe-0.1N（TIX-80）合金，加 Fe 后可以得到晶粒细化的效果。还有一种 SP-700 低温超塑性合金（Ti-4.5Al-3V-2Mo-2Fe），在 700℃、10^{-3}m/s 变形速率下有良好超塑性，其超塑性温度比 Ti-6Al-4V 合金低 100℃。

4.11　钛的衍生品

钛的衍生品从狭义上讲，主要指由 TiO_2 演变或衍生而成的有机物，从广义上讲，可以包含由 TiO_2 演变或衍生而成的所有化合物。

4.11.1　钛酸钡

4.11.1.1　钛酸钡的性质和用途

钛酸钡又称偏钛酸钡，分子式为 $BaTiO_3$，相对分子质量为 233.19，熔点约为 1625℃，密度为 6.08g/cm^3，浅灰色结晶体，可溶于浓硫酸、盐酸及氢氟酸，不溶于稀硝酸、水及碱。根据不同的钛钡比，除有 $BaTiO_3$ 外，还有 $BaTi_2O_5$、$BaTi_3O_7$、$BaTi_4O_9$ 等几种化合物。其中 $BaTiO_3$ 实用价值最大。钛酸钡有五种晶形，即四方相、立方相、斜方相、三方相和六方相，室温下最常见的是正方晶型。

钛酸钡具有高介电常数及优良的铁电、压电和绝缘性能，是电子工业关键的基础材料，是生产陶瓷电容器和热敏电阻器等电子陶瓷的主要原料，在电子工业上应用十分广泛，被誉为“电子工业的支柱”。

4.11.1.2　钛酸钡粉体的主要制备方法

国内外制备钛酸钡的主要方法，总体上可分为固相反应法、液相合成法。固相反应法是传统方法，也是当前工业上生产钛酸钡粉体的重要方法。液相合成法可制备高纯钛酸钡粉体，通常认为在制备超细钛酸钡粉体时比固相反应法好。

（1）固相合成法　此方法是制备钛酸钡粉体的传统方法，系将等量 $BaCO_3$ 和 TiO_2 混合，在 1500℃温度下反应 24h，反应式如下所示：

$$BaCO_3 + TiO_2 = BaTiO_3 + CO_2$$

该制备方法工艺简单，设备可靠，但由于是在高温下完成固相间的扩散传质，故所得

$BaTiO_3$ 粉体粒径比较大（几微米），必须再次进行球磨；高温煅烧能耗较大；化学成分不均匀，影响烧结陶瓷的性能；团聚现象严重；较难得到纯 $BaTiO_3$ 晶相，总有少量 $BaTiO_3$ 或其他钡钛化合物残留其中，粉体纯度低；原料成本较高。由于固相法制取的 $BaTiO_3$ 粉体质量较低，一般只用于制作技术性能要求较低的产品。

（2）化学共沉淀法　化学共沉淀法是将等摩尔的可溶性钡、钛化合物混合，在一定的酸碱度条件下加入沉淀剂，使钡、钛化合物产生共沉淀，分离出沉淀物，干燥、煅烧后即得成品。化学共沉淀法与固相法相比，前者两组份分散的比较好，反应更容易进行，特别是在两组份结构相似，溶解度、沉淀时的 pH 值近似时，更能够很好地混合。另外，共沉淀法的反应温度明显的比固相法低；当物质的量之比为 1∶1 时，共沉淀法不会生成如 Ba_2TiO_4 等其他产物。作为化学共沉淀法的沉淀剂可以是碳酸盐，如 $(NH_4)_2CO_3$、NH_4HCO_3，也可以是草酸盐或含过氧化氢的碱性溶液。

其中的草酸盐沉淀法是将钛盐和钡盐的混合溶液加入到草酸盐溶液中去，并加入表面活性剂，在不断搅拌的情况下生成 $BaTiO(C_2O_4)_2 \cdot 4H_2O$ 沉淀，经过滤、洗涤、干燥和煅烧制 $BaTiO_3$ 粉末。其反应方程式如下：

$$TiCl_4 + BaCl_2 + 2H_2C_2O_4 + 5H_2O \longrightarrow BaTiO(C_2O_4)_2 \cdot 4H_2O + 6HCl$$

$$BaTiO(C_2O_4)_2 \cdot 4H_2O \longrightarrow BaTiO_3 + 4H_2O + 2CO_2 + 2CO$$

（3）水热合成法　此法系在密封高压釜中，以水为溶剂，在一定的温度和蒸汽压力下，使原始混合物进行反应的一种合成方法。近年来，用水热法制备高质量亚微细 $BaTiO_3$ 微粒受到了广泛关注，如通过高活性水合氧化钛与氢氧化钡水溶液反应，反应温度、压力大大降低，合成的钛酸钡粉体粒径在 60～100nm 之间。

该法可在较低温度下直接从溶液中获得晶粒发育完好的粉体，且粒度小，化学成分均匀，纯度高，团聚较少。但存在如需要较高压力，氯盐易引起腐蚀，采用活性钛源时，要控制活性钛源前驱体的水解速率，避免 Ti-OH 基团快速自身凝聚和 Ba 缺位等问题。

（4）有机法　有机法又有具体的不同的方法，如醇钛和醇钡燃烧法、醇钛和醇钡水解法、异丙醇钡和戊醇钛同时水解法以及异丙醇钡和异现醇钛同时水解法等。

醇钛和醇钡燃烧法是将化学计量的醇钛和醇钡混合物溶于有机溶剂中，然后将混合物与助燃气体（如氧气或空气）一起通进雾化器，点火、燃烧，所产生的热量将醇钛和醇钡分解，游离的钡离子和钛离子直接反应生成很细的、均匀的钛酸钡单晶。醇钛和醇钡中挥发的那部分烧掉。颗粒大小可由原料液的浓度控制，晶型可由燃烧温度控制。

醇钛、醇钡水解过程包括：a）在有机溶剂中溶解的分子式为 $Ba(OR)_2$ 和 $Ti(OR)_4$ 的化合物，最好是 1～6 个碳原子的烷基；b）搅拌得到的溶液并进行回流；c）把去离子的蒸馏水在搅拌的同时加到上述溶液中，此时从溶液中沉淀出 $BaTiO_3$；d）分离沉淀 $BaTiO_3$ 并进行干燥，即得成品。

有机法的优点是可以制得颗粒在 0.01～0.2μm，纯度为 99.98%的产品。缺点是原料来源困难，成本高。

（5）溶胶-凝胶法　它利用金属醇盐的水解和聚合反应制备金属氧化物或金属氧化物的均匀溶胶，再浓缩成透明凝胶，凝胶经过干燥，热处理即可得到氧化物超微粉。在溶胶一凝胶法制备的多组分氧化物材料中，其组分分布均匀性可达到分子级水平。然而其操作要求严格，成本高，难以在工业中实现应用。根据使用原料的不同，溶胶一凝胶法可分为以下几类：醇盐水解法、氢氧化物醇盐法、溶胶-凝胶自燃合成法、羧基醇盐法、双金属醇盐法、钛酸丁酯钡盐法。

(6) 微乳液法　这种方法是将钡盐和钛盐的混合水溶液分散在一种有机相中，形成微乳液，将此微乳液与共沉淀剂或与用共沉淀剂的水溶液所制成的微乳液进行混合反应，形成 $BaTiO_3$ 的前驱体沉淀，经分离、洗涤和干燥，煅烧得 $BaTiO_3$ 粉体。该方法的优点是利用微乳液的微观环境，较好地控制前驱体的粒子形状及分散性，但操作过程较复杂。

固相法制备的粉体颗粒粒径大，组分分布不均匀，且需要球磨，易引入杂质，已经不适应钛酸钡粉体高纯化、超细化要求，有逐步被液相法取代的趋势。

液相法中的溶胶-凝胶法，虽然可以制得粒径小且分散良好的钛酸钡，但其原料价高，且制备钛酸钡凝胶需高温煅烧后才能转化为钛酸钡粉体，这不仅增加了能耗，而且在高温煅烧过程中往往造成晶粒的长大和颗粒的硬团聚。水热法则需高温、高压的反应条件，对设备要求高，操作控制也较为复杂。沉淀法中的草酸盐共沉淀法是工业上应用最为普遍的一种制备方法，但共沉淀法存在的问题是需要在 1000℃ 以上进行热分解来制备钛酸钡，难以制备小粒径钛酸钡粉体。

4.11.2　钛酸钾

4.11.2.1　钛酸钾的性质及用途

钛酸钾是指化学式为 $K_2O \cdot nTiO_2$（$n=4$，6，8），经转靶 X 射线粉末衍射仪测试为结晶态的物质。其中，$n=4$ 时称为四钛酸钾，$n=6$ 时称为六钛酸钾（$K_2Ti_3O_{13}$），$n=8$ 时称为八钛酸钾（$K_2Ti_8O_{17}$）。n 不同，钛酸钾具有不同的结构和特性，并用于不同的领域。四钛酸钾（熔点为 1114℃）具有离子交换能力和高的化学活性，主要用于离子交换剂和核废料处理等；六钛酸钾（熔点为 1370℃）和八钛酸钾结构类似，力学性能高，化学稳定性、耐热隔热性、耐磨性很好，性价比高，比表面积大，主要用于复合材料的功能增强，改性工程塑料，增强陶瓷、金属、摩擦材料，还可用于隔热耐热材料、催化剂载体、热喷涂及红外线反射涂料。但是，由于八钛酸钾的生产工艺更复杂，成本更高，且六钛酸钾的隔热性能和耐摩擦稳定性更好，所以用于摩擦材料增强材料的主要是六钛酸钾。

六钛酸钾是白色晶体，它的晶体结构属三斜晶系，晶体结构中 Ti 的配位数为 6，呈以 Ti-O 八面体通过共面和共棱连接而成锁的隧道状结构，K^+ 离子居于隧道的中间，隧道轴与晶体轴平行。形貌有晶须和鳞片两种，由于晶须状材料容易吸人呼吸道，危害人类健康，所以为了保护生态环境，世界上很多国家和地区对晶须状材料已经提出限用，甚至禁用，鳞片状六钛酸钾被大量用于摩擦材料将成为一种趋势。

钛酸钾晶须的应用主要表现在以下几方面：

① 作为增强材料（用作纤维增强树脂、水泥、金属、陶瓷中的增强纤维）；

② 作为摩擦材料（用作代用纤维和复合纤维型摩擦材料的基材）；

③ 作为隔热耐热材料（用作隔热块、耐高温隔热复合树脂涂料、陶瓷涂料）；

④ 其他用途（用作耐碱材料、滤膜、催化剂载体、传感器材料等）。

钛酸钾晶须的制备方法主要有烧结法、熔融法、助熔剂法、慢冷却烧结法、气相法和水热法等，通常以水热法和助熔剂法合成晶须的质量较好，而目前工业上使用的方法则是烧结法和熔融法。

4.11.2.2　钛酸钾的制备方法

烧结法工艺简单，容易操作，适合于工业化生产，但存在产物结块严重，晶须结晶性不好，产率低等问题，还需要经过繁琐的后续处理（如水热处理、酸处理等）才能获得较为纯净且质量较好的钛酸钾晶须。

熔融法是以碳酸钾和二氧化钛为原料，在1200～1500℃进行熔融，经冷却结晶，得到钛酸钾晶须产品，但熔融法反应温度高，工业收率低。

助熔剂法是以碳酸钾和二氧化钛为原料，用钼酸钾或钨酸钾作助熔剂与原料混合、熔融，从形成的过饱和溶液中结晶生长出钛酸钾晶须。助熔剂法虽然可以在900～1000℃较低的温度下生长六钛酸钾晶须，收率较高，形貌也较好，但助熔剂价格高，分离费用高，因而生产成本较高。

水热法制备钛酸钾晶须是在加压条件下、氢氧化钾水溶液介质中生长晶体的方法，其优点是水溶液环境中生长出的是结晶质的单纤维，无须再进行解织操作。但早期的水热法工艺均在很高的温度和压力下进行（600～700℃、500～4000atm），强碱性介质的腐蚀性对设备的要求高、危险性大，与气相法同样存在成本较高的问题。

总的来说，这些方法各有优缺点，水热法的晶体质量好，但压力过高，危险性大，不适合工业化生产；助熔剂法的收率高，晶型好，但助熔剂价格高，循环分离费用高，因此生产成本高；熔融法的反应温度高，收率低；在所有方法中烧结法的成本最低、晶须收率高，因此烧结法最适合工业化，但该法的最大缺点是合成的晶须较短仅几微米，结晶性不好且离大规模应用的可接受价格还有一段距离。

4.11.3 钛酸锂

4.11.3.1 钛酸锂特性及应用

钛酸锂（$Li_4Ti_5O_{12}$）是一种金属锂和低电位过渡金属钛的复合氧化物，属于AB_2X_4系列，具有缺陷的尖晶石结构，是固溶体$Li_{1+x}Ti_{2-x}O_4$（$0\leqslant x\leqslant 1/3$）体系中的一员，立方体结构，具有锂离子的三维扩散通道。

20世纪70年代被作为超导材料进行大量研究，80年代末曾作为锂离子电池的正极材料进行研究，但因为它相对于锂电位偏低且能量密度也较低（理论容量为175mAh/g），而未能引起人们的广泛关注。1996年，在一次电化学会议上，加拿大研究者K. Zaghib首次提出可采用钛酸锂材料作负极与高电压正极组成锂离子电池，与碳电极组成不对称超级电容器。后来，小柴信晴等人也将其作为锂离子负极材料开展了研究。但直至1999年前后，人们才对尖晶石型锂钛复合氧化物$Li_4Ti_5O_{12}$作为锂离子二次电池的负极材料开始了大量的研究。

$Li_4Ti_5O_{12}$材料具备了下一代锂离子电池必需的充电次数更多、充电过程更快、更安全的特性。此外，它还具有明显的充放电平台，平台容量可达放电容量的90%以上，充放电结束时有明显的电压突变等特性。若将$Li_4Ti_5O_{12}$作为锂离子电池的负极材料，则在牺牲一定能量密度的前提下，可改善体系的快速充放电性能、循环和安全性能。但钛酸锂也有其不足，如高电位带来电池的低电压、导电性差，大电流放电易产生较大极化等而限制了它的商品化应用。

$Li_4Ti_5O_{12}$是一种“零应变”电极材料，Li^+插入和脱出对材料结构几乎没有影响具有循环性能优良、放电电压平稳、1.55V相对较高的电极电位，能够在大多数液体电解质的稳定电压区间使用、材料来源广、清洁环保等优点，在锂离子电池、全固态锂离子电池和不对称超级电容器等方面得到了通用，可谓为一种多功能材料。

4.11.3.2 钛酸锂制备方法

（1）固相反应法　合成方式一般按一定物质的量之比（一般是Li：Ti的原子个数比为4：5）的$LiOH\cdot H_2O$（或Li_2CO_3）和TiO_2分散在有机溶剂或水中，在高温下干燥以除去溶剂，然后在空气氛围中于800～1000℃烧结3～24h，随炉冷却并粉碎后得到理想的尖晶石

结构的 $Li_4Ti_5O_{12}$。

固相合成是靠固体微粒中分子的扩散而完成的，是以足够的高温和相当长的反应时间提供该反应的反应动力，故该方法也称为高温固相反应。固相合成由于工艺简单，制备过程简便迅速，从而得到了广泛的研究。但是固相合成也有它的困难之处，即是在将原料混合制备前驱体的过程中，不能够像液相法那样能够将原料混合的相当均匀。再有就是为了能够使反应彻底和完全，不仅需要将原料混合均匀，还要使反应物颗粒尽量细小，以增大反应物之间的接触面积，而使反应充分快速进行。目前在 $Li_4Ti_5O_{12}$ 的高温固相合成中，主要研究热点是反应温度，反应时间，以及混合方式和原料的选择，这些都是影响 $Li_4Ti_5O_{12}$ 材料的性能的关键参数。

（2）溶胶-凝胶法　溶胶-凝胶法制备一般采用草酸、酒石酸、丙烯酸、柠檬酸等作为螯合剂，这种在酸上的氧化反应，不仅可以保持粒子在纳米级范围内，而且使原料在原子级水平发生均匀混合。在较低合成温度下就可得到结晶良好的材料，烧结时间也比固相反应法短且成分好控制。适合制备多组分材料。

（3）水热离子交换合成法　水热法也是制备电极材料较常见的湿法合成法。采用 130～200℃温水热锂离子交换法，以纳米管（线、棒、带）状钛酸为前驱体，可制备形状可控、电化学性能优良的纳米管，即线状 $Li_4Ti_5O_{12}$，具体方法是：采用工业纯 TiO_2 在浓碱条件下水热反应 24～48h 制得纳米钛酸，再加入 LiOH 进行锂离子交换反应。采用此法制备的材料比传统高温固相法制得的材料电荷转移阻抗及动力学数据都有改善。

美国杜邦公司公开了一种新型低成本工艺，用四氯化钛制备 $Li_4Ti_5O_{12}$ 的工艺。该新工艺制成的材料特性（如纯度、粒度和振实密度）有利于改善锂离子电池性能。

4.11.4　钛酸酯偶联剂

钛酸酯偶联剂是 70 年代后期由美国肯利奇石油化学公司开发的一种偶联剂。对于热塑型聚合物和干燥的填料，有良好的偶联效果。钛酸酯偶联剂是一类新型偶联剂，具有独特结构，其通式 $(RO)_mTi(OX'\text{-}R^2\text{-}r)_n$，RO 为烷氧基，可与无机物表面反应；$m$ 是 RO 的数目，一般 $1\leqslant m\leqslant 4$；OX' 为连接基团，与钛原子直接相连，X 为苯基、羧基、巯基、焦磷基、亚磷酸基等；R^2 为有机骨架部分，常为异十八烷基、辛基、丁基、异丙苯酰基等；r 为乙烯基、氨基、丙烯基、巯基等；n 为官能团的数量，一般 $m+n\leqslant 6$。

钛酸酯偶联剂按其结构大致可分为四类：单烷氧基型、单烷氧基焦磷酸酯型、螯合型和配位体型。

代表性品种 OL-T951 钛酸酯偶联剂由异丙醇和四氯化钛首先制得中间体四异丙基钛，然后与油酸反应得到产品，合成工艺如下：

（1）钛酸四异丙酯的合成　钛酸四异丙酯的合成有多种方法，其中最常用的是直接法，即由四氯化钛和异丙醇直接合成。工艺过程为：将四氯化钛和异丙醇加入耐酸搅拌釜，控制较低的温度，于搅拌下通入缚酸剂氨进行反应。反应产物经过滤，除去氯化铵，即得钛酸四异丙酯，反应式如下：

$$4(CH_3)_2CHOH + TiCl_4 \longrightarrow Ti[OCH(CH_3)_2]_4 + 4HCl$$

$$HCl + NH_3 \longrightarrow NH_4Cl$$

（2）合成异丙基三油酰氧基钛酸酯　将对-9-十八碳一烯酸加入搅拌反应釜，搅拌并于室温下滴加钛酸四异丙酯进行反应。由于反应为放热反应，所以反应体系的温度逐渐升高并有异丙醇回流液产生。当滴加完钛酸四异丙酯后，加热至 90℃，并保持温度继续反应 0.5h。反应完成后抽真空脱出异丙醇，气体异丙醇经釜外冷凝器冷凝后，流入异丙醇贮槽，用于合成钛酸四异丙酯。脱去异丙醇的产物经冷却，出料即得成品。

产品应用在塑料行业，可使填料得到活化处理，从而提高填充量，减少树脂用量，降低制品成本，同时改善加工性能，增加了制品光泽，提高了质量。应用在橡胶行业，对填料改性可起补强作用，可减少橡胶用量和防老剂用量，提高制品耐磨强度和抗老化能力，其光泽也得到显著提高。应用在涂料行业，可增大颜料填料量，分散性能提高，具有防沉效果，可防发花，漆膜强度得到提高，色泽鲜艳，对烘漆还可以降低烘烤温度和缩短烘烤时间。应用在颜料行业，可使颜料分散性得到显著改善。应用在造纸行业，使碳酸钙或滑石粉分散性得到提高，流失损耗大为减少，并提高其填充量，增强纸张强度，改善纸张印刷性能等。

4.11.5 钛黄

钛黄颜料是以 TiO_2 为主要成分的金红石型金属氧化物混相颜料（rutile mixed-phase pigments)，按照所加入的发色金属的种类的不同，钛黄可分为钛镍黄、钛铬黄和钛铁黄。其中在钛镍黄和钛铬黄的生产中，还引入不发色的金属氧化物（如锑和钨的氧化物，以锑氧化物为主）作为调整剂。

钛黄颜料早在50多年前就被开发出来了，由于制备技术的限制，制得的钛黄颜料的粒径较大、着色力较低、色浅、分散性差、色相较暗、使用成本较高，长期以来未能得到更多的实际应用。近年来，西方发达国家要求外用涂料和塑料等制成品更耐久，以及出于对环保和健康方面的考虑，在很多体系中，它是各国政府禁止使用的含有铅和镉的有毒黄色颜料的替代品。由于钛黄颜料应用日益广泛，国外研发生产厂家越来越多，如美国的 Shepherd Color、Ferro 公司、Harsha W Chemical 公司等，德国的拜耳、BASF，日本的大日精化等。我国该领域技术较落后，高端技术领域的使用主要依赖进口，随着环保及安全法规的实施，钛黄颜料的推广应用必将更加迅速广泛。

4.11.5.1 钛镍黄

（1）组成、性质及用途　钛镍黄是二氧化钛（金红石型）、氧化镍和五氧化二锑三种氧化物的固熔体，通常以 TiO_2-NiO-Sb_2O_5 表示。六方晶系的二氧化钛中的钛，部分地被镍取代，使晶体具有了鲜明的黄色。加入五氧化二锑的目的在于避免晶格中产生氧空位。

钛镍黄具有良好的化学稳定性，不溶于水、碱、酸中，不与任何氧化剂、还原剂反应，有极好的耐热性；耐候性和耐久性。以上的优良性能也决定了它是安全无毒的。钛镍黄颜料的主要缺陷是色浅、分散性差，不宜单独作黄色颜料使用。多数情况下，和有机颜料配合使用。

钛镍黄主要用作高温涂料、在高温下注塑的塑料着色及卷钢涂料、车辆和飞机的涂料。由于其具有无毒的特性，也被用于食品包装塑料、食品盒的印刷油墨和玩具涂料等。

（2）制备　钛镍黄以及钛的其他彩色颜料如钛铬黄、钛铁黄等的生产，多数由硫酸法生产钛白工序中的盐处理工序开始，将经过盐处理并水洗合格的 TiO_2 打浆，加入氧化镍和五氧化二锑，为避免发生氧空位，加入的氧化镍和五氧化二锑的摩尔数应相等。充分混匀后过滤，将滤料送回转煅烧窑煅烧，煅烧温度在1000℃以上。应根据加料量及物料含水量，选用适当温度梯度和煅烧时间。所用设备与硫酸法制二氧化钛同。

4.11.5.2 钛铬黄

（1）性质　钛铬黄别名钛锑铬黄，分子式 $Cr_2O_3 \cdot Sb_2O_3 \cdot 31TiO_2$（理论），外观为微红黄色粉末，晶型为金红石型，金红石型晶格中部分钛原子被铬原子和锑原子取代。化学属性与钛镍黄相同。

钛铬黄的典型物理性能为：平均粒径 0.5～1.0μm，密度 4.4～4.9g/cm³，吸油量 11～17g/100g，10%浆液 pH 值 7.0，325 目筛余物 0.1%。遮盖力较高，但透明度和着色力较低。

（2）制备方法　钛铬黄的工业化制法主要采用煅烧法。通常采用微细的三氧化铬与微细的三氧化二锑混合，再与细的活性二氧化钛混合，混合均匀后，在隧道窑或回转窑中，于 1000℃左右煅烧，至反应完全达到所需的微红黄色止，经粉碎、混配即为成品。改变原料配比、原料种类或粉碎条件，可以获得不同色相的钛铬黄。用铌代替部分锑可节省锑，降低成本，用钨代替部分锑，可改变颜料某些性能。

4.11.6　钛黑

4.11.6.1　钛黑的性质及应用

钛黑是指黑色的低价氧化钛（Ti_nO_{2n-1}，$1 \leqslant n \leqslant 20$）或氮氧化钛（$TiO_xN_y$，$0.3 < x + y < 1 \sim 7$）粉末。

它一般是以二氧化钛为主要原料，在还原介质中加热还原制得，随还原程度的不同，其色调可呈青黑色、黑色、紫黑色等。钛黑由于无毒，热稳定性高，在水和树脂中的分散性好，并可提供不同范围的电阻值，不仅可以作为黑色颜料用于涂料、油漆、化妆品、印刷油墨、塑料着色剂，而且还可以作为优良的导电材料、抗静电材料。1974 年，日本首先报道了将二氧化钛和金属钛粉末混合，在真空中加热制取钛黑的方法，后来又陆续报道了其他制备方法，并于 1983 年进行工业化生产。

我国的钛资源非常丰富，钛白粉生产已有相当规模，但钛黑的制备还鲜见报道，因此，钛黑作为钛白的深度加工产品具有广阔前景。

日本进行的工业化生产，商品牌号为 12S 和 20M，两种产品的基本参数见表 4.11.1。

表 4.11.1　钛黑 12S 和 20M 的基本参数

牌号	性能					
	一次粒径/μm	密度	比表面积/(m^2/g)	吸油量/(mL/100g)	电阻率/Ω·cm	遮盖力/(cm^2/g)
12S	0.05	4.3	20～25	62	$10^{-1} \sim 10^1$	4500
20M	0.2	4.3	6～10	39	$10^{-1} \sim 10^1$	3000

4.11.6.2　制备方法

制备上述黑色粉末颜料，采用二氧化钛或氢氧化钛为原料，以此为原料制造出产品成本低，具有一定社会效益和经济效益。

（1）氢气还原法制低价氧化钛　将二氧化钛在 900～1400℃温度下，在氢气/氮气中与加热 4 小时左右，冷却至 200℃以下制得，其生产路线如图 4.11.1 所示。

$TiCl_4$ 溶液 → 加氨水 → 过滤 → $Ti(OH)_4$ 沉淀 → 干燥 → 煅烧 → 冷却 → 低价氧化钛

图 4.11.1　氢气还原法制低价氧化钛

若上述过程控制温升速率在 80℃/min，升温至 800℃，可使产品性能得到进一步改善。

日本的 SUMD 公司制造出了化学式为 $Ti_nO_{(2n-1)}$（$1 \leqslant n \leqslant 10$）的低价氧化钛微粉（一般粒径低于 0.1μm 称为超微粒子），其分散性好，且温度高达 50℃时，其热稳定性仍然良好，相对密度为 45，比表面积约 50m²/g。

具体的制备方法是，在 H_2/N_2 混合气气氛中还原二氧化钛微粉，整个反应在钛管反应器中进行，温度控制在 600～1000℃，反应器内装有 0.01～9mm 钛球和螺旋桨。

（2）氨气还原法制氮氧化钛 具有立方晶系结晶的超微粒子二氧化钛粉末粒径为0.01～0.04μm，可以促进还原反应，使烧成时间缩短2～3h，其结果能耗大幅度下降，成本降低，同时使还原温度下降，可以防止结晶粒子变大，粒径也易控制在0.02～0.05mm之间，一般在H_2/N_2混合气氛下还原TiO_2，控制温度为700～1000℃，若温度高于1000℃，引起粒子烧结，造成结晶粗大，得不到微细、分散性良好的粉末，作为颜料，粒径大于1.0μm是不适宜的，而且会造成反应时间增长，成本相应提高。

此外，若作为化妆品颜料，对原料TiO_2要求重金属含量低于50ppm。具体制法：首先将高纯度TiO_2粉末在NaOH或KOH水溶液中加热煮沸2h，冷却后过滤出沉淀，用倾析法水洗至上清液比电阻达到300Ω·cm以上，将滤饼干燥粉碎后置入氨气气氛中，在600～950℃下加热2h，即获得黑度高的氮氧化钛。

（3）硼及其化合物还原法 原料为TiO_2，还原介质是结晶状无定形硼及其化合物（硼酸、硼砂或硼的有机化合物等），生产条件：在N_2、Ar气氛中或还原性气体H_2中，温度为500～1100℃。可获得低价氧化钛产品。

4.11.7 云母钛珠光颜料

4.11.7.1 性质和用途

顾名思义，能焕发出柔和珍珠光泽的颜料，称为珠光颜料。这种柔和、深邃、彩虹般的光泽，是入射光在具有不同折射率的多层片状体中，经多重反射、折射和透射作用产生的。

云母钛珠光颜料是一类具有珍珠光泽的新型非金属装饰性颜料，它是以云母粉为基材，在片状云母表面包覆一层或交替包覆多层具有高折射率的纳米TiO_2或纳米Fe_2O_3等金属氧化物膜而制成的。通过光的干涉或反射，产生出具有不同色彩的从柔和缎面到耀眼闪烁的珠光光泽。制成幻彩油漆涂装在轿车上，会产生“随角异色效应”，即随观察角度的不同，所见的漆膜色彩不同，色彩会随着轿车车身的曲率而发生变化。

云母钛珠光颜料具有无毒、优良的耐热性、耐光性、耐候性、耐紫外、耐硫化性、耐溶剂性等特性。视品种和粒径不同，颜料具有多种多样的珠光光泽，其光泽范围从柔和的丝绢光泽到闪烁的金属亮光光泽，具有优良的装饰效果。可广泛用于涂料、油漆、塑料、油墨、化妆品、陶瓷、搪瓷、皮革、纺织印染等产品中，极大地提升被饰产品的价值。

4.11.7.2 典型产品的主要规格

外观：白色或微黄色或彩色干燥粉末（视不同系列颜色各异）。

干涉色：银色、金色、红色、紫色、蓝色、绿色。

粒度：80目、120目、200目、240目、325目、400目、500目、800目等。

光泽：达到标准样亮度。

密度：3.0～3.3g/cm^3。

堆密度：0.2～0.3g/cm^3。

有效折射率：2.3。

重金属含量：（以Pb计）$<$20ppm。

4.11.7.3 生产工艺

目前制备云母珠光颜料的成熟工业化技术是化学包膜法，化学包膜法又分为硫酸氧钛（或偏钛酸）法和四氯化钛法，两种方法的原料来源都很方便。四氯化钛法原料成本稍高，配料过程较复杂；硫酸氧钛（或偏钛酸）法操作简单、可以直接采用钛白生产过程的中间产品浓钛液或偏钛酸液，原料成本低，所以，云母钛珠光颜料的工艺流程一般选用硫酸氧钛（或偏钛酸）法。

（1）主要原料　生产云母钛珠光颜料的主要原料有钛盐，其中钛盐可采用钛白粉生产过程的中间产品硫酸氧钛液或偏钛酸。

云母粉：80、120、240、325、400、500、800 目等熟粉。

钛液：TiO_2 含量 150～250g/L，钛白粉厂生产。

偏钛酸：TiO_2 含量约为 22%，钛白粉厂生产。

硫酸亚铁：攀枝花地区钛白粉厂副产品。

尿素：工业级，小颗粒；浓硫酸：98%，工业级；盐酸：30%，工业级；氢氧化钠液体：30%浓度。

（2）工艺流程　云母钛珠光颜料生产工艺流程如图 4.11.2 所示。

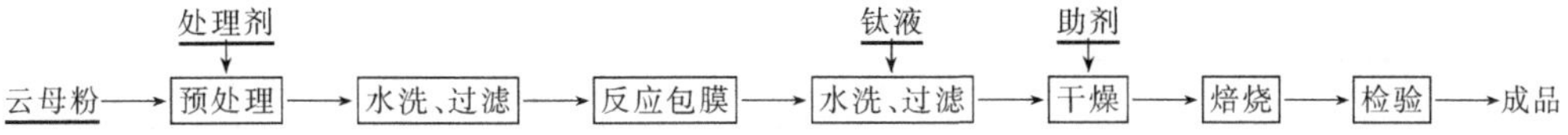

图 4.11.2　云母钛珠光颜料生产工艺流程

将云母粉进行预处理后与无离子水在反应罐中打浆制成悬浮液，在搅拌状态下按配比加入钛液和助剂，缓慢升温到设定值，使钛液缓慢水解成纳米水合二氧化钛并均匀包膜于云母粉表面，待溶液 pH 值达到设定值时即停止反应，过滤颜料，采用打浆方式洗涤颜料至中性即进行过滤；将过滤后的颜料再次打浆，用酸或碱调节溶液 pH 到设定值，升温到设定值，在搅拌状态下缓慢加入铁液和助剂，使铁液缓慢水解成纳米氧化铁并均匀包膜于云母钛颜料表面，视其包膜程度达到设定颜色时即停止加液，再恒温反应一段时间后，过滤颜料，并打浆水洗颜料至中性即进行过滤和干燥，然后进入已设定温度和进料速度的推板窑中焙烧，焙烧时间达到设定值即出炉，进行检验，合格即为成品。

4.12　钛产品的检测

钛产品生产过程中的检测包括原材料检测、中间产品过程控制检测和最终产成品的检测。对主要钛产品的主要指标，国家规定了相应的产品标准和分析方法标准，可从国家官方网站上下载（如 http：//cx.spsp.gov.cn 等）。用量较小或新产品，其标准由企业确定。

（1）钛精矿　钛精矿的产品标准号为：YB/T 4031—2006，标准名称为：钛精矿（岩矿），该标准规定了钛精矿（岩矿）的技术要求、试验方法、检验规则以及包装、标志、运输、贮存和质量证明书。适用于经选别所得，供生产钛白粉、富钛料等的原生钛精矿。

钛精矿（岩矿）的化学分析方法所对应的标准号和名称如表 4.12.1 所示。

表 4.12.1　钛精矿（岩矿）的化学分析方法

序号	标准号	名称	序号	标准号	名称
1	YB/T 159.1—1999	硫酸铁铵容量法测定二氧化钛含量	6	YB/T 159.6—1999	EGTA-CyDTA 容量法测定氧化钙和氧化镁含量
2	YB/T 159.2—1999	三氯化钛重铬酸钾容量法测定全铁含量	7	YB/T 159.7—1999	火焰原子吸收光谱法测定氧化钙和氧化镁含量
3	YB/T 159.3—1999	重铬酸钾容量法测定氧化亚铁含量	8	SN/T 1337.1—2003	五氧化二钒含量的测定（进出口钛精矿）
4	YB/T 159.4—1999	铋磷钼蓝分光光度法测定磷含量	9	SN/T 1337.2—2003	三氧化二铬含量的测定（进出口钛精矿）
5	YB/T 159.5—1999	燃烧碘量法测定硫含量			

（2）钛渣、金红石　高钛渣的产品标准号为：YS/T 298—2007，标准名称为：高钛渣，该标准规定了高钛渣的要求、试验方法、检测规则、标志、包装、运输、存贮及订货单内容等。适用于以钛铁矿为原料，采用电炉熔炼生产的供生产四氯化钛、人造金红石及钛白使用的高钛渣。

酸溶钛渣的产品标准号为：YB/T 5285—2011，标准名称为：酸溶性钛渣，该标准规定了酸溶性钛渣的技术要求、试验方法、检验规则以及包装、标志、运输、贮存和质量证明书。本标准适用于以钛精矿为原料，采用电炉熔炼生产的供硫酸法钛白使用的酸溶性钛渣。

金红石没有国家规定的产品标准。高钛渣、金红石的分析方法所对应的标准号、测定物的和测定方法如表 4.12.2 所示。

表 4.12.2　高钛渣、金红石的分析方法

序号	标准号	测定物	测定方法
1	YS/T 514.1—2009	二氧化钛量的测定	硫酸铁铵滴定法
2	YS/T 514.2—2009	全铁量的测定	重铬酸钾滴定法
3	YS/T 514.3—2009	硫量的测定	高频红外吸收法
4	YS/T 514.4—2009	二氧化硅量的测定	称量法、钼蓝分光光度法
5	YS/T 514.5—2009	氧化铝量的测定	EDTA 滴定法
6	YS/T 514.6—2009	一氧化锰量的测定	火焰原子吸收光谱法
7	YS/T 514.7—2009	氧化钙和氧化镁量的测定	火焰原子吸收光谱法
8	YS/T 514.8—2009	磷量的测定	锑钼蓝分光光度法
9	YS/T 514.9—2009	氧化钙、氧化镁、一氧化锰、磷、三氧化二铬和五氧化二钒量测定	电感耦合等离子体发射光谱法
10	YS/T 514.10—2009	碳量的测定	高频红外吸收法

（3）四氯化钛　四氯化钛的产品标准号为：YS/T 655—2007，标准名称为：四氯化钛，该标准规定了四氯化钛的要求、试验方法、检测规则及标志、包装、运输、存贮和订货单(或合同)。适用于以金红石、高钛渣等富钛料为原料，采用氯化、精制工艺生产的四氯化钛。该产品适用于生产海绵钛及相关化工产品。

产品化学成分及色度的分析方法按标准号：YS/T 655—2007 中附录 A《四氯化钛化学的分析方法》的规定进行，采用等离子发射光谱法（ICP-AES），该方法适用于四氯化钛中 $SiCl_4$，$FeCl_3$，$VOCl_3$ 的测定，未包括的元素的分析方法，由供需双方商定。

（4）钛白粉　钛白粉的产品标准号为：GB/T 1706—2006，标准名称为：二氧化钛颜料，该标准规定了二氧化钛颜料的产品分类、要求、试验方法、检验结果的判定及标志、包装、运输和贮存。适用于硫酸法或氯化法生产的二氧化钛颜料。该产品主要用于涂料、橡胶、塑料、油墨及造纸等行业。

二氧化钛颜料的检测方法所对应的国家标准号和名称如表 4.12.3 所示。

由于钛白颜料国际贸易的剧增，许多国内企业采用欧洲标准作为行业内标准，用色彩色差计测定三刺激值 X，Y，Z 和白度 W，再用公式计算待测样品的颜料性能指标。

消色力 $TCS=(Y_{样}-Y_{标})\times100+TCS_{标}$

蓝相光谱特征值 $SCX=(X_{标}-X_{样})+(Z_{样}-Z_{标})+SCX_{标}$

色调 $Ton=(X_{标}-X_{样})+(Z_{样}-Z_{标})+Ton_{标}$

亮度 $Jasn=(Y_{样}-Y_{标})+Jasn_{标}$

表 4.12.3　二氧化钛颜料的检测方法

序号	标准号	名称	序号	标准号	名称
1	GB 1864—1989	颜料颜色的比较	7	GB 5211.14 —1988	颜料筛余物的测定机械冲洗法
2	GB 5211.16—1988	白色颜料消色力的比较	8	GB 5211.12—1986	颜料水萃取液电阻率的测定
3	GB 5211.3—1985	颜料在 105℃挥发物的测定	9	GB 1709—1979	颜料遮盖力测定法
4	GB 5211.2—1985	颜料水溶物的测定 热萃取法	10	GB 9287—1998	颜料易分散程度的比较震荡法
5	GB 1717—1986	颜料水悬浮液 pH 值的测定	11	GB/T 13451.2—1992	着色颜料相对着色力和白色颜料相对散射力的测定光度计法
6	GB 5211.15—1988	颜料吸油量的测定			

通过色彩色差仪检测，得到待测样品的 $X_{样}$、$Y_{样}$、$Z_{样}$，代入上述计算公式则可得知待测样品的 4 个颜料性能值。

通常可以用日本 R930 钛白样品为标样，已知：

$$TCS_{标}=1930,\ SCX_{标}=2.8,\ Jasn_{标}=95.2,\ Ton_{标}=-7.1$$

$$X_{标}=90.47,\ Y_{标}=95.48,\ Z_{标}=100.0$$

金红石型或锐钛型钛白的晶型及其含量可用 X-射线衍射仪测定。

(5) 海绵钛、钛及钛合金　海绵钛的产品标准号为：GB/T 2524—2010，标准名称为：海绵钛，该标准规定了海绵钛的要求、试验方法、检验规则及标志、包装、运输、贮存、质量证明书和合同（或订货单）内容。本标准适用于四氯化钛以镁还原真空蒸馏法（简称镁法）生产的海绵钛。钛及钛合金的含义较广泛，牌号众多，没有统一的产品标准号。

海绵钛、钛及钛合金化学分析方法所对应的标准号和名称如表 4.12.4 所示。

表 4.12.4　海绵钛、钛及钛合金化学分析方法

序号	标准号	名称	序号	标准号	名称
1	GB/T 4698.2—2011	铁量的测定	13	GB/T 4698.11—1996	硫酸亚铁铵滴定法测定铬量（不含钒）
2	GB/T 4698.7—2011	氧量、氮量的测定	14	GB/T 4698.12—1996	硫酸亚铁铵滴定法测定钒量
3	GB/T 4698.14—2011	碳量的测定	15	GB/T 4698.13—1996	EDTA 络合滴定法测定锆量
4	GB/T 4698.15—2011	氢量的测定	16	GB/T 4698.17—1996	火焰原子吸收光谱法测定镁量
5	GB/T 4698.1—1996	铜试剂分光光度法测定铜量	17	GB/T 4698.18—1996	火焰原子吸收光谱法测定锡量
6	GB/T 4698.3	钼蓝分光光度法测定硅量	18	GB/T 4698.19—1996	硫氰酸盐示差分光光度法测定钼量
7	GB/T 4698.4—1996	高碘酸盐分光光度法测定锰量	19	GB/T 4698.20—1996	高碘酸钾分光光度法测定锰量
8	GB/T 4698.5—1996	硫氰酸盐分光光度法测定钼量	20	GB/T 4698.21—1996	发射光谱法测定锰、铬、镍、铝、钼、锡、钒、钇、铜、锆量
9	GB/T 4698.6—1996	次甲基蓝萃取分光光度法测定硼量	21	GB/T 4698.22—1996	5-Br-PADAP 分光光度法测定铌量
10	GB/T 4698.8—1996	碱分离-EDTA 络合滴定法测定铝量	22	GB/T 4698.23—1996	氯化亚锡-碘化钾分光光度法测定钯量
11	GB/T 4698.9—1996	碘酸钾滴定法测定锡量	23	GB/T 4698.24—1996	丁二酮肟分光光度法测定镍量
12	GB/T 4698.10—1996	硫酸亚铁铵滴定法测定铬量（含钒）	24	GB/T 4698.25—1996	硫化银分光光度法测定氯量

(6) 其他钛产品　钛酸钾的产品标准号为：GB/T 22668—2008，名称为：氟钛酸钾，该标准规定了工业用氟钛酸钾的要求、试验方法、检测规则、包装、标志、运输、储存、订货单或合同要求。适用于钛盐与氢氟酸、钾盐作用而制得的氟钛酸钾。主要用作制铝、钛、硼合金，聚丙烯合成的催化剂等。

钛酸锂的产品标准号为：YS/T 825—2012，名称为：钛酸锂，该标准规定了钛酸锂的要求、试验方法、检验规则、标志、包装、运输、储存、质量证明书及合同（或订货单）内容，适用于锂离子电池用负极材料钛酸锂。

钛酸钡的产品标准号为：HG/T 3587—2009，名称为：电子工业用高纯钛酸钡，该标准规定了电子工业用高纯钛酸钡的要求、试验方法、检验规则、标志、标签、包装、运输、储存。适用于电子工业用高纯钛酸钡。该产品主要用于电子工业中作为制造非线性元件，介质放大器、电子计算机的记忆元件、微型电容器以及超声波发生器等部件的材料。

钛酸酯的产品标准号：HG/T 3976—2007，名称为：原钛酸酯，该标准规定了原钛酸酯的要求、试验方法、检验规则及标志、包装、运输和储存。适用于以四氯化钛、醇类为原料合成的原钛酸酯。

参考文献

[1] 朱俊士．中国钒钛磁铁矿选矿［M］．北京：冶金工业出版社，1995.

[2] 谢广元．选矿学［M］．北京：中国矿业大学出版社，2001.

[3] 李东．25.5 MVA钛渣电炉自焙电极维护与事故的探讨［J］．钛工业进展，2007，24（5）：36-39.

[4] 蒋鲁银，余鑫．Uai圆形钛渣电炉实现连续冶炼生产工艺［J］．黑龙江冶金，2008，（4）：1-3.

[5] 胡克俊，姚娟，锡淦，等．攀钢钛渣生产技术及生产发展思路［J］．稀有金属快报，2008，27（3），40-43.

[6] 李宝金．25MVA钛渣电炉的开发研究［D］．大连理工大学专业学位硕士学位论文，2006.12.

[7] 周林，雷霆．世界钛渣研发现状与发展趋势［J］．钛工业进展，2009，26（1）：26-30.

[8] 邹建新，王荣凯，彭富昌．电炉冶炼酸溶钛渣试验研究［J］．轻金属，2004，（12）：37-39.

[9] 邹建新．攀枝花钒钛磁铁矿非高炉冶炼技术评价［J］．轻金属，2011，（5）：51-54.

[10] 邹建新．世界钛渣生产技术现状与趋势［J］．轻金属，2003，（12）：32-34.

[11] 莫畏，邓国珠，罗方承．钛冶金（第二版）［M］．北京：冶金工业出版社，2006.

[12] 李大成，周大利，刘恒．镁热法海绵钛生产［M］．北京：冶金工业出版社，2009.

[13] 孙康．Ti提取冶金物理化学［M］．北京：冶金工业出版社，2001.

[14] 邓国珠，黄北卫，王雪飞．制取人造金红石工艺技术的新进展［J］．钢铁钒钛，2004，25（1）：44-50.

[15] 温旺光．选择氯化制取人造金红石［J］．金属学报，2002，38：：74-719.

[16] 付自碧．预氧化在盐酸法制取人造金红石中的作用［J］．钛工业进展，2006，23（3）：23-25.

[17] 付自碧，黄北卫，王雪飞．盐酸法制取人造金红石工艺研究［J］．钢铁钒钛，2006，27（2）：1-5.

[18] 李大成，刘恒，周大利．钛冶炼工艺［M］．北京：化学工业出版社，2009.

[19] 李明照．有色金属冶金工艺［M］．北京：化学工业出版社，2010.

[20] 扈维明，齐斌涛，蒋训雄，等．钛铁矿盐酸法生产人造金红石半工业扩大试验［J］．有色金属（冶炼部分），2012，（2）：27-29.

[21] 王曾洁，张利华，王海北，等．盐酸常压直接浸出攀西地区钛铁矿制备人造金红石［J］．有色金属，2007，59（4）：108-111.

[22] 蒋伟，蒋训雄，汪胜东．钛铁矿湿法生产人造金红石新工艺［J］．有色金属，2010，62（4）：52-56.

[23] 邓国珠，黄北卫，王雪飞．制取人造金红石工艺技术的新进展［J］．钢铁钒钛，2004，25（1）：44-50

[24] 陈菓．微波法制备人造金红石新工艺及设备研制［D］．昆明理工大学，2012.

[25] 蒋伟，蒋训雄，范艳青．高钛渣强化焙烧-浸出法制备人造金红石［J］．有色金属工程，2011，（3）：35-37

[26] 方觉．非高炉炼铁工艺与理论［M］．冶金工业出版社，2010.

[27] 刘征建，杨广庆．钒钛磁铁矿含碳球团转底炉直接还原实验研究［J］．过程工程学报，2009，9（1）：51.

[28] 洪流，丁跃华，谢洪恩．钒钛磁铁矿转底炉直接还原综合利用前景［J］．金属矿山，2007，371：10.

[29] 高文星，董凌燕，陈登福．煤基直接还原及转底炉工艺的发展现状［J］．矿冶，2008，17（2）：68.
[30] 石云良，薛生晖．难选铁矿回转窑还原焙烧、分离技术研究与应用［J］．矿冶工程，2012，32：83.
[31] 邹建新．攀枝花钒钛磁铁矿非高炉冶炼技术评价［J］．轻金属，2011，5：51.
[32] 朱德庆，邱冠周，姜涛．铁精矿冷固球团矿煤基回转窑直接还原新工艺［J］．钢铁，2001，36（2）：4.
[33] 徐萌，任铁军，张建良．以转底炉技术利用钛资源的基础研究［J］．有色金属，2005，（3）：24.
[34] 陈朝华，刘长河．钛白粉生产及应用技术［M］．北京：化学工业出版社，2006.
[35] 孙康．Ti提取冶金物理化学［M］．北京：冶金工业出版社，2001.
[36] 张益都．硫酸法钛白粉生产技术创新［M］．北京：化学工业出版社，2010.
[37] 莫畏，邓国珠，罗方承．钛冶金（第二版）［M］．北京：冶金工业出版社，1998.
[38] 唐振宁．钛白粉的生产与环境治理［M］．北京：化学工业出版社，2000.
[39] 邓捷，吴立峰，乔辉，等．钛白粉应用手册［M］．北京：化学工业出版社，2003.
[40] 陈德彬．硫酸法钛白粉实用生产问答［M］．北京：化学工业出版社，2009.
[41] 陈朝华．钛白粉生产技术问答［M］．北京：化学工业出版社，1998.
[42] 毋伟，陈建峰，卢寿慈．超细粉体表面修饰［M］．北京：化学工业出版社，2004.
[43] 邹建新，杨成，彭富昌．我国钛白生产技术现状与发展趋势［J］．稀有金属快报，2007，26（4）：1-5.
[44] 邹建新，杨成．超细 TiO_2 颗粒表面包覆 CeO_2 膜的研究［J］．微细加工技术，2006，（5）：13-15.
[45] 毕胜．2011年中国钛白行业运行状况与趋势分析［J］．现代涂料与涂装，2012，（7）：1-5.
[46] G. Lütjering，J. C. Williams著．钛（第2版）［M］．雷霆，杨晓源译．北京：冶金工业出版社，2011.
[47] 王桂生．钛的应用技术［M］．长沙：中南大学出版社，2007.
[48] 杨绍利，刘国钦，陈厚生．钒钛材料［M］．北京：冶金工业出版社，2007.
[49] 潘廷祥．钛—天与地的儿子［M］．北京：人民邮电出版社，2009.
[50] G. Leyens，M. Peters著．陈振华等译．钛与钛合金［M］．北京：化学工业出版社，2005.
[51] 黄嘉琥，应道宴．钛制化工设备［M］．北京：化学工业出版社，2002.
[52] 陆和东，练林海．无筛板沸腾氯化法四氯化钛生产工艺［J］．氯碱工业，2009，45（9）：26-30.
[53] 梁强．四氯化钛精制中铜丝除钒工程设计问题的探讨［J］．贵州科学，2011，29（4）：65-68.
[54] 常跃仁．四氯化钛生产工艺研究［J］．有色矿冶，2009，25（4）：37-39.
[55] 侯丽平．四氯化钛的生产工艺改进［J］．安徽化工，2012，38（4）：51-52.
[56] 余代权．四氯化钛生产中废渣的回收利用实践［J］．钛工业进展，2002，（1）：42-46.
[57] 刘长河．我国四氯化钛生产工艺的技术进步［J］．稀有金属快报，2007，26（4）：1-5.
[58] 陈辉．沸腾氯化生产四氯化钛工艺技术［J］．现代机械，2005，（5）：68-71.
[59] 王向东，朱鸿民．钛冶金工程学科发展报告［J］．钛工业进展，2011，28（5）：1-5.
[60] 王晓平．海绵钛生产工业现状及发展趋势［J］．钛工业进展，2011，28（2）：8-13.
[61] 徐春森，卢惠民．低成本海绵钛生产新方法［J］．钛工业进展．2004，21（5）：44-48.
[62] 孙洪志，丁朝模，周廉．海绵钛生产现状及技术开发［J］．有色金属．1999，51（1）：92-96.
[63] 张健，吴贤．国内外海绵钛生产工艺现状［J］．钛工业进展．2006，23（2）：7-14.
[64] 欧阳全胜，赵中伟，祝永红．海绵钛生产工艺及其新进展［J］．稀有金属与硬质合金，2004，32（2）：47-52.
[65] 郭胜惠，彭金辉．海绵钛生产过程的能耗分析及新技术的提出［J］．云南冶金，2002，31（3）：114-117.
[66] 莫畏，董鸿超．钛冶炼［M］．冶金工业出版社，2011.
[67] 邹武装．钛手册［M］，化学工业出版社．2012.
[68] 李开华．镁热法生产海绵钛技术发展现状［J］．材料导报，2011，25（18）：225-228，244.
[69] 阎守义．我国海绵钛生产工艺改进途径［J］．中国金属通报，2012，（4）：18-21.
[70] 张喜燕，赵永庆，白晨光．钛合金及应用［M］．北京：化学工业出版社，2005.
[71] 谢成本．钛及钛合金铸造［M］．北京：机械工业出版社，2005.
[72] 邹建新．国内外钛及钛合金材料技术现状、展望与建议［J］．宇航材料工艺，2004，34（1）：23-25.
[73] 张翥．钛材塑性加工技术［M］．北京：冶金工业出版社，2010.

第 5 章 钒产品生产工艺及设备

5.1 钒渣

5.1.1 钒渣生产原理

5.1.1.1 钒渣生产方法简介

提钒原料有钒钛磁铁矿、石煤等。要从钒钛磁铁矿中回收钒，首先需将钒钛磁铁矿在高炉或电炉中冶炼出含钒铁水。含钒铁水提钒的主要任务有以下几方面：

① 把含钒铁水吹炼成满足下一步炼钢要求的高碳含量的半钢；

② 最大限度地把铁水中钒选择性氧化进入到钒渣中；

③ 得到的钒渣能作为下一步提取五氧化二钒的原料。

提钒的方法很多，但有些方法已经被淘汰（如雾化提钒）。目前世界上铁水提钒的方法主要有四种：

① 摇包提钒（南非海威尔德用）；

② 铁水包提钒（新西兰）；

③ 空气底吹转炉提钒（俄罗斯丘索夫）；

④ 氧气顶吹（复合吹炼）转炉提钒（俄罗斯下塔吉尔和中国攀钢、马钢、承钢）。

钒钛磁铁矿的火法提钒工艺流程图如图 5.1.1 所示。

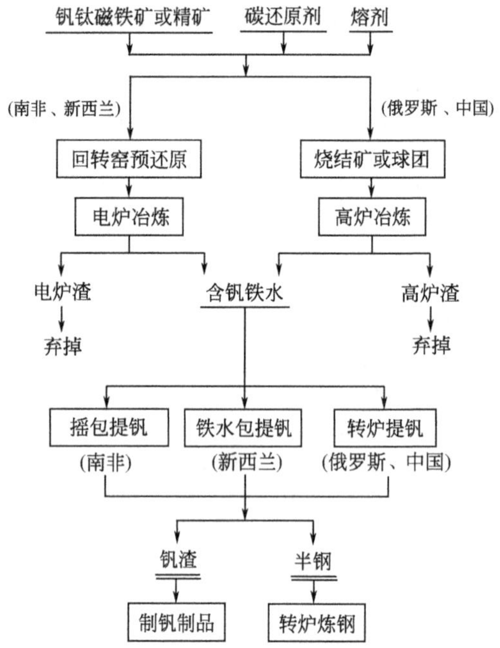

图 5.1.1 火法提钒工艺流程

5.1.1.2 转炉提钒的主要化学反应

转炉提钒过程：转炉提钒是氧射流与金属熔体表面相互作用，与铁水中铁、钒、碳、硅、锰、钛、磷、硫等元素的氧化反应过程。这些元素氧化反应进行的速度取决于铁水本身化学成分、吹钒时的动力学条件和热力学条件。

转炉提钒中的化学反应：转炉提钒就是利用选择性氧化的原理，采用高速氧射流在转炉中对含钒铁水进行搅拌，将铁水中钒氧化成稳定的钒氧化物，以制取钒渣的一种物理化学反应过程。在反应过程中，通过加入冷却剂控制熔池温度在碳钒转化温度以下，达到“去钒保碳”的目的。元素的氧化反应可用以下通式表示：

$$m/n[\mathrm{Me}]+1/2\{\mathrm{O_2}\}=\!=\!=1/n(\mathrm{Me}_m\mathrm{O}_n)$$

式中，[Me]为铁水中的组元；$\{O_2\}$为气相中的氧气；$(\mathrm{Me}_m\mathrm{O}_n)$为炉渣中的氧化物或气体氧化物，$m$、$n$ 为化学反应的平衡系数。

V 的氧化主反应为：

$$2/3[V]+1/2\{O_2\}=1/3(V_2O_3)$$
$$2/5[V]+1/2\{O_2\}=1/5(V_2O_5)$$
$$(V_2O_3)+\{O_2\}=(V_2O_5)$$

其他杂质的氧化副反应为：

$$1/2[Si]+1/2\{O_2\}=1/2(SiO_2)$$
$$[Ca]+1/2\{O_2\}=(CaO)$$
$$[Mn]+1/2\{O_2\}=(MnO)$$
$$[Fe]+1/2\{O_2\}=(FeO)$$
$$2(FeO)+1/2\{O_2\}=(Fe_2O_3)$$
$$(C)+\{O_2\}=\{CO_2\}$$

反应能力的大小取决于铁水组分与氧的化学亲和力，即标准生成自由能 $\Delta G^{\ominus}$。$\Delta G^{\ominus}$ 值越负，表明氧化反应越容易进行。铁水中元素氧化的 $\Delta G^{\ominus}$-T 图如图 5.1.2 所示。

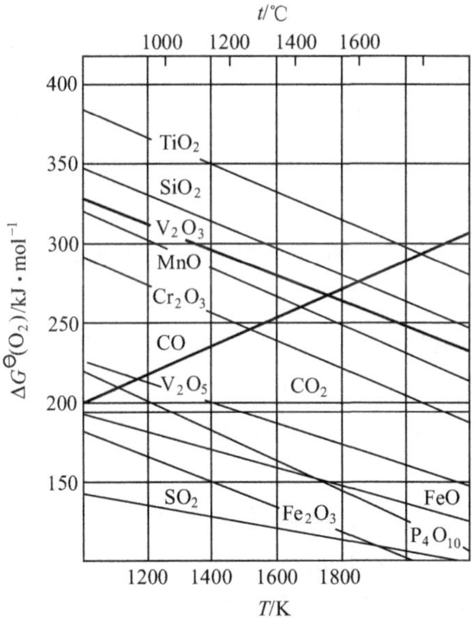

图 5.1.2　铁水中元素氧化的 $\Delta G^{\ominus}$-T 图

反应完成后，液态的 Fe 留在转炉里，称为半钢；固态（熔融态）的渣撇出后放入渣罐，称为钒渣。钒渣是由 FeO、SiO_2、V_2O_3、TiO_2、CaO、Al_2O_3、MgO、Cr_2O_3 等组分构成的。一般情况下，钒渣中 CaO、P、SiO_2 的含量越低则钒渣品级越高。高炉铁水、钒渣和半钢典型化学成分如表 5.1.1～表 5.1.3 所示。

表 5.1.1　高炉铁水典型化学成分　　单位：%

元素	C	Si	Mn	V	Ti	S	P	Fe
含量	4.4	0.10	0.20	0.30	0.08	0.013	0.057	其余

注：铁水温度为 1250℃。

表 5.1.2　钒渣典型化学成分　　单位：%

成分	CaO	SiO_2	V_2O_5	TFe	MFe	P
含量	1.5～2.5	16～18	16～20	30～35	14～16	0.057

表 5.1.3 半钢典型化学成分 单位：%

元素	C	Si	V	S	P	Fe
含量	3.55	微量	0.04	0.025	0.06	其余

注：铁水温度为 1375℃。

5.1.1.3 转炉提钒脱钒、脱碳规律

脱钒规律：吹钒前期熔池处于“纯脱钒”状态，脱钒量占总提钒量的 70%，进入中后期，碳氧化逐渐处于优先，随钒含量的降低，脱钒速度也随之降低。

脱碳规律：在吹炼前期，脱碳较少，反应进行速度较低，中后期脱碳速度明显加快，在此期间碳氧化率达 70%。另外，在倒炉及出半钢期间，也有少量碳氧化。

在熔池区域，碳的氧化反应按下列反应进行：

$$[C]+[O]=\!=\!=CO$$

在射流区域碳的氧化反应按下列反应进行：

$$2[C]+O_2=\!=\!=2CO$$

5.1.2 转炉提钒工艺与设备

提钒的原材料：高炉铁水；提钒的产品：钒渣＋半钢；提钒的工艺：氧气顶吹法；提钒的主体设备：炼钢转炉。

5.1.2.1 转炉提钒工艺过程

（1）铁水供应 将脱硫后的铁水扒渣，再用起重机将铁水兑入转炉。

（2）冷却剂供应

① 生铁块、废钒渣：用电磁起重机装入生铁料槽，再用起重机加入提钒炉。

② 铁皮球、污泥球、铁矿石：用翻斗汽车运至地面料仓，由单斗提升机运到 37.56m 平台，经胶带运输机送到炉顶料仓内。使用时由炉顶料仓电磁振动给料机给料，经称量斗称量后加入转炉。

（3）氧气和氮气供应 氧气用管道输送到车间内，氧气纯度为 99.5%；压力 0.49～1.18MPa；氮气压力 0.294～0.392MPa。

（4）吹炼提钒 吹炼前根据铁水条件加入生铁块或废钒渣，然后兑入铁水，摇正炉体下枪供氧吹炼，在吹炼过程中可根据吹炼情况加适量铁皮球、铁矿石、污泥球，吹炼结束时先出半钢进入半钢罐。

（5）出钒渣 转炉炉下钒渣罐采用 16m^3 渣罐，每个渣罐能容纳吹炼钒渣 8～12 炉。钒渣罐通过炉下电动渣罐车拉至钒渣跨，用起重机吊至 16m^3 钒渣罐车上；每 4 辆车组成一列（3 辆钒渣罐车，一辆废渣车），用火车拉至钒渣破碎间，废渣拉至弃渣场。

5.1.2.2 转炉提钒设备

以攀钢转炉提钒主要设备为例。设计工艺参数：

公称容量 120t，设计炉产半钢 138t，提钒周期 30min/炉，纯吹氧时间 8min，日提钒最大炉数 68 炉（2 吹 2 时），设计年产钒 11 万吨/a，半钢 295 万吨/a。

转炉炉型参数：

高 9050mm，炉壳外径 6530mm，高宽比 1.386，熔池内径 5180mm，熔池深度 1400mm，转炉有效容积 136m^3，炉容比 V/t 为 0.986，炉口外径 2480mm。

提钒转炉主要设备有冷却料供应系统、转炉及其倾动系统、氧枪系统、烟气净化及回收、挡渣镖加入装置等。

(1) 冷却料供应系统　冷却剂供应系统包括地下料坑、单斗提升机、皮带运输机、卸料小车、高位料仓、振动给料器、称量料斗以及废钢槽、天车等设备，这些设备保证提钒用原料的正常供应。

① 生铁块、废钒渣：火车运输→钒渣跨→料坑装槽→吊至9m平台→平板车运输→吊车加入炉内。

② 铁皮、污泥球、铁皮球、铁矿石等：汽车运输→地面料坑→提升机→高位料仓→称量→炉内。

③ 半钢覆盖剂（增碳剂、蛭石、碳化硅、半钢脱氧覆盖剂等）：汽车运输→地面料坑→提升机→高位料仓→称量→半钢罐。

地下料坑的作用：暂时存放用火车或汽车运输来的提钒冷却剂，保证提钒转炉连续生产的需要。

单斗提升机的作用：把贮存在地下料仓的各种散状料提升运输到高位料仓，供给提钒生产使用。

高位料仓的作用：临时贮料，保证转炉随时用料的需要。料仓的大小决定不同冷却剂的消耗和贮存时间。每座提钒转炉单独使用4个高位料仓。

(2) 转炉炉体　转炉及其倾动系统包括转炉炉体、托圈及耳轴、减速机、电动机、制动装置等，这些设备保证转炉的运转。

由炉壳及其支撑系统（托圈、耳轴、联接装置和耳轴轴承座等）组成。炉体外面是炉壳，用钢板焊接而成，里面是炉衬，砌筑的耐火砖。

① 炉壳作用：保证转炉具有固定的形状和足够的强度，能承受相当大的倾动力矩、耐火材料及炉料的重量以及炉壳钢板各向温度梯度所产生的热应力、炉衬的膨胀应力等。

② 炉壳材质：用低合金钢板制作成型，不同部位钢板厚度不同。如120t转炉，炉帽55mm，炉身70mm，炉底60mm。

③ 炉壳本身：由炉帽、炉身和炉底组成。

(a) 炉帽。炉帽做成圆锥形，目的是减少吹炼时的喷溅和热损失，并有利于炉气的收集，炉口采用通水冷却。

炉帽通水冷却优点：

其一是使炉口不粘渣或很少粘渣，人工易清除；其二由于水从耳轴经过，可对耳轴进行冷却；其三提高炉帽寿命，防止炉口钢板在高温下产生变形。

在锥形炉帽的下半段有截头圆锥形的护板，防止托圈上堆积炽热的炉渣。炉帽上设有出钢口，出钢口最易损坏，一般设计成可拆卸式的。

(b) 炉身。炉身为圆筒形，它是整个炉壳受力最大的部分，转炉的整体重量通过炉身钢板支撑在托圈上，并承受倾炉力矩。

(c) 炉底。炉底为球形，其下部焊有底座以提高强度。

炉帽、炉身、炉底三部分之间采用不同曲率的圆滑曲线连接，以减少应力集中。

炼钢吹钒转炉炉体如图5.1.3所示。

(3) 供氧设备　氧气顶吹转炉吹炼所需的氧气由氧枪输入炉内，通过氧枪头部的喷头喷射到熔池上面，是重要的工艺装置，如图5.1.4所示。

其设备组成：氧枪本体、氧枪升降机械、换枪装置等。

① 氧枪本体：喷头、枪身及连接管接头组成。

(a) 枪身：由中心管、中层管、外层管三根无缝钢管同心套装而成，三层管从内向外依

图 5.1.3 炼钢转炉炉体

图 5.1.4 氧枪喷头

次输送氧气、供水和排水。

(b) 喷头：采用纯紫铜制成→目的是提高寿命。

分类：单孔、三孔和多孔。单孔用于小型转炉，大中型转炉一般采用 3～7 孔。注意多孔喷头由多个拉瓦尔喷孔组成。

喷头结构：是拉瓦尔型的，由收缩段、喉口段、扩张段构成。作用：将压力能转换成动能的能量转换器。其能量转换过程：当高压氧（1.5MPa 左右）通过收缩段时流速增加，在喷头出口处获得超音速流股，它能较好的搅拌熔池，有利于提高氧枪寿命和炉龄。

② 氧枪提升机构及更换装置：由升降卷扬机、氧枪升降小车、横移小车等组成。

③ 氧枪走行控制点。

(a) 最低点。是氧枪的最低极限位置，取决于转炉公称吨位。喷头端面距炉液面高度 300～500mm，大型转炉取上限。

(b) 吹炼点。是转炉进入正常吹炼时氧枪的最低位置，也称吹氧点。主要与转炉公称吨位、喷头类型、氧压等有关。攀钢为 1.4～2.0m。

(c) 氧气关闭点。此点低于开氧点位置，氧枪提升至此点氧气自动关闭，过迟关氧会对炉帽造成损失，倘若氧气进入烟罩，会引起不良后果，过早关氧会造成喷头灌渣。攀钢为 3m。

(d) 变速点。氧枪提升会下降至此点，自动改变运动速度，此点的确定是在保证生产安全的情况下缩短氧枪提升或下降的非作业时间。另外此点也设置为氧气开氧点。攀钢为 3m。

(e) 等候点。此点在炉口以上，此点以不影响转炉的倾动为准，过高会增加氧枪升降辅助时间。攀钢为 9m。

(f) 最高点。指生产时氧枪的最高极限位置，应高于烟罩氧枪插入孔的上缘，以便烟罩检修和处理氧枪粘钢。攀钢为 14m。

(g) 换枪点。更换氧枪的位置，它高于氧枪最高点。

5.1.2.3 转炉提钒工艺制度

(1) 装入制度　装入制度：就是确定转炉合理的铁水重量和合适的生铁块量，以保证转炉提钒过程的正常进行。

装入量：装入量是指转炉冶炼中每炉装入的金属总重量，主要包括铁水和生铁块。

在确定合理的装入量时，必须综合考虑以下因素：

炉容比：炉容比是指转炉新砌砖后转炉内部自由空间的容积（V）与金属装入量（T）之比，以 V/T 表示，单位 m^3/t。

入炼钢炉的装入量：为了保证每炉半钢尽可能地一一对应转炉炼钢，减少半钢组罐，因此提钒转炉的装入量应尽可能地接近炼钢炉装入量。

(2) 供氧制度　转炉提钒的供氧制度：就是使氧气流股合理的供给熔池，以及确定合理的喷头结构、供氧强度、供氧压力、氧枪枪位，为熔池创造良好的物理化学反应条件。供氧制度的主要参数有氧气流量、氧气压力、供氧枪位、吹氧时间以及喷头形状等，是控制吹钒过程的中心环节。

耗氧量：是指将 1 吨含钒铁水吹炼成半钢时所需的氧量，单位为 m^3/t。

一般根据不同的铁水成分和吹炼方式，耗氧量有很大差异，同时耗氧量的多少也影响着半钢中的碳和余钒的多少，还与供氧强度和搅拌情况有关，是交互作用的。

供氧强度：单位时间内每吨金属的耗氧量，单位为（标态）$m^3/(t \cdot min)$。供氧强度的大小影响吹钒过程的氧化反应程度，过大时喷溅严重，过小时反应速度慢。吹炼时间长，会造成熔池温度升高，超过转化温度，导致脱碳反应急剧加速，半钢残钒量重新升高。一般在吹氧初期可提高供氧强度，后期减少。

氧气工作压：氧气工作压力是指氧气测定点的压力，也就是氧气进入喷枪前管道的压力，它不是喷头前的压力，更不是氧气出口压力。氧压高对熔池搅拌大，化学反应和升温速度较快。氧压小则形成了软吹，渣中（FeO）高，温度和成分不均匀，易烧伤氧枪喷头。

在同样的供氧量的条件下，供氧压力大可加强熔池搅拌，强化动力学条件，有利于提高钒等元素的氧化速度。

氧气流量：指单位时间内向熔池供氧的数量，单位为 m^3/mim。氧气流量大使反应和升温加快，钒得不到充分氧化，过小的流量使供氧强度不够，搅拌不力，反应不能进行完全。

氧枪枪位：是指氧枪喷头顶端与熔池平静液面的距离，它是吹炼过程调节最灵活的参数。氧枪枪位可以分为实际枪位，显示枪位，标准枪位。

实际枪位：指某时刻的枪头距平静液面的高度，它与氧枪位置和装入量及熔池直径有关。

氧枪枪位控制主要考虑的因素：

① 保证氧气射流有一定的冲击面积；

② 保证氧气射流在不损坏炉底的前提下有足够的冲击深度。

目前提钒转炉采用恒压变枪，分阶段低－高－低枪位的方式供氧操作方式。此操作方式的优点是操作简单、灵活，吹炼过程比较稳定。提钒纯供氧时间控制在 5～6.5min 左右。

(3) 冷却制度　提钒冷却制度：就是确定合理的冷却剂加入数量、加入时间以及各种冷却剂加入的配比。转炉提钒加入冷却剂的目的是为了调节过程温度，防止过程温度上升过快，提高钒的氧化率，达到“去钒保碳”的目的。

冷却剂加料量的依据：装入量、入炉温度、冷却剂的冷却强度和已经加入生铁块重量等。

冷却剂加入时间控制：冷却剂能够降低前期升温速度同时保证冷却剂在提钒终点时能够充分熔化。

冷却剂的加入方式及数量：用铁矿石、氧化铁皮、铁皮球、冷固球团、废钒渣、生铁块等作冷却剂。冷却剂必须在吹氧 2 分钟内加完。

兑铁后，生铁块、废钒渣用废钢槽由转炉炉口加入；铁矿石、氧化铁皮、铁皮球、冷固球团从炉顶料仓加入炉内。生铁块、废钒渣在开吹前加完，废钒渣加入量≤2 吨/炉。

提钒冷却剂加入量最多不超过 2.5 吨。提钒用冷却剂冷却效应值比为铁块：废钒渣：冷固球团：铁皮球：铁矿石＝1：1.5：3.5：5.0：5.6。

(4) 终点控制 提钒终点控制：主要指半钢温度控制、半钢碳控制及钒渣（渣态、质量）控制三个方面。目前要求半钢温度控制在1340～1400℃，半钢碳含量≥3.5%，钒渣 V_2O_5 品位要求≥12.0%。

2～3炉倒一次钒渣：在转炉中积累2～3炉炉渣才出钒渣，留渣操作可以使钒尖晶石进一步长大，有利于提高钒回收率；有利于铁在渣中沉降，降低（TFe）含量；加快了生产节奏，提高生产效率。

5.1.2.4 影响转炉提钒的主要因素

(1) 铁水成分的影响 铁水中Si、Mn、Cr、V的含量直接影响钒渣中钒的含量。

① 钒渣中全铁含量对渣中钒含量的影响最大。渣中全铁Σ（FeO）含量取决于供氧强度和氧枪枪位等。

随（FeO）浓度增大，硅酸盐相的体积分数增大，尖晶石相的不均匀性增大，并在尖晶石相颗粒边缘生成磁铁矿［$Fe(Fe\cdot V)_2O_4$］或［$FeO\cdot TiO_2\text{-}Fe(Fe\cdot V)_2O_4$］，氧气顶吹转炉钒渣含较多磁铁矿。随（FeO）浓度降低，尖晶石相组织较均匀。

② 铁水中钒的影响。1977年我国统计了雾化提钒、转炉提钒的铁水原始成分与半钢残钒量对钒渣中五氧化二钒浓度的影响规律：

$$(V_2O_5)=6.224+31.916[V]-10.556[Si]-8.964[V]_{余}-2.134[Ti]-1.855[Mn]$$

上述规律说明铁水中原始钒含量高得到的钒渣 V_2O_5 品位提高。

③ 铁水硅的影响

(a) Si在钒氧化热力学条件中的作用

吹钒过程中，铁水中Fe、V、C、Si、Mn、Ti、P等元素的氧化速度取决于铁水中该元素的含量、吹钒时的热力学条件和动力学条件，而反应能力的大小又取决于铁水组分与氧的化学亲和力——标准生成自由能 $\Delta G^{\ominus}$。

$$[Si]+O_2 \longrightarrow (SiO_2) \qquad \Delta G^{\ominus}=-946350+197.64T$$

$$[V]+3/4O_2 \longrightarrow 1/2(V_2O_3) \qquad \Delta G^{\ominus}=-601450+118.76T$$

从以上两个反应式可知，［Si］与氧的亲和力比［V］与氧的亲和力强，铁水［Si］含量较高时，将抑制［V］的氧化，所以应严格控制铁水中［Si］的含量。

(b) 铁水中硅对钒渣渣态的影响

铁水中的［Si］氧化后生成（SiO_2），初渣中的（SiO_2）与（FeO）、（MnO）等作用生成铁橄榄石［$Fe\cdot Mn]_2SiO_4$ 等低熔点的硅酸盐相，使初渣熔点降低，钒渣黏度降低，流动性增加。

在铁水［Si］较低时（≤0.05%），通过向熔池配加一定量的 SiO_2，适度增加炉渣流动性，可避免渣态偏稠，有利于钒的氧化。在铁水［Si］偏高（≥0.15%）时，渣中低熔点相过高，渣态过稀，又会增加出钢过程中钒渣的流失。

(c) 铁水硅对熔池温升及钒渣（V_2O_5）浓度的影响

铁水［Si］偏高会造成熔池升温加快，阻碍钒的氧化，且［Si］被氧化进入渣相，使粗钒渣中（SiO_2）比例上升，降低了钒渣品位。1999年攀钢统计了120t氧气转炉610炉次的吹钒过程中铁水中的［Si］对钒渣（V_2O_5）浓度的影响规律，得到如下关系式：

$$(V_2O_5)=22.255-0.4378[Si] \quad (R=0.58)$$

通过以上分析，认为铁水硅高对钒渣中（V_2O_5）浓度的影响：

［Si］高会抑制钒的氧化；［Si］氧化成（SiO_2）渣，对钒渣有"稀释"作用；［Si］氧化

放热使提钒所需的低温熔池环境时间缩短；铁水［Si］偏高（≥0.15%）时，渣态过稀，使出钢过程中钒渣的流失增加。

（2）铁水温度的影响　铁水入炉温度与钒渣 V_2O_5 含量的关系曲线如图 5.1.5 所示，由此可知，入炉铁水温度越高，越不利于提钒所需的低温熔池环境。

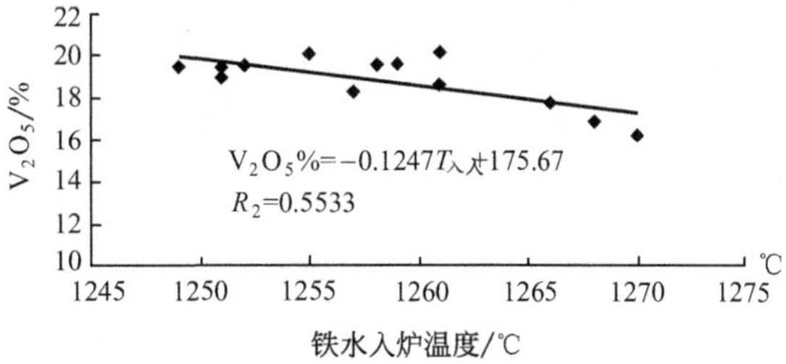

图 5.1.5　铁水入炉温度与钒渣 V_2O_5 含量的关系曲线

（3）吹炼终点温度对钒渣中全铁含量影响　钒渣中氧化铁（FeO）含量随着吹炼终点温度的提高而降低，提钒终点温度高，有利于碳氧化反应的进行，有利于降低渣中全铁含量。但是终点温度过高半钢残钒升高，所以一般终点温度控制在 1300～1400℃。

$$(FeO)+[C]=\!=\!=[Fe]+CO$$

（4）冷却剂的种类、加入量和加入时间的影响　冷却剂加入的目的：为了控制熔池温度，使之低于吹钒转化温度，达到脱钒保碳目的。

冷却剂的种类：生铁块、废钢、废钒渣、铁皮球、污泥球、铁矿石、烧结矿、球团矿等。

对冷却剂的要求：冷却剂除了要求具有冷却能力外，还要有氧化能力，带入的杂质少。

各类冷却剂的特点如下。

① 冷却剂中铁皮、球团矿、铁矿石、烧结矿等既是冷却剂又是氧化剂，其中铁皮球最好，因其杂质少。铁皮除具有冷却和氧化作用外，还可与渣中的（V_2O_3）结合成稳定的铁钒尖晶石（$FeO\cdot V_2O_3$）。铁皮的不足：会使钒渣中氧化铁含量显著增高，如加入时间过晚更为严重。

② 用废钢作冷却剂可增加半钢产量，但会降低半钢中钒的浓度，影响钒在渣与铁间的分配，影响钒渣的质量。

③ 生铁可增加半钢产量，但不会降低半钢中钒的浓度（当然是钒钛磁铁矿所炼的生铁）。

冷却剂尽量在吹炼前期加入，吹炼后期不再加入任何冷却剂，使熔池温度接近或稍超过转化温度。适当发展碳燃烧，有利于降低钒渣中的氧化铁含量，提高半钢温度和金属收得率。

冷却剂加入量的决定因素有：铁水的入炉温度；含钒铁水发热元素氧化放出的化学热；吹钒终点温度。

冷却剂加入量的计算可根据加入冷却剂吸收的热量和铁水中发热元素 C、Si、Ti、Mn、V 等氧化放出热量及使半钢从初始温度升高到吹钒转化温度所吸收的热量来计算。

（5）供氧制度的影响　供氧制度包括氧枪枪位、结构、耗氧量、供氧强度、供氧压力等诸因素，是控制吹钒过程的中心环节。

一般根据不同的铁水成份和吹炼方式，耗氧量有很大差异，同时耗氧量的多少也影响着半钢中的碳和余钒的多少，还与供氧强度和搅拌情况有关，是交互作用的。

供氧强度的大小影响吹钒过程的氧化反应程度，过大时喷溅严重，过小时反应速度慢。吹炼时间长，会造成熔池温度升高，超过转化温度，导致脱碳反应急剧加速，半钢余钒量重新升高。一般在吹氧初期可提高供氧强度，后期减少。

在同样的供氧量的条件下，供氧压力大可加强熔池搅拌，强化动力学条件，有利于提高钒等元素的氧化速度。

当氧压一定时，低枪位，喷枪离液面距离小，吹入深度大，可强化氧化速度，但易喷溅和粘枪。现一般采用恒压变枪位操作，低－高－低枪位操作模式。

(6) 渣铁分离　氧气转炉提钒吹炼结束后，半钢和钒渣分离的好坏对钒渣回收率有重要影响。从转炉倒出半钢过程中，大约有5%～10%的钒渣随半钢流出，这是造成钒渣损失的主要原因。

减少出半钢过程中钒渣损失的措施：

① 在转炉中积累2～3炉炉渣才出钒渣，可使商品钒渣回收率提高3%以上，减少钒渣损失的最有效的办法；②缩小出钢口直径；③提高渣的黏度；④提高转炉旋转速度，并使转速与出钢速度同步，以保持出钢口上面的出钢水平面高于其临界值；⑤出半钢前加挡渣镖。

通过上述措施，可使钒渣回收率提高到98%～99%。

5.1.3　雾化提钒的工艺简介

雾化提钒是攀钢1978—1995年采用的从铁水吹炼钒渣的方法。其工艺流程见图5.1.6。

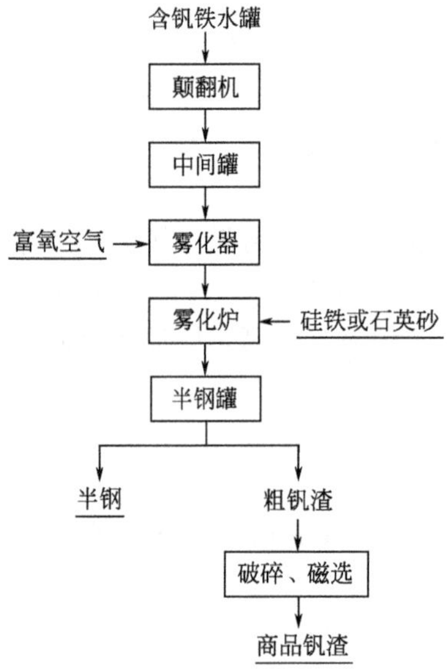

图5.1.6　攀钢雾化提钒工艺流程

炼铁厂输送来的铁水罐经过倾翻机将铁水倒入中间罐，铁水进行撇渣和整流，然后进入雾化器。铁水被压缩空气分散成细小铁珠，雾化后的铁水进入雾化炉反应，随后铁水经出钢槽流入半钢罐，钒渣漂浮于半钢表面形成渣层，最后将半钢与钒渣分离。

雾化提钒工艺目前已被取消，其主要原因有几个方面。

① 雾化提钒工艺条件不太稳定。铁水流量难以控制(水口熔损)，渣铁分离困难（温低、渣铁混出、溜槽维护不好、散流持续时间长、半钢翻不净，残留半钢与钒渣一起翻入渣罐)，钒渣流失较多，钒总收得率偏低，钒渣含铁较高，铁损及温降大。

② 雾化提钒不能与炼铁和连铸、模铸工序相适应。

③ 为满足连铸生产要求，铁水必须脱硫。实践证明，铁水经脱硫后难以通过雾化提钒，从而满足不了连铸浇钢温度的要求。

5.1.4　石煤提钒简介

我国石煤中钒的总储量为钒钛磁铁矿中钒总量的6～7倍，超过世界上各国钒储量的总和。因此，以石煤为原料生产钒制品在我国具有良好的发展前景。

石煤是一种由菌藻类低等生物在还原环境下形成的黑色劣质可燃有机页岩，多属于变质程度高的腐泥无烟煤或藻煤，具有高灰分、高硫、低发热量和结构致密、比重大，着火点高等特点。石煤中除含Si、C和H元素外，还含有V、Al、Ni、Cu、Cr等多种伴生元素。石煤矿的含钒品位各地相差悬殊，一般品位在0.13%～1.00%，以V_2O_5计含量低于0.50%的占60%。我国各地石煤中钒品位差异较大，在目前技术条件下，只有品位达0.8%以上才有开采价值。

根据焙烧过程添加剂的不同或焙烧机理的区别，提钒工艺分为：加盐焙烧提钒工艺、空白焙烧提钒工艺、钙化焙烧提钒工艺等。通常将石煤直接进行磨矿作为提取 V_2O_5 的原料，因此，含钒石煤细矿也可称为另一种钒渣。

5.1.5　钒渣提取新技术

随着攀钢提钒炼钢厂为代表的钒渣提取技术不断得以提升，及时根据铁水条件变化调整供氧强度、吹炼时间、冷却强度等工艺参数，提高铁水中的钒氧化率，尽可能降低残钒含量。另外，通过优化复吹提钒、出渣炉次添加无烟煤等技术措施，克服铁水成分波动对钒渣生产的影响；开展煤氧枪烧结补炉、提钒炉口防粘、4210 镗孔机打炉口等技术研究，改善提钒转炉维护质量。

转炉提钒生产的主要国家是俄罗斯和我国，已经使用静态模型对提钒过程进行控制的国家是俄罗斯，俄罗斯对提钒控制模型开展了深入的研究，现在取得了不错的效果。不过正在使用的模型一般是根据复杂的物理化学规律开发的机理模型，这对工艺要求非常高，需要有非常稳定的工艺条件和生产流程，因此不适用于铁水成分、生产设备等变化波动大的情况。也就是说，这种模型系统不能很好地适应复杂生产过程和现代化柔性生产的需要，模型移植困难，模型价格昂贵。

在我国对转炉提钒的研究与发展比较缓慢，主要为人工操作模式，操作和控制基本上依赖于现场操作人员的经验和感觉进行操作，自动化水平低，存在着钒渣质量和半钢质量不稳定的问题。因此利用人工智能技术研制具有高性价比的转炉提钒模型，建立具有自适应、自学习能力的控制模型是未来提钒控制的发展趋势。目前，对提钒这样的复杂冶金工业过程建模的研究，也是国内外的研究热点之一。

近年钒渣提取领域的代表性新技术如下。

① 中国恩菲工程技术有限公司发明了一种从原料钒渣制备精细钒渣的方法。包括：将原料钒渣进行破碎，然后进行磁选铁得到铁渣和选铁后的钒渣，将钒渣进行一次球磨，然后进行一次选粉得到一次粗粉和作为精细钒渣的一次细粉，然后进行筛分得到筛上粉和筛下粉，将筛下粉进行二次球磨和二次选粉得到二次粗粉和作为精细钒渣的二次细粉。利用该方法能够降低精细钒渣中铁含量。

② 攀钢集团公开了一种高品位钒渣富氧钙化焙烧的方法，包括如下步骤：将高品位钒渣与钙化剂混合形成混合料，将混合料在氧气体积含量为 12%～21%的气氛下进行焙烧。该方法大幅度降低了高品位钒渣钙化焙烧温度，解决了高品位钒渣钙化焙烧时因焙烧温度高出现的物料烧结、焙烧设备结圈等不能正常运转的问题，完善了高品位钒渣钙化焙烧的产业化技术。

③ 王荣春提供了一种钒渣的生产方法，将钒钛磁铁矿精粉烧制成球团矿，将钒钛磁铁矿烧制高氧化镁烧结矿，将球团矿与高氧化镁烧结矿相混合的配料中加入焦炭，送入高炉冶炼得含钒铁水，将含钒铁水倒入转炉中，加入占含钒铁水重量百分比为 3%～10%的钒钛磁铁矿和/或轧制鳞皮，并加入助熔成分的溶剂，当含钒铁水温度为 1200～1320℃时开始用气体氧化剂进行吹炼，速率为 $1.3 \sim 3.5m^3/t \cdot min$（按氧气计算），当含钒铁水温度为 1450～1650℃时停止吹氧，熔池的比表面积为 $0.10 \sim 0.35m^2/t$，得钒渣。本钒渣的生产方法工艺流程简单，能量损耗小，钒渣的产率高，生产成本低。

④ 攀钢集团提供了一种利用转炉从超低钒铁水中提取钒渣的方法。包括的步骤有：将含钒量为 0.14%～0.20%的脱硫铁水兑入转炉，然后向其中加入含铁氧化物，下顶枪至铁水液面上方，然后进行吹氧，吹氧结束后，加入碳质还原剂，进行摇炉，吹炼结束后得到钒渣和半钢铁水。本方法能够有效地保证提取铁水中的有价元素-钒，并为低硫钢的生产提供

了重要的原料。

⑤ 重庆大学公开了一种从转炉钒渣提钒后的尾渣中再次提钒的方法，该方法包括用提钒后的转炉钒渣的尾渣、浸取剂硫酸和氧化剂硫酸亚铁混合，以制备矿浆液，将所得矿浆液置于无隔膜浸取槽中，以进行电催化氧化反应，对经电催化氧化反应后的矿浆液进行固液分离，得含硫酸氧钒的滤液等步骤。在得到含硫酸氧钒的滤液后，再通过常规的现有技术，或制备出硫酸氧钒或其水合物，也可制备出五氧化二钒，或进一步还原出钒。该技术能够更多地提取现有技术基本不能再所述尾渣中进一步提出的钒，是成本较低、资源化利用较好的方法。

⑥ 攀钢集团提供了一种钙法提钒用高钙钒渣及其生产方法，包括以下步骤：将含钒铁水兑入转炉中，向其中加入氧化铁皮和石灰；然后进行吹氧；吹氧结束后进行出钢，得到提钒半钢；直接出渣或保留炉渣继续进行多次前述步骤后再出渣，得到高钙钒渣；高钙钒渣采用上述方法制备，并且以重量百分比计，高钙钒渣中 CaO 的含量为 6%～10%、P 的含量在 0.1%以下，铁含量为 22%～24%，CaO/V_2O_5 的值为 0.4～0.6。该钙法提钒用高钙钒渣质量合格，钒渣中的磷含量在 0.1%以下，且在生产过程中减少了金属铁损失率，显著降低了生产成本，同时，所得的提钒半钢中，含磷量少，减少了炼钢过程的脱磷负担。

⑦ 贵阳铝镁设计研究院公开了一种钒渣罐内料位测量装置，包括地坑、钒渣罐。该装置在坑内安装称重式测量装置进行罐内料位的测量，既避免了测量仪表直接接触所排废料造成磨损、损坏，又使得在换罐操作时工人不必进行繁琐的拆、接线工作，节省了时间，提高了劳动效率，降低了由于接线不规范造成无信号和信号虚假的情况发生，且测量效果更好，同时一次安装完成可连续使用减少换罐时的操作环节，维护量少。

5.2 五氧化二钒

5.2.1 五氧化二钒生产方法简介

五氧化二钒生产方法的分类一般以原料来分，通常包括以下 10 余种：

① 钒渣提钒；②含钒钢渣提钒；③钠化渣提钒；④石煤提钒；⑤钒矿钙化提钒；⑥含钒铀矿提钒；⑦铝土矿提钒；⑧石油燃灰提钒；⑨废催化剂提钒；⑩磷矿提钒。

钒钛磁铁矿经高炉冶炼后，在转炉炼钢前用氧吹炼含钒生铁，可获得钒渣，可作为生产五氧化二钒的主要原料；而钒钛磁铁矿经高炉冶炼后，在转炉炼钢过程中，无论之前是否吹炼过钒渣，都会产生钢渣，也可以此含钒钢渣作为提钒原料；在转炉炼钢时，直接往含钒铁水中添加 6%的纯碱和 8%的铁皮，含钒铁水的脱钒率可达 60%～80%，处理后可达到钠化钒渣用于提钒。

石煤是由菌藻类低等生物在浅海形成的可燃矿物，石煤中钒主要赋存于钒云母和含钒黏土中，我国富产石煤矿，在提钒原料中仅次于钒渣。

钒矿钙化提钒的钒矿原料一般是风化石煤矿，位于石煤矿的表面，由石煤氧化而成，分页岩和硅质岩两种，含钒矿物为钒云母、伊利石和少量含钒铁矿，其他矿物为硅酸盐和硅铝酸盐；某些地方（如美国）的钒铀矿含有丰富的钒，提钒后铀只是副产品；铝土矿通常含钒 0.1%，在拜尔法生产氧化铝过程中，30%～40%的钒溶解，可作为提钒原料；石油加工后的残渣中含有一定量的钒，有的高达 0.14%，残渣在发电厂燃烧后富集于锅炉灰中，也可作为提钒原料；含钒的废催化剂主要来源于硫酸工业、石油工业和高分子工业，是循环利用最好的提钒原料；在美国、俄罗斯等一些地方的磷酸盐矿中也含有 0.15%～0.35%V，生产磷肥时，钒进入磷铁，可以吹炼提钒。

前三种方法又统称为从钒钛磁铁矿中提钒，我国钒资源的存在方式决定了其生产形式，主要是从钒钛磁铁矿中提钒和石煤提钒，其中，从钒钛磁铁矿中提钒的三种方法中，又以吹炼钒渣法（钒渣提钒）为主。本节重点讲述钒渣提钒，简单介绍石煤提钒。

5.2.2　钒渣生产五氧化二钒的原理

五氧化二钒的生产一般是以钒渣作为原料，而以钒渣作为原料生产五氧化二钒主要包括原料预处理、焙烧、钒溶液的分离净化、钒溶液沉淀结晶和钒酸盐分解、干燥及熔炼 5 个工序，工艺流程如图 5.2.1。

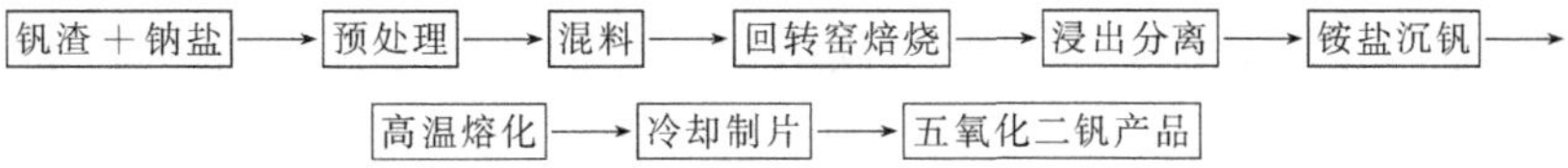

图 5.2.1　钒渣提钒法生产五氧化二钒工艺流程

钒渣中含有的 16%～20%的五氧化二钒，其他全是杂质，生产五氧化二钒的过程本质上就是：用钠盐使钒和部分杂质溶解于水，生成钒酸钠，再加入铵盐使钒沉淀出来，生成钒酸盐，而其他杂质不沉淀，再将钒酸铵焙烧分解为五氧化二钒即可。

生产五氧化二钒的原料：钒渣，典型化学成分如表 5.2.1 所示。

表 5.2.1　钒渣典型化学成分　　单位：%

成分	CaO	SiO_2	V_2O_5	TFe	MFe	P
含量	1.5～2.5	16～18	16～20	30～35	14～16	0.057

生产五氧化二钒的辅料：钠盐（碳酸钠、硫酸钠或氯化钠）或钙盐（碳酸钙）、铵盐（氯化铵或硫酸铵）。

最终产品：片状或粉状 V_2O_5，V_2O_5 含量一般为 97%～99%。外观如图 5.2.2 所示。

生产五氧化二钒的主体设备：回转窑、浓缩机、熔化炉。带制片机的熔化炉外观如图 5.2.3 所示。

生产五氧化二钒的工艺：钠盐溶解、铵盐沉钒法。

图 5.2.2　片状五氧化二钒产品

图 5.2.3　带制片机的熔化炉

5.2.2.1　焙烧过程中的主要化学反应

钒渣和钠盐的混合料在回转窑中的焙烧过程中是在氧化气氛下，物料从低温到高温再逐渐降温的连续过程，主要物理化学反应包括：

（1）首先在 300℃左右金属铁氧化

$$Fe+1/2O_2 \longrightarrow FeO$$

$$2FeO+1/2O_2 \longrightarrow Fe_2O_3$$

（2）在 500～600℃黏结相铁橄榄石氧化并分解

$$2FeO \cdot SiO_2+1/2O_2 \longrightarrow Fe_2O_3 \cdot SiO_2$$ （低价氧化物氧化）

$$Fe_2O_3 \cdot SiO_2 \longrightarrow Fe_2O_3+SiO_2$$ （复合氧化物分解）

（3）600～700℃尖晶石氧化分解

$$FeO \cdot V_2O_3+FeO+1/2O_2 \longrightarrow Fe_2O_3 \cdot V_2O_3$$ （Fe^{2+}氧化为 Fe^{3+}）

$$Fe_2O_3 \cdot V_2O_3+1/2O_2 \longrightarrow Fe_2O_3 \cdot V_2O_4$$ （V^{3+}氧化为 V^{4+}）

$$Fe_2O_3 \cdot V_2O_4+1/2O_2 \longrightarrow Fe_2O_3 \cdot V_2O_5$$ （V^{4+}氧化为 V^{5+}）

$$Fe_2O_3 \cdot V_2O_5 \longrightarrow Fe_2O_3+V_2O_5$$ （分解）

（4）600～700℃五氧化二钒与钠盐（碳酸钠、硫酸钠或氯化钠）反应生成溶于水的钒酸钠

$$V_2O_5+Na_2CO_3 \longrightarrow 2NaVO_3+CO_2\uparrow$$

$$V_2O_5+Na_2SO_4 \longrightarrow 2NaVO_3+SO_3\uparrow$$

$$V_2O_5+2NaCl+H_2O \longrightarrow 2NaVO_3+2HCl\uparrow$$（有水蒸气存在）

$$V_2O_5+2NaCl+1/2O_2 \longrightarrow 2NaVO_3+Cl_2\uparrow$$（无水蒸气存在）

（5）600～700℃五氧化二钒与铁、锰、钙等氧化物生成溶于酸但不溶于水的钒酸盐

$$V_2O_5+CaO \longrightarrow Ca(VO_3)_2$$

$$V_2O_5+MnO \longrightarrow Mn(VO_3)_2$$

$$V_2O_5+Fe_2O_3 \longrightarrow 2FeVO_4$$

（6）根据碳酸钠与一些氧化物反应的差热分析，在焙烧过程中可能有如下副反应发生

$$Na_2CO_3+Al_2O_3 \longrightarrow Na_2O \cdot Al_2O_3+CO_2$$（920℃生成）

$$Na_2CO_3+Fe_2O_3 \longrightarrow Na_2O \cdot Fe_2O_3+CO_2$$（800℃生成，1060℃相变，1280℃熔化）

$$Na_2CO_3+TiO_2 \longrightarrow Na_2O \cdot TiO_2+CO_2$$（780℃生成，980℃熔化）

$$Na_2CO_3+SiO_2 \longrightarrow Na_2O \cdot SiO_2+CO_2$$（820℃生成）

$$2Na_2CO_3+SiO_2 \longrightarrow 2Na_2O \cdot SiO_2+2CO_2$$（850℃生成）

$$Na_2CO_3+Al_2O_3+2SiO_2 \longrightarrow Na_2O \cdot Al_2O_3 \cdot 2SiO_2+CO_2$$（760℃生成）

$$4Na_2CO_3+2Cr_2O_3+3O_2 \longrightarrow 4(Na_2O \cdot CrO_3)+4CO_2$$

$$3Na_2CO_3+P_2O_5 \longrightarrow 3Na_2O \cdot P_2O_5+3CO_2$$

当上述产物在水浸时，可溶性的盐溶解到水中，部分产物将发生水解。

5.2.2.2 焙烧后的浸出分离

钒渣焙烧后的浸出与净化过程就是用水作浸出价质，在一定的工艺条件下，将熟料中的水溶性钒化合物转入水溶液中。通过循环富集和过滤、除杂、沉降等过程，最后得到合格的含钒水溶液。

在不同的 pH 值条件下，钒在溶液中的存在形式也不相同：

偏钒酸钠	$NaVO_3$	pH7.5～10
焦钒酸钠	$Na_4V_2O_7$	pH10～11.8
正钒酸盐	Na_3VO_4	pH11.8～12.0

正常情况下，浸出液 pH 在 7.5～9.0 之间，故偏钒酸钠是浸出液中钒存在的主要形式。

含钒浸出液中通常含有 Fe^{2+}、Mn^{2+}、CrO_4^{2-}、PO_4^{3-}、和 SiO_3^{2-} 等杂质离子，通常采用常规化学法、溶剂萃取法和离子交换法进行去除。

5.2.2.3　钒溶液铵盐沉淀

钒溶液铵盐沉淀是将钒酸钠溶液用硫酸调节到一定的酸度，加入铵盐，在加热搅拌的条件下沉淀结晶出橘黄色的多钒酸铵（APV），沉淀后上层液（母液）含钒在0.1g/L以下。反应方程式为：

$$6NaVO_3+2H_2SO_4+2NH_4Cl = (NH_4)_2V_6O_{16}\downarrow+2NaCl+2Na_2SO_4+2H_2O$$

钒在不同浓度和pH的溶液中存在的形式有复杂的变化，其沉淀的晶体结构也呈多样性，这就为酸法铵盐沉淀控制增加了难度。随着工艺控制条件的改变，多钒酸铵晶体结构及表现形式现象也有所不同，普遍现象是生成两种沉淀物，其一是橘黄色的多钒酸铵（六钒酸铵或十二钒酸铵）沉淀，俗称黄饼或红钒，其二是棕红色或砖红色的絮状多钒酸盐沉淀，俗称黑钒。由于絮状多钒酸盐杂质含量高，过滤性能差，是生产上所不愿意见到的。

正常生产的钒酸钠溶液一般pH≈9，其主要成分是偏钒酸钠。偏钒酸根离子在溶液中以$(V_3O_9)^{3-}$形式存在，属于钒氧四面体，呈环状，但固体状态为链状结构。絮状多钒酸根离子的$(V_3O_8)_n^{m-}$钒氧骨干，实质是$(V_3O_8)^-$单元无限无序重复的联结体，$(V_3O_8)_n^{m-}$从结构上可以看成是含有$(V_3O_9)^{3-}$，其中有两个O^{2-}与附近两个$(V_3O_9)^{3-}$共享而形成的链。因此从单元结构近似的方面分析，$(V_3O_8)_n^{m-}$形成具有便利条件，$(V_3O_8)_n^{m-}$的结构是近程有序而远程无序，$(V_6O_{16})^{2-}$的结构是远程有序，按化学热力学原理的“有序状态有自发向无序状态发展趋势”推论：生成$(V_3O_8)_n^{m-}$比生成$(V_6O_{16})^{2-}$具有优势。从生产和小试验中可以观察到絮状多钒酸盐能在瞬时出现，孕育期时间很短，而正常多钒酸盐孕育期时间相对较长。也可以观察到先出现部分絮状多钒酸盐，然后慢慢转变成正常多钒酸盐。用化学动力学的语言来叙述，即沉淀过程存在两个平行反应，第一个是生成$(V_3O_8)_n^{m-}$的反应：

$$n(V_3O_9)^{3-}+2nH^+ = (V_3O_8)_n^{m-}+nH_2O$$

反应活化能为E_1，反应速率常数为K_1，第二个是生成$(V_6O_{16})^{2-}$的反应：

$$2(V_3O_9)^{3-}+4H^+ = (V_6O_{16})^{2-}+2H_2O$$

反应活化能为E_2，反应速率常数为K_2。由于$E_1 \leqslant E_2$，所以生成$(V_3O_8)_n^{m-}$的反应比生成$(V_6O_{16})^{2-}$的反应容易进行，反应速率也快。即反应速率常数$K_1 \geqslant K_2$，反应生成物的数量比等于其反应速率常数之比，所以第一个反应就成为主导反应，随着反应物的消耗变化导致抑止第二个反应的进行。宏观总体反应的产物是絮状多钒酸盐。因此，要获得正常的多钒酸铵沉淀，就必须严格控制沉淀工艺条件，避免絮状多钒酸盐的产生。

（1）工业生产中絮状多钒酸盐产生的原因

① 温度的影响：温度低时，由于$E_1 \leqslant E_2$，所以生成$(V_3O_8)_n^{m-}$反应速率快，因而抑止了生成$(V_6O_{16})^{2-}$的反应，如果反应期内都保持较低温度状态，生成物几乎都是絮状多钒酸盐。当温度升高时有利于反应活化能较高的第二个反应，第二个反应的反应速度递增比例大于第一个反应的反应速度递增比例，如果反应中后期都控制在较高温度状态，即接近沸腾，生成$(V_6O_{16})^{2-}$的反应速率超过生成$(V_3O_8)_n^{m-}$的反应速率，絮状多钒酸盐就停止产生，并逐渐会转变成所期望的正常生成物。当温度过高即沸腾时，由于溶液激烈的汽化作用，破坏了$(V_6O_{16})^{2-}$的结晶长成条件，大量产生单元晶胞，为$(V_3O_8)_n^{m-}$的生成创造了条件，因为这时赖以反应的固体总表面积增大，絮状多钒酸盐生成反应速度以多个数量级递增，又使生成物变成粘料了。

② pH值的影响：pH值高即酸度低时，由于第一个反应的n是可变的，能适当选择需

求 H^+ 少的反应方式，生成以短链状态的 $(V_3O_8)_n^{m-}$ 絮状多钒酸盐的反应始终处于优先地位。又在 pH 值高的情况下，溶液中的 SiO_4^{4-} 等同时产生沉淀反应，造成不必要的固体增多，相应促进了较小的 E_2 的反应。当 pH 值降低时，溶液中的 Si 等杂质可保持溶解状态，减少不必要的固体沉淀，限制了第一个反应的快速进行。此外 pH 值低到一定程度会出现晶体返溶现象，这是因为存在着生成可溶性 VO^{2+} 的下述两个反应：

$$(V_3O_8)_n^{m-}+4nH^+ = 3nVO^{2+}+2nH_2O+3n/2O_2\uparrow$$

$$(V_6O_{16})^{2-}+8H^+ = 6VO^{2+}+4H_2O+3O_2\uparrow$$

由于链型晶体的约束性小于其他型式的晶体，相对地离子键较长，因而晶格能偏低，不稳定性强，也就是容易产生返溶现象或发生晶型转变。因此在 pH 值降低到一定的值时 $(V_3O_8)_n^{m-}$ 已经达到结晶平衡时，$(V_6O_{16})_n^{2-}$ 的结晶反应仍保持进行，宏观上表现为制止了絮状多钒酸盐的产生。当局部区域 pH 值低时，也就是往溶液中加酸时，瞬时产生大量晶胞，与前面叙述一样，有利于第一个反应的进行。

③ 含钒浓度的影响：含钒浓度高也就是反应物浓度高，有利于反应迅速进行，因为反应物浓度与反应发生几率成正比。在反应初期反应速度快而瞬时产生大量晶胞，这样在快速反应的基础上又助长了第一个反应的进行，使其反应速率更快，生成物很容易非常迅速形成粘料，中期时这种被动势头仍然保持，极难转变，后期时已既成事实无法挽回。含钒浓度高时，必须从一开始就采取减缓反应速度的措施（后文将着重论述）。含钒浓度一般应控制在 30g/L 以下。含钒浓度低时，周转余地大，主要取决于其他因素的影响。

④ 杂质的影响：杂质分为两种，一种呈离子状，一种呈固体悬浮物状。固体悬浮物促成粘料的产生。离子状杂质有硅、铝、铁、磷等。前三种在 pH 值高时产生的基本都是属絮状沉淀，因此除了起到固体悬浮物的作用外，还由于它们的结构与絮状多钒酸盐相似，促使钒沿这种基础骨架沉积而形成絮状多钒酸盐。磷主要是与钒能形成 $[P(V_2O_6)_6]^{7-}$ 杂多酸阻碍钒的沉淀，使反应长时间达不到预期目标。而引起不良的副作用。

⑤ 搅拌的影响：如果不搅拌，特别在间接加温的条件下，反应物靠自发相互扩散均化的时间需要相当长，在此过程中，必然有具备局部反应浓度偏高条件的区域，造成局部区域反应迅速而有利于第一个反应进行，也有利于第二个反应进行所需条件的区域，但由于絮状多钒酸盐的比重较轻，可随热运动扩散到整个容器，因而成为主导生成物。如果不适当地长时间搅拌，晶体颗粒间碰撞机会增加，造成具有结晶缺陷的晶体容易从母体上脱落，以致晶体颗粒的总体粒度变细，表面积增大，吸附杂质的能力增加。这是因为处于晶体表面的原子、离子其化合价往往没有满足，显现出一定的余价，因此能够吸附其他原子、分子。结果沉淀物变成类似粘料的物理状态，称之为“泡料”。其实这是由正常多钒酸盐转变到絮状多钒酸盐晶型改变的过渡状态。如果此时仍不停止搅拌，晶体的颗粒度进一步变细，晶体间的无序架桥现象就会发展成近程有序的链状结构，发生彻底的晶型号转变，沉淀物成了粘料。

(2) 防止絮状多钒酸盐产生的办法　防止絮状多钒酸盐产生的指导思想就是，设法限制 $(V_3O_8)_n^{m-}$ 的生成反应，最大限度地促使 $(V_6O_{16})^{2-}$ 生成反应迅速进行，极多地生成 $(V_6O_{16})^{2-}$。防止 $(V_3O_8)_n^{m-}$ 的生成可以通过以下几方面进行控制。

① 控制反应速度过快。其中包括局部区域反应速度过快。这方面的措施有：控制加温的速度，避免全部和局部骤然温度过高；控制加酸的速度，避免局部区域 pH 值低；适时搅拌均化反应速度；净化反应溶液，减少所含杂质尤其是减少固体悬浮物；适量控制晶种数量等。

② 掌握分阶段且连续的作业。此目的是制造平稳的反应条件。这方面的措施有：需加

酸，计算要准确并一次性连续加入，避免中途补加酸和补加钒溶液；加沉淀剂（铵盐）、加温、加酸等作业不宜同时进行，避免不利于正常反应的条件重叠而加剧；适时中止作业，避免反应环境恶化。

③ 减缓含钒浓度较高时的反应速率。原液含钒浓度高是产生粘料的诸因素中产生几率最大的一个，几乎是不可避免地要造成被动。这方面的措施有：调整溶液含钒浓度，使其达到安全可靠的界线之内；适当提高沉淀剂（铵盐）用量比例，因为 $(V_3O_8)_n^{m-}$ 与 Na^+ 的结合没有断键过程，（这也是第一个反应的活化能 E_1 小的原因），NH_4^+ 离子浓度提高可以促使 $Na_3(V_3O_9)$ 中的 Na—O 键断开，以在生成物内形成 NH_4^+—O 键，此键的共价程度要稍高一些，因而较为稳定；尽量减少晶种；分散逐渐加温；控制酸化前的温度。温度过低时，一方面铵盐不能充分溶解而起到固体悬浮物的同样作用，同时反应的局部区域内 NH_4^+ 浓度低，保证不了置换 Na^+ 的条件，促使第一个反应的迅速进行。另一方面由于钒浓度高且低温会产生偏钒酸铵沉淀：

$$3NH_4^+ + (V_3O_9)^{3-} = 3NH_4VO_3$$

同样起到固体悬浮物的作用。温度过高时，一加酸就立即起反应，同一时间产生大量晶胞，促使第一个反应的迅速进行，适时延长各段作业时间。

5.2.2.4　多钒酸铵的分解熔化

多钒酸铵是一种铵的聚钒酸盐，依据沉淀的条件不同，沉淀产物的分子组成不一。在通常的工业生产条件下，其分子式主要是：$(NH_4)_2V_{12}O_{31} \cdot nH_2O$、$(NH_4)_2V_6O_{16} \cdot nH_2O$，这些铵的聚钒酸盐热稳定性很差，受热后会分解放出氨气。反应方程式如下：

$$(NH_4)_2V_6O_{16} \xlongequal{\triangle} 3V_2O_5 + H_2O + 2NH_3 \uparrow$$

$$(NH_4)_4V_6O_{17} \xlongequal{\triangle} 3V_2O_5 + 2H_2O + 4NH_3 \uparrow$$

$$(NH_4)_2V_{12}O_{31} \xlongequal{\triangle} 6V_2O_5 + H_2O + 2NH_3 \uparrow$$

$$(NH_4)_2H_2V_{10}O_{27} \xlongequal{\triangle} 5V_2O_5 + 2H_2O + 2NH_3 \uparrow$$

反应放出的氨气在该温度下是一种强还原剂，能迅速将五氧化二钒还原成四氧化二钒：

$$3V_2O_5 + 2NH_3 \xlongequal{\triangle} 3V_2O_4 + 3H_2O + N_2 \uparrow$$

该反应的进行是分解产物中含有四价钒的根本原因。但在有足够量氧气存在时，四价钒可重新被氧化成五价钒。

$$2V_2O_4 + O_2 \xlongequal{\triangle} 2V_2O_5$$

5.2.3　钒渣生产五氧化二钒的工艺和设备

5.2.3.1　原料预处理

（1）任务　本工序主要完成钒渣破碎、粉碎、配料工作，使处理后的钒渣混合料达到焙烧要求。

（2）典型工艺控制条件

①钒渣粉碎粒度：－120 目筛≥80%。②钒渣 MFe 含量：≤5%。③配料精度：误差≤1%。

（3）主要典型设备

①颚式破碎机，常用型号：PE600×400；②球磨机，常用型号：ϕ1830mm×7000mm；③电磁给料机：常用型号：GZ3；④除铁器，可用磁选机，常用型号：RCDD-6；⑤混料机，

常用型号：LHY-3；⑥空压机，常用型号：LAH-15。

5.2.3.2 焙烧工序

（1）任务 将混合料入回转窑焙烧，使不溶性的钒化合物氧化、钠化成可溶性的钒酸钠（熟料），供浸出提钒。

（2）典型工艺控制条件

①精渣：碱比6%～18%，盐比2%～9%。②尾渣：碱比1%～5%，盐比2%～7%。③精渣混合料水分：8%～15%。④尾渣混合料水分：≤25%。⑤下料量：精渣6t/h·台，尾渣7～8t/h·台。⑥焙烧温度：烧成带温度（830±50)℃。

（3）工艺控制要点

① 附加剂的选择及加入量的控制：钒渣的氧化钠盐焙烧是提取钒的关键一步。由于钒渣的结构成分复杂，所以钒渣的氧化钠焙烧也很复杂。全部采用NaCl作为附加剂是不适宜的。但是由于NaCl易挥发，可起到疏松炉料、增大反应表面的作用，有利于钒渣反应，提高转化率。所以生产中要以Na_2CO_3为主，适量配入NaCl，注意二者搭配，这样，即可使生产顺利，转化率也较高。

② 温度的控制：钒渣氧化钠盐焙烧，对温度的要求非常严格。钒渣焙烧温度在800～900℃之间较好，850℃左右最佳。

③ 引风量（氧化气氛）的控制：氧化气氛是指焙烧气中含氧的浓度。因为钒铁晶石分解，低价钒的氧化，附加剂NaCl的分解等，都要有氧参加才能进行。因此，必须保证炉气中有一定的含氧浓度。

为了保证炉气中有一个良好的氧化气氛，提高钒的转化率，一般要求在焙烧尾气中氧的浓度不应低于5%，这可通过调节窑尾引风机的排气量来实现。但排气量也不可过大，否则会引起窑内烧成带后移，预热带缩短，炉料来不及完成预热带应完成的物理化学变化，提早进入高温区，会使钠化剂过早熔化，生成低熔点的玻璃体，造成炉料烧结，不利于可溶性偏钒酸盐的生成。同时冷却带相应延长，烧成料冷却速度减慢，可溶性的偏钒酸盐放出氧生成不溶于水的钒青铜（NaV_6O_{15}和$Na_8V_{24}O_{63}$），造成钒收率的降低。

（4）主要设备

① 回转窑。回转窑示意图如图5.2.4所示，常用规格：ϕ2700mm×50000mm。转速：0.13～1.3r/min。斜度：3.8%。

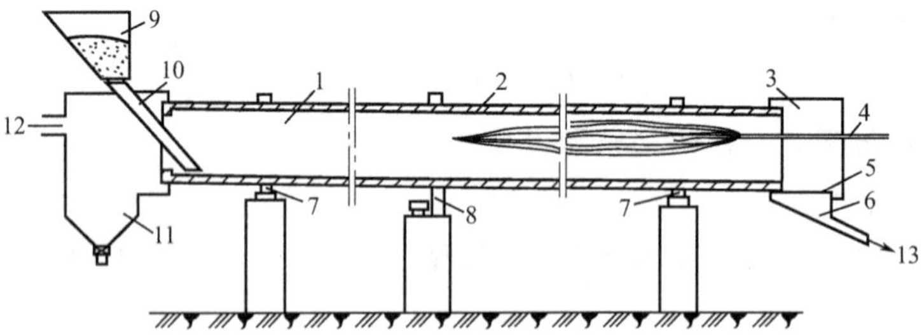

图5.2.4 回转窑示意图

1—窑身；2—耐火材料；3—窑头；4—燃烧嘴；5—条栅；6—排料口；7—托轮；8—传动齿轮；9—料仓；10—下料管；11—灰箱；12—进尾气净化系统；13—进湿球磨

② 煤气炉。常用规格：ϕ3.1BZ-Q；产气量：6600～8500Nm^3/h。

③ 静电除尘器。常用规格：WDL-25/4。

5.2.3.3　钒的浸出与净化工序

（1）任务　将焙烧熟料中的可溶性钒酸钠，加水浸取到溶液中并液固分离，除磷净化，为沉淀提供合格的钒溶液。

浸出过程水和熟料矿一起进入湿球磨机，边冷却、边研磨、边浸取，然后料浆被输送到沉降槽（或称为浓密机）。沉降后的溢流再经多次沉降，得到澄清液被送去沉淀钒酸铵。

（2）典型工艺控制条件

①熟料粒度：不大于 3mm；②热水温度：≥90℃；③过滤时真空表读数小于－0.03～0.06MPa；④过滤料层厚度：300～400mm；⑤固液比：1∶1～3；⑥浸泡时间：≥20min；⑦浸出液 pH 值：9～10.5；⑧溶液浓度：精渣，14～28g/L；尾渣，6～16g/L；⑨溶液磷浓度：不高于 0.015g/L（P/V≤0.0007）；⑩残渣含钒：尾渣不大于 0.15g/L，弃渣不大于 0.05g/L。

（3）工艺控制要点

① 浸出温度：溶液温度对偏钒酸钠溶解度影响很大。随着温度升高，钒酸钠在水中溶解度也相应增大。为提高钒的浸出率和加快浸出速度，钒的浸出必须在较高的温度下进行。

② 熟料粒度：为了保证较大的浸出速度，必须尽可能地减小物料的粒度。

在正常的焙烧过程中，由于附加剂以及低熔点化合物的变化，熟料中往往有 20%～40%的小球（ϕ3.0～5.0mm）。为此，需要分离后细磨，以利于浸出。但是过细的料度也是应该避免的。因为残渣沉降和过滤的速度随粒度的减小而减慢，同时，还容易形成大量泥浆和不易沉降的悬浮物，对浸出反而带来不利影响。

③ 浸出时间：在浸出开始的前 20min 内，随着浸出时间的不断延长，钒的浸出率逐渐增加，超过 20min 后，随着浸出时间的进一步延长，浸出率变化不大。

④ 液固比和浓度：液固比是指浸出的液相与固相间的重量比。由于浸出时液固比越大，在其他条件相同的情况下，则浸出达到平衡时液相中钒的平衡浓度越小，同时，此时的平衡浓度与该条件下的钒溶解度相差越大。因此，钒的溶解速度越快，钒的浸出率越高。

但是液固比并不是可以任意放大的。因为对同一物料来说，液固比越大，达到浸出平衡时的浸出浓度越低，越不利于以后工序操作，因此，必须在保证浸出速度和浸出率的前提下，选择适宜的液固比和浸出浓度。

⑤ 浸出液的 pH 值：浸出液的 pH 值的高低变化对钒的溶解浸出有很大影响。一般说来，钒的溶解度和溶解速度都是随溶液的 pH 值的增大而增加。同时，在较高的 pH 值下，一方面可防止溶液中的偏钒酸钠的水解沉淀，另一方面也可以防止或减少浸出过程中的二次反应（即生成不溶性的钒酸盐沉淀的反应）的发生。从而也能提高钒的浸出率。尤其是对含 CaO 较高的钒渣原料更是如此。

但是浸出液的 pH 太高时，阴离子杂质会大量进入溶液，阳离子杂质在浸出过程中大量水解析出，容易造成浸出液不易沉降，浸出液不易澄清。同时，胶状沉淀物会过多吸附溶液中的钒离子进入残渣中。因此，这不仅会造成钒的损失，而且对沉淀工序也会带来不利影响。因此，适宜的 pH 值对浸出很重要。一般 pH 值在 7.5～10.5 之间为好。

（4）主要设备

① 冷却机；②浸出过滤槽；③真空泵。

5.2.3.4　沉淀工序

（1）任务　将钒酸钠溶液加酸中和，加入氯化铵，再酸化至一定的酸度，加热，生成多钒酸铵沉淀，用水洗涤并液固分离。

（2）典型工艺控制条件

①钒溶液：pH＝7～10.5，澄清无悬浮物，钒浓度：精渣 14～28g/L，尾渣，6～16g/L；②加酸系数：1～1.5；③上层液游离酸：2～3g（H_2SO_4）/L；④加铵系数：0.6～1.4kg $(NH_4)_2SO_4$/kgV；⑤沉淀温度：(95±2.5)℃；⑥水洗温度：10～40℃；⑦水洗水量：2～5m^3/板；⑧过滤时板框压滤机压力控制在 17.5～22.5MPa；⑨上层液钒浓度：不高于 0.06g/L；⑩多钒酸铵化学成分（分解后）：商品 V_2O_5≥98.0%，P≤0.05%，S≤0.20%，Si≤0.25%，Fe≤0.30%，Na_2O+K_2O≤1.5%，附着水分≤50%。

（3）工艺控制要点

① 钒浓度的控制：钒浓度越高，起始反应速度越快（当浓度大于 11g/L 时，反应不需要孕育期。当浓度小于 5.6g/L 时，则需要有 5min 的孕育期，然后才有沉淀物析出），析出物过饱和度就会增大，析出速度加快，沉淀物增多，不沉实，易出现粘料，从而造成多钒酸铵品位降低。这是由于多钒酸铵结晶晶核的聚集速度主要同沉淀浓度有关。所以随着浓度的增高，晶核生成速度快，晶核小，Na^+ 进入晶格，同时其他杂质吸附量也可能增大而造成品位下降。

但是，由于多钒酸铵的溶解度在一定条件下是不受原液浓度影响的，所以提高原液中钒的浓度可提高钒的沉淀率。

② 酸度的控制：酸度是钒酸钠溶液水解成多钒酸铵的重要因素。

多钒酸铵在一定酸度环境下，在沉淀时间条件相同情况下，钒的沉淀率与酸度成反比，随着酸度的增加，钒的水解平衡朝有利于 VO^{2+} 方向进行，使沉淀率下降，即：

$$2NaVO_3+2H_2SO_4 = (VO_2)_2SO_4+Na_2SO_4+2H_2O$$

由于 $(VO_2)_2SO_4$ 的生成，所以上层液不易下降。

虽然高酸度沉淀沉淀率较低，但是由于沉淀速度较慢，所以杂质含量较低，而品位却比较高。反之，低酸度沉淀品位低，杂质含量高，即：

$$10NaVO_3+2(NH_4)_2SO_4+2H_2SO_4+8H_2O = (NH_4)_4Na_2V_{10}O_{28}\cdot 10H_2O+4Na_2SO_4$$

由于十钒酸钠中的钠洗不掉，杂质高，所以品位较低。而且酸度小于某一定范围时，钒的聚合度下降，也析不出多钒酸铵，也就是说，当酸度太低到一定程度时，根本就沉淀不出多钒酸铵来。

③ 温度的控制：温度是钒酸钠溶液水解成多钒酸铵的主要条件。

在其他条件完全相同的情况下，温度的升高，可加快沉淀反应速度，但沉淀物颗粒松散，细小，这是由于温度过高而破坏了晶粒结构造成的。而在适当的沉淀温度情况下，反应速度可以得到控制，沉淀物颗粒紧密、沉实，成分较高。

④ 铵盐的加入量（NH_4^+ 浓度）的控制：在酸度、温度、钒浓度等同条件下，沉淀反应中上层液含钒量随着铵盐的加入量的增加和减少有明显变化。当铵量足够条件下，上层液含钒一般需 20～40min 就可下降到排放标准。当铵量小于 0.3kg/kgV_2O_5 时，沉淀时间必须延长 1h 以上才可使上层液含钒降下，同时随着铵量的增加，沉淀系统中 NH_4^+ 增多，抑制了多钒酸钠的析出，即：

$$Na_2H_2V_{10}O_{28}+NH_4^+ \longrightarrow (NH_4)_2H_2V_{10}O_{28}+2Na^+$$

由于 NH^{4+} 浓度高，沉淀反应时间短，上层液含钒下降的快，所以沉淀率比较高，沉淀物品位也相应提高，即当 NH_4^+≥10g/L 时，有反应：

$$3(VO_2)_2SO_4+(NH_4)_2SO_4+4H_2O = (NH_4)_2V_6O_{16}\downarrow+4H_2SO_4$$

所以铵盐是钒酸钠溶液水解成多钒酸铵的重要条件。

⑤ 搅拌速度的控制：在沉淀反应过程中，搅拌速度大，沉淀速度快，能使反应器内的钒、酸、铵反应均匀、充分，故沉淀率较高，品位相应提高。

⑥ 磷含量的控制：生产实践证明，当溶液中P的含量超过0.15g/L时，就开始阻碍钒的水解沉淀。这是因为P与钒生成了磷钒杂多酸 $H_7[P(V_2O_6)_6]$ 之故。甚至在沸腾情况下，这种化合物也不易分解，P不仅能阻碍钒水解沉淀的速度，而且还会和溶液中的 Fe^{3+}、Al^{3+} 杂质的离子反应，生成 $FePO_4$ 和 $AlPO_4$ 沉淀，进入钒的沉淀物中，致使 V_2O_5 中的P增高，影响产品质量。

为了减少P对沉淀产品的污染，除了沉淀前对原液采取除P净化措施外，如果P含量不是太高，可适当采取提高酸度的方法减少P对 V_2O_5 的污染，因为随着酸度的提高，$FePO_4$ 和 $AlPO_4$ 的溶解度增大，可除去少量的P。

⑦ Na_2SO_4 和NaCl的控制：通过试验结果和生产实践表明，当 Na_2SO_4 的浓度小于40g/L时，对钒的沉淀无明显的影响，但当 Na_2SO_4 的浓度大于40g/L时，则显著的降低钒的水解沉淀速度，对沉淀率及 V_2O_5 品位影响很大，溶液颜色较深，呈酱红色。

NaCl对钒水解沉淀的影响同 Na_2SO_4 相反，溶液NaCl的浓度越高，钒水解沉淀的速度越快，上层液中的残留钒很容易降到技术要求的浓度，但是不管是NaCl还是 Na_2SO_4 均使钒溶液中 Na_2O 含量增高。随着它们浓度的增高，沉淀物中 V_2O_5 的品位越低。

⑧ Si、Cr、Fe、Al、Mn等杂质的控制：在一般情况下，少量单独存在的Si、Cr、Fe、Al等杂质离子对钒水解沉淀无多大影响，但是当造成杂质离子的浓度比较高时，如果操作不当，能阻碍钒的水解沉淀。并容易生成粘料，降低钒的品位，影响沉淀率的完成，而且过滤也是很困难的。

应该特别注意的是，当这些杂质离子共存时，对钒水解沉淀的不利影响则显著增加。适当地提高酸度会减少其不利影响。因为工业生产中钒溶液中这些杂质离子单独存在的可能性极少，对此情况必须引起足够的重视。

⑨ 原液中悬浮物的影响：钒酸钠溶液中的悬浮物对钒的水解沉淀速度影响甚大，它能吸附、隐蔽 V_2O_5 晶核，而且其中的 Na_2SiO_3 在 SO_4^{2-} 离子的作用下，生成 SiO_2 和 Na_2SO_4，产生絮状，易粘，造成沉淀速度慢，沉淀率相对下降。

有时溶液中看不见残渣颗粒或泥浆，但有胶体混着，钒酸钠溶液不透明，这种情况一般不会严重影响钒水解沉淀速度，但也较正常情况下钒水解沉淀的速度慢，而且沉淀物颗粒细，水分大，V_2O_5 品位低，过滤困难。

(4) 主要设备

① 沉淀罐；②板框压滤机，代表型号：X10AZ80.1000-UK，过滤面积：$80m^2$。

5.2.3.5 熔化工序

(1) 任务　将多钒酸铵在高温下脱水、脱氨、熔化、铸成五氧化二钒薄片。

(2) 典型工艺技术指标

①多钒酸铵化学成分：$V_2O_5 \geqslant 98.0$，$P \leqslant 0.05\%$，$S \leqslant 0.2\%$，$Si \leqslant 0.25\%$，$Fe \leqslant 0.30\%$，$Na_2O+K_2O \leqslant 1.5\%$。附着水分≤50%。②熔化炉分解熔化温度：700～1100℃。

(3) 工艺控制要点

① 温度：炉温对熔化炉控制非常重要。早期炉温过高，多钒酸铵脱水脱铵不净，易造成物料板结，生成的四价钒不易氧化。由于四价钒熔点很高，因此物料不易熔化，五氧化二钒液体黏度增大，不能正常从熔化炉中熔出。温度过低，尤其是后期，熔化五氧化二钒所需热量供给不足，也会造成五氧化二钒不能熔出。

② 氧化气氛：由于熔化炉反应是在分解、还原、氧化同时进行的条件下完成的，因此，熔化炉的氧化气氛对炉中物料反应尤为重要。空气量不足，氧化气氛不够，四价钒不能有效地转变成五价钒，不仅会造成五氧化二钒料液黏度大，不易流出，同时还会造成五氧化二钒产品中四价钒含量过高，影响产品质量。空气量过大，会造成炉中热量损失过大，炉温提不上来，影响五氧化二钒产量。

③ 产品质量控制：五氧化二钒质量控制不仅在于其主含量五氧化二钒是否达标，更要求其中杂质含量不能超过相应标准。因杂质含量对其在各领域的应用有很大影响，因此国家标准中对各种杂质含量都有明确限制（如表 5.2.2）。

表 5.2.2 五氧化二钒国家标准（GB 3283—1987）

适用范围	牌号	化学成分/%								物理状态
		V_2O_5	Si	Fe	P	S	As	Na_2O+K_2O	V_2O_4	
		不小于	不大于							
冶金	V_2O_5-99	99.0	0.15	0.20	0.03	0.01	0.01	1.0	—	片状
	V_2O_5-98	98.0	0.25	0.30	0.05	0.03	0.02	1.5	—	
化工	V_2O_5-97	97.0	0.25	0.30	0.05	0.10	0.02	1.0	2.5	粉状

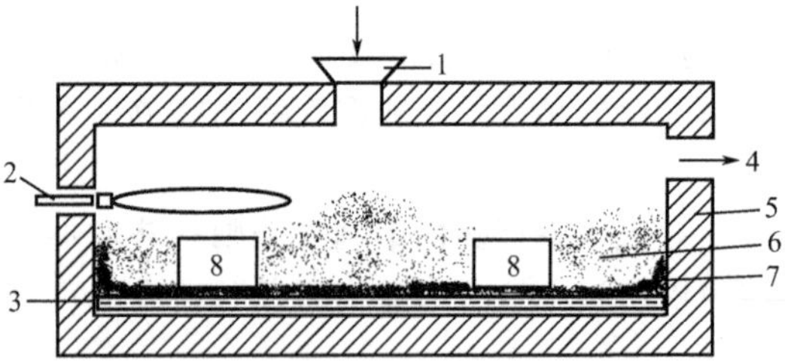

图 5.2.5 熔化炉结构示意图

1—进料口；2—喷枪；3—水冷炉底；4—烟气出口；5—炉体；6—炉料；7—熔化层；8—炉门（出铁口）

影响杂质含量超标的原因主要有以下几个方面。

① 沉淀多钒酸铵质量不合格（出现黑钒），容易引起 P、S、Na_2O+K_2O 含量超标，水洗不净，也易引起 S、Na_2O+K_2O 超标。

② 熔化气氛不好，易引起 V_2O_4 含量超标。

③ 钒溶液除 P 净化不合格，溶液沉淀不清，沉淀多钒酸铵质量不合格（出现黑钒），易引起 Fe、Si、P 超标。

（4）主要设备

① 熔化炉，其结构如图 5.2.5 所示；②吊车；③制片机，如图 5.2.5 所示。

5.2.4 石煤提钒

石煤是一种由菌藻类低等生物在还原环境下形成的黑色劣质可燃有机页岩，多属于变质程度高的腐泥无烟煤或藻煤，具有高灰分、高硫、低发热量和结构致密、比重大，着火点高等特点。石煤中除含 Si、C 和 H 元素外，还含有 V、Al、Ni、Cu、Cr 等多种伴生元素。石煤矿的含钒品位各地相差悬殊，一般品位在 0.13%～1.00%，以 V_2O_5 计含量低于 0.50% 的占 60%。我国各地石煤中钒品位差异较大，在目前技术条件下，只有品位达到 0.8%以上才有开采价值。

5.2.4.1 石煤提钒工艺现状

我国的石煤提钒工业起步于 70 年代末期，此后经历了两次大的发展时期（即八十年代的初步发展期，以及 2004 年到现在的大发展期），至今已有四十多年的历史，含钒石煤提钒的生产技术和科学研究已有了较大发展。

总的来说，石煤提钒工艺技术可以归纳为两种代表性的类型：焙烧提钒工艺（火法提钒工艺）和湿法提钒工艺。

（1）火法焙烧湿法浸出提钒工艺　矿石经过高温氧化焙烧，低价钒氧化转化为五价钒，再进行湿法浸出得到含钒液体实现矿石提钒的工艺过程。

（2）湿法酸浸提钒工艺　含钒原矿直接进行酸浸，包括在较高浓度酸性条件下，甚至是加热加压、氧化剂存在的环境下，实现矿物中钒溶解得到含钒液体的工艺过程。

（3）焙烧工艺分类　传统食盐钠化焙烧-水浸-沉钒工艺、无盐焙烧-酸浸-溶剂萃取工艺、复合添加剂焙烧-水浸或酸浸-离子交换工艺、钙化焙烧-酸浸出工艺。

（4）石煤提钒的技术改革　一方面是焙烧添加剂的多样化、焙烧设备的优化、浸出工艺的变化以及从含钒稀溶液中分离富集钒的方法的改进等几个方面；焙烧添加剂的多样化：食盐添加剂、低氯复合添加剂、无氯多元添加剂、无添加剂。焙烧添加剂的多样化，使得钒浸出率得到了提高，但总的来说钒的浸出率还是偏低。

另一方面为湿法提取钒工艺的改进。

（5）石煤提钒工艺制定　由于不同地区含钒石煤矿的物质组成、钒的赋存状态、钒的价态等差异很大，故选择含钒石煤提钒工艺技术流程应根据不同地区石煤的物质组成、钒的赋存状态、价态等特性进行全面考察并以含钒石煤矿中钒的氧化、转化、浸出作为制定合适提钒流程的依据。

（6）石煤提钒技术关键　石煤中钒的氧化、转化和浸出，即石煤中钒怎样才能进入溶液实现固液分离是石煤提钒技术关键。

5.2.4.2　石煤提钒工艺路线

火法根据焙烧过程添加剂的不同或焙烧机理的区别，分为钠盐焙烧提钒工艺、空白焙烧提钒工艺、钙化焙烧提钒工艺等。湿法分为酸浸法和碱浸法。

（1）钠化焙烧工艺

① 1912 年 Bleeker 发明用钠盐焙烧-水浸工艺提矿中的钒。

② 工艺流程为：石煤—磨矿—食盐焙烧—水浸—酸沉钒—碱溶—铵盐沉淀—偏钒酸铵热解—精 V_2O_5。

③ 以氯化钠为添加剂，均匀混合在破碎至一定细度的含钒石煤矿中，通过高温氧化焙烧，将多价态的钒转化为水溶性五价钒的钠盐，用工艺水直接浸取焙烧产物（即水浸），得到含钒浓度较低的浸取液，然后加入氯化铵沉钒制得偏钒酸铵沉淀，煅烧后得到 V_2O_5，再将粗钒经碱溶、除杂、氯化铵二次沉钒得偏钒酸铵，热分解后得到纯度大于 98％的 V_2O_5 产品。

到 1979 年，石煤加盐氧化钠化焙烧－水浸－水解沉粗钒－粗钒碱溶精制－精钒的传统工艺流程已经形成，此工艺也就是行业传统上说的“钠法焙烧、两步法沉钒工艺”或“加盐焙烧提钒工艺”。

其基本化学反应式如下：

$$2NaCl+3/2O_2+V_2O_3 \xlongequal{} 2NaVO_3+Cl_2$$

有水蒸气参加反应时，则有 HCl 气体产生：

$$2NaCl+O_2+V_2O_3+H_2O \xlongequal{} 2NaVO_3+2HCl$$

该工艺的优点：生产条件要求不高、设备简易、成本低、工艺流程简单、效果显著。

该工艺的缺点：

V_2O_5 总回收率一般只有 50％左右，钒回收率低，资源综合利用率低；钠盐焙烧产生大量粉尘和 HCl、Cl_2 和 SO_2 等严重污染环境的腐蚀性气体，粉尘必须安装收尘装置除尘、有毒有害的气体必须用碱溶液吸收处理才能达标排放，否则会对环境造成严重污染，产生严重后果，所以生产成本较高；对此烟气进行处理，工业上采取的办法是石灰乳吸收法或烧碱吸收法。

石灰乳吸收法属于气液固反应，对吸收设备要求较高，相应的烟气处理设备投资较大；烧碱吸收法效果好，设备投资低，但处理成本高。按照一般工业状况，比如矿石含钒品位1%计算，每生产一吨五氧化二钒需要消耗氢氧化钠五吨多。

污染实质：烟气污染物在吸收后将转变为废水污染，造成废气处理成本高，废水循环利用率低、废水排放量大，造成企业周边的土壤盐碱化，环境污染严重。

目前，由于污染严重，此工艺已被各地环保部门禁止采用。

(2) 钙化焙烧一碳酸氢铵浸出一离子交换工艺　钙化焙烧提钒工艺流程是：向含钒矿物添加石灰、石灰石或其他含钙化合物作添加剂，并与石煤造球后进行焙烧，在高温下，低价钒氧化为高价钒并形成不溶于水的偏钒酸钙类化合物，偏钒酸钙类化合物在弱酸性环境下易于溶解进入液体，从而实现矿物中钒的分离提取。

将石灰、石灰石或其他含钙化合物作添加剂与石煤造球后进行焙烧，使钒氧化为不溶于水的钒的钙盐，再碳酸化浸出。浸出后的含钒溶液的后续处理工序与钠化法相同。

同传统的钠化焙烧相比，优点如下。

① 用钙盐（石灰、石灰石）替代食盐，完全消除了钠法焙烧工艺的含 HCl、Cl_2 等有毒有害气体的废气污染问题。

② 焙烧过程添加的钙盐（5%左右），基本都和浸出过程的硫酸反应生成少量的硫酸钙沉淀，工艺水中的水溶性离子含量低，利于工艺水的循环利用，每生产一吨五氧化二钒产品，外排或需处理的工艺废水仅为 $60m^3$ 左右，为加盐焙烧提钒工艺的五分之一。

③ 焙烧料为低酸浸出（配酸浓度 1%～2%，硫酸），硫酸消耗低，每 100t 矿石耗酸仅为 4t 左右，生产成本低、液体含杂质较少，利于工艺水循环利用。

钙法焙烧的缺点如下。

① 钙化焙烧提钒工艺对焙烧产物有一定的选择性，对一般矿石存在转化率偏低，成本偏高等问题，不适于大量生产。

② 装置投资较加盐焙烧工艺高。

钠化焙烧工艺可以采用水浸方式得到含钒液体，中小企业普遍采用料球直接浸泡法，设备投资低，不需考虑防腐问题，但有些企业为了提高钒回收率也有采用酸浸出方式的。

钙化焙烧工艺必须采用酸浸出的方式，焙烧料需再次粉碎，再采取机械搅拌浸出，然后采用带式真空过滤机进行矿渣分离，过程需考虑设备防腐。

(3) 空白焙烧—酸浸—萃取（离子交换）—沉钒—煅烧提钒工艺　空白焙烧提钒工艺也叫无盐焙烧提钒工艺，焙烧过程不添加任何添加剂。

以四价态钒形式存在的石煤钒矿。可不加任何添加剂，通过在适当温度下焙烧，钒可氧化转化成五价，再以酸或稀碱溶液在 85～95℃浸出。酸浸所需酸度不高，酸用量约为矿石量的 5%～10%。后续工艺的选用随浸出液的杂质情况而定，或采用水解沉钒，或采用溶解萃取，或用离子交换，然后采用热解工艺精制钒。

北京化工冶金研究院利用走马石的石煤，于 1987 年小试，1988 年中试，首次在国内获得成功，钒总回收率约 74%，1989 年通过省部级鉴定。其工艺流程为：造球—焙烧—硫酸浸出—萃取—反萃—沉钒—热解—V_2O_5。

优点：无添加物，烟气污染少；酸浸浸出率较高；采用萃取或者离子交换工艺富集钒，工艺成熟。

缺点：酸浸浸出杂质较多，需在沉钒前净化除杂，工艺流程较为复杂；对矿石适用性较差，只适用于个别含钒石煤矿种效果明显，难于推广。

湖南煤炭研究所与湘西双溪煤矿钒厂共同开发的石煤无添加剂焙烧—硫酸介质浸出—萃取除杂—反萃—氯化铵沉钒—煅烧工艺，由于采用空白焙烧，生产成本降低 20%左右。

(4) 复合添加剂焙烧-酸浸-离子交换工艺　复合添加剂工艺是以工业盐、无氯钠盐和无氯无钠盐类等两种或两种以上盐类为添加剂，与破碎至一定细度的含钒石煤矿混合均匀后经焙烧、酸浸、离子交换富集等工艺过程，从含钒石煤中提钒的工艺过程。

研究表明：钒的转化率可达 70%以上，对环境的污染较小，具有一定的应用前景。

不足：这种工艺方法对含钒石煤矿选择性强，需根据含钒石煤矿特性探索特种添加剂、研究出特殊工艺配方和提取工艺才能实现高效无污染的提取钒。

(5) 酸浸法　能够在较低的酸度下直接浸出的含钒矿石，其中的钒一般以四价或五价形态存在。但绝大部分含钒石煤矿由于其赋存状态的特性，都不能在较低的酸度下直接浸出，需要在较高的温度、压力条件下或在特种催化剂的作用下才能完成浸出过程；但该工艺过程中矿石减少了焙烧工艺环节，省去了焙烧设备以及焙烧添加剂，设备投资相对减少，能耗也较焙烧工艺低，且钒的浸出率高达 80%以上，资源利用率高，提钒的最终成本仍较火法低。其缺点是浸出条件相对火法苛刻，酸耗高，设备选型要求严格，同时也给废水处理带来压力。

直接酸浸的一般工艺为：

石煤—磨矿—酸浸—溶剂萃取—反萃-氧化—铵盐沉钒—热解—精 V_2O_5。

或者是：石煤—磨矿—酸浸—氧化—离子交换—洗脱—铵盐沉钒—热解—精 V_2O_5。

其基本化学反应式如下：

$$V_2O_4+2H_2SO_4 \longrightarrow 2VOSO_4+2H_2O$$

北京化工研究院以西北某地含钒石煤（V_2O_5 1.26%）为原料，采用原矿破碎后，加氧化剂两段直接酸浸，溶剂萃取—氨水沉钒—热解制取五氧化二钒的工艺流程，浸出温度为 85℃，不同含钒石煤浸出的回收率为 63%～74%。

长沙有色冶金设计研究院曾在陕西华成钒业公司建成日处理原矿 300t、年产五氧化二钒 600t 的生产厂。该厂采用原矿直接酸浸-萃取提钒的工艺，浸出率达到 75%，总回收率 65%以上。

20 世纪 90 年代，核工业北京化工冶金研究院针对中村钒矿进行了试验研究，推荐的酸法提钒工艺为两段逆流酸浸溶剂萃取工艺，并据此工艺在陕西建厂生产，运行稳定。陕西南部多家石煤提钒选冶厂均照搬采用此工艺流程。

(6) 碱浸法　有些风化钒矿，部分钒以 V^{5+} 形式存在，可以采用稀碱溶液直接浸出，但绝大部分含钒石煤矿不能在常温常压下直接浸出。有研究者用氢氧化钠浓度约 2mol/L 的溶液，在 95℃的高温下浸出含钒矿物，矿物经过反复浸出后，五氧化二钒的总浸出率可达到 60%～80%，再经除硅净化、水解沉钒、热解制精钒，钒的最终收率可达到 50%～70%。

直接碱浸的工艺流程为：石煤—磨矿—稀碱浸出—$AlCl_3$ 净化除硅—水解沉钒—热解制精钒—精 V_2O_5。

其基本化学反应式如下：

$$V_2O_5 + 2NaOH \longrightarrow 2NaVO_3 + H_2O$$

直接浸出法虽然工艺简单，但对含钒石煤矿的适应能力较差，氢氧化钠消耗高，这也使得浸出液中两性元素及硅等杂质多，给后续除杂带来困难；另外，五氧化二钒的浸出率不高。

5.2.5 五氧化二钒生产新技术

五氧化二钒生产工艺和装备技术不断取得进步，从不同原料制取普通或高纯产品的技术层出不穷。比如，攀钢集团就已实现钒渣钠化提钒向钙化-水浸提钒工艺的转变，实现了清洁式产业化生产。

（1）一种钠化渣提钒方法　把碳酸钠直接加入温度为1400～1600℃的含钒铁水中，使铁水中的钒生成钒酸钠，得到钠化渣和半钢，同时脱除铁水中的硫和磷，这种钠化渣可不经焙烧直接用水浸出提取五氧化二钒，是一种很有前途的提钒方法。

（2）石煤钒矿提取五氧化二钒的方法　北京矿冶研究总院公布了一种处理石煤钒矿所得的含钒酸浸液生产高纯五氧化二钒的方法，其制备过程是先将含钒酸性溶液的pH调至4.0～4.5，进行沉淀、过滤；进行氧化碱浸，得到碱浸液和残渣；将碱浸液调整pH到1.8～2.2，再加入铵盐，进行沉钒反应，制备钒酸铵钒渣；最后将钒酸铵钒渣进行煅烧，制得五氧化二钒。该方法，可处理含钒较低的石煤钒矿浸出液和含钒浓度较高的钒溶液；流程简单，比传统工艺节省投资；杂质控制很好，可得到高纯五氧化二钒，有效地提升产品的经济价值。

（3）精细钒渣焙烧浸出钒酸钠的方法　甘炤坤等公布的制备五氧化二钒的方法，包括以下步骤：从原料钒渣制备精细钒渣；将精细钒渣进行焙烧浸出制备含有钒酸钠的浸出液；以及从含有硫酸钠的浸出液制备五氧化二钒并得到沉钒母液；其中，从原料钒渣制备精细钒渣包括：将原料钒渣进行破碎，然后进行磁选铁得到铁渣和选铁后的钒渣；将选铁后的钒渣进行一次球磨，然后进行一次选粉得到一次粗粉和作为精细钒渣的一次细粉；将一次粗粉进行筛分得到筛上粉和筛下粉；将筛下粉进行二次球磨，然后进行二次选粉得到二次粗粉和作为精细钒渣的二次细粉；将精细钒渣进行焙烧浸出制备含有钒酸钠的浸出液。

（4）利用钒渣钙化生产五氧化二钒的方法　攀钢公司公开了一种利用钒渣生产五氧化二钒的方法，该方法包括以下步骤：向钒渣中加入碱金属盐，如碳酸钙，充分混匀，得到混合物；将混合物置于焙烧炉内进行氧化焙烧，获得钒渣熟料；焙烧后的钒渣熟料出炉，快速冷却，并进行水浸；过滤混合物，得到滤液；除去滤液中的杂质；调节滤液的pH值，加入铵盐进行沉钒，过滤得到多钒酸铵滤饼或偏钒酸铵滤饼；煅烧沉钒滤饼，得到五氧化二钒，其中，钒渣中五氧化二钒的含量为2.0%～8.0%。该方法简单易用、设备要求低、操作方便、物耗成本低的优点，且弃渣中五氧化二钒的残留量为0.55%～1.0%，具有很好的经济效益和社会效益。

（5）五氧化二钒的生产方法及其生产系统　河北钢铁公司承德分公司发明了一种五氧化二钒的生产方法及其生产系统，该方法是将工业钒酸铵滤饼打碎后连续加入干燥设备中，高温气体进行干燥；干燥后的钒酸铵进入煅烧设备进行脱氨氧化，得到粉状五氧化二钒或钒氧化物的混合物；粉状五氧化二钒或钒氧化物的混合物进入熔化设备进行熔化铸片，即可得到片状五氧化二钒。该方法将多钒酸铵或偏钒酸铵的干燥脱水、煅烧脱氨、熔化铸片过程分别在三套设备内进行，可以根据干燥、脱氨和氧化不同功能段，对温度，炉料停留时间和供氧化气氛（热空气）按最佳条件进行有效的控制，从而使各功能段处于最佳条件下运行，从而达到稳定、优质、高产。可用于生产片状和粉状五氧化二钒，金属钒收率均大于99%。

（6）真空煅烧多钒酸铵制取五氧化二钒的方法　昆明理工大学提出了真空煅烧多钒酸铵制取五氧化二钒的方法。将工业多钒酸铵破碎后放入真空冶金炉进行真空加热煅烧，制取五氧化二钒。真空炉内通入低压工业纯氧，以保证炉内氧化性气氛，并控制炉内压力为0.2atm～0.3atm。优点是反应在真空条件下进行，反应温度较常压下低，能耗低；真空条件下，可使部分低沸点杂质通过挥发除去，降低产品杂质含量，五氧化二钒产品纯度高。在同一反应器中可同时完成脱水、脱氨和熔化的全过程，操作简单易控、金属回收率高、生产成本低。

（7）一种微波煅烧多钒酸铵制取五氧化二钒的方法　昆明理工大学发明了一种多钒酸铵制取五氧化二钒的方法，工业饼状多钒酸铵经破碎后，装入频率为 915MHz 的工业微波炉的不锈钢容器内，依次进行微波干燥、煅烧和熔融后出炉水冷铸片，得到片状五氧化二钒。采用微波辐射的加热方式，充分利用微波加热的优越性，在同一反应器中能同时完成多钒酸铵的脱水、脱氨和熔化的全过程，具有操作简单易控、易于连续生产，加热时间短、热效率高、能耗低，产品纯度高，生产成本低等优点。

（8）一种偏钒酸铵煅烧制粉状五氧化二钒工艺　长沙设计研究院提出了一种偏钒酸铵煅烧制粉状五氧化二钒工艺，其包括以下步骤：用进料机将含水≤1%（质量分数）的偏钒酸铵送进装有防结块设施的电加热回转炉中；加热升温至 510～560℃，保温 60～180min，然后冷却至 300～350℃，出料；将 300～350℃的物料送入冷却转筒，继续冷却至 40～50℃，即得到成品粉状五氧化二钒；用旋风除尘器收集回转炉尾气中所含少量五氧化二钒，再对尾气进行一级水洗，二级酸洗，使尾气中的氨含量降低达到排放标准，然后排放。该法工艺简单、可靠，操作方便，脱氨完全，节能环保。

（9）一种从低品位氧化型钒矿提取五氧化二钒选冶方法　中钢矿业公司发明了一种从低品位氧化型钒矿提取五氧化二钒的选冶方法，它将氧化型钒矿的原矿破碎磨矿后，先分级成粗细两个粒级产品，粗粒级产品经浮选含钒矿物获得钒精矿；细粒级产品与钒精矿合并作为混合精矿，浮选的底流作为最终尾矿。混合精矿干燥后加入 $CaCO_3$ 混匀至圆盘制粒机制粒，粒子进入回转窑焙烧，焙烧矿出炉冷却后进入格子球磨机湿磨，磨细矿浆加入焙烧矿量3%～5%的硫酸在搅拌槽中搅拌浸出 4～6h，维持 pH 值为 2.0～2.5，矿浆过滤产生的浸出液进入净化工序，浸出渣三次洗涤后做建材；浸出液经净化、树脂吸附、解析、沉钒、煅烧得产品五氧化二钒。本工艺采用低成本选矿技术，可有效提高提钒原料的品位，降低生产成本，克服环境污染问题。

（10）偏钛酸洗水浸出钒渣焙烧熟料制取五氧化二钒工艺　西昌新钒钛公司公开了一种偏钛酸洗水浸出钒渣焙烧熟料制取五氧化二钒工艺。操作步骤为：钒渣破碎、球磨；配料混合：按 $Na_2CO_3/V_2O_5=1.4:1$ 的质量比例配入碳酸钠；焙烧：混合料经胶带运输机输送至回转窑焙烧，焙烧温度 780～820℃，焙烧后熟料经冷却布料至带真空抽滤的槽车；浸出：偏钛酸洗水经加热至 75～85℃以上，用泵打至槽车内的熟料浸取；沉淀；将多钒酸铵过滤，熔化制片，反应结束后底流浆经洗涤过滤加入至熔化炉熔化制片。该法解决了硫酸法钛白粉生产过程中，酸性废水的处理排放污染环境的问题。

5.3　三氧化二钒

5.3.1　三氧化二钒的制备方法简介

三氧化二钒是一种比五氧化二钒更高效的合金添加剂，其制取一般是利用钒的中间产品，例如五氧化二钒（V_2O_5）、偏钒酸氨（NH_4VO_3）和多聚钒酸铵等作为原料来制取。三氧化二钒的制取方法大致可归纳为两类。

一类是不外加还原剂的钒酸铵（如偏钒酸铵和多钒酸铵等）热分解裂解法；另一种是外加还原剂的直接还原法。

钒酸铵热分解裂解法是利用钒酸铵在加热时释放出的氨进一步裂解产生的初生氢对 V^{5+} 还原，得到产品 V_2O_3。而直接还原法则是利用外加还原剂，如 C、CO、CH_4、H_2、NH_3 以及金属钒等对 V^{5+} 进行还原，最终得到产品 V_2O_3。

目前国内外三氧化二钒生产企业主要是采用外加还原性气体（一般是天然气或工业煤气）还原多钒酸铵（简写为 APV）制取三氧化二钒，具有成本低，效率高，产品质量好等优点。目前世界上只有德国、奥地利、南非和中国攀钢具有工业上大量生产三氧化二钒的能力。

5.3.2 三氧化二钒生产基本原理

单独考虑用纯一氧化碳或氢气还原五氧化二钒，在标准状态下的吉布斯自由能变化列于表 5.3.1 中。

表 5.3.1 一些反应的标准状态下的吉布斯自由能变化（$\Delta G^{\ominus}=A+BT$）

反应式	A/J	B/J・K^{-1}
$V_2O_5+CO=2VO_2+CO_2$	−121127	−41.42
$V_2O_5+2CO=V_2O_3+2CO_2$	−225727	−22.59
$V_2O_5+3CO=2VO+3CO_2$	−102717	−30.5
$V_2O_5+H_2=2VO_2+H_2O$	−91630	−68.20
$V_2O_5+2H_2=V_2O_3+2H_2O$	−166732	−76.15
$V_2O_5+3H_2=2VO+3H_2O$	−14244	−111

通过热力学分析可以证明上述的反应都可以进行到底。

以多钒酸铵（六钒酸铵、十钒酸铵、十二钒酸铵等）为原料，用气体（氢或一氧化碳）进行还原有如下的反应发生：

（1）一氧化碳还原反应

$$(NH_4)_2V_6O_{16}+6CO=3V_2O_3+6CO_2+2NH_3+H_2O$$

$$(NH_4)_6V_{10}O_{28}+10CO=5V_2O_3+10CO_2+6NH_3+3H_2O$$

$$(NH_4)_2V_{12}O_{31}+12CO=6V_2O_3+12CO_2+2NH_3+H_2O$$

（2）氢还原反应

$$(NH_4)_2V_6O_{16}+6H_2=3V_2O_3+7H_2O+2NH_3$$

$$(NH_4)_6V_{10}O_{28}+10H_2=5V_2O_3+13H_2O+6NH_3$$

$$(NH_4)_2V_{12}O_{31}+12H_2=6V_2O_3+13H_2O+2NH_3$$

需要指出，当 APV 分解出氨后，氨会分解出氢气：

$$2NH_3 \longrightarrow 3H_2+N_2$$

$$\Delta G^{\ominus}=33472-76.15T$$

$$\Delta G^{\ominus}=0 \text{ 时，} T=440\text{K}\ (166℃)$$

标准状态下，当温度达到 166℃时，分解出的氢气仍可以起到还原剂的作用。

5.3.3　三氧化二钒生产工艺和设备

5.3.3.1　外加还原剂的直接还原工艺

用钒渣生产三氧化二钒的工艺流程与生产五氧化二钒相似。只是在沉钒得到多钒酸铵后增加了干燥和还原工艺，其生产工艺流程如图 5.3.1 所示。煤气还原多钒酸铵制取三氧化二钒，是攀钢具有自主知识产权的一项工艺技术，并且已经用于产业化生产。V_2O_3 生产由干燥、煅烧、还原、造粒等工序组成。

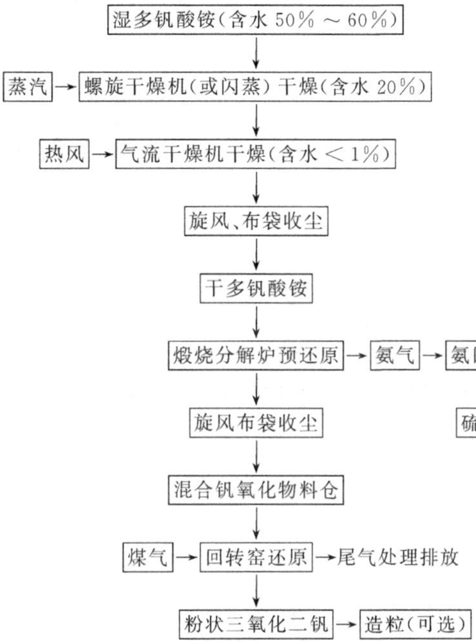

图 5.3.1　三氧化二钒生产工艺流程

某厂家典型工艺流程为：

由沉淀压滤工序来之含水 30%～50%APV，用天车吊至湿 APV 料仓，经螺旋输送机运至气流干燥器，与热风炉来之 500℃热风，顺流直接加热，经旋风除尘器、布袋除尘器，两级回收干燥后的 APV（含水 1%以下），经螺旋输送机送至 APV 集料仓。之后再经螺旋输送机（或气流输送）将 APV 送入煅烧脱氨器内，经 550～630℃热气流实施流态化脱氨及预还原，产出的氧化钒混合物经旋风除尘器、布袋除尘器，两级回收到中间料仓，之后再经螺旋输送机（或气流输送）将其送入外燃式加热还原窑内，用焦炉煤气继续将氧化钒混合物还原为 V_2O_3，冷却后进入造粒仓。经挤压造粒后，装专用料罐运至钒铁车间；粉料直接罐装运至氮化钒车间。

沉钒过滤后得到的多钒酸铵含水分一般 40%～60%，主要是吸附水。干燥的过程是使多钒酸铵脱水，成为粉状分散的状态，有利于下一步气体还原。

$$APV \cdot nH_2O \longrightarrow APV + nH_2O\uparrow$$

干燥的设备通常用钢管制成的回转窑（如图 5.3.2），也可用螺旋干燥机、气流干燥机、闪蒸干燥机等。干燥的条件控制在 200℃以下，温度高将使多钒酸铵脱氨分解。对气流干燥机来说，由于干燥速度很快，温度可以控制高一些。干燥时尽量避免多钒酸铵结块，影响下一步还原的效果。一般要求多钒酸铵含水分≤1%左右。

回转窑加热的方式可用电热或燃烧气体在窑体的外部加热。干燥好的多钒酸铵从窑尾部

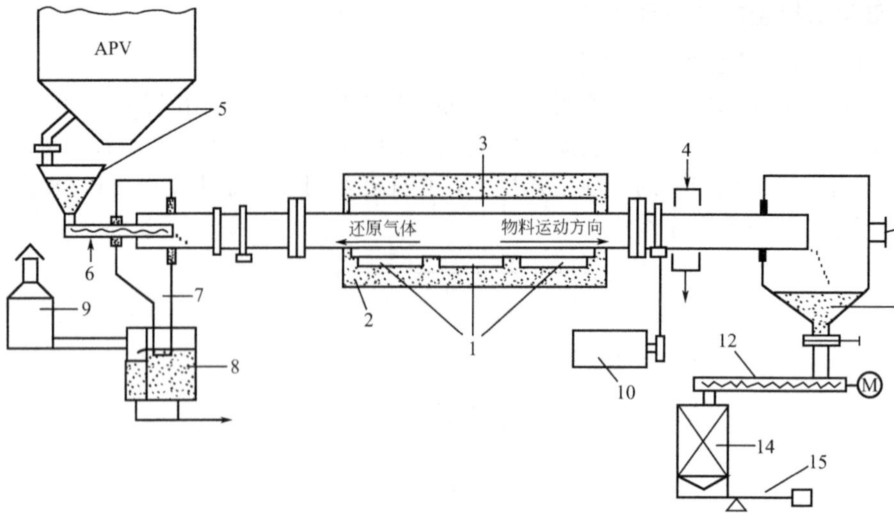

图 5.3.2 三氧化二钒生产用回转窑示意图

1—燃烧室；2—耐火材料；3—炉体；4—水冷装置；5—APV 料仓；6—螺旋给料机；
7—窑尾密封室；8—水浴除尘装置；9—烟尘净化排放系统；10—传动装置；11—还原气进口；
12—螺旋排料机；13—窑头密封室；14—盛料桶；15—磅秤

以一定的流量进入窑内，回转窑以一定的转速旋转，使物料在窑内不断地翻转，向窑头方向移动，还原气体以一定的流量和压力从窑头通入窑内，与物料移动方向相反向窑尾流动，从窑尾排出，经收尘后点燃排放到大气中。

影响还原的因素有：还原气体成分、流量、压力、还原温度、时间、物料的下料速度等。要根据上述条件选择合适的操作参数。同时，为避免还原得到的三氧化二钒高温氧化，在窑头端要在隔绝空气条件下冷却到 100℃以下出炉。

5.3.3.2 不加还原剂的偏钒酸铵热分解工艺

偏钒酸铵的热分解是相当复杂的，反应过程伴有许多吸热和放热过程，在 150～240℃的温度范围内，偏钒酸铵首先转变为六聚钒酸铵 [$(NH_4)_2V_6O_{16}$]，并产生氨和水蒸气。当温度上升到 320～350℃时，释放出更多的氨，同时六聚钒酸铵分解为钒酸氧钒铵 [$(NH_4)_2 \cdot O \cdot 2V_2O_4 \cdot 5V_2O_5$]，在该温度下，由于部分氨裂解产生初生氢，使五价钒还原为四价钒。在温度为 380～420℃时，钒酸氧钒进一步热分解，释放出剩余的氨，氨又裂解产生额外的初生氢，还原生成四价钒和五价钒的混合氧化物。在 480～500℃时，混合物大部分被还原为 V_2O_4，再进一步还原得到三价和四价钒的混合氧化物。在 500～600℃时，混合氧化物最终被还原为三氧化二钒。

截至 2013 年，三氧化二钒还没有统一的标准，对于纯三氧化二钒的理论含钒量为 67.98%，工业三氧化二钒的含钒量可控制在 65%～66%左右。可根据五氧化二钒的标准折算其含钒品位及杂质含量范围。

5.3.4 三氧化二钒生产新技术

夏广斌等在不外加任何还原剂的条件下，通过微波加热偏钒酸铵制备三氧化二钒，产物的全钒含量达到 67%～68%。

煤气还原多钒酸铵制取三氧化二钒，是攀钢具有自主知识产权的一项工艺技术，并且已经用于产业化生产。为了进一步创新技术，增强攀钢在该方面的领先优势，攀钢已形成了流态化法制取三氧化钒的新技术。试验情况表明：与传统工艺技术相比，流态化法制取三氧化钒的新技术，具有温度低、时间短、煤气消耗少等优点，同时可得到更高品位的三氧化二钒产品，表现出了明显的优越性。多钒酸铵流态化制取三氧化二钒技术开发成功，将在提高三氧化二钒的生产能力、大幅度降低生产成本、提高生产效率、提升产品质量方面产生积极的作用。

武汉大学刘兴海等发明了一种掺杂三氧化二钒粉体材料的制备方法：该方法以一定量的偏钒酸铵、草酸、掺杂剂和水为初始原料，按一定量的比例混合均匀后，转移到聚四氟乙烯水热釜中进行水热反应，待反应结束后，经过离心、洗涤、真空干燥和惰性氛围中煅烧，即得到掺杂三氧化二钒粉体材料。该项制备掺杂 V_2O_3 粉体材料的方法，工艺过程简单、产品质量好、成本低廉、环境友好、易于控制，可以实现大规模工业生产。

5.4 金属钒

金属钒可以通过以含钒氧化物和氯化物为原料，采用以钙、镁、铝等为代表的金属热还原法，或以碳、硅、氢等为代表的非金属热还原方法进行制备。但是，这些方法得到的钒含有间隙元素量较高，如碳、氢、氧、氮，需要进一步提纯精炼后才能得到纯度较高、具有可塑性的金属钒。

5.4.1 冶炼金属钒的方法分类

① 以还原剂来区分：主要有金属热还原法，如钙热还原法、铝热还原法、镁热还原法；非金属热还原法，如碳热还原法，氢还原法、硅热还原法等。

② 以含钒原料不同区分：主要有含钒氧化物和含钒氯化物两类原料。

5.4.2 钙热还原法

5.4.2.1 基本原理

钙热还原法所用原料主要为含钒氧化物，现将钙还原五氧化二钒的反应式表示如下：

$$V_2O_5+Ca = V_2O_4+CaO$$

$$V_2O_4+Ca = V_2O_3+CaO$$

$$V_2O_3+Ca = 2VO+CaO$$

$$VO+Ca = V+CaO$$

由以上四式可得如下总反应式：$V_2O_5+Ca = 2V+5CaO$

如果金属钙的量充足，则上述总反应式能进行完全，生成金属钒。据有关数据表明，金属钒的熔点为 1910℃，反应后产出的渣熔点为 2615℃。该反应虽为强放热反应，$\Delta H=-1621kJ$，但仍不足以使 V 和 CaO 熔化，故产物冷却后是粉末悬浮物。

5.4.2.2 钙热还原法冶炼金属钒工艺

（1）还原工艺

① 早在 1927 年，Marden、Rich 以 V_2O_5 为原料、$CaCl_2$ 为助剂，采用钙热法还原制得金属钒，反应按下式进行：

$$V_2O_5+5Ca+5CaCl_2 = 2V+5CaO\cdot CaCl_2$$

按化学计量加入 V_2O_5 175g，Ca 300g，$CaCl_2$ 300g，装入钢罐、密封，加热至 900～950℃，保温 1h 后冷却，将粒状产物溶于蒸馏水，钙盐溶解，固体金属钒分离后，用盐酸洗涤，再用乙醇、乙醚冲洗，然后真空干燥，得到金属钒，纯度可达 99.3%～99.8%。

② Mckechnie、Seybolt 以 V_2O_5 为原料、I_2 为促进剂，采用钙热法还原制得金属钒。

按化学计量加入 V_2O_5 300g，Ca 520g，I_2 150g，使用镁坩埚，置于钢罐（ϕ100mm×280mm×18mm）内，抽真空、充氩气密封。

当温度达到 425℃时，发生如下反应：

$$Ca + I_2 = CaI_2$$

此反应一旦开始，并会立即引发系统的钙热还原反应。CaI_2 既作为触发剂，也作为 CaO 渣的稀释剂。冷却后渣、钒易分离完全，金属钒纯度达 99.6%。

③ Wilhelm、Long 采取了与 Mckechnie、Seybolt 相同的反应器和步骤，在配料中加入了少量硫，制备出了钒锭。原料配比为 V_2O_5 180g，Ca307g，S 20g。加入的硫可与钙反应产生的 CaS，与 CaO 组成的渣熔点更低，而且可消除其他的杂质如 Al、Fe、Si、Mg。

④ 此外，用钙还原三氧化二钒也可制备钒粉。钙还原三氧化二钒释放的热量比五氧化二钒小得多，只能得到固态产品，通过稀酸洗涤过滤后即可得到钒粉。

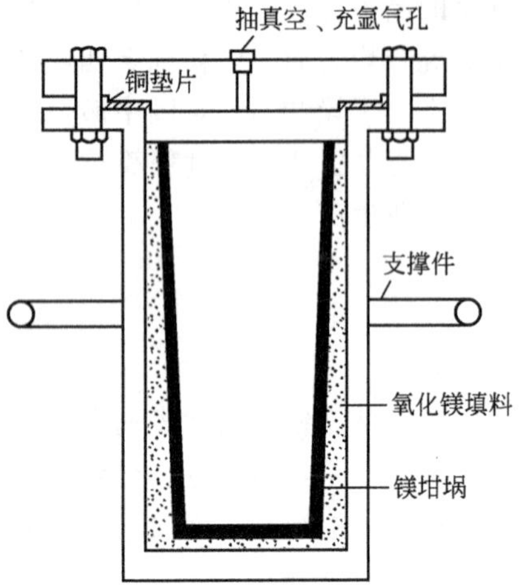

图 5.4.1 钙热还原法实验装置

（2）生产装置 钙热还原法冶炼金属钒的实验性生产装置见图 5.4.1。

5.4.2.3 电解精炼

Lei、Sulliven 采用两步电解法成功获得了高纯钒。采用 51% KCl-41% LiCl-8% VCl_2 的电解液。第一步电解是以商业粗钒作为阳极，精炼得出的阴极作为第二步电解的阳极。经过两步电解之后，粗钒中的 C、O、Mo、N、Si、Fe 等均有下降，产品纯度高，延展性好。

5.4.3 镁热还原法

理论上，镁可以同时作为钒氧化物和钒氯化物的还原剂制取金属钒。但是由于还原产物 MgO 的熔点（2825℃）较高，反应中若欲使 MgO 熔化，在此温度下，金属镁（沸点为 1090℃）将大量挥发，若欲防止挥发，则需密闭高压，难度较大，因此钒氧化物的镁热还原法难以实现。因此，含钒氯化物的镁热还原制取金属钒在实际生产中得以应用。

5.4.3.1 基本原理

镁热法还原含钒氯化物制取金属钒，一般来说原料有 VCl_4、VCl_3、VCl_2 三种。以上三种镁热还原过程的反应分别如下：

$$VCl_4 + 2Mg = V + 2MgCl_2$$

$$2VCl_3 + 3Mg = 2V + 3MgCl_2$$

$$VCl_2 + Mg = V + MgCl_2$$

5.4.3.2 镁热还原法冶炼金属钒工艺

（1）VCl_4 的镁热还原 以钒铁或 V_2O_5 为原料，在 500℃氯化制取液态 VCl_4。通过蒸馏除去 VCl_4 中的主要杂质 $FeCl_3$。此外，VCl_4 中含有 $VOCl_3$，导致海绵钒中氧含量高达 0.5%，欲获得纯度高、延展性好的钒，氧含量应小于 475×10^{-4}%，因此必须使用更纯的 VCl_4，通常须用碳化钒氧化制得。

反应器见图 5.4.2。炉内置上下两个坩埚，上坩埚内装原料 VCl_4 200～750g，下坩埚内放入过剩 25%～75%的 Mg 块，炉内充 He 或 Ar 气，逐渐加热至 800℃，使镁（熔点为 650℃）熔化，此时 VCl_4（沸点为 148.5℃）气化，并扩散至下部与镁反应，生成 $MgCl_2$ 熔渣（熔点为 714℃）及海绵钒，还原反应为放热反应。为控制反应速度，须控制 VCl_4 受热气化的速度，以避免罐内受热压力升高。当压力下降后，表明反应已完成。冷却后，将产品坩埚移至真空蒸馏罐内，抽真空至 0.01Pa，加热至 825℃，蒸馏 15～17h，将未反应的 Mg 和产生的 $MgCl_2$ 蒸出，余下为海绵钒，收率为 50%～70%。

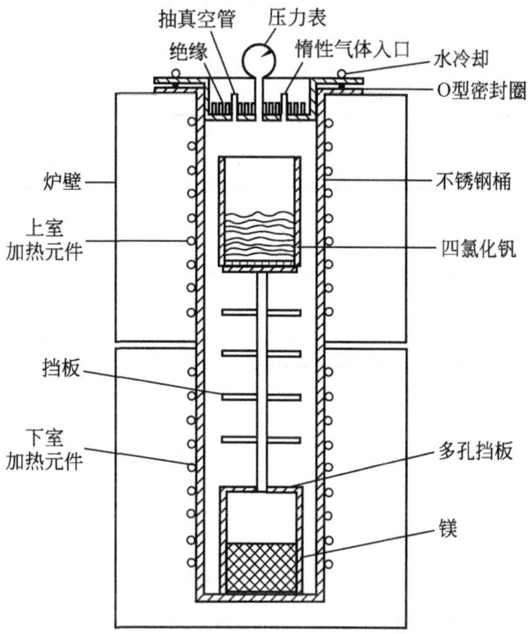

图 5.4.2　氯化钒镁热还原反应器

（2）VCl_3 的镁热还原　英国的 Magnesium Elektron 公司采用 VCl_3 镁还原法已具备半工业生产规模。早期曾使用过的一个设备，如图 5.4.3 所示。钢制坩埚置于底部，ϕ400mm×800mm，每次加镁块 21kg，在生产装置的内部器壁上还预置了镁块，一旦需要可以向坩埚内补充镁。

主要工艺步骤：上罐加原料 VCl_3 6kg，密闭，先在 700℃下干燥脱水，抽真空脱气，再充 He 或 Ar 气，罐内维持正压，加热至 750～780℃使镁熔化，用螺旋加料器控制 VCl_3 下料速度，依靠反应热使反应在该温度下稳定运行，维持 7h，冷却后将产物转移至蒸馏锅内，将坩埚热至 920～950℃，抽真空至 100～500Pa。蒸馏 8h，此时生成的产物 $MgCl_2$（熔点为 714℃）熔化后流至罐底，其余物质挥发。蒸馏后余下的海绵钒，冷却，引入干燥空气保护，防止钒屑迅速被氧化。钒收率为 96%～98%，海绵钒成分见表 5.4.1。

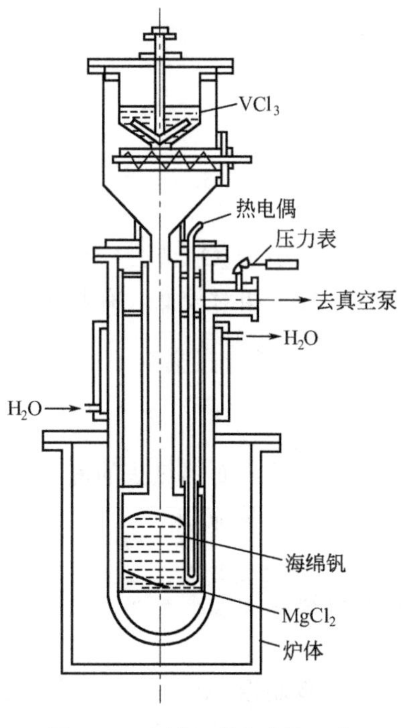

图 5.4.3　用于真空蒸馏回收海绵钒的蒸馏锅

（3）VCl_2 的镁热还原　Champbell 等改用 VCl_2 作为原料，用镁还原制取金属钒，装置改用纯钒坩埚，将还原、蒸馏置于同一真空炉内完成，直立的罐体（ϕ200mm）用 315 不锈钢制成，纯钒坩埚内放入 VCl_2 1.2～1.7kg，加入无定形镁片，过量 40%～50%，抽真空充 He，加热至 520～570℃点燃反应，反应放热，温度可以升高 100℃，再加热升至 900℃，2h 后反应完全。冷却至室温，取出后再倒置放入炉内，加热至 950℃，抽真空，蒸馏 16h，部分 Mg、$MgCl_2$ 会滴至下部的收集槽，蒸出的气体在夹层中冷凝。结束后冷却，用干燥的空气吹扫海绵钒，收率大于 95%，部分可达 98%以上，如果控制得好，纯度可达 99.8%，产品成分见表 5.4.2。表 5.4.3 的结果表明，将以上三种氯化钒作为原料，用镁作为还原剂制取的海绵钒，回收率最高、质

表 5.4.1 英国 Megnesium Elektron 公司的海绵钒成分

成分	Cl	Cu	Fe	H	Mg	N	O	V
质量分数/%	0.02	0.06	0.03～0.1	0.01～0.02	0.07～0.21	0.01	0.14～0.27	99.5～99.6

表 5.4.2 VCl_2 镁热还原法产品成分 单位：(质量分数)%

Al	C	Cr	Fe	Mg	N	O	Si
0.001～0.006	0.019～0.024	0.003～0.008	0.006～0.010	<0.001	0.003～0.008	0.017～0.073	0.002～0.030

注：配料：VCl_2 1700g，Mg 510g；产品：海绵钒 700g，收率大于 98%，硬度 HRB 为 39～80。

表 5.4.3 三种氯化钒原料镁热还原法制取海绵钒的质量比较

原料		还原剂/Mg		产品产率/%	产品成分及质量分数/%						产品硬度 HRC
成分	加量/g	加量/g	过量/%		C	Cr	Fe	H	N	O	
VCl_4	200～750		25～75	50～75		0.1	0.1			0.5	56～90
VCl_3	4365	1470	44	86	0.027	0.1	0.1		0.005	0.04	43
VCl_2	2150	685	60	95	0.01	0.1	0.1	0.002	0.017	0.115	RB86

量最好的当属以 VCl_2 作为原料的产品。其次，用 VCl_2 作为原料，还原剂镁的理论耗量最低，产品海绵钒的吸潮性较低，反应比较温和，不会产生过多热量和压力升高。总的来说，镁还原法尽管产品回收率、纯度等指标都好，设备也可行，但实际应用得不多。

5.4.4 铝热还原法

5.4.4.1 基本原理

铝热还原法制取金属钒通常采用五氧化二钒或三氧化二钒两种原料。

铝还原五氧化二钒的还原反应如下：

$$3V_2O_5 + 2Al = 3V_2O_4 + Al_2O_3$$

$$3V_2O_4 + 2Al = 3V_2O_3 + Al_2O_3$$

$$3V_2O_3 + 2Al = 6VO + Al_2O_3$$

$$3VO + 2Al = 3V + Al_2O_3$$

由以上四式可得如下总反应式：$3V_2O_5 + 10Al = 6V + 5Al_2O_3$

上述总反应式反应的焓变为每 6mol V 为 −3735kJ 或每 1g V 与 Al_2O_3 渣为 −4.579kJ，属于高放热反应。另外，V、Al_2O_3 的熔点分别为 1910℃、2050℃，相对较低，有利于形成熔渣及金属钒锭。但当铝过量时，会形成 Al-V 合金，使脱出铝的难度加大。

铝还原三氧化二钒的还原反应如下：

$$V_2O_3 + 2Al = 2V + Al_2O_3$$

该反应放热量较低，达不到渣熔化的温度，故只能制取粒状产品，而铝热法的渣不溶于水，故不适于用浸出法处理。变通的方法为加入助熔剂，如 $KClO_3$，反应如下：

$$KClO_3 + 2Al = KCl + Al_2O_3$$

该反应放出较多热量，使渣熔化，冷却后便于与金属钒锭分离。

5.4.4.2 还原工艺

1966 年，Carlson 采用二步法用铝还原 V_2O_5 制取钒。第一步制取 Al-V 合金，第二步再精练制取高纯钒。采用 Al_2O_3 钢罐内衬，抽真空充氩气，用燃气炉外源加热至 750℃，点燃反应，反应迅速，冷却后分离渣与合金，合金再用 HNO_3 溶液浸洗，然后粉碎成 6mm

的块。

Peerfect 对两步法又作出改进，改用铜坩埚，并用夹套水冷，取代有内衬的钢罐，避免了内衬耐火材料带来的污染，铜坩埚也用高纯材料制成。抽真空充氩气，加入炉料 V_2O_5 500g、铝屑 400g，混匀压紧；上部添加启动料 V_2O_5 90g、高纯铝粉 50g、I_2 20g，用一个金属钒丝盘条埋入启动料中，抽真空、排氮气、充氩气；钒丝充电启动点燃，升温至 2050℃，反应迅速完成，冷却后通过重力分离渣和含金。

5.4.4.3　粗钒精炼

用铝热法还原五氧化二钒制得的金属钒，钒含量为 90%，可采用熔盐电解法进行精炼提纯，得到具有良好延展性、纯度达 99.6%的钒。试用过的 5 种电解液，包括 Li、Na、K、Ca、Ba 的氯化物与 VCl_2 配成的电解液，以 KCl-LiCl-VCl_2，$CaCl_2$-NaCl-VCl_2 为最好。

熔盐电解钒的反应如下：

阳极反应：　$V（粗）+2Cl^- = VCl_2 + 2e$

阴极反应：　$VCl_2 + 2e = V（精）+2Cl^-$

总反应：　$V（粗）= V（精）$

使用 V_2O_5 为原料，用敞开式铝热还原法制得的还原钒，用 KCl-NaCl-VCl_2 电解液，所得精钒，有效脱除了 N、Si，剩余杂质主要是 Fe，还有 O、Cr、Cu。

5.4.5　真空碳热还原法

5.4.5.1　基本原理

由图 5.4.4 所知，只有当温度在 1700℃以上时，碳还原钒氧化物在热力学上才是可行的。同时，当高于 1700℃时，与钒的氧化物比较，CO 是最稳定的，为此碳热还原反应可以用下式予以概括：

$$1/yV_xO_y + C = x/yV + CO$$

但是碳与钒的亲和力很强，新生的钒极易与碳结合生成 VC（或 V_2C），所以用碳还原氧化钒的历程应该如下式所示：

$$1/yV_xO_y + (1+x/y)C = x/yVC + CO$$

$$1/yV_xO_y + VC = (1+x/y)V + CO$$

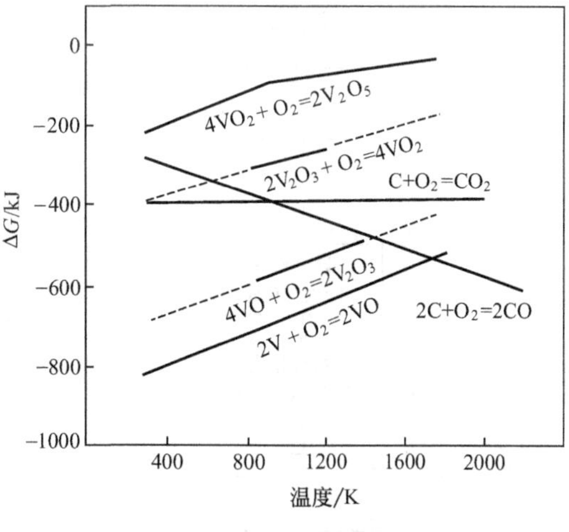

图 5.4.4　钒氧化物、碳氧化物的生成自由能

事实上的反应历程还要复杂些，例如钒的还原，要经历 V_2O_5、V_2O_4、V_2O_3、VO、V(O)s、V 等阶段，而碳化钒也有 VC、V_2C、V(C)s、V 等阶段。此处的 V(O)s 和 V(C)s 分别代表 O、C 溶解于钒中形成晶系间化合物的形态。经过前人所作的归纳，钒氧化物碳热还原的过程可按如下步骤进行。当温度低于 1000℃时，反应按下式进行：

$$V_2O_5 + CO = 2VO_2 + CO_2$$

$$VO_2 + CO = V_2O_3 + CO_2$$

当温度高于 1000℃时，则反应继续进行，并形成 CO：

$$V_2O_3 + 5C = 2VC + 3CO$$

$$2V_2O_3 + VC = 5VO + CO$$

$$VO + 3VC = 2V_2C + CO$$

$$VO + V_2C = 3V + CO$$

按上述反应历程，欲制取金属钒，必须将钒氧化物先还原成 VO、V_2C，故必须采用多个还原步骤。

5.4.5.2　碳热法多步还原过程

① Joly 用碳热法还原 V_2O_5，工艺流程见图 5.4.5。

第一步：乙炔炭黑＋V_2O_5，配比 $x(O)/x(C)=1.25$（摩尔比，下同），即 V_2O_5+4C，400 时 540℃，还原至生成 V_2O_4；

第二步：调整组分为 $V_2O_4+3.5C$，加热至 1350℃，抽真空至 10Pa，制成 VC（含 V86%～87%、含 C5%～6%、含 O7%～8%）；

第三步：加炭黑或 V_2O_3，调整 O/C＝1，热至 1500℃，抽真空至 0.1Pa，3h，制得粗钒（含 V96%～97%、含 C1%～1.5%、含 O2%～3%）；

第四步：调组分使 O/C＝1，1700℃ 0.001Pa，1.2h，得延展性钒（含 V99.6%、含 C0.12%、含 O0.06%），收率为 95%。

② Kieffer 等使用 V_2O_3、VC 为原料，置于坩埚内，装入感应炉，抽真空至 0.05Pa，1450℃下保温 8h，再抽真空至 0.01Pa，1500℃下保温 9h，烧结的 C-O-V 块，再进一步用

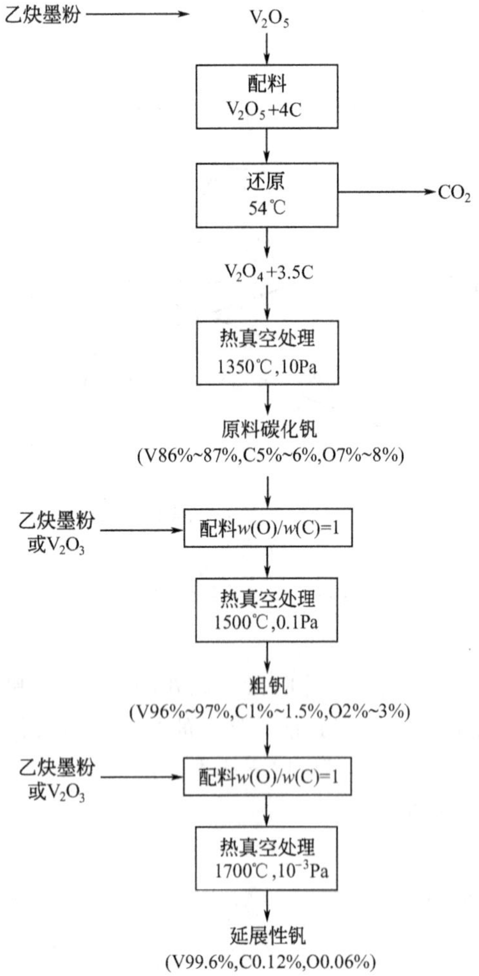

图 5.4.5　碳热还原法步骤图

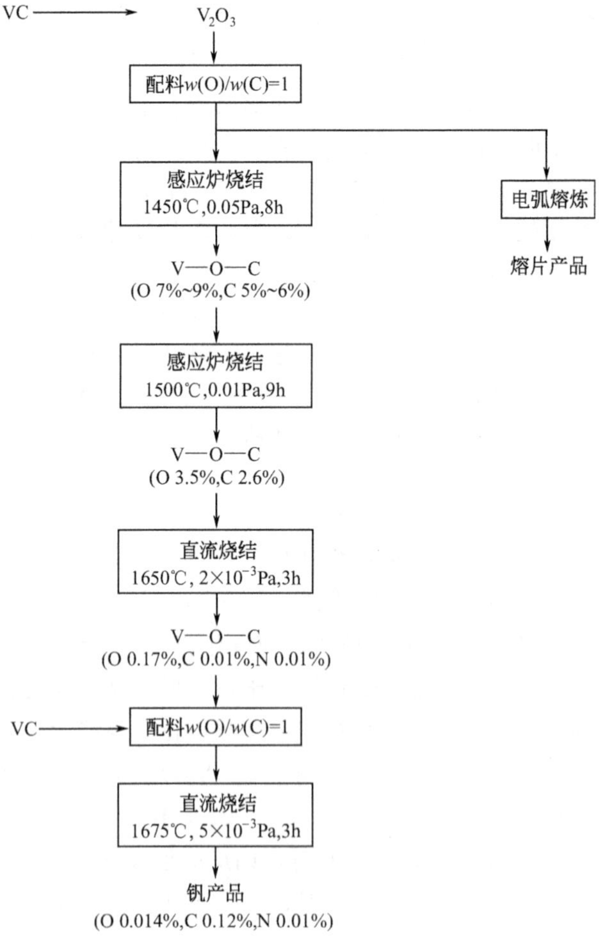

图 5.4.6　多步还原过程图

电阻炉处理，加热至 1650℃，抽真空至 0.002Pa，2h，加入 VC 调组分，再加热至 1675℃保温 3h，抽真空至 0.005Pa，最后得延展钒（含 N0.01%、含 C0.12%、含 O0.014%）。在前边的多步法中，其质量是最高的。步骤见图 5.4.6。

5.4.5.3　粗钒精炼

从理论上讲，碳热还原法有两种制取纯钒的途径，一种是 V_2C 的直接分解：

$$V_2C = 2V + C \qquad \Delta G = 143kJ$$

另一种可能是先将 VC 分解为 $VC_{0.88}$，反应按下式：

$$VC = VC_{0.88} + 0.12C \qquad \Delta G = 47kJ$$

显然第二个反应更易进行，其中 $VC_{0.88}$ 是一个稳定的相。在此基础上进行下一步反应：

$$VC_{0.88} = V + 0.88C \qquad \Delta G = 96kJ$$

向电解池提供电能后，上述反应向右进行，即精炼钒的反应为：

阳极反应：

$$VCl_2 + Cl^- = VCl_3 + e$$

$$2VCl_3 + V_2C = 3VCl_2 + VC_{0.88} + 0.12C$$

$$V_2C + 2Cl^- = VCl_2 + VC_{0.88} + 0.12C + 2e$$

阴极反应：

$$VCl_2 + 2e = V\text{（精）} + 2Cl^-$$

因此，电解总反应为：

$$V_2C = V\text{(精)} + VC_{0.88} + 0.12C$$

此外在阳极将进一步反应为：

$$VC_{0.88} + 2Cl^- = VCl_2 + 0.88C + 2e$$

上式与阴极反应式结合，净反应为：

$$VC_{0.88} = V\text{(精)} + 0.88C$$

商业性的还原钒含 V85%，含 C10%，含其他杂质（O、Fe、Cr）5%，目前已精炼出 99.53%的纯钒。使用的是 48%$BaCl_2$-31%KCl-21%NaCl，再配加 5%～12% VCl_2 的电解液，670℃，槽电压为 0.4～1.3V（或 0.2～0.7V），阴极电流密度为 2150～9700A/m^2（或 1100～3200A/m^2），阴极电流效率为 70%（或 87%），钒收率为 84%（或 77%）。所有原料均先做一次预电解加以整理，然后再进行正规电解。

5.4.6　硅热还原法

Prabhat 等报道了一种通过硅热还原钒氧化物和熔融盐电解精炼工艺相结合制备高纯金属钒的方法。该方法首先是在真空状态和 1873～1973K 温度条件下，将钒的氧化物（V_2O_5 或 V_2O_3）用硅或硅和碳的混合物进行还原得到粗金属钒，再将这种含钒 89.5%、含硅 4%、含氧 1.3%的粗金属钒在 LiCl-KCl-VCl_2 组成的熔融盐电解质中进行精炼，最终可得到纯度大于 99.5%金属钒。

5.4.7　氢还原法

5.4.7.1　钒氧化物的氢还原

钒氧化物的氢还原如下：

$$V_2O_5 + H_2 = V_2O_4 + H_2O$$

$$V_2O_4 + H_2 = V_2O_3 + H_2O$$

$$V_2O_3 + H_2 = 2VO + H_2O$$

$$VO + H_2 = V + H_2O$$

上述反应的自由能变化与温度关系如图 5.4.7 所示，图中居中的线是水生成的标准线。

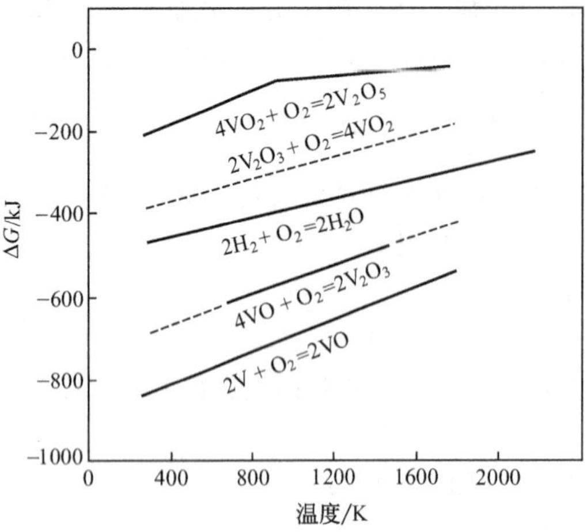

图 5.4.7 钒氧化物、水的反应自由能变化与温度的关系

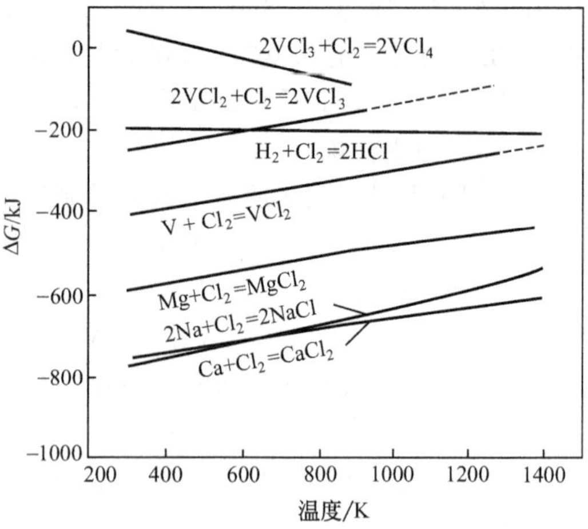

图 5.4.8 用氢还原氯化钒的反应生成自由能与温度的关系

5.4.7.2 **氯化钒的氢还原**

用氢还原氯化钒的反应原理如下：

$$2VCl_4 + H_2 = 2VCl_3 + 2HCl$$

$$2VCl_3 + H_2 = 2VCl_2 + 2HCl$$

$$VCl_2 + H_2 = V + 2HCl$$

以上反应的自由能变化如图 5.4.8 所示，图中上起第三条线为盐酸合成线，即：

$$Cl_2 + H_2 = V + 2HCl$$

20 世纪 50 年代，Tyzack、England 采用 ϕ75mm×1200mm 的 Si 管，置于氧化铝马弗炉中，用 VCl_3 作为原料，置于 Mo 舟中，放入反应器内，所用氢气先通过铀屑净化。反应分两步，首先在 450～500℃条件下，VCl_3 还原为 VCl_2，然后再升高温度至 1000℃，VCl_2 还原为 V，反应速度很慢，500g VCl_2 需加热一周，产品为轻度烧结的熔片，收率约 80%～88%；产品中的杂质含量大多在 10^{-4} 数量级，来源于最初采用的原料钒块。

熔片易粉碎 0.049mm 以下，可以再固化压块，在 1750℃条件下真空烧结，可得延展性钒。硬度为 120～150VPN，其中杂质含量较高的有：Ca 为 0.15%～025%，W 为 0.15%～0.3%，Zn 为 0.2%～0.4%，O 为 0.25%～2.8%，H 为 0.54%～1.5%。工艺流程见图 5.4.9。

5.4.8 冶炼金属钒新技术

攀钢集团有限公司采用碳热还原-熔盐电解相结合的方法制备了金属钒。该方法以钒的氧化物和单质形式的碳还原剂为原料，按照钒的氧化物和单质形式的碳还原剂反应生成 VC_mO_n 和 CO 的化学反应的化学计量比混合形成混合料，并将混合料压制成型，其中 $0<m\leqslant1$，$0<n\leqslant1$，$m\leqslant n$；在 800℃～1600℃的温度范围内，使压制成型的混合料反应，生成具有导电性能的 VC_mO_n；以 VC_mO_n 作为消耗阳极，以导电材料作为阴极，以碱金属的卤化物熔盐体系、碱土金属的卤化物熔盐体系或它们的组合作为电解液从而组成电解池，在 400～1000℃的温度范围内执行电解，在电解过程中，消耗阳极所含的碳和氧形成气体 CO、CO_2 或 O_2 放出，同时钒以离子的形式进入电解液并在阴极沉积得到金属钒。

北京科技大学采用熔盐电解法制备出了高纯金属钒。该方法将微波流化床技术与 FFC

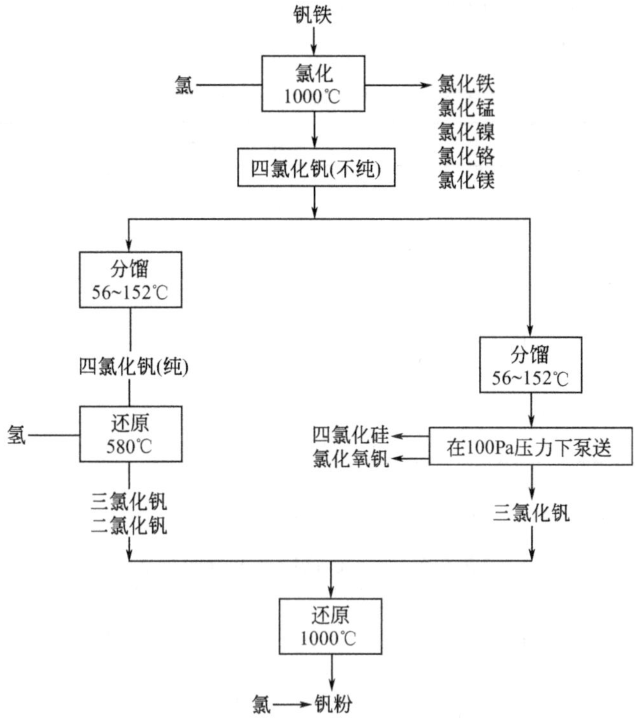

图 5.4.9　氢还原氯化钒工艺流程

电脱氧技术相结合，以五氧化二钒为原料制备金属钒。该工艺首先利用微波流化床加热效率高、升温迅速、气固接触，采用氢气或一氧化碳为还原气，于 600～650℃下将低熔点五氧化二钒（熔点 690℃）短时间内直接还原为三氧化二钒。三氧化二钒具有较高的熔点，可直接经过成型烧结工序制备成为氧化物阴极。氧化物阴极于氯化钙熔盐或氯化钙-氯化钠混合熔盐内进行 FFC 电脱氧，电解后的阴极用超声波粉碎，然后经水洗、酸洗、酒精洗以除杂，最终得到纯度 99%以上的金属钒，电流效率保持在 70%以上，微波加热设备能量利用率在 80%以上，电解能耗在 10～13kWh/kg。

5.5　钒铁合金

5.5.1　钒铁冶炼方法及特点

① 以还原剂来区分：通常分为硅热法、铝热法、碳热法三种。

② 以还原设备区分：在电炉中冶炼的有电炉法（包括碳热法、电硅热法和电铝热法）。不用电炉加热，只依靠自身反应放热的方法称为铝热法（即炉外法）。

③ 以含钒原料不同区分：用五氧化二钒、三氧化二钒、钒渣原料冶炼钒铁的方法。

④ 根据热源不同可分为：碳热法、电热法、电硅热法、金属热法。

不同方法，特点不同，一种是耗电能大，工序复杂，但产品质量稳定，还原剂价格低。另一种是耗铝量大，回收率低，合金品位高，不用电能。

5.5.2　钒铁产品的牌号及成分

钒铁牌号根据含钒量分为低钒铁：FeV35～50，一般用硅热法生产；中钒铁：FeV55～65；高钒铁：Fe70～80，一般用铝热法生产。国内钒铁牌号及成分如表 5.5.1 所示，国际钒铁牌号及成分如表5.5.2。80FeV产品外观如图5.5.1所示。

（1）我国钒铁标准（GB 4139—2012）见表5.5.1。

表5.5.1 我国钒铁牌号及成分标准

牌号	化学成分/%						
	V≥	C	Si	P	S	Al	Mn
		≤					
FeV-40-A	40.0	0.75	2.0	0.10	0.06	1.0	
FeV-40-B	40.0	1.00	3.0	0.20	0.10	1.5	
FeV-50-A	50.0	0.40	2.0	0.07	0.04	0.5	0.5
FeV-50-B	50.0	0.75	2.5	0.10	0.05	0.8	0.5
FeV-75-A	75.0	0.20	1.0	0.05	0.04	2.0	0.5
FeV-75-B	75.0	0.30	2.0	0.10	0.05	3.0	0.5

（2）钒铁国际标准（ISO 5451—80）见表5.5.2。

表5.5.2 国际钒铁牌号及成分标准

代号	化学成分/%									
	V	Si	Al	C	P	S	As	Cu	Mn	Ni
		≤								
FeV40	35.0～50.0	2.0	4.0	0.30	0.10	0.10				
FeV60	50.0～65.0	2.0	2.5	0.30	0.06	0.05	0.06	0.10		
FeV80	75.0～85.0	2.0	1.5	0.30	0.06	0.05	0.06	0.10	0.50	0.15
FeV80Al2	75.0～85.0	1.5	2.0	0.20	0.06	0.05	0.06	0.10	0.50	0.15
FeV80Al4	70.0～80.0	2.0	4.0	0.20	0.10	0.10	0.10	0.10	0.50	0.15

图5.5.1 80 FeV产品外观

5.5.3 金属热法冶炼钒铁的原理

金属热法冶炼铁合金一般是用比较活泼的金属去还原比较不活泼的金属氧化物，并获得该金属与铁熔于一起，从而生成铁合金。主要反应原理为：

$$Me_xO_y + Al \longrightarrow Al_2O_3 + Me \quad \Delta H^{\ominus}_{298}(Al) = Q \quad kJ/mol$$

$$Me_xO_y + Si \longrightarrow SiO_2 + Me \quad \Delta H^{\ominus}_{298}(Si) = Q \quad kJ/mol$$

$$Me_xO_y + Mg \longrightarrow MgO + Me \quad \Delta H^{\ominus}_{298}(Mg) = Q \quad kJ/mol$$

$$Me_xO_y + Ca \longrightarrow CaO + Me \quad \Delta H^{\ominus}_{298}(Ca) = Q \quad kJ/mol$$

上述Q值等于－301.39kJ时，该反应式能自发进行，反应放热能达到使炉料熔化、反应、渣铁分离的程度。当然，要使Me的收率达到高的指标，这个值不一定是最佳的。

若Q值不够－301.39kJ，就必须采取别的措施。一般是提供放热副反应及给体系通电等手段。副反应一般是根据本国的国情及参加副反应物质的价格水平来选择一些不至于污染合金的氧化物来和还原剂发生化学反应，并放出大量的热，以补充上述Q值的不足。在我国通常是选用$KClO_3$、$NaNO_3$。如：

$$6NaNO_3 + 10Al = 5Al_2O_3 + 3Na_2O + 3N_2\uparrow \quad \Delta H^{\ominus}_{298}(Al) = -710.90 \quad kJ/mol$$

$$KClO_3 + 2Al = Al_2O_3 + KCl \quad \Delta H^{\ominus}_{298}(Al) = -868.59 \quad kJ/mol$$

若上述反应的 Q 值超过－301.39kJ，也应采取其他办法，比如配入一定量的炉渣、碎合金等吸收多余的热量，以免反应过于激烈而造成的喷溅。

图 5.5.2　冶炼钒铁的电弧炉

5.5.4　电硅热法冶炼钒铁

5.5.4.1　基本原理

整体生产概念的形成：

生产钒铁的原料：V_2O_5、硅铁。

生产钒铁的辅料：石灰、铝块、废钢。

最终产品：块状 FeV 合金。

生产钒铁的主体设备：电弧炉，如图 5.5.2 所示。

生产钒铁的工艺：硅热还原法。

电弧炉内化学反应为：

$$2/5V_2O_5(l)+Si = 4/5V+SiO_2 \quad \Delta G_T^{\ominus}(Si)=-326840+46.89T \quad (J/mol)$$

$$V_2O_5(l)+Si = V_2O_3+SiO_2 \quad \Delta G_T^{\ominus}(Si)=-1150300+259.57T \quad (J/mol)$$

$$2V_2O_3+3Si = 4V+3SiO_2 \quad \Delta G_T^{\ominus}(Si)=-103866.7+17.17T \quad (J/mol)$$

$$2VO+Si = 2V+SiO_2 \quad \Delta G_T^{\ominus}(Si)=-56400+15.44T \quad (J/mol)$$

硅热还原时，在高温下用硅还原钒的低价氧化物自由能的变化是正值，说明在酸性介质中用硅还原钒的低价氧化物是不可能的。用硅还原钒的氧化物时，由于热量不足，反应进行得很缓慢且不完全，为了加速反应必须外加热源。一般硅热法冶炼钒铁是将 V_2O_5 铸片在铁合金电弧炉内用硅铁冶炼成钒铁。

此外，这些氧化物与二氧化硅进行反应后生成硅酸钒，钒自硅酸钒中再还原就更为困难。因此炉料中配加石灰，原因在于以下几点。

① 它与二氧化硅反应使 SiO_2 与 CaO 生成稳定的硅酸钙，防止生成硅酸钒。

② 降低炉渣的熔点和黏度，改善炉渣的性能，强化了冶炼条件。

③ 在有氧化钙存在的情况下，提高炉渣的碱度，改善还原的热力学条件，从而使热力反应的可能性更大了。其反应为：

$$2/5V_2O_5(l)+Si+CaO = 4/5V+CaO.SiO_2 \quad \Delta G_T^{\ominus}(Si)=-419340+49.398T \quad (J/mol)$$

$$2/5V_2O_5(l)+Si+2CaO = 4/5V+2CaOSiO_2 \quad \Delta G_T^{\ominus}(Si)=-445640+35.588T \quad (J/mol)$$

$$2/3V_2O_3+Si+2CaO = 4/3V+2CaO\cdot SiO_2 \quad \Delta G_T^{\ominus}(Si)=-341466.67-5.43T \quad (J/mol)$$

硅还原低价钒氧化物的能力，在高温下不如碳，为了避免增碳，生产中在还原初期是用硅作还原剂，后期用铝作还原剂。

5.5.4.2　原辅材料

V_2O_5 是钒的初级产品，85%以上用于炼制钒铁，然后作为炼制合金钢的原料。硅热法所用原料要求如下：

① 五氧化二钒：GB 3283—87 中的冶金 90 牌号。$V_2O_5 \geqslant 98\%$（$V_2O_5 \geqslant 90\%$），S$\leqslant$0.2%，P$\leqslant$0.04%，片状不大于 200mm×200mm，厚度$\leqslant$8mm。

② 硅铁 GB 2272—87 中 FeSi75—A.B.C 任何牌号。Si$\geqslant$72%，Mn$\leqslant$0.3%，C$\leqslant$0.2%，P$\leqslant$0.035%，S$\leqslant$0.02%，Cr$\leqslant$0.5，块度：20～30mm。

③ 铝（硅铝铁）GB/T 1196—93 中。Al$\geqslant$62.5%，（Al+Si）$\geqslant$89%，P$\leqslant$0.03%，S$\leqslant$0.03%，C$\leqslant$0.20%，Cu$\leqslant$0.10%，Mn$\leqslant$0.4%，块度：30～50mm。

④ 钢屑：按 QTJ TJT0504—84 要求。其中 Fe≥96%，C≤0.2%，P≤0.035%，Mn≤0.4%，S≤0.04%，Si≤1.0%，必须是碳素钢屑，不得混有有色金属、泥砂、油质等杂物，块度小于 300mm×300mm×500mm。

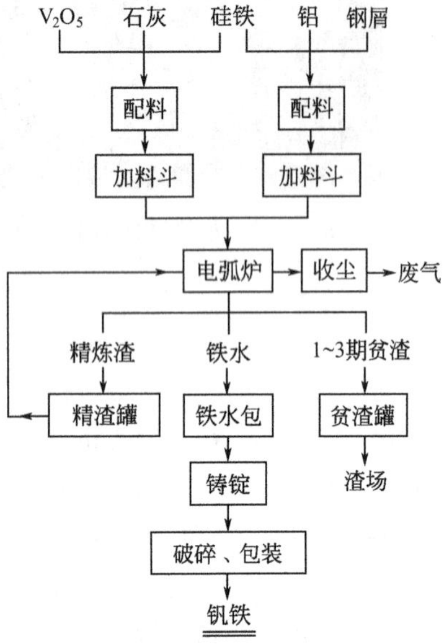

图 5.5.3 电硅热法冶炼钒铁的工艺流程

⑤ 冶金石灰：YB/T 042—93 中。普通冶金石灰二级技术条件，CaO≥85%，MgO≤5%，SiO_2≤3.5%，S≤0.15%，CO_2≤2%，P≤0.01%，生烧率＋过烧率≤15%，块度 20～50mm，灼减≤7%，活性度［4mol/mL（40±1)℃，10min］≥250。

5.5.4.3 冶炼操作

冶炼操作分还原期和精炼期两步。冶炼都是在电弧炉内进行，容量一般为 840～1800kVA，分还原期和精炼期，还原期又分为二期冶炼和三期冶炼法，用过量的硅铁还原上炉的精炼渣，至炉渣中含 V_2O_5 低于 0.35%，从炉内排出废渣开始精炼，再加入五氧化二钒和石灰等混合料精炼。当合金中 Si 量小于 2%时出炉，排出的精炼渣含 V_2O_5 10%～15%，返回下炉使用。国内普遍采用的三期冶炼钒铁的工艺流程如图 5.5.3 所示。

（1）还原期　还原作业的第一步是先将钢屑、硅铁熔化，加入精炼期返回的精炼渣，再加入少量 V_2O_5，熔炼后形成的渣称为贫渣，其 V_2O_5 含量小于 0.35%，倒出贫渣，转入还原期第二步冶炼，加入铝粒，控制合金中的 Si、V 含量，以 FeV40 为例，要求保持表 5.5.3 的成分转入精炼期。

表 5.5.3　合金成分

成分	V	Si	C	P	S
含量，%	31～37	3～4	<0.6	<0.08	<0.05

还原期的配混料的计算可按照冶炼 1t 钒铁为例进行配比：

① 五氧化二钒配入量：理论需 V_2O_5 量 $w_1=1\times$钒铁含钒（%）×182/102

其中：182/102 为 V_2O_5 中的含 V 比。

实际五氧化二钒配入量 w 比理论量过剩 7%左右。

$$五氧化二钒配入量\ w=\frac{w_1\times 107\%}{V_2O_5\ 纯度\%\times 回收率\%}$$

② 硅铁需要量：还原中有 80%的五氧化二钒用硅铁还原，20%用铝还原，由于烧损，需要 Si 过剩 10%，Al 过剩 30%，石灰过剩 10%。

按反应 $2V_2O_5+5Si=4V+5SiO_2$ 计算出还原 1kg V_2O_5 理论需硅 0.385kg，则：

$$硅铁配入量\ w_2=\frac{w_1\times 80\%\times 0.285}{硅铁中\ Si\%}110\%$$

③ 铝块配入量：按反应 $3V_2O_5+10Al=6V+5Al_2O_3$ 计算出还原 1kg V_2O_5 理论需铝 0.5kg，则：

铝块配入量 $w_3=\dfrac{w_1\times 20\%\times 0.5}{\text{铝纯度}\%}130\%$

④ 钢屑配入量：需钢屑量 $w_4=1\times$[1－钒铁含钒(%)－钒铁杂质(%)]－硅铁带入铁量

其中：硅铁带入铁量＝需硅铁 $w_2\times$（1－硅铁含 Si%）

⑤ 石灰配入量$=\dfrac{w_2\times\text{硅铁 Si}\%\times\dfrac{62}{28}\times\text{碱度}}{\text{石灰 CaO}\%}\times 110\%$

（2）精炼期　目的在于脱硅，提高钒的含量，继续加入 V_2O_5 和石灰，使其与过量的硅一起转入渣中，提高合金中的钒含量，达到 FeV40 的要求，产品的成分如表 5.5.4 所示。

表 5.5.4　产品成分

成分	V	Si	C	P	S
含量/%	>40	<2	<0.75	<0.1	<0.06

精炼期产生的富钒渣返回还原期再炼，富钒渣的典型成分如表 5.5.5 所示。

表 5.5.5　富钒渣成分

成分	V_2O_5	CaO	SiO_2	MgO	CaO / SiO_2
含量/%	8～13	45～50	23～25	8～15	1.8～2.0

冶炼各期炉料的分配如表 5.5.6 所示。

表 5.5.6　冶炼各期炉料分配　　单位：%

炉料	还原期 1	还原期 2	精炼期 3
V_2O_5	15～18	50～47	35
硅铁	75	25	0
铝块	35	65	0
石灰	20～25	50	30～25
钢屑	100	0	0

（3）操作过程　首先，上一炉出完炉后，炉顶倾回，扒出炉渣和炉坡残存渣，用混合好且有足够黏度的镁砂（卤水：镁砖粉：镁砂＝1：3：5），针对炉衬损伤情况高温快补，且堵好出铁口。补完炉后炉底要垫上一定数量的精炼渣。钢屑加入后，根据电极烧损情况落放或拆换电极，检查各系统，正常后给电。此时用大电压，小电流，并且立即倒入上一炉以液态存在的精炼渣。返完精炼渣后，加一期混合料。根据电弧稳定情况增大电流至最大值。一期混合料下完后，尽量将炉料推至三相电极中心区域。当炉料熔化到一定程度，可开始分批加入硅铁还原，同时调整炉渣碱度。硅铁还原较充分后，碱度合适时加铝块还原，还原反应激烈，火焰较大时停电。当炉渣中 $V_2O_5\leqslant 0.35\%$时，可倒出贫渣，倒渣过程要用低电压，小电流。倒渣后期要慢，且用拉杆检查，防止铁水倒出。贫渣倒完后用铁棍蘸取渣样送化验分析五氧化二钒含量。

其次，一期贫渣倒完后，用大电压给电加料，随着二期混合料的加入，电流逐渐给至最大值。炉料基本熔化后开始加入硅铁还原，同时调整炉渣碱度，继续加硅铁还原，而后加铝贫化炉渣，出渣与一期相同。

最后精炼时，与二期给电加料相同。按合金成分调整精炼期料量，先用大电压，大电流熔化炉料，炉料化渣后调整炉渣碱度。炉渣碱度合适时，根据电弧长短及时改用小电压，大电流升温。当炉渣与合金具有合适的温度和流动性时，搅拌，取合金样送化验分析 V、Si、C、P、S 成分，正常出炉。出炉时先用小电压，小电流，从出渣口倒出精炼渣，并打开出铁口后，停电出铁，再完成浇铸。

5.5.4.4 技术经济指标

通常钒的回收率可达 97%～98%；贫渣含钒，$V_2O_5 \leqslant 0.35\%$；冶炼时间，80min/t。每 1t FeV40 的消耗如表 5.5.7 所示。

表 5.5.7 冶炼 1t FeV40 的典型单耗 单位：kg/t

V_2O_5	FeSi75	铝锭	钢屑	石灰	综合电耗，kWh/t	冶炼电耗，kWh/t
330～740	380～400	60～80	390～410	1200～1300	1600	1520

5.5.4.5 主要设备

硅热还原法生产钒铁，在铁合金电炉里进行熔炼，代表型容量为：840～2500KVA，典型的电压为 150～250V，电流为 4000～4500A。炉盖、炉底和炉壁用镁砖砌筑。使用石墨电极操作，电极直径 200～250mm。攀枝花某厂代表性设备如下。

① 变压器参数。规格：HSK_7-3000/10，容量：2500kVA，一次电压：10000V，二次电压：121，92/210，160V，额定电流：6870A。

② 电炉参数。规格：3t 电弧炉，电极直径：ϕ250mm，炉壳体：内径 ϕ2900mm × 1835mm，极心圆：ϕ760mm，电极行程：1300mm。

③ 电极。石墨电极，GB-3072—82，ϕ250mm。

5.5.5 铝热法冶炼钒铁

5.5.5.1 基本原理

由于钒的价态较多，用铝热法生产钒铁的原理通常可用下面反应描述。

$$3V_2O_{5(s)} + 10Al = 6V + 5Al_2O_3 \qquad \Delta H_{298}^{\ominus}\ (Al) = -368.36kJ/mol$$

$$\Delta G^{\ominus}\ (Al) = -681180 + 112.773T\ (J/mol)$$

$$3VO_2 + 4Al = 3V + 2Al_2O_3 \qquad H_{298}^{\ominus}\ (Al) = -299.50kJ/mol$$

$$\Delta G^{\ominus}\ (Al) = -307825 + 40.1175T\ (J/mol)$$

$$V_2O_3 + 2Al = 2V + Al_2O_3 \qquad H_{298}^{\ominus}\ (Al) = -221.02kJ/mol$$

$$\Delta G^{\ominus}\ (Al) = -236100 + 37.835T\ (J/mol)$$

$$3VO + 2Al = 3V + Al_2O_3 \qquad H_{298}^{\ominus}\ (Al) = -195.90kJ/mol$$

$$\Delta G^{\ominus}\ (Al) = -200500 + 36.54T\ (J/mol)$$

可见，上述反应的 $\Delta G^{\ominus}$ 均为负值，在热力学上都是容易进行的。从反应放热值来说，铝热反应完全可满足反应自发进行要求的热量，称为铝热法。实际上该反应是爆炸性的（在绝热情况下，反应温度可以达到 3000℃左右），因此必须人为地控制反应速度。

用三氧化二钒还原的反应少耗铝 40%。但是在用铝热法冶炼高钒铁时，反应的热量明显不足，无法维持反应自动进行，所以需要补充一部分热量才行，目前是以通电的方式来补充热量的称为电铝热法。当然也可以采用副反应。铝热法冶炼可制得含钒品位高，杂质少的钒铁合金。

5.5.5.2　铝热法冶炼钒铁工艺与设备

（1）原料

① 五氧化二钒：符合 GB 3283—87 标准的 $V_2O_5$98 牌号。粒度：55×55×5mm。

② 铝豆：Al>99.2%，Fe<0.13%，C<0.005%，Si < 0.1%，P < 0.05%，S < 0.0016%，粒度：10～15mm。

③ 石灰：CaO≥85%，MgO<5%，SiO_2≤3.5%，S≤0.15%，P≤0.03%，灼减≤7%。

④ 铁屑：含 C<0.40%，粒度<15mm。

⑤ 返回渣：即铝热法生产得到的炉渣（刚玉渣），粒度：5～10mm。

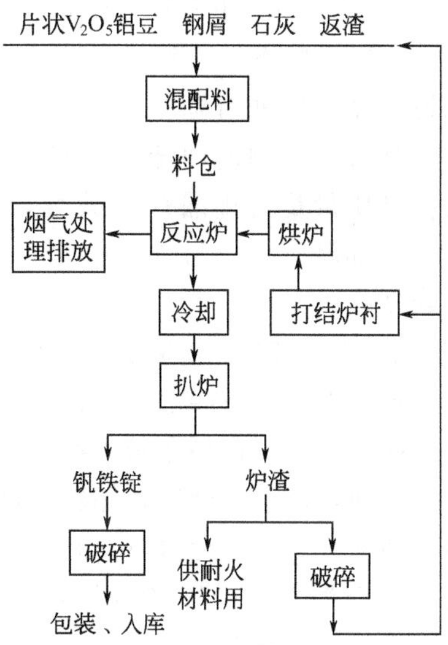

图 5.5.4　铝热法冶炼钒铁工艺流程

铝热法生产钒铁的典型工艺流程见图 5.5.4。

（2）配料　首先按反应：$3V_2O_5+10Al═══6V+5Al_2O_3$ 计算出理论耗铝量：

$$\text{理论耗铝量}=\frac{V_2O_5\ \text{重量}\times V_2O_5\ \text{品位}\times \text{Al 原子量}\times 10}{V_2O_5\ \text{分子量}\times 3}$$

铝热法冶炼钒铁配料的最佳工艺条件是单位炉料反应热为 3140～3350kJ/kg 炉料。配铝量按 V_2O_5 反应所需理论量的 100%～102%配入。一般而言，增加铝热反应的铝量，可使反应进行得很完全、充分，达到较高的钒回收率。但当配铝量超过一定限度后，多余的铝将进入合金中，达不到质量要求；另一方面，由于合金中含铝高，使其比重降低，影响合金在炉渣中的沉降速度，使渣中夹杂的合金增多，降低了钒回收率；同时由于耗铝量增加，使生产成本增高，不经济。

铝热反应发热量超过需要数值，故炉料中加入惰性料，如返回渣、石灰、碎合金等，以降低炉料发热量，保证反应平稳进行。惰性物料的加入量可视情况按 V_2O_5 用量的 20%～40%配入。

钒铁的产量＝(投入的金属 V 量×钒收率%)/合金含钒量%

钢屑加入量＝钒铁产量×(1－合金含钒量%－合金杂质量%)

由于铝热反应后即成为自发反应，反应时间短，难以控制，因而配料工序质量的好坏直接影响到钒铁产品质量，故要求配料务必准确（计算与称量）、混料均匀、以免造成炉料偏析。

生产钒铁的各类原料都要彻底干燥，以避免冶炼时发生喷溅。

（3）冶炼主要设备

① 混料机：根据情况选择。

② 反应炉：用铸铁或钢制成的圆筒型炉壳，外部用钢夹紧环加固，内衬镁砖砌筑，为了提高镁砖寿命，炉子内壁用磨细的刚玉渣和卤水混合料打结，炉底可铺镁砂，然后烘烤干燥。可将整体炉子按放在可移动的平车上。炉子大小视其产量确定，一般内径为 0.5～1.7m，高 0.6～1.0m。

③ 反应室：带有抽风烟罩系统的冶炼空间。是铝热法进行冶炼的场所。

(4) 冶炼操作 钒铁冶炼是在筒式炉内进行的。冶炼炉准备过程分砌炉、打结和烘炉三道工序。钒铁冶炼炉的炉衬分永久层和临时层。永久层是用镁砖和高铝砖分三段砌筑的，临时层是用返回渣打结的。耐急冷急热性较差，拆炉时，砖很容易损坏，良好的炉衬打结质量是防止漏炉的关键，打结强度适中，以免拆炉困难，同时炉体底部打结层要比上半部厚一些。另外，打结材料中不得混入其他低熔点的杂物；炉身和炉底的接缝处必须塞紧。

冶炼钒铁时，先将冶炼炉吊放到平车上，采用下部点火时在炉筒底部装入少量炉料，布好底料，表面放一些混合好的 V_2O_5 粉末和铝粉，在放一些点火剂，点火剂有 BaO_2、氯酸钾或镁屑等。再将平车送入冶炼室内。用点火剂点火后，依据反应情况逐渐从上部加入全部炉料，加料速度要合适，加料速度过快，炉料反应速度快，炉温升高，喷溅严重，使钒和铝损失增加；加料速度过慢，反应进行慢，冶炼温度低，会使炉渣过早粘结，渣铁分离不完全，合金凝聚不好，钒回收率随之下降。经验表明，加料速度控制在 160～200kg/(m^2. min) 较合适。

采用上部点火时，先将炉料全部加入炉内，再点火，这种方法由于反应激烈，热量集中，炉料喷溅严重，因此一般采用下部点火法。

冶炼拆炉后，先将合金锭进行水淬冷却处理，然后进行合金表面精整，再进行砸铁、破碎、筛分、包装，最后入库。

炉渣吊运到破碎系统，经处理后，一部分作为配料返回渣，一部分用来打结炉衬，余下的炉渣卖给耐火材料厂。

(5) 技术经济指标

① 产量：视炉子容积大小在 500～1000kg 之间，但不超过 2000kg。

② 产品质量：一般可得到含钒 75%～82%的产品。其他成分（%）为 1.0～1.5Si；1.0～2.0Al；0.15～0.2C；≤0.05S；≤0.025P。

③ 钒回收率：一般 85%～90%，最高可达到 95%。

(6) 提高钒回收率的方法

由于铝热法反应激烈，炉渣中将夹杂有一些金属珠，炉渣中含有较高的钒。为提高钒收率，一般采用如下的两种方法。

① 加发热沉降剂法：铝热反应结束后，立即往炉渣表面加入由三氧化二铁和铝粒组成的发热沉降剂，有两个目的。一是由于沉降剂的放热反应而使炉渣继续保持熔融状态，有利于炉渣与钒铁的分离，使合金继续下降；二是由于沉降剂反应产生的铁铝合金穿过渣层下降时，继续还原渣中尚未还原的钒氧化物和吸附悬浮在炉渣中的合金微粒而提高了钒的收率。通常采用这种方法可提高收率 2%以上。

加入沉降剂的方法可人工加入或用机械方法（如喷枪喷入）。需要指出，在计算配料时要考虑到这部分增加的铁量，避免合金中的铁过高而降低钒的品位。

② 电热法：铝热反应完毕后，立即将平车送到电加热器位置，通电加热炉渣，保持炉渣的熔融状态，使合金继续下降，从而提高钒收率。

5.5.6 碳还原法冶炼钒铁

实验室或小规模生产时可选用碳热法，冶炼钒铁的化学反应方程式为：

$$V_2O_5+C \longrightarrow 2VO_2+CO\uparrow \qquad \Delta G_T^{\ominus}(C)=49070-213.42T(J/mol)$$

$$2VO_2+C \longrightarrow V_2O_3+CO\uparrow \qquad \Delta G_T^{\ominus}(C)=95300-158.68T(J/mol)$$
$$V_2O_3+C \longrightarrow 2VO+CO\uparrow \qquad \Delta G_T^{\ominus}(C)=239100-163.22T(J/mol)$$
$$VO+C \longrightarrow V+C\uparrow \qquad \Delta G_T^{\ominus}(C)=310300-166.21T(J/mol)$$
$$V_2O_5+7C \longrightarrow 2VC+5CO\uparrow \qquad \Delta G_T^{\ominus}(C)=79824-145.64T(J/mol)$$

上述还原反均为吸热反应，需用电补充热量才能进行。在形成碳化物反应的同时，自由能会大量减少，所以反应急剧增强，结果形成含有一定比例的碳合金。实际上在此情况下炼得的合金含碳 4%～6%，因此工业上采用碳还原法炼不出低碳钒铁。但在实验室中，采用高温高真空却可以制出低碳钒铁。国外一些工厂用类似的方法生产了含 38%～40% V，2%～3% C，5%～12% S 的钒铁。这种合金对于大多数含钒合金钢都无法使用，所以很少采用碳热法。

5.5.7　钒渣直接冶炼钒铁

国内外采用钒渣直接炼钒铁的方法很多，大都处于研究状态，实际生产的很少。钒渣直接冶炼钒铁的方法分两步进行，首先将钒渣中的铁（氧化铁）采用选择性还原的方法在电弧炉内，用碳、硅铁或硅钙合金将钒渣中的铁还原，使大部分铁从钒渣中分离出去，而钒仍留在钒渣中，这样得到了 V/Fe 比高的预还原钒渣。

第二阶段是在电弧炉内，将脱铁后的预还原钒渣用碳、硅或铝还原，得到钒铁合金。

我国攀钢、中信锦州铁合金公司等单位也都试验过用电炉直接冶炼钒铁的工作。

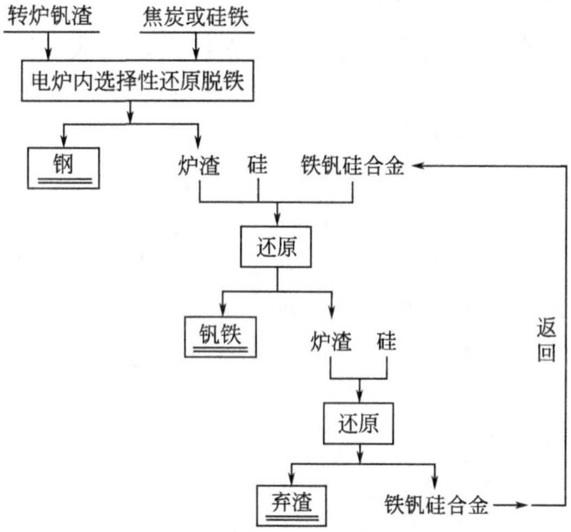

图 5.5.5　特雷巴赫钒渣直接炼钒铁工艺

奥地利特雷巴赫工厂（TCW）采用该方法，工艺流程见图 5.5.5。

5.5.8　三氧化二钒冶炼钒铁

生产高钒铁时，可以采用铝热法冶炼三氧化二钒，可以节省铝还原剂的耗量，降低生产成本。与一般炉外法用五氧化二钒冶炼钒铁不同的是由于三氧化二钒与铝反应的热量不足，不能自动进行，因此冶炼设备是在电弧炉中冶炼的。用电弧炉的目的有三点，一是为了补充用 V_2O_3 冶炼时的热量不足，二是为了提高钒的回收率，三是使炉内的温度达到使炉渣能排出，且使铁水能浇铸到锭模的要求。德国 GfE 电炉的容积为 $5m^3$，功率为 1.2MVA，4.5 吨三相电弧炉，石墨电极直径为 300mm，炉衬全部用本渣（刚玉渣）打结，不用耐火砖，每次只需要用炉渣补炉即可。

① 将 V_2O_3、铝粉（粒），钢屑和石灰称量并混合放入储罐内，用运料叉车把混合料罐安放在电炉炉顶下料装置上；

② 将部分钢屑熔化约 5～10min；

③ 再将混合料用电磁振动阀加入到炉内熔炼 50min 左右（电压为 130V）；

④ 经过 5min 倾注排渣，使熔体在熔融状态下（温度为 2100℃），出炉铸入衬有本渣的弧形锭模内；

⑤ 待金属在锭模内冷一天（500℃）后，脱模后将合金放入水池内急冷，以后经过精

整、破碎得到高钒铁。炉渣除了作为补炉用之外，多余的可外卖。

钒铁冶炼时间共1h左右，炉料一次配好，冶炼过程不再加其他炉料。每炉电耗约1900kWh，可得合金2t及含V 2%～3%的炉渣2.4t，钒回收率可达97%。

5.5.9 钒铁冶炼新技术

① 河北钢铁公司承德分公司发明了一种钒铁合金清洁生产工艺。通过集成创新将电硅热法电铝热法两种钒铁生产工艺在同一场地实施，实现具备全牌号钒铁合金生产能力，充分利用两种冶炼钒铁合金过程原、材料互补性，钒铁成品破碎产生的钒铁粉直接用于氮化钒铁生产，不再返回流程二次熔炼，对电铝热法工艺的炉渣、衬、工艺废料等，回收用于电硅热炉再利用，实现了钒铁合金冶炼的高效与清洁生产；对两种工艺产生的冶炼贫渣、除尘灰、工业废水进行资源化再利用，降低工艺流程的综合能耗，提高冶炼钒铁合金的资源利用率，使整个工艺流程无废水废渣排放。符合循环经济理念，将电硅热法与电铝热法两种钒铁生产工艺在同一场地实施一体化整体设计建设，降低工程成本。

② 浙江欣万飞科技有限公司发明了一种防止合金烧制后粘结的氮化钒铁合金的制备方法，包括以下步骤：步骤一：将含钒化合物、粉末状碳质还原剂、铁粉和粘结剂混匀后压制成直径为30～60mm的半成品球；步骤二：投料时将半成品球与颗粒状碳质还原剂混合，然后干燥、碳化氮化反应、冷却、出料，这样每隔6～8h投料一次，出料一次。利用颗粒状碳质还原剂将半成品球隔开，一方面增加了传热性，使升温更快，降低了能耗，另一方面烧好的球彼此分开，能够做到连续进料出料，大大降低了生产成本，提高了生产效率；并且通过该方法制备的氮化钒铁合金质量稳定，密度大。

③ 攀枝花市银江金勇工贸公司发明了一种以攀西钒原料冶炼制取钒铁合金的方法。其具体方法步骤为：按配方称量好上述各种原材料和辅助材料，将称量好的上述原料和辅助材料放入混料设备充分搅拌至均匀，混合均匀后放入经过预热到200～300℃的反应装置内，进行火开始反应，反应结束后加入30～50kg缓凝剂，冷却48～72h，最后分离渣和合金；钒铁合金产品经检验、精整、包装入库。本工艺步骤相对于现有技术有所简化，既提高了安全性，又降低了生产成本；该发明的高钒铁产品钒品位高，硫磷水平低，铝硅含量低，有效降低了可能带入杂质对钢种产生的危害，对钢铁生产的脱氧合金化有积极的促进意义。

④ 攀钢集团公司发明了一种电铝热法冶炼钒铁合金的生产工艺，重点改进是提供一种廉价的、易控制的、对炉衬无侵蚀的调渣步骤，生产工艺为：(a) 配料；(b) 还原冶炼；(c) 调渣；(d) 按常规方法浇铸、破碎成型即可；改进之处是：步骤 (c) 中加入铁氧化物调渣，铁氧化物的添加量为铝重量的15%～20%；铁氧化物熔化后，当冶炼至炉温达1600～1900℃，钒铁合金液中铝含量低于0.5%时，钒铁合金液和炉渣一并出炉。加入铁氧化物利于残余铝脱除，降低合金中的铝含量至0.2%～0.5%之间，同时可调整渣态，降低炉渣的熔点，使冶炼顺利进行、渣中金属沉降到合金溶液里，且钒收率高达97%～99%，从而降低钒铁冶炼成本，提高产品质量，增加企业效益和资源利用率。

⑤ 中南大学发明了一种石煤酸浸液生产钒铁合金的方法，工艺过程包括：石煤酸浸液加铵（氨）除铝；除铝后液中和或氧化后中和沉铁钒化合物；铁钒化合物净化除杂；铁钒化合物还原熔炼生产钒铁等步骤，本发明工艺流程简短，试剂耗量小，生产成本低，产品质量好，环境友好，易实现工业化生产。

⑥ 湖南省冶金材料研究所发明了氮化钒铁合金及其制备方法。氮化钒铁合金的成分是：含钒47%～81%、氮8%～16%、铁4%～44%、碳≤1%、硅≤1.50%、铝≤0.01%、锰≤0.50%、硫≤0.05%、磷≤0.05%；方法是，将粉末状钒化合物、碳质还原剂、铁粉混合

后加入黏结剂，压块，烘干后放入通保护气氛冶金炉中进行碳热还原、渗氮及烧结反应，碳热还原段的温度为：900～1200℃、渗氮段的温度为：1200～1350℃、烧结段的温度为：1350～1490℃，总反应时间为 2～18h。该法简化了传统工艺、极大缩短了反应周期、降低了设备投入和生产成本，所得产品质量稳定、钒的收得率高、密度大，在钢中应用熔点低。

5.6 钒铝合金

5.6.1 生产概况

钒铝合金主要作为钛合金、高温合金的中间合金及某些特殊合金的合金添加剂。

钒铝合金生产工艺分为一步法（铝热法）和两步法（铝热法和真空感应加铝重熔），目前国内绝大多数生产企业采用一步法进行生产，该工艺具有生产成本低廉，操作简便的特点，但产品成分均匀性及杂质元素含量相对于两步法工艺产品差，主要提供给钛合金企业作民用合金添加剂。我国一步法的技术是西北有色金属研究院开发的。其他厂家的技术要更简单些，质量更差。美国雷丁合金公司也是采用一步法，雷丁是在水冷的铜反应器内采用悬浮熔炼法冶炼 AlV 合金。一步法产品质量不如两步法，产品表面发灰、兰、黄。

两步法工艺的主要特点是将含钒量高的一步法产品在真空感应炉内加铝进行重熔，其产品具有杂质元素含量低和成分均匀性好的特点，因此对产品质量要求苛刻的军用及航空级钛合金所选用的钒铝中间合金均采用两步法产品。

国外主要生产钒铝等中间合金的厂家：

① 德国电冶金公司（GFE）；②美国战略矿物公司（STRATEGIC MINERLS CORPORATION）子公司——美国钒公司（US VANADIUM CORPORATION）；③美国雷丁合金公司（Reading Alloys Inc.）；④俄罗斯的上萨尔达冶金生产联合公司（VSMPO）。

国内钒铝中间合金主要生产厂家有：

① 宝鸡有色加工厂；②凌海大业铁合金厂（生产钒铝合金）；③锦州铁合金公司。

5.6.2 基本原理

钒铝合金一步法生产主要是用钒氧化物和铝反应的铝热法生产的：

$$3V_2O_5+16Al \longrightarrow 6VAl+5Al_2O_3$$

一步法整体生产概念的形成如下：

① 生产钒铝合金的原料：V_2O_5、铝。

② 生产钒铝合金的辅料：萤石。

③ 最终产品：块状 AlV 合金。

④ 生产钒铝合金的主体设备：真空感应炉。

⑤ 生产钒铝合金的工艺：铝热还原法。

对于给定的原料，如何通过使用主体设备使之变成最终产品，图 5.6.1 可直观表达。

两步法冶炼钒铝合金的第一步是采用铝热法即用铝作还原剂，在高温下将 V_2O_5 等钒的氧化物还原成金属钒并与过量的熔融铝结合，形成钒铝合金，同时放出大量的热，其主要化学反应为：

$$3V_2O_5+10Al=\!=\!=6V+5Al_2O_3$$

$$\Delta H_{298}^{\ominus}=-370.32\text{kJ/mol}$$

$$mV+nAl=V_mAl_n-Q$$

为了保持铝热反应的自发冶炼过程，其单位炉料热量应大于 2730kJ/kg，而用铝还原 V_2O_5 的 $\Delta H^{\ominus}_{298}$ 是 −370.32kJ/mol，换算为单位炉料发热量约为 4538kJ/kg（临界发热量），即放出的热量已足以满足需要，其热量不仅能使反应自发进行，而且还可以将反应产物加热至熔点以上，反应几乎是爆炸性的（在绝热情况下可将反应产物加热到 3000℃以上）。因此，研究合适的炉料热量以控制反应的激烈程度是铝热法冶炼钒铝合金的关键技术之一。

两步法冶炼钒铝合金的第二步是将铝热法冶炼的钒铝合金粗品配加适量的金属铝在真空感应炉内重熔，其目的是：①使钒铝合金粗品和添加的金属铝充分融合，获得成分均匀、钒和铝含量符合标准要求的钒铝合金产品；②脱除产品中的气体等杂质，使其满足标准要求。

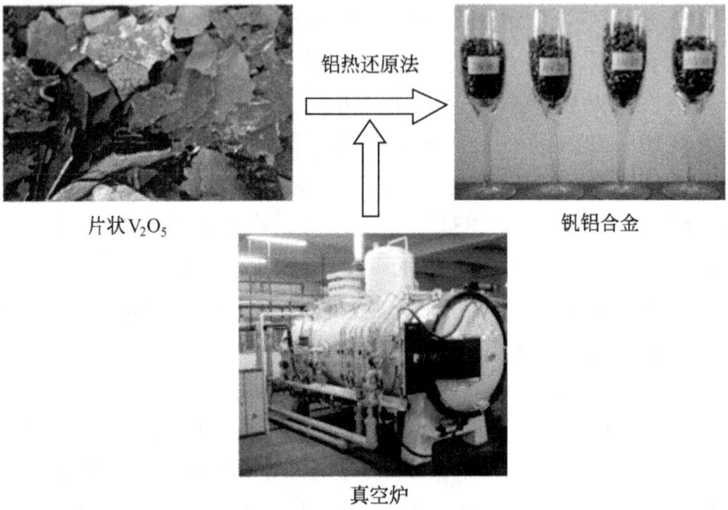

图 5.6.1 钒铝合金一步法生产直观图

5.6.3 国外两步法生产钒铝合金

德国电冶金公司（GFE）的航空、航天用的钒铝中间合金生产工艺流程是两步法，首先用铝热法生产含钒的质量分数为 85%，含铝的质量分数为 15%的中间合金。然后在真空感应炉熔炼出含钒和铝的质量分数各为 50%的钒铝中间合金。

（1）铝热反应 首先用三氧化二钒和五氧化二钒与铝混合，炉料中加入过量的铝，以便生产出 VA185 的合金（熔点 1827℃）。熔炼容器用非常纯的材料捣结制成，每炉产量大约 1t。冶炼后块状钒铝要经破碎和精整，粉碎好的粒度为 30mm 钒铝进入处理装置。

（2）真空感应熔炼 在真空感应炉冶炼，这是防止吸收氧气、氮气和非金属夹杂的有效措施，尤其是对去除氧化物是有效的。先将铝热法生产的钒铝混合聚集到 20t，考虑到各炉不同的成分的金属块，按要求补加纯铝（含铝纯度 99.7%）。在称量台上将所不足的铝量与 VA185 合金调整钒铝比，混合后、装入真空熔炼和铸造设备 VSG600 的装料器里。

在熔池里 1550℃熔炼过程中，铝的蒸气压很高，要在压力为 2666Pa 的氩气氛下熔炼，得到 V50A150 合金，含氮氧量很低。熔池可由装料导管，在真空状态下装料，经过 1.5h，全部炉料（370kg）熔化，熔池熔体倾入铸模内，每次倾注完了，水冷的回转台移到下一个位置，以便下一炉熔炼过程中再用这空模子。注意不能使合金吸收气体，每块熔融物在 VSG 装置里冷却 10h，约在 250℃时由通道管取出。

VSG600 电炉包括的设备如下：一个熔炼钒铝合金的倾动感应坩埚炉，由尖晶石作炉衬；供冷却钒铝合金块的真空水冷回转台；铸模通道管，供给空铸模，取出铸满的锭模，不破坏炉内的真空；真空泵机组。

（3）筛分　从铸模里取出的钒铝合金块，大多数自动裂开，或用手工把大块破碎，再用可移动砂轮机清理表面氧化铝残渣，再入颚式破碎机（间隙度25mm）初碎后，送到一台鼓形筛中筛析。例如，按照用户要求的0.2～6mm粒度，将小于0.2mm的细粒返回重熔，给生产V85A115用。粒度大于6mm的经过电磁振动比例给料器加到颚式破碎机里破碎，破碎后返回到鼓形筛。

（4）成分检查　0.3～6mm的中间粒级，经过斗式皮带输送机送到一台均化器里，10～30t为一批料，经回转漏斗把它均布到20个容器里。均化后的物料经皮带输送机装入磁性分离器里。在皮带输送机上的料层厚度为单层晶体，用目视检查，两名检查员用钳子或夹子挑出不合格的物料（铸锭上部被氧化的晶粒）。首先是在正常光线下检查，然后根据用户的要求，在紫外线下进行检查，另有一台比例溜槽返回钒铝合金到皮带上，使单层晶粒再用X射线检查，在那里密度大的晶粒被检出，由抽吸装置把它从皮带上抽出。出来的合金很少被玷污，小颗粒（1.0mm、1.25mm、1.5mm）加到流动槽中去，供考核检查员使用。经计算机控制的X射线检查后，这批钒铝合金通过另一台磁选机，在流动物料连续取样后准备包装。

5.6.4　国内钒铝合金生产

（1）一步法　一步法生产钒铝合金即为铝热还原法，原料是五氧化二钒和铝，造渣剂是用萤石，经还原反应后形成块状钒铝合金。但是在真空炉内冶炼，用石墨作炉衬，中间夹层用不锈钢水冷套，对原料要求严格，比如五氧化二钒要事先于60～80℃干燥，除去水分，经过仔细混合后，装入真空炉内，冶炼方法是上部点火，用镁条点燃，在稍负压条件下冶炼。冶炼后也要破碎到一定粒度，磁选。这种合金基本能满足一般钛合金要求。

我国某厂采用真空自燃烧法生产钒铝合金，将V_2O_5置于烘箱内80℃干燥，将V_2O_5与铝粉按比例在混料机内混匀后压制成块，然后置于石墨坩埚内，在真空反应器内，低真空下点火燃烧，反应完毕后冷却出炉，将钒铝合金打磨、喷砂、破碎、过筛，得到所需粒度的钒铝合金，经磁选、X射线检验，物化检验得到符合要求的钒铝中间合金。合金的O含量为0.06%，H含量为0.002%，N为0.02%，Fe为0.18%，Si为0.14%，C为0.03%，V为55.5%～56.5%，合金密度为3.9～4.1g/cm^3，相结构为Al_8V_5。

（2）二步法　攀钢集团研究院有限公司采用两步法（铝热法＋真空精炼）制备了航空航天级AlV50合金。第一步通过铝热反应得到含钒较高的钒铝合金产品（AlV65、AlV75、AlV85），而后和铝在真空感应炉内进行重熔，达到脱气、均质、调铝的目的。该试验共进行300kg炉料级铝热试验16炉次，50kg炉料级真空试验11炉次，得到了相应的关键工艺技术参数。攀钢生产的钒铝合金符合德国检测标准。

5.6.5　钒铝合金产品牌号及成分

各国钒铝合金产品标准的规定如表5.6.1所示。

5.6.6　钒铝合金制备新技术

四川达州钢铁集团以钒渣作为原料发明了一种钒铝合金的生产方法，其具体步骤是：①酸浸：将粒度为100目±10目的钒渣中加入稀硫酸进行酸浸得到酸解液；②除杂：向酸解液中加入调整pH值的溶剂，使pH＝4±0.5，形成钒酸钙的沉淀，过滤后得到含钒滤渣，

表 5.6.1 各国钒铝中间合金成分 单位：%

厂家	编号	V	C	Si	Fe	O	Al
德国 GFE 工业标准 DIN17563	V80Al	85	0.10	1.00			15
	V40Al	40	0.10	1.00			60
	V40Al60	40～45	0.10	0.30			55～60
	V80Al20	75～85	0.05	0.40			15～20
美国战略矿物公司	65%VAl	60～65					34～29
	85VAl	82～85					13～16
中国 YS/T 579—2006	AlV55	50～60	0.15	0.30	0.35	0.20	余量
	AlV65	60～70	0.20	0.30	0.30	—	余量
	AlV75	70～80	0.20	0.30	0.30	—	余量
	AlV85	80～90	0.30	0.30	0.30	—	余量

将含钒滤渣做干燥和破磨处理；③铝热还原：将处理后的含钒滤渣与铝粉以 2.0～2.4∶1.0 进行配比，并加入助热剂，均匀混合，经过冶炼得到钒铝合金。本方法采用钒渣作为冶炼原料，降低了冶炼钒铝合金的生产成本，能够从原料上避免在生产五氧化二钒过程中，大量含氨氮废水所带来的环境问题。

攀钢集团发明了几种钒铝合金的生产方法。

① 以五氧化二钒和金属铝为原料，于反应装置中点火还原制得钒铝合金和炉渣；反应装置进料时采用连续给料的方式，进料速度 5～40kg/min。该钒铝合金制备方法与现有工艺相比，未添加冷却剂控制热量，其成本更低，完全符合工业大生产的要求，且生产出的钒铝合金中杂质含量低。最终钒铝合金中，V 为 65～91%（质量分数）、Al9～35%（质量分数）、Fe≤0.3%（质量分数）、Si≤0.3%（质量分数），所得合金纯度更高，满足后序进一步加工的要求。

② 以氧化钒和金属铝为原料，于反应装置中点火还原制得钒铝合金和炉渣。氧化钒由三氧化二钒和五氧化二钒组成，氧化钒中 V∶O=1∶1.70～2.30。该技术制得的最终钒铝合金含 V 75%～85%（质量分数）、Fe≤0.30%（质量分数）、Si≤0.30%（质量分数），满足后续进一步加工的需要。其该方法工艺简单，成本低廉，特别适合批量大规模生产，同时调整适当的原料配比，可不用添加消热剂和助热剂，避免了对合金成分的污染。

中色（宁夏）东方集团有限公司以五氧化二钒为原料，铝作还原剂，氟化钙和氧化钙的混合物为造渣剂，采用炉外法反应生产，期间控制反应热量在 3000～3400kJ 之间。该发明通过在铝热还原法中对反应热量和造渣剂的严格计算和控制，从而提高了钒铝合金的收率，降低了生产成本，将现有收率从 92%提高到 95%。

河北钢铁股份公司承德分公司将氧化钒、还原剂铝以及造渣剂混合均匀后分期加入电弧炉内，依次进行铝热还原反应进行冶炼，冶炼完毕后清渣、精整破碎，即可得到钒铝合金。该方法采用电铝热法分期冶炼，可有效避免反应热的集中释放，可有效减轻反应过程中的喷溅状况，减少钒损失，可通过外加热源提供给热量，可调整渣温，促进、保障渣与合金分离，大幅度降低渣中合金夹带现象的发生，提高产品收率。该方法的钒收率高，能降低原料成本、提高钒铝合金产品合格率及产品品级，且反应过程可控，尤其适合大规模工业生产。

5.7 氮化钒（碳化钒）合金

5.7.1 产品性能及用途

碳化钒、氮化钒可用于结构钢、工具钢、管道钢、钢筋、普通工程钢以及铸铁中，是两种重要的钒合金添加剂。钒产量的80%～90%用于钢铁工业，其主要原因是钒同碳、氯反应形成耐熔性碳、氮化物，根据钢的成分和钢处理过程的温度情况，这些化合物在钢中能起沉淀硬化和晶粒细化的作用。因此，碳化钒、氮化钒合金在钒钢生产中起着日趋重要的作用。已有的研究表明：碳化钒、氯化钒添加于钢中能提高钢的耐磨性、耐腐性、韧性、强度、延展性和硬度以及抗热疲劳性等综合力学性能，并使钢具有良好的可焊接性能，而且能起到消除夹杂物延伸等作用。尤其是在高强度低合金钢中，氮化钒中含有碳，比碳化钒更有利于促进富氮的碳、氯化钒的析出，从而更有效地强化和细化晶粒，节约含钒原料，降低生产成本。另外，碳化钒还可作为制取金属钒的原料。由于氮化钒与碳化钒在制造上存在较大难度，尚处于发展阶段，目前只有美国、南非、中国等可以生产，国内仍处于进一步研发阶段。

氮化钒又称“NITROVAN”，是一种既含钒，又含氮和碳的复合合金，是一种优良的炼钢添加剂。氮化钒铁通过细化晶粒和沉淀强化作用，大幅度提高钢的强度和改善钢的韧性等综合特性；加入氮化钒铁的钢筋具有成本低、性能稳定、强度波动小、冷弯、焊接性能优良、基本无时效等特点；加入氮化钒铁无需改变国内钢铁企业目前Ⅱ级螺纹钢的生产工艺，对控温、控轧无特殊要求，尤其适合我国钢铁企业在现有生产设备和工艺条件下，迅速实现螺纹钢产品由Ⅱ级向Ⅲ级、Ⅳ级乃至Ⅴ级螺纹钢的升级换代。氮化钒铁还广泛应用与薄板坯连铸连轧高强度带钢、非调质钢、高强度H型钢、高速工具钢、高强度管线钢等产品中，是通过微合金化提高钢的强度，改善和提高钢的韧性等综合性能的一条经济有效途径。

碳化钒熔点高、化学性能稳定性好，主要用来制造金属陶瓷、耐热合金和硬质合金。在WC-Co系硬质合金中加入6%～30%的碳化钛，愈WC形成Ti-WC固溶体，可明显提高合金的红热性、耐磨性、抗氧化性、抗腐蚀性等性能，逼WC-Co硬质合金更适于加工钢材。也可以用Ni-Mo等合金做粘结剂制成无钨硬质合金，能提高车削速度和加工件的精度、光洁度。

钒和氮直接加入到低合金和高强度钢中，可降低成本，可靠的方法是加氮化钒。在氮气存在的条件下，钒形成富氮的碳氮化钒，与钒铁相比使用碳氮化钒有如下优点：a）比钒铁更有效地强化和细化晶粒；b）减少钒的加入量可降低成本；c）有利钒和氮的利用；d）纯度高；e）粒度均匀并便于包装。

因此，由于它价格低廉而适用于作为许多含碳高强度钢的添加剂。工业上生产的氮化钒和碳化钒产品如图5.7.1所示。

5.7.2 氮化钒制备方法简介

国内外工业化制取氮化钒的方法主要有如下几种。

① 原料为V_2O_3或偏钒酸铵，还原气体为H_2、N_2和天然气的混合气体或N_2与天然气，NH_3与天然气，纯NH_3气体或含20%（体积）CO的混合气体等，在流动床或回转管中高温还原制取氮化钒，物料可连续进出。

② 用V_2O_3及铁粉和碳粉在真空炉内得到碳化钒后，通入氮气渗氮，并在氮气中冷却，得到氮化钒。

③ 将V_2O_3和碳混好，在推板窑内加热、通入氮气渗氮，制得氮化钒。

(a) 煤球状氮化钒　　(b) 碳化钒

图 5.7.1　氮化钒和碳化钒产品直观图

④ 原料为钒酸铵或氧化钒，与炭黑混合，用微波炉加热含氮或氨气氛下高温处理，制得氮化钒。

⑤ 在国内，北京科技大学用五氧化二钒和活性炭在高温真空钼丝炉内先制得碳化钒后通入氮气渗氮，得到氮化钒。

工业上生产氮化钒的整体情况如下：

① 生产氮化钒的原料：V_2O_3 或多钒酸铵。

② 生产氮化钒的辅料：还原剂（H_2、N_2 和天然气的混合气体，或 NH_3 与天然气的混合气体）。

③ 最终产品：钒合金添加剂——煤球状氮化钒。

④ 生产氮化钒的主体设备：真空炉、流动床等。

⑤ 生产氮化钒的工艺：真空还原法。

5.7.3　氮化钒的制备原理

（1）用 V_2O_3 制取 VN

$$V_2O_3+N_2 = 2VN+1.5O_2 \quad \Delta G^{\ominus}=773620-72.67T$$

$\Delta G^{\ominus}=0$ 时，开始反应温度 $T=10646\text{K}=10373℃$

$$V_2O_3+3C+N_2 = 2VN+3CO \quad \Delta G^{\ominus}=430420-329.98T$$

$\Delta G^{\ominus}=0$ 时，开始反应温度 $T=1304\text{K}=1031℃$

$$\Delta G_T=430420+(19.143\lg p_{CO}^3/p_{N_2}-329.98)T$$

（2）用金属 V 制取 VN

$$V+0.5N_2 = VN \quad \Delta G^{\ominus}=-214640+82.43T$$

$\Delta G^{\ominus}=0$ 时，截止反应温度 $T=2604\text{K}=2331℃$

$$\Delta G_T=-214640+(82.43-9.5715\lg p_{N_2})T$$

温度越高反应越难进行，依据上式计算得到的 p_{N_2} 与截止反应温度关系如表 5.7.1。

表 5.7.1　用金属 V 制取 VN 的截止反应温度与 p_{N_2} 的关系

p_{N_2}/Pa	截止反应温度 T/K	p_{N_2}/Pa	截止反应温度 T/K
1.013×10^1	1778	1.013×10^4	2333
1.013×10^2	1931	1.013×10^5	2604
1.013×10^3	2113	1.013×10^6	2946

(3) 用 V_2C 制取 VN

$$V_2C+0.5N_2=VN+VC \quad \Delta G^{\ominus}=-170340+88.663T$$

$$\Delta G^{\ominus}=0 \text{ 时，截止反应温度 } T=1921K=1648℃$$

$$\Delta G_T=-170340+88.663T+19.143T\lg(1/p_{N_2}^{0.5})=-170340+(88.66-9.5715\lg p_{N_2})T$$

温度越高反应越难进行，依据上式计算得到的 p_{N_2} 与截止反应温度关系如表 5.7.2。

表 5.7.2 用 V_2C 制取 VN 截止反应温度与 p_{N_2} 的关系

p_{N_2}/Pa	截止反应温度 T/K	p_{N_2}/Pa	截止反应温度 T/K
1.013×10^1	1341	1.013×10^4	1734
1.013×10^2	1451	1.013×10^5	1921
1.013×10^3	1580	1.013×10^6	2154

5.7.4 氮化钒的工业生产

5.7.4.1 攀钢集团生产钒氮合金

攀钢钒公司钒制品厂钒氮合金生产线从投产以来，经过多年的生产实践，其钒氮合金冶炼技术日趋完善，工艺先进，产品成本低，各项技术经济指标稳定。攀钢的钒氮合金与国际先进国家使用性能基本相当，其化学成分和表观密度稳定，产品早已具备了国际竞争力。攀钢钒氮合金冶炼厂采用攀钢自行研发的传统单道 TBY 窑，同时采用 1 座生产能高、低成本的双道氮气保护推板窑，年产能 5000t/a 以上。随着技术进步和扩能改造，下述各种技术指标也随之变化，各种参数仅具有相对参考价值。

(1) 主要原辅材料的消耗量及来源

① 三氧化二钒。主要原料为 V_2O_3，来源于钒制品厂自产。

② 还原剂粉。还原剂粉外购供应，采用汽车运入厂内。

(2) 工艺流程

① 车间组成：钒氮合金生产线主要由原料磨粉间、原料备料间（包括配料、干、湿混料)、原料干燥间（包括压球干燥)、TBY 窑间组成。

② 主要设备选型

(a) 摆式磨粉机：2 台 2R2714 型磨粉机，能力约 10t/d·台。该设备主电机功率为 18.5kW。磨粉机设备负荷率 90%，作业率 82%。

(b) 混料机：2 台回转干式混料机，产能为 9t/d。设备负荷率 78%，作业率 82%。

(c) 湿混料机：一台 XLH-1000 型行星式轮碾混料机（产能约 7.5t/d)，1 台 XLH-1600 型行星式轮碾混料机（产能约 11t/d)，设备总负荷率 100%，作业率 82%。

(d) 成型设备：采用 6 台强力压球，单台成型产能为 3.5t/d。设备负荷率 85.7%，作业率 82%。

(e) 干燥设备：干燥设备隧道式两孔干燥窑 2 座，工作温度为 150～180℃。其结构特点为由于原料在干燥过程中不宜翻动及碰撞，同时干燥时间较长，故选用隧道干燥窑。隧道干燥窑具有操作连续、炉温易控制、产品质量好、产量大等优点，同时结构简单，劳动强度低。根据产量要求，采用二孔隧道干燥窑。窑体为长方体，炉墙采用黏土砖（N-2a）砌筑，外层用耐火纤维绝热。炉顶采用钢筋混凝土盖板，上铺耐火纤维和红砖。窑内铺有轨道，装有料球的小车由卷扬从窑尾拉入，向窑尾移动，在窑内逐渐被干燥，干燥好的物料最后从窑尾拉出。干燥窑采用电阻加热，加热器选用波形电阻带，分组安装。每孔窑在炉顶设 8 个排气孔，产生的水汽由设在炉顶的排气风机排除。每孔窑设测温点 12 个，炉温进行分段自动调节控制。干燥窑主要尺寸：$L\times W\times H$=30500mm×1290mm×1850mm；二孔隧道干燥窑砌体外廓尺寸为：$L\times W\times H$=30500mm×3678mm×2190.5mm。干燥能力 0.7t/h；加热方式电加热；最大功率 2×412kW；干燥温度 150～180℃；干燥时间 48h；保温及冷却时间约 36h。生产能力：16t/d·座，可满足 4000t/a 钒氮合金的生产需要。

TBY 窑：钒氮合金生产的主要工艺设备为 4 座 TBY 窑。

（3）主要工艺技术指标　主要技术指标见表 5.7.3，攀钢钒氮合金产品技术性能见表 5.7.4，单位产品综合能耗见表 5.7.5。

表 5.7.3　主要技术指标（以钒氮合金产量 2000t/a 计算）

项目	单位	数量	项目	单位	数量
V_2O_3	t/t	1.247	电	kWh/t	11000
氮气	Nm^3/t	9500	生活水	t/t	40
还原剂	t/t	0.366	劳动定员	人	69
催化剂	t/t	0.008	年工作日	天	300

表 5.7.4　攀钢钒氮合金产品技术性能

牌号	化学成分/%							
	V	N	C≤	Si≤	P≤	S≤	Al≤	Mn≤
VN12	77～81	10～14	10	0.45	0.06	0.10	0.20	0.05
VN16	76～80	14～18	6	0.45	0.06	0.10	0.20	0.05

表 5.7.5　单位产品综合能耗表

序号	耗能种类	实际单耗	折合标准煤
1	水	40t/t	3.427kg/t
2	电	11000kWh/t	1351.9kg/t
3	氮气	$9500Nm^3/t$	3800kg/t
	合计		5155.3kg/t

5.7.4.2　南非瓦米特克（Vametco）矿物公司生产氮化钒

其生产方法如下：

① 将 V_2O_3 与碳和粘结剂混合制团；

② 在真空炉内反应，由 V_2O_3 和 CO 反应生成 $VC_x(x<1)$；

③ 通入氮气，在真空或惰性气氛下冷却，得到“Nitrovan”。

其化学式可表示为 V（C_xN_y），其中 $x+y=1$。其化学成分和物理特性分别如表 5.7.6、表 5.7.7 所示。

表 5.7.6　Vametco 矿业公司生产的氮化钒成分　　单位：%

合金	V	N	C	Si	Al	Mn	Cr	Ni	P	S
Nitrovan7	80	7	12.0	0.15	0.15	0.01	0.03	0.01	0.01	0.10
Nitrovan12	79	12	7.0	0.07	0.10	0.01	0.03	0.01	0.02	0.20
Nitrovan16	79	16	3.5	0.07	0.10	0.01	0.03	0.01	0.02	0.20

表 5.7.7　Nitrovan12 的物理特性

外观	球重 /(g/球)	标准尺寸/mm			表观密度 /(g/cm³)	堆积密度 /(g/cm³)	密度
		长	宽	高			
煤球状暗灰色	37	33	28	23	3.71	2.00	约 4.0

5.7.4.3　俄罗斯制取氮化钒铁的 CBC 法

（1）基本原理　氮化物的生成是由纯金属在氮气中燃烧决定的：

$$xR+(y/2)\{N_2\}\Leftrightarrow R_xN_y$$

$$\lg a_{R_xN_y}/(a_R^x\cdot a_N^{y/2})=-\Delta G_T^{\ominus}/(2.3RT)$$

当 $a_{R_xN_y}=1$，$p_{N_2}=10^5\,Pa$ 和 $p'_{N_2}=10^7\,Pa$ 时，按吉布斯自由能变化 $\Delta G_T^{\ominus}$ 计算的平衡常数。计算的结果列于表 5.7.8。

表 5.7.8　在合成过程中吸氮开始温度的计算结果

氮化物	lg$K$	吸收温度/K	
		$p_{N_2}=10^5$Pa	$p'_{N_2}=10^7$Pa
AlN	16867/T-5.70	2960	3590
Cr_2N	5148/T-2.48	2075	3478
CrN	5586/T-3.66	1526	2100
Mn_3N_2	10009/T-7.77	1290	1739
Mn_5N_2	12639/T-7.97	1585	2117
Mn_2N	3746/T-3.03	1236	1845
NbN	12028/T-4.07	2955	3920
Nb_2N	13122/T-4.35	3015	3920
Si_3N_4	49510/T-17.17	2795	3611
TaN	12575/T-4.29	2930	3822
TiN	17524/T-4.89	3583	4505
VN	9134/T-4.38	2085	2702
$VN_{0.5}$	6780/T-2.32	2922	3725
ZrN	19005/T-4.81	3950	4988

制取氮化钒铁的 CBC 法是在密闭容器内通入高压（$p'_{N_2}=10^5\,Pa$）液态氮，通过氮化反应放出的热量使钒铁粉末生成氮化物。生成氮化物的程度随温度的升高而降低，因此 CBC 法并不需要达到很高的温度。达到这一结论的必要条件是氮气向前面流经的自动通道要保持通畅，并得到化学计量的氮化物成分。

（2）生产工艺及设备　生产含氮原料的加工新工艺的原则是根据自扩散高温合成原理（CBC 法）及使其实现的综合设备。用 CBC 法组成含氮合金所使用的原料主要是通过复合或单独兼有 V，Cr，Ni，Mn 和其他能生成氮化物的金属来实现的。用它们可制成新成分的结构钢、工具钢、不锈钢和其他特殊用途钢种并制定相应的生产工艺。

CBC 法生产含氮材料的工艺设备流程如下。

① 破碎机：将钒铁合金破碎到一定粒度。

② 气流粉碎机：继续破碎合金。

③ 分级机和粉尘分离器：选出一定粒度均匀的合金粉末。

④ 储料和排料斗。

⑤ CBC 反应器：进行氮化自热反应，生成氮化合金粉末。

⑥ 压缩装置：使氮气达到一定压力。

该技术包括氮化工艺，整个初始材料不是在同时完成吸收氮，而是通过自扩散的燃烧方式的分层进行氮化过程。渗氮过程在燃烧方式下分层的进行的原因，是由于专门处理了初始原料从在氯气气氛下，提高过程压力和温度所致。

氮化是不使用电能的工艺。氮饱和的过程是依靠氮化物生成的放热反应的热量完成的。

由于该装置没有设置渗氮的加热装置，因此在结构和操作上都是简单的。

在生产上，无论是初始物还是最终的产物都不需要压块或挤压成型。

高温过程有助于使部分产物熔化，并加速材料的密结。在吸收氮之后的产物的密结，直接发生分层而不增加过程的时间。在分层的自扩散工艺中渗氮和密结的进行，可得到沿断面没有氮浓度梯度的结构均匀的材料。初始产物的渗氮是同步和瞬间的过程。在比较小的 0.2m^3 容量装置中，渗氮的速度为 0.5t/h，可以避免原料的损失和污染，一个人即可控制和操作渗氮装置。

(3) 氮化合金的成分　用新的 CBC 法制取的含氮合金与国内外相似的产品相比，其优点在于：高密度（6.2～7.0g/cm^3），高氮含量［w(N)＝10%～11%］和低气孔率(1%～3%)。如此高强度的合金化材料可保证在钢中有很高的氮吸收率，并可稳定的制取规定的氮浓度。吸氮率达 80%～90%。新的渗氮合金具有特殊稳定性。新合金的抗压缩强度比已知的材料高 10～100 倍。由于高强度和高耐磨性，完全可避免新合金在包装、运输及使用时的破裂和灰尘的产生。在环保方面，工艺可保证生态环境。

用 CBC 渗氮，可得到氮含量大的钒浓度指定的钒铁（氮与钒的摩尔比 0.6～0.9）。

除上述三家国内外代表性生产企业外，国内还有其他几家氮化钒生产企业，如湖南三七冶金材料有限公司，采用独具知识产权的固态渗氮连续氮化工艺，实现了常压、稳定、连续、批量成产，供应能力已达 500t/月以上；还有四川展祥特种合金科技有限公司，于 2010 年初建成投产，采用了较先进的生产技术。攀枝花高新技术产业园区于 2009 年建设了一座氮化钒工厂，采用昆明理工大学专利技术。

国内外钒氮合金产品技术指标对比情况如表 5.7.9 所示。国内代表性的产品型号有：FeV45N10、FeV55N12、FeV68N14 等。

表 5.7.9　国内外钒氮合金技术指标对比　　单位：%

厂家	产品	V	N	C	Si	Al	P	S	形貌
三七	V(CN)	≥77	10～16	≤7	≤0.25	0.03	≤0.03	≤0.01	球状
进口	V(CN)	80.74	12.3	6.90	0.076	0.033	0.007	0.10	球状
吉林	V(CN)	77.81	10～16	≤7	≤0.25	0.2	≤0.03	≤0.01	球状
攀钢	V(CN)	77.81	10～16	≤10	≤0.25	0.2	≤0.03	≤0.01	球状

5.7.5　氮化钒合金生产新技术

(1) 武安市炜荣物资有限公司发明了一种简易的氮化钒生产方法，其工艺步骤为：①将 V_2O_5 粉和石墨粉按 4∶1 的质量比在干混机上充分混合；②按 100∶15 的质量比在上述混合粉中加入含量为4%的聚乙烯醇水溶液，并在湿混机混合10分钟；③将湿混好的混合粉压球；④混合粉湿球干燥；⑤将干燥后的混合粉球分层装入料车、入炉、密封炉门；⑥抽真空至-0.02MPa；⑦通入氮气压力至0.04MPa；⑧加温至800℃并在此温度下进行预还原5h左右；⑨然后继续升温到1350℃持续不少于6h的深度还原和碳化，在过程中不断充入纯度99.99%以上的氮气；⑩升温至1600℃进行6～10h的氮化烧结，此过程压力控制在0.02MPa，停电冷却至150℃出炉。

(2) 四川大学发明了一种氮化钒合金的制备方法，它是将钒的氧化物、碳质粉剂和密度强化剂混合均匀、压制成型后置于反应炉中，于650℃保温前向反应炉中通入氮气或氨气作为反应和保护气体，将反应炉加热到1000～1250℃，物料在该温度范围发生碳化和氮化反应，反应时间小于3h，随后冷却到100℃以下出炉，最终得到氮化钒合金。所述氮化钒合金含V 73%～80%、N 12%～20%、C 3%～8%、O 0.5%～2.0%，其表观密度达到3000～4000kg/m^3。本发明具有反应温度低、反应时间短、工艺简单、生产成本低等特点，更适合于工业上大批量生产，本发明制备的氮化钒合金含氮量高，更适合于钢铁工业炼钢要求。

(3) 四川大学发明了一种纳米氮化钒粉体的制备方法，工艺步骤依次为：①前驱体的制备，以V_2O_5和草酸为原料，V_2O_5与草酸的质量比为1∶1～1∶3，将所述配比的V_2O_5和草酸放入反应容器并加水，然后在常压、40～70℃进行搅拌，直到V_2O_5和草酸的还原反应完成为止，还原反应完成后，将所获溶液蒸干即得到前驱体草酸氧钒；②前驱体的氨解，将所获前驱体草酸氧钒放入加热炉，在流动氨气氛围中加热至600～750℃进行氨解，保温10min～3h后关闭加热炉电源，保持炉内氨氛围，待分解产物冷却至100℃以下取出，即获得纳米氮化钒粉体。

(4) 四川省川威集团有限公司和东北大学共同发明了一种生产钒氮合金的方法，其步骤如下：①将含钒原料、添加剂、C质还原剂和粘结剂混匀，压制成型，得到成型物料；其中，按重量配比含钒原料以钒计为60～80份，添加剂以铁计为1～2份，C质还原剂为20～40份，黏结剂为0～0.4份；②成型物料干燥，然后无氧条件下于1300～1500℃下与氮化气体反应1.5～5h，冷却，得到钒氮合金；其中，所述的氮化气体包括氮气、氨气中至少一种。

5.7.6 碳化钒的制备方法简介

国内外碳化钒的制取方法主要有如下几种。

① 原料用V_2O_3及铁粉和铁磷，还原剂为碳粉，采用高温真空法生产碳化钒，通氩气或在真空炉内冷却。

② 原料为V_2O_5，在回转窑内还原生成VC_xO_y，再采用高温真空法生产碳化钒，通惰性气体冷却。

③ 原料用V_2O_3或V_2O_5，还原剂用炭黑，在坩埚（或小回转窑）内，通氩气或其他惰性气体，高温下制取碳化钒。

④ 用碳（木炭，煤焦或电极）高温还原V_2O_5制取碳化钒。

⑤ 原料为V_2O_3，采用氮等离子流中用丙烷还原的方法制得碳化钒。

⑥ 国内，北京科技大学研究过用V_2O_5和活性炭在高温真空钼丝炉内生产碳化钒；锦州铁合金厂也曾采用真空法试制碳化钒；攀钢用多钒酸铵和碳粉为原料，在自制的竖炉内研制过碳化钒。

工业上生产碳化钒的整体情况如下。

① 生产碳化钒的原料：V_2O_3 或 V_2O_5 或多钒酸铵。

② 生产碳化钒的辅料：还原剂（炭粉、炭黑、木炭、煤焦、丙烷、天然气）。

③ 最终产品：钒合金添加剂——粉状碳化钒。

④ 生产碳化钒的主体设备：回转窑、坩埚、真空炉。

⑤ 生产碳化钒的工艺：真空还原法。

5.7.7 碳化钒的制备原理

钒与碳生成 VC 和 V_2C 两种化合物。其产品性质如表 5.7.10 所示。

表 5.7.10 VC 与 V_2C 两种化合物的性质

化合物	颜色	晶格结构	晶格参数/nm	熔点/℃	密度/g·cm^{-3}
VC	暗黑色	面心立方	$a=0.418$	2830～2648	5.649
V_2C	暗黑色	密排六方	$a=0.2902, c=0.4577$	2200	5.665

（1）用 V_2O_3 制取 VC

$$V_2O_3+5C=2VC+3CO \quad \Delta G^{\ominus}=655500-475.68T$$

$$\Delta G^{\ominus}=0 \text{ 时，开始反应温度 } T=1378K=1105℃$$

将 CO 计入，则 $\Delta G_T=655500+(57.428\lg p_{CO}-475.68)T$。按上式计算得到的 p_{CO} 与开始反应的温度关系列于表 5.7.11 中。

表 5.7.11 用 V_2O_3 制取 VC 的 p_{CO} 与温度关系

p_{CO}		开始反应温度		p_{CO}		开始反应温度	
Atm	Pa	K	℃	Atm	Pa	K	℃
1×10^{0}	1.013×10^{5}	1378	1105	1×10^{-3}	1.013×10^{2}	1012	739
1×10^{-1}	1.013×10^{4}	1230	957	1×10^{-4}	1.013×10^{1}	929	656
1×10^{-2}	1.013×10^{3}	1110	837	1×10^{-5}	1.013×10^{0}	859	586

（2）用 V_2O_3 制取 V_2C

$$V_2O_3+4C=V_2C+3CO \quad \Delta G^{\ominus}=713300-491.49T$$

$$\Delta G^{\ominus}=0 \text{ 时，开始反应温度 } T=1451K=1178℃$$

将 CO 计入，则 $\Delta G_T=713300+(57.428\lg p_{CO}-491.49)T$。依据上式计算出开始反应温度与 p_{CO} 的关系列于表 5.7.12 中，可以看出，提高真空度有利于 V_2O_3 的还原。

表 5.7.12 用 V_2O_3 制取 V_2C 的开始反应温度与 p_{CO} 的关系

p_{CO}		开始反应温度		p_{CO}		开始反应温度	
Atm	Pa	K	℃	Atm	Pa	K	℃
1×10^{0}	1.013×10^{5}	1451	1178	1×10^{-3}	1.013×10^{2}	1075	802
1×10^{-1}	1.013×10^{4}	1299	1026	1×10^{-4}	1.013×10^{1}	989	716
1×10^{-2}	1.013×10^{3}	1176	903	1×10^{-5}	1.013×10^{0}	916	643

5.7.8 碳化钒的工业生产

生产碳化钒的厂家很少，国外主要有南非的瓦米特克（Vametco）矿物公司和奥地利的特雷巴赫公司，国内主要有湖南三七冶金材料有限公司、株洲三立硬质合金有限公司。

(1) 南非瓦米特克（Vametco）矿物公司生产碳化钒的方法如下。

① 用天然气于 600℃下，回转窑内还原 V_2O_5 为 V_2O_4；

② 然后在另一窑内用天然气将 V_2O_4 于 1000℃下还原为 VCxOy 化合物；

③ 配加焦炭或石墨，压块；

④ 在真空炉内加热至 1000℃得到碳化钒（Carvan）。

其化学成分见表 5.7.13 所示。

表 5.7.13　南非瓦米特克（Vametco）矿物公司生产的碳化钒成分　　单位：%

名称	V	C	Al	Si	P	S	Mn
CARVAN	82～86	10.5～14.5	<0.1	<0.1	<0.05	<0.1	<0.05

(2) 湖南三七冶金材料有限公司　该公司是一家致力于金属碳化物、氮化物、特种铁合金、中间合金产品及其高、精、尖技术的新产品研发、生产及应用的企业，公司产品已广泛应用于硬质合金、特种钢材、汽车、船舶、石油化工、国防军工等高新技术领域，在行业内具有较高的知名度。该公司生产的碳化钒主要情况如表 5.7.14 所示。

表 5.7.14　湖南三七冶金材料有限公司生产碳化钒成分　　单位：%

牌号		VC-1	VC-2	VC-3		VC-1	VC-2	VC-3
技术指标	Ct≥	17.7	17.7	17.7	Si≤	0.02	0.02	0.02
	Cf≤	0.3	0.4	0.5	W≤	0.05	0.1	0.1
	O≤	0.5	0.5	0.8	N≤	0.05	0.05	0.05
	Fe≤	0.05	0.1	0.1	Na≤	0.02	0.01	0.01
	Ti≤	0.01	0.01	0.01				

(3) 株洲三立硬质合金有限公司　该公司是一家专业生产金属碳化物以及金属碳化物固溶体粉末的企业，是硬质合金及原料生产基地。公司主要产品为硬面材料，包括碳化铬，碳化钒，碳化钛，碳化钽，碳化铌，碳化钼，复式碳化物，钼粉，表面喷涂硬质合金粉等。该公司生产的碳化钒主要情况如表 5.7.15 所示。

表 5.7.15　株洲三立硬质合金有限公司生产碳化钒成分　　单位：%

牌号		FVC-01	FVC-1	FVC-2
主要成分/%	Ct	17.5～18.0	17.7～18.5	16.0～16.9
	Cf	≤1.5	≤1.25	≤0.50
杂质含量/%	Ca≤	0.05	0.05	0.05
	Fe≤	0.10	0.15	0.10
	N≤	0.30	0.30	0.35
	Na≤	0.01	0.01	0.01
	O≤	1.0	0.40	0.35
	Si≤	0.15	0.20	0.20
	Al≤	0.02	0.02	0.02
费氏粒度		≤2.0μm	2.0～4.0μm	2.0～4.0μm
用途	硬质合金原料添加剂，硬质合金，切削工具，炼钢工业晶体细化剂			

5.7.9 碳化钒合金生产新技术

① 攀枝花学院发明了一种成本很低的生产碳化钒的技术。该技术生产碳化钒的方法包括如下步骤：a）配料：将偏钒酸铵和碳粉混匀。b）压制成型：将a）步骤混匀后的偏钒酸铵和碳粉压制成型，得到压块；c）一次碳化：将b）步骤所得压块装于开口容器中，然后填充碳粉，半密封容器口；其中，压块所占体积为开口容器容积的3.6%～71.43%；加热容器，使压块于600～650℃保温180～240min，然后于900～950℃保温133～222min，冷却；d）二次碳化：将一次碳化后的压块取出，在真空条件下于1500～1700℃保温2.5～3.5h，冷却即得碳化钒。

② 四川大学发明了一种新颖的利用液态烷烃回流包碳制备纳米碳化钒粉体的方法。该方法以水合五氧化二钒为钒源，以液态的烷烃混合物（C_{11}～C_{16}）为碳源，通过控制回流时间与回流温度，经过回流制备得到烷烃碳链包覆五氧化二钒粒子的核壳复合先驱体粉体，然后经过热处理工艺可调控有机碳转变为无机碳的碳量，从而制备出高纯纳米碳化钒粉体。用此法制备的碳化钒粉体，平均粒度为20～40nm，平均晶粒度为10～20nm。此法工艺简单，成本较低，较一般碳热还原法节约能源，容易实现规模化制备。

③ 山东理工大学发明了一种碳化钒粉体的制备方法，包括配料、混合、固化、制粉、压制成型、烧成、脱碳和制粉，其特征在于：将酚醛树脂与粒度为0.1～3μm的五氧化二钒粉体混合形成泥料，在40～100℃的温度下固化，制粉，压制成块体，然后在1300～1550℃的温度惰性或还原性气氛气氛烧制6～8h制得碳化钒块体，经脱碳后粉碎制得碳化钒粉体。本发明具有工艺简单，碳化钒粉体纯度高，成本低的特点。

④ 四川大学发明了一种纳米级碳化钒粉末的制备方法。其特征是：以粉状钒酸铵、碳质还原剂和微量稀土等催化剂为原料，按一定配比将它们溶于去离子水或蒸馏水中，并搅拌均匀，制得溶液。然后将该溶液加热、干燥，最后得到含有钒源和碳源的前驱体粉末。将前驱体粉末置于高温反应炉中，真空或气氛保护条件下，于800～950℃、30～60min条件下碳化得到平均粒径＜100nm，粒度分布均匀的碳化钒粉末。该方法具有反应温度低、反应时间短、生产成本低、工艺简单等特点，适合工业化生产纳米级碳化钒粉末。

⑤ 河南工业大学发明了一种微波法还原合成纳米碳化钒/铬复合粉末的制备方法，其特征包括以下步骤：a）按质量比取纳米氧化钒5.60～7.35g、纳米氧化铬5.40～7.10g、碳质还原剂5.40～6.20g，将它们置于球磨机中，以无水乙醇或丙酮作为球磨介质，充分混合后，制得混合料；b）将步骤a所得混合料置于干燥箱中，在100～200℃条件下干燥1～3h，将干燥后的混合料压制成块体，备用；c）将步骤b）所得块体置于微波烧结炉中，在真空、氩气或氢气气氛保护条件下，在700～1000℃、5～30min的条件下进行碳化还原，制得平均粒径＜100nm、粒度分布均匀的纳米碳化钒/铬复合粉末。

5.8 钒电池

5.8.1 钒电池工作原理

全钒氧化还原液流电池（以下简称钒电池）是一种大规模高效储能系统。因其具有无污染、寿命长、能量效率高和维护简单、建设周期短等优点，被认为是一种优良的绿色大规模储能技术。国外已建设了兆瓦级的太阳能光伏发电和风能发电储能示范系统，预示了良好的商业前景。

钒氧化还原液流电池是以钒离子溶液为正、负极活性物质的二次电池。钒具有多种价态，V（Ⅴ）、V（Ⅳ）、V（Ⅲ）和 V（Ⅱ），其化学行为活跃，在酸性介质中可形成相邻价态的电对，电极电位可表示如下：

$$VO_2^+ \xrightarrow{1.004} VO^{2+} \xrightarrow{0.337} V^{3+} \xrightarrow{-0.255} V^{2+}$$

其中，V（Ⅴ）/V（Ⅳ）与 V（Ⅲ）/V（Ⅱ）两电对的电位差约为 1.25V。

钒电池正、负极室通过隔膜分开，电极由电极活性物质和集流板构成；正极电解液由 V（Ⅴ）和 V（Ⅳ）离子溶液组成，负极电解液由 V（Ⅲ）和 V（Ⅱ）离子溶液组成。其结构见图 5.8.1。电池充电后，正极物质为 V（Ⅴ）离子溶液，负极为 V（Ⅱ）离子溶液；放电后，正、负极分别为 V（Ⅳ）和 V（Ⅲ）离子溶液，电池内部通过 H^+ 离子导电。V（Ⅴ）和 V（Ⅳ）离子在酸性溶液中分别以 VO_2^+ 离子和 VO^{2+} 离子形式存在，故钒电池的正负极反应可表述如下：

$$VO^{2+} + H_2O \underset{-e}{\overset{+e}{\rightleftharpoons}} VO_2^+ + 2H^+ (+)$$

$$V^{3+} \underset{-e}{\overset{+e}{\rightleftharpoons}} V^{2+} (-)$$

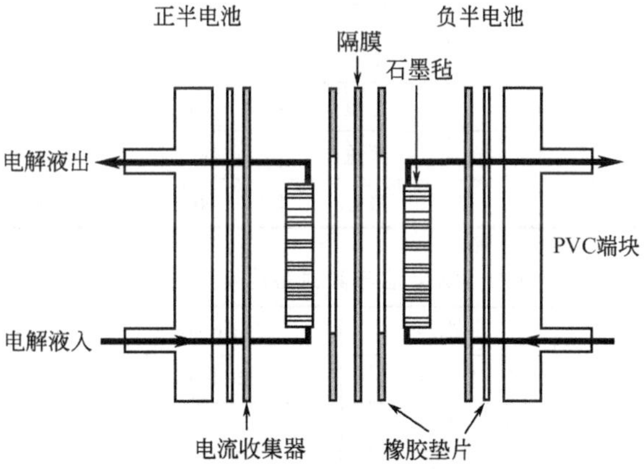

图 5.8.1　静止型钒电池示意图

5.8.2　钒电池特点

钒电池是一种优良的储能系统，具有诸多优点：

① 钒电池的额定功率和额定能量是相互独立的，功率大小取决于电池堆的性能（如电池堆的电阻等），容量取决于电解液的体积和含钒离子浓度。因此，可以通过改变电解液的体积和含钒离子浓度来调节电池的容量。

② 在充、放电过程，只发生钒离子价态间相互转换的电极反应，电极不参与化学反应。

③ 钒电池的使用寿命长，理论上无限。由于在两个半电池中使用同一种元素的电解质，可避免长期应用时半电池电解液的交叉污染问题。

④ 可以实现 100%深放电而不损坏电池。

⑤ 钒电池的结构简单、使用的材料价格便宜、更换和维修费用低廉。

⑥ 通过更换钒电池的电解液可以实现电池的瞬间再充电。

⑦ 电解液可以循环使用，电极反应过程无有害气体产生，因此，对环境无污染，是新型的环保电池。

5.8.3　钒电池与其他储能系统的比较

截至 2013 年，人们已提出或开发了多种储能技术，主要可分为物理储能和化学储能两大类。物理储能有扬水储能和压缩空气储能。这两种储能系统规模大、能量转换效率高、循环寿命长、运行费用低。但要有合适的场地，建设的局限性很大，一次性投资费用很高。可与物理储能相互补充的化学储能，主要包括各种储能电池和电解水制氢-储氢-燃料电池发电（又称可再生燃料电池，RFC）。由于大规模储氢目前尚难以实现，燃料电池价格高，不宜用作商业大规模储能系统。储能电池包括钒电池、锂离子电池、钠硫电池、铬镍电池、铅酸电池及超级电容器等。目前与小型风力发电机配套的是价格低廉的铅酸电池，但其深度放电的循环寿命只有几百次，三、两年就需更换，用于大规模储能，在经济上不合算，而且维护管理很困难。其他除钒电池外的储能电池则由于价格高等原因而更难用于大规模储能。

据国际储能技术联合会（ESA）的研究报告，能够用于大规模固定储能的理想形式还是液流储能系统，其中钒电池前景最为看好，钒液流电池与其他储能电池性能及成本比较见表5.8.1。钒蓄电池与其他蓄能电池比较见表5.8.2。

表 5.8.1 钒液流电池与其他储能电池性能及成本比较（1MW/8h储能系统）

电池类型	循环寿命/次	效率/%	环境影响	响应时间	深放电能力	20年投资及操作费用/($/kWh)
铅酸电池	3,100	45	中等	极好	不好	6,860
镍镉电池	10,800	70	中等	好	不好	3,133
钠硫电池	3,000	70	严重	极好	好	6,439
镍溴电池	2,500	68	严重	好	好	6,317
全钒电池	13,000	78	极好	好	好	441

表 5.8.2 钒电池与其他蓄能电池的特性比较

性能	钒电池	Fe/Cr电池	铅酸电池	Ni/Cd电池
使用寿命/年	5～10	未知	2～3	10+
放电深度/%	100	75	65	—
自放电/%	<10	<10	90	20～90
保存期	无限	未知		—
开路电压	1.5	0.9	2.0	1.3
能量密度/(W·h/kg)	25+	～15	15～30	10～35
活性材料恢复/%	100	不经济	可能	—
维修费	无	低	低	低

5.8.4 钒电池关键部件及其技术发展

5.8.4.1 电解液

钒电池采用不同价态钒离子的溶液作电解质，硫酸溶液作为电解质支持溶液。钒离子溶液既是电极活性物质又是电解液，要求它的化学活性好，在不同应用条件下性能稳定。钒电池的能量密度取决于电解液中钒离子浓度，钒离子浓度为2M的钒电池其能量密度为 $25Wh \cdot kg^{-1}$，钒离子浓度越高，能量密度越大。

钒电池正极溶液一般用四价钒离子溶液，负极用三价钒离子溶液；或者正、负极均用等浓度和体积的三价、四价混合溶液。充电后正极为五价钒离子溶液，负极为二价钒离子溶液。

美国NASA研究小组最早对钒氧化还原体系进行了研究，他们认为 V^{5+}/V^{4+}，$V^{3+}/$

V^{2+}体系一般表现出不可逆性。Davis 用控制电位电解的方法研究了 V^{5+}/V^{4+}体系在 1mol/L HCl 支持电解质中的电流和电位关系，认为：在浓 HCl 中 Pt 电极表面会形成氧化物膜，因而降低了 V^{5+}/V^{4+}体系的交换速率常数 K_0；若部分除去氧化物膜可使 K_0 达到最大值。Sum 等选用玻碳（GC）、Pt 等固体惰性电极，确定 V^{5+}/V^{4+} 半电池电极反应基本上都是电化学不可逆反应。

钒离子浓度越高，能量密度越大，但由于钒有空余的 d 轨道，不仅易与配位体结合，钒原子之间也极易缔合，浓度越大，缔合度越大。复杂粒子参加电化学反应，相应的反应能垒增加，导致极化增大，反应速度减慢，并且钒离子浓度的提高必然会增大电解液的电阻和黏度，传质过程也受到一定阻碍。同时，钒离子溶解度不大，高浓度的正、负极溶液在接近全充电状态时，会析出沉淀，堵塞多孔电极表面，导致电池无法使用。

Skyllas 等的研究表明：V^{5+}在高温下易沉淀，V^{4+}、V^{3+}、V^{2+}在低温下易沉淀，沉淀的程度和速度与温度、钒离子及硫酸的浓度有关，也与电解质的充电状态有关。当电池放电时，沉淀会重新溶解，或者正负极物质混合沉淀也会消失。而后的研究又发现：提高酸浓度可使 V^{5+}在 50～60℃条件下长时间不发生沉淀，但随着酸浓度的增加，低价钒离子由于同离子效应使其溶解度随之降低。显然，提高酸浓度仍不能根本解决电解液的稳定性问题。

为提高钒溶液的稳定性，在溶液中加入添加剂，如硫酸钠、硫酸钾、甘油或硫脲等，可起到显著的稳定作用，且不降低电解液导电性，又不改变溶液的电化学性能。

5.8.4.2 电极

在钒电池中，电极材料不参与电极反应，但钒氧化还原电对的电化学活性与所选择电极材料密切相关。因此，电极材料要求它的电化学活性高，在电解液中稳定性好，导电性高，渗透率低，机械性能良好及成本低廉。钒电池电极材料主要分为三类：金属类，如 Pb，Ti 等；碳素类，如石墨、碳布、碳毡等；复合材料类，如导电聚合物、高分子复合材料等。

在金属类电极中，用金片作电极时，电极反应可逆性差，钒电解液在 Pb 和 Ti 电极的电化学活性差。在 Ti 电极上镀铂黑，电化学活性较好，电极的可逆性也有所提高，但价格昂贵。在 Ti 电极上镀氧化铱，电化学活性、可逆性以及稳定性均较好。

在碳素类电极中，最初 M. Skyllas-Kazacos 以玻碳作钒电池的电极，V^{5+}/V^{4+}和 V^{3+}/V^{2+}电对的氧化还原反应表现出电化学不可逆性。用石墨棒和石墨板作电极材料，具有一定可逆性，但使用一段时间之后，正极石墨被缓慢刻蚀。在石墨表面镀导电聚苯胺，或用碳化硅刨光石墨表面，仍不能提高石墨稳定性。用碳纤维和碳布作正极时，也有类似的腐蚀现象发生。

S. Zhong 等人研究用不同种类石墨毡作钒电池的电极，其稳定性和机械性能较好，其中，聚丙烯腈基石墨毡电极比粘胶基石墨毡电极电阻小，导电性和电化学活性好。

B. Sun 等采用不同方法对石墨毡表面进行修饰，并研究钒离子在石墨毡表面的电极反应机理。对石墨毡进行热处理和化学处理可增加石墨毡表面含氧官能团，减小电极电阻，改善活性物质与电极界面的相容性，从而能提高电池的效率。采用离子交换或浸渍方法使电极表面金属化，发现用 Pt^{4+}、Pd^{2+}、Au^{4+}修饰的石墨毡电极表现出和铂电极一样的电化学性能，氢过电位较高。以 Mn^{2+}、Te^{4+}、In^{3+}和 Ir^{3+}修饰的电极，电化学性能有较大的提高，其中 Ir^{3+}修饰的电极电化学活性最好。

复合电极由导电复合材料板粘贴上石墨毡而成。由于导电复合材料制造成本低，重量轻，易于加工成型，作钒电池电极材料有很好的应用前景。S. Zhong 等人在聚乙烯中添加石墨纤维和炭黑作为导电粒子制成电极。研究表明：该电极用于钒电池中，其电学性能、力学性能、渗透性以及电化学性良好。对复合材料进行化学处理，高含量的石墨纤维材料具有更好的电化学活性和稳定性。V. Haddadi-Asl 用聚氯乙烯（PVC）、尼龙（nylon6，nylon11）、低密度聚乙烯（LDPE）、高密度聚乙烯（HDPE）和导电纤维混合制成碳一聚合物复合电极。为了提高机械性能，在复合物中加入一定量橡胶，该电极的导电性和机械特性较好，但价格较贵，且不易成型。

5.8.4.3 隔膜

电池隔膜是钒电池的关键材料之一。理想的隔膜应对 H^+ 离子选择透过性强，但对电解液中不同价态的钒离子透过率低，以减少电池自放电，提高电池电流效率；隔膜的电阻应较低，应具有良好导电性，以减小电池欧姆电压降；隔膜性能需稳定，以提高循环寿命。

目前已经研究了多种隔膜材料。T. Mohammadi 等用 Daramic 与阳离子交换树脂结合并在膜上接枝二乙烯基苯，或与阴离子交换树脂结合并在膜上接枝四苯乙烯磺酸钠，这样可以减小膜的孔径，防止钒离子的透过，抑制电池的自放电，提高能量效率。在电流密度为 $40mA/cm^2$ 充放电时，能量效率达 77%。长期运行证明这种隔膜在钒电池中稳定性较好。

中国孟凡明研究了国产普通阴离子膜和 Selemion AMV 膜在钒电池中应用的性能差异，结果表明：AMV 膜交换容量和膜电阻远优于国产膜，但 AMV 膜机械强度差及含水率高，可能导致水迁移量增加，同时该膜在电池干态存放时变脆易裂，而且抗氧化能力差，不宜长期使用。国产膜性能虽不如 AMV 膜，但价格便宜，并且机械强度较好，可作适当改性处理后使用。

近期研究集中在隔膜水迁移方面。钒电池中水的迁移会导致水流入的半电池中电解液浓度被稀释或溢出，而流出的半电池中电解液浓度增大。T. Mohammadi 研究 Selemion AMV、CMV 和 DMV 膜的水迁移行为，分析了水迁移机理，认为使用阴离子膜 CMV 时，大量的水从负极迁移到正极，是由 H^+ 浓度梯度引起，主要由水合 V^{2+} 和 V^{3+} 携带；使用阳离子膜 AMV 时水迁移方向相反，是由 $SO_4{}^{2-}$ 的浓度梯度所致，水载体为 $VOSO_4$ 和 $VO_2SO_4{}^-$。

5.8.4.4 电池组装及应用

1990 年 M. Skyllas-Kazacos 等人开发出一种新型的 1kW UNSW 钒氧化还原液流电池组，总能量效率 87%～88%，放电电流可达到 20A，并进行了长期工作测试。电池参数见表 5.8.3。

表 5.8.3 1kW UNSW 钒电池参数

项目	参数	项目	参数
电极面积/cm^2	1500	放电电流/A	20～120
单电池数	10	75A 和 50% SOC 标准功率/W	940
膜材料	Selemion CMV (Asahi Glass)	120A 和 100% SOC 的最大功率/kW	1.58
电池腔平均厚度/mm	6.1	电解质	1.5M $VOSO_4$ + 2.6M H_2SO_4
石墨毡厚度/mm	6	半电池电解质容量/L	12
碳塑料厚度/mm	0.3	充电终止电压/V	17.00
电解质流速/L/min	6	放电终止电压/V	8.00
充电电流/A	20～60		

钒电池可广泛应用于太阳能储能系统、光电/风能系统、电网调峰系统、潜艇备用电源、

电动车电池系统等。如电动车电池系统半电池的电解液为60L、3mol/L钒溶液时，电动车行程可达40km。

5.8.5　钒电池研发的关键技术难点

① 大面积复合双电极的制备：目前正在进行研制的复合电极是由导电塑料和石墨毡电极一体化复合而成。虽然导电塑料作为集流体在耐腐蚀性能上优于石墨板，但就目前的研究结果看，导电塑料集流体导电性能和机械性能较差；规模化制备技术尚未掌握；制备大面积复合双电极时存在着复合工艺难等问题。

② 石墨毡电极材料制备：进口石墨毡的导电性能较好，石墨化程度高，但价格昂贵；国产石墨毡虽然成本低，但石墨化程度低，导电性能较差。且，无论进口和国产的石墨毡孔隙率较小，较为致密，其表面活性均不够理想，因此，制备石墨化程度高，质地疏松，成本较低的石墨毡电极是钒电池面临的难题之一。

③ 电池隔膜方面，隔膜是制约钒电池发展的重要因素。钒电池离子交换膜需具有高选择透过性、高离子传导率、低电阻率，低水迁移率、低成本的离子交换膜。目前所采用的国产膜电阻高于杜邦膜的电阻性能，自放电较大，离子选择透过性能较差，且价格依然较昂贵，特别是水迁移较大，随充、放电循环运行次数的增加，正、负极电解液中离子浓度及体积发生变化，最终也将影响钒液流电池系统的能量效率和使用寿命。因此，选择适合的隔膜材料，对其进行接枝、铰链或复合等改性处理，提高隔膜导电率和离子选择透过性，减少水迁移量，降低隔膜成本是钒电池开发的技术难点和重点。

④ 电解液方面，稳定的高浓度电解液，较宽的温度适应性以及较低杂质浓度和成本是电解液亟待解决的问题。

⑤ 在电池组装方面，大规模液流蓄电系统在实际应用中的液流蓄电系统电堆的输出功率一般在数十kW到数百MW范围。钒电池系统的规模放大不是简单的尺寸上的增大，而是涉及非稳态传质、传热及电化学反应等复杂的化工过程。电解质溶液分配、充放电制度及电堆内部流场结构对电池性能均有影响。因此，电池组装设计研究也是钒电池研究的重要内容之一。

5.9　钒产品的检测

钒产品生产过程中的检测同样包括原材料检测、中间产品过程控制检测和最终产成品的检测。对主要钒产品的主要指标，国家规定了相应的产品标准和分析方法标准，可从国家官方网站上下载（如http：//cx.spsp.gov.cn等）。用量较小或新产品，其标准由企业确定。

（1）钒渣　钒渣的产品标准号为：YB/T 008—2006，标准名称为：钒渣，该标准规定了钒渣的技术要求、试验方法、检验规则以及包装、运输和质量证明书。适用于从含钒铁水中提炼的钒渣。

钒渣分析方法所对应的标准号和名称如表5.9.1所示。其他元素的测定执行企业标准。

（2）五氧化二钒　五氧化二钒的产品标准号为：YB/T 5304—2011，标准名称为：五氧化二钒，该标准规定了五氧化二钒的技术要求、试验方法、检验规则以及包装、标志、储存、运输和质量证明书。适用于以钒渣或其他含钒物料为原料制得的片状或粉状五氧化二钒。

五氧化二钒的分析方法所对应的标准号、测定物和测定方法如表5.9.2所示。

表 5.9.1 钒渣分析方法

序号	标准号	名称	序号	标准号	名称
1	YB/T 547.1—1995	硫酸亚铁铵滴定法测定五氧化二钒量	3	YB/T 547.3—1995	火焰原子吸收光谱法和高锰酸钾容量法测定氧化钙量
2	YB/T 547.2—1995	高氯酸脱水重量法测定二氧化硅量	4	YB/T 547.4—1995	酸碱容量法和铋磷钼蓝光度法测定磷量

表 5.9.2 五氧化二钒的分析方法

序号	标准号	测定物	测定方法
1	YB/T 4218—2010	五氧化二钒含量测定	过硫酸铵氧化-硫酸亚铁铵滴定法
2	YB/T 4219—2010	磷含量的测定	铋磷钼蓝分光光度法
3	YB/T 4220—2010	氧化钾和氧化钠含量测定	电感耦合等离子原子发射光谱法
4	YB/T 4248—2011	四氧化二钒含量的测定	差减法
5	YB/T 5329—2009	硅含量的测定	硅钼蓝分光光度法
6	YB/T 5330—2009	铁含量的测定	邻二氮杂菲分光光度法
7	YB/T 5331—2009	磷含量的测定	萃取钼蓝分光光度法
8	YB/T 4200—2009	硫、磷、砷、铁含量测定	电感耦合等离子原子发射光谱法
9	YB/T 4199—2009	铁含量的测定	火焰原子吸收光谱法
10	YB/T 5332—2009	硫含量的测定	硫酸钡重量法
11	YB/T 5333—2009	硫含量的测定	红外线吸收法

(3) 钒铁　钒铁的产品标准号为：GB/T 4139—2012，标准名称为：钒铁，该标准规定了钒铁的要求，试验方法，检验规则以及包装，储运，标志和质量证明书。适用于炼钢或合金材料中作为钒元素添加剂的钒铁。

钒铁的分析方法所对应的标准号、测定物和测定方法如表 5.9.3 所示。

表 5.9.3 钒铁的分析方法

序号	标准号	测定物	测定方法
1	GB/T 8704.1—2009	碳含量的测定	红外线吸收法及气体容量法
2	GB/T 8704.3—2009	硫含量的测定	红外线吸收法及燃烧中和滴定法
3	GB/T 8704.5—2007	钒含量的测定	硫酸亚铁铵滴定法和电位滴定法
4	GB/T 8704.6—2007	硅含量的测定	硫酸脱水重量法
5	GB/T 8704.7—2009	磷含量的测定	钼蓝分光光度法
6	GB/T 8704.8—2009	铝含量的测定	铬天青 S 分光光度法和 EDTA 滴定法
7	GB/T 8704.9—2009	锰含量的测定	高碘酸钾光度法和火焰原子吸收光谱法

(4) 钒氮合金　钒氮合金的产品标准号为：GB/T 20567—2006，标准名称为：钒氮合金，该标准规定了钒氮合金的技术条件、检验和试验、包装标志及质量证明书。适用于炼钢、铸造等使用的钒氮合金。

钒氮合金的分析方法所对应的标准号、测定物和测定方法如表 5.9.4 所示。

(5) 钒铝合金　钒铝合金的产品标准号为：YS/T 579—2006，标准名称为：钒铝中间合金，该标准规定了钒铝中间合金的要求、试验方法、检验规则及标志、包装、运输、贮存等。适用于金属热还原法生产的、作为钛合金添加剂使用的钒铝合金。高温合金和其他特殊合金可参照使用。

表 5.9.4　钒氮合金的分析方法

序号	标准号	测定物	测定方法
1	GB/T 24583.1—2009	钒含量的测定	硫酸亚铁铵滴定法
2	GB/T 24583.2—2009	氮含量的测定	惰性气体熔融热导法
3	GB/T 24583.3—2009	氮含量的测定	蒸馏-中和滴定法
4	GB/T 24583.4—2009	碳含量的测定	红外线吸收法
5	GB/T 24583.5—2009	磷含量的测定	铋磷钼蓝分光光度法
6	GB/T 24583.6—2009	硫含量的测定	红外线吸收法
7	GB/T 24583.7—2009	氧含量的测定	红外线吸收法
8	GB/T 24583.8—2009	硅、锰、磷、铝含量测定	电感耦合等离子体原子发射光谱法

铝中间合金的化学分析方法标准号为：YS/T 807.13—2012，名称为：钒含量的测定，硫酸亚铁铵滴定法。适用于铝中间合金中钒含量的测定。钒含量的测定范围为2.00%～12.00%。

参 考 文 献

[1] 杨守志．钒冶金［M］．北京：冶金工业出版社，2010，96-124.

[2] 黄青云．转炉高效提钒相关技术基础研究［D］．重庆大学，2012，17-20.

[3] 李新生．高钙低品位钒渣焙烧-浸出反应过程机理研究［D］．重庆大学，2011，5-19.

[4] 黄道鑫．提钒炼钢［M］．北京：冶金工业出版社，1999.

[5] 廖世明．钒及钒冶金［M］．北京：冶金工业出版社，1985，35-68.

[6] 寥世明，柏谈论．国外钒冶金［M］．北京：冶金工业出版社，1985，161-184.

[7] 黄青云．转炉高效提钒相关技术基础研究［D］．重庆大学，2012，17-28.

[8] 胡克俊．国内外三氧化二钒提取工艺发展状况［J］．钢铁钒钛，1995，16（4）：55-62.

[9] 原晨光．还原五氧化二钒制备钒的低价氧化物［D］．浙江大学，2005：7-9.

[10] 张帆．流态化制备三氧化二钒［J］．钢铁钒钛，2008，29（3）：27-31.

[11] 夏广斌，杨军，彭虎．微波还原法制备三氧化二钒的工艺研究［J］．矿冶工程，2010，30（6）：72-74.

[12] 杨绍利，刘国钦，陈厚生．钒钛材料［M］．北京：冶金工业出版社，2007.

[13] 陈厚生．钒和钒合金．化工百科全书（第 4 卷）．北京：化学工业出版社，1993：73～92.

[14] Смирнов Л Аи др. Производство и использование ванадиевых шлаков，*Москва*：Металлургия. 1985.

[15] 邢学永，李斯加．金属钒的制备研究进展［J］．四川有色金属，2009，(1)：11-14.

[16] 王永刚．V_2O_5 和 V_2O_3 冶炼钒铁的工艺探讨［J］．铁合金，2002，(3)：10-13.

[17] 杨仰军．用三氧化二钒电硅热法冶炼 FeV_{50} 试验研究［J］．钢铁钒钛，2003，24（2）：19-23.

[18] 白风仁，刘福泉．用钒渣直接冶炼钒铁的新工艺探讨［J］．铁合金，1995，(1)：30-35.

[19] 卢森．低价钒冶炼钒铁的研究［J］．钒钛．1992，(6)：43-48.

[20] 李进．微波辅助自蔓延合成钒铝合金的研究［D]，重庆大学硕士学位论文，2012.

[21] 喇培清，卢学峰，申达．铝热法制备高钒铝合金的研究［J]，粉末冶金技术，2012，30（5)：371-375.

[22] 陈海军．两步法制备钒铝合金试验研究［J]，钢铁钒钛，2012，33（6)：11-15.

[23] 周裕斌．攀钢钒氮合金冶炼新技术［J]，四川冶金，2012，34（1)：13-15.

[24] Rydh Carl Johan. Enenvironmental assessment of vanadium redox and lead-acid batteries for stationary energy storage [J]，J. Power Sources，1999，80：21-29.

[25] 许茜，赖春艳，尹远红，等．提高钒电池电解液的稳定性［J］．电源技术，2002，26（1)：29-31.

[26] 罗冬梅，许茜，隋智通．添加剂对钒电池电解液性质的影响［J］．电源技术，2004，28（2)：94-96.

[27] 谭宁，黄可龙，刘素琴．全钒液流电池隔膜在钒溶液中的性能［J］．电源技术，2004，28（12)：775-778.

[28] Ludwig Joerissen，Juergen Garche，Ch. Fabjan，et al. Possible use of vanadium redox-flow battery for energy storage in small grids and stand-alone photovoltaic systems [J] . J. Power Sources，2004，127：98-104.

第6章　钒钛磁铁矿共（伴）生SM元素提取技术

6.1　钒钛磁铁矿中共（伴）生SM元素的状况

典型钒钛磁铁矿中共生有铁、钒、钛三种主要有益元素，同时还伴生有钴、镍、铬、锰、铜、硫、镓、钪、稀土及铂族元素，主要富集在钛磁铁矿、钛铁矿和硫化物矿物之中。矿石经过机械破碎、球磨可以达到以上三种有益矿物和脉石矿物的单体解离，再通过磁选、重选、浮选、电选等选矿工艺就可以将有用矿物分离出来，生产出钒铁精矿、钛精矿和硫钴精矿等三个矿产品。

钒铁精矿：以含铁钒为主，还含有铬、钛、镓、锰、铜、钴、镍等有益元素，是综合回收以上元素的原料，炼钢时采用转炉法提取钒渣，其他有益元素冶炼中部分进入铁水，成为半钢，为改善提高生铁和钢材的性能起了积极作用。

钛精矿：以含钛为主，兼含有铁锰、钪等有益元素。钛精矿是生产钛白粉、高钛渣的原料，同时可以综合回收铁，制取铁红、铁粉。钪是一种高度分散元素，在选冶过程中主要向钛精矿中富集。分析表明，原矿中含钪25.4～28.3g/t，钛铁矿中为101g/t，钛磁铁矿中25g/t，而高炉冶炼高钛渣的烟尘中富集到132g/t。

硫钴精矿：以含铁、钴、镍、硫、铜等元素为主，其他元素都有分布，硫化物矿物也是硒、碲、铂族元素的载体矿物，是综合回收钴、镍、铜、硫、铁、硒、碲、铂族元素等的重要原料。

钒钛磁铁矿是世界少有的多金属共生矿，有20多种有价元素达到提取标准。伴生在钒钛磁铁矿中除了钒和钛，还有钴、镍、镓、钪、铂族和金等。采用高炉流程冶炼钒钛磁铁矿实现铁、钒和钛的回收，其他有益元素如：镓、钪和锌等未实现回收，造成了资源的浪费。稀有元素多伴生在钒钛磁铁矿物中，微且分散，一般从提取有色、黑色主体金属的副产物中回收。它们主要赋存于各种废液和废渣中。

6.2　钒钛磁铁矿中主要伴生SM元素用途

随着人们对SM的认识和研究的逐步深化，特别是近十年来SM的应用在各个领域崭露头角。单独使用SM的情况较少，往往掺杂于其他有色金属制备出一系列化合物或合金，如半导体材料，电子光学材料，新型节能材料，特殊合金及有机金属化合物等，是支撑当代电子计算机，通讯，宇航，能源，医药卫生及军工等高新技术的重要基础材料之一。其应用广泛，性能独特，有些SM材料是无可替代的。

镓（Ga）主要用于手机电子器械，新型固体发光源（以氧化镓为代表的半导体照明光源节电80%），镓基太阳能电池，设计寿命可长达15年。

钪（Sc）是一种比黄金还昂贵的金属。主要用于大型光源和太阳能电池，钪是一种重要的掺杂元素（或称为变性材料），许多材料因为掺杂而获得意外的性能，如在铝中掺杂千分之几的钪，则可使铝的强度，焊接性和抗腐能力有极其明显的提高。

镉（Cd）主要用于高端轴承，体积小、容量大的镉电池。镓（80%）-铟（15%）-镉（5%）合金可作原子反应堆中的控制棒。

铟（In）广泛用于电子及能源工业。铟锡氧化物 ITO 是当今铟的最主要用途，用量占世界产量的 70%以上，将 ITO 作为靶材蒸镀到玻璃上形成 ITO 薄膜，广泛用于液晶硅显示（LCD），电子发光显示（ELD）、电子彩色显示（ECD）等平面显示器件上。In-Ag-Cd（铟-银-镉），ln-Bi-Cd（铟-铋-镉）合金可用作原子反应堆中吸收中子的控制棒。

锗（Ge）是著名的半导体材料，目前其主要用途已转至红外、光纤、超导与化工催化剂等方面。掺锗石英光纤具有传输容量大、光损小、色散低、传输距离长、保密性好、不受高压电磁场腐蚀等恶劣环境干扰，可大大节约中继站数目，是唯一应用于工程化的光纤，也是锗的主要用途之一。

6.3　SM 元素在生产流程中走向

经研究调查，查明了镓、钪及其他元素在生产流程中走向（见表 6.3.1），清楚表明它们在各工序中的分配关系，这对如何利用 SM 有重要参考作用。

表 6.3.1　部分 SM 元素走向

工序	镓/%	钪/%	工序	镓/%	钪/%
原矿	0.0019	0.00023	瓦斯灰	0.0022	0.00089
铁精矿	0.0038	0.00014	瓦斯泥	0.0033	0.00058
尾矿	0.0011	0.00032	钢水	0.0062	0.00010
钛精矿	0.0010	0.00047	钢渣	0.0051	0.00015
烧结矿	0.0038	0.0012	转炉泥	0.020	0.00015
铁水	0.0088	0.0010	转炉烟尘	0.020	0.00015

炼钢转炉烟尘灰中铟的含量达到 0.003%～0.01%，转炉钢渣中铟含量分别为 0.0051%和 0.0001%。钪易进入钛精矿，在用钛精矿制取高品位钛渣时，渣中的 Sc_2O_3 在高温氯化时变成 $ScCl_3$ 并富集到氯化烟灰中，其 $ScCl_3$ 含量高达 0.03%～0.12%，易于提取，是提钪重要原料之一。另外镓在提钒废渣中的品位可达 0.012%～0.014%。硫酸分解钛精矿制取钛白时，钛精矿中 80%～87%的钪转入二氧化钛的水解母液中，氧化钪含量高达 0.05g/L，这通常是我国提钪的最主要途径。

6.4　镓的提取

6.4.1　提镓原料

当前生产镓的原料主要为生产 Al_2O_3 的循环母液与 Pb-Zn 生产过程的废渣和烟尘。煤中通常含镓约 0.0001%～0.0045%。煤在焦化过程中，部分镓进入焦炭，部分转入焦油。当焦炭用于发生炉煤气或燃烧煤发电时，煤中镓的大部分挥发入烟气（经收尘得到含镓 0.38%～1.56%的烟尘），小部分残留在煤灰中；煤中镓含量越高，入尘率也就越高，一般可达 60%。钒钛矿选矿时，约 50%的镓转入铁精矿。在高炉炼铁过程中，绝大部分镓进入铁水，仅少量进入高炉渣及高炉尘中。铁水中的镓仅有20%转入氧化渣，其余进入钢锭。

6.4.2 P-M 锌法提镓

1969年意大利玛格海拉港电锌厂为世界第一个实现了从锌浸出渣中同时提取镓、铟与锗，工艺流程如图6.4.1所示。此法可取之处在于同时在回收镓、铟与锗，但也存在酸与碱交替、流程冗长、回收率不高的缺点。

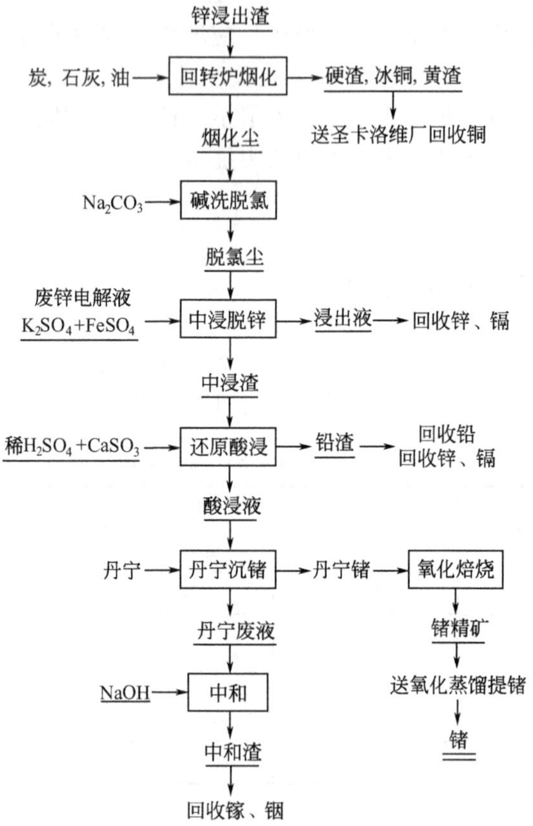

图6.4.1 P-M锌法工艺流程

6.4.3 综合法提镓

我国于1975年首次研究成功综合法从锌浸出渣同时在一厂实现回收镓、铟与锗。利用工厂回转窑挥发与多膛炉除氟、氯工序，所得的ZnO尘经H_2SO_4浸出后用锌粉置换得富集镓、铟、锗的置换渣。研究查明转换渣中镓的物相主要呈氧化物Ga_2O_3。其提取镓、铟、锗的工艺如图6.4.2所示。

6.4.4 合金-萃镓法

英国是世界上较早从煤中采用合金法回收镓与锗的国家，英国人采用还原熔炼工艺使煤中镓富于铜镓合金中，然后氯化蒸馏回收锗后，从净化的溶液中用醚萃取镓，接着按通常的办法回收镓，合金-萃镓法流程如图6.4.3所示。

钒钛磁铁矿中76%的镓以类质同象存在钒钛磁铁矿中，约21%的镓存在钛辉石等硅酸盐矿物中，只有不足4%的镓分散于钛铁矿中，钢铁厂为回收铁水中的钒，曾采用在吹炼前插入氧化脱钒工艺，获得渣率3%的富镓的氧化渣，该渣成分为：Ga0.012%～0.030%，TFe41%～49%，$V_2O_5$2.4%，Cr0.57%，$SiO_2$12%～14%及Ti4%～5%等，是生产钒和镓

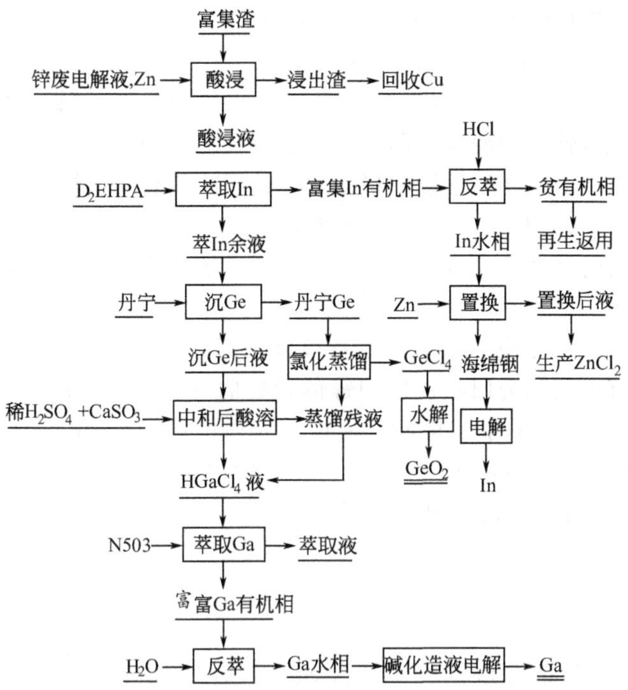

图 6.4.2　综合法工艺流程

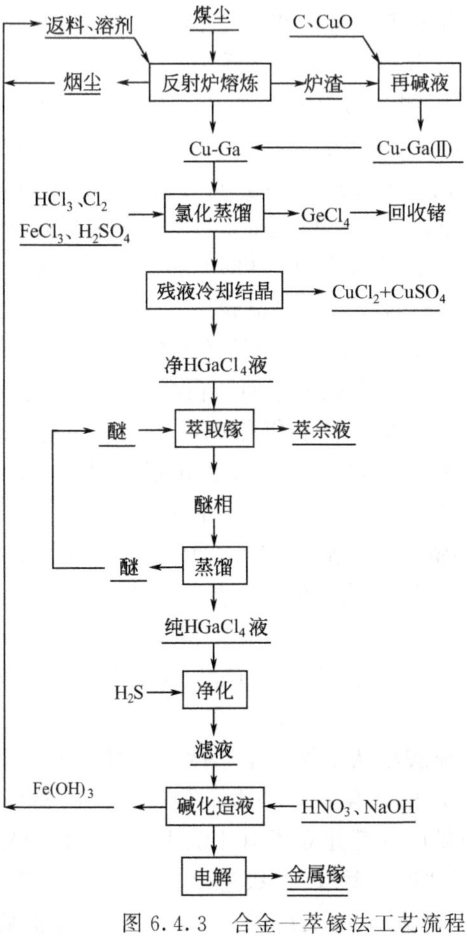

图 6.4.3　合金—萃镓法工艺流程

的理想原料。经研究表明，该氧化渣组成为：钒铁晶石［$Fe_2+(V_3+Fe_3)O_4$］49%、铁橄榄石（$FeSiO_4$）31%、金属铁11%和磁铁矿（Fe_3O_4）9%等，约70%的镓以Ga_2O_3形态存在于该渣中的微量的钒铁晶石中。从上述脱钒氧化渣中回收镓，可以用以下几种方法。

① 还原熔炼—电解铁—酸浸含镓阳极泥—TBP萃镓—电解镓得镓。

② 钠化焙烧—水浸出—还原焙烧—稀盐酸除铁—浓盐酸浸出镓—用TBP萃取盐酸介质中的镓，反萃后镓水相经加碱造液然后通过电解制取金属镓。

③ 将上述水浸出的碱性溶液调到PH=6，用腐殖酸与液中镓共沉淀—碱化造液—电解得镓。

④ 高温（约1300℃）氯化焙烧，将镓挥发富集到烟尘然后提镓。

⑤ 选冶联合法有可能成为回收铁矿中镓的较好的方法，从理论上分析并根据钢铁厂的铁水提钒产出的钒渣富集镓的事实推断：使熔炼获得的熔融的Fe-Ga合金中镓转入再造渣的渣中，而与大量铁分离，其后较易从再造渣的渣中回收镓。

目前还没有较好的解决从钢水中回收镓的技术工艺。

6.5 钪的提取

选矿产品中最富含钪的是电选尾矿，含Sc_2O_3达77ppm，其次为铁精矿和重选尾矿，含Sc_2O_3分别为63mg/kg和51.4mg/kg。从这几种原料中提取钪的常规方法概述如下。

（1）从选钛尾矿中提取钪　攀枝花已建成设计规模1350万吨/a以上的选矿厂，年产铁精矿600万吨，年产的尾矿达750万吨，亟待综合利用。张宗华在“八五”攻关“攀枝花钒钛磁铁矿综合提钪试验研究”时检测当时铁选厂原矿含钪27.00g/t。按设计规模计算，每年从处理矿石中回收钪364.25t，其价值为244.25亿元。他们以含钪63g/t选钛尾矿为原料，采用预处理磁选或电选的工艺，可分选出尾矿中的钛辉石、长石，含钪分别为114g/t、121g/t；采用加助溶剂盐酸浸出钪，浸出率可达93.64%；采用碱熔合水解盐酸浸出钪，浸出率可达97.90%；用TBP萃取钪，萃取率可达98.90%；用水反萃，反萃取率为98.00%；再用草酸精制可得到品位为99.95%的Sc_2O_3产品。

（2）从氯化渣中提钪　在钛铁矿进行电弧炉熔炼高钛渣时，由于Sc_2O_3与铌、铀、钒等氧化物一样生成热高、故很稳定，不会被还原而留在高钛渣中。将此高钛渣进行高温氯化生产$TiCl_4$时，钪在氯化烟尘中被富集。钪在氯化烟尘中含量可达0.03%～0.12%，主要形式是$ScCl_3$。可采用湿法冶金提取Sc_2O_3，提取流程包括水浸、TBP煤油溶液萃取、草酸沉淀净化及灼烧等单元操作，可得到纯度99.5%的Sc_2O_3产品；从氯化烟尘到产品，钪回收率为60%。采用低浓度的烷基膦（磷）酸（P507，P204）在小相比下，直接从存在大量Fe^{3+}的浸出液中萃取钪。采用乙醇为助反萃剂，可在室温下反萃钪；并使用0.4%HF洗锆使钪锆分离系数达βSc/Zr=1893。采用P5709-N235-煤油萃取钪，5mol/L HCl 60℃反萃，可使Sc^{3+}与Fe^{3+}、Fe^{2+}、Ti^{3+}、Al^{3+}、Mn^{2+}、Ca^{2+}等完全分离，较好解决了Sc^{3+}/Fe^{3+}分离及分相慢等问题。

（3）从钛白废酸中提取钪　硫酸法从钛铁矿生产钛白粉时，水解酸性废液中含钪量约占钛铁矿中总含量的80%。我国生产的氧化钪，绝大部分来自钛白粉厂。上海东升钛白粉厂和上海跃龙化工厂以及广州钛白粉厂等都建立了氧化钪生产线。杭州硫酸厂投产了一套年产30kg氧化钪的工业装置，形成了“连续萃取-12级逆流洗钛-化学精制”三级提钪工艺路线，产品含量稳定在98%～99%。上海跃龙化工厂采用P204-TBP-煤油协同萃取初期富集钪，

NaOH 反萃，盐酸溶解，再经 55%～62%TBP（或 P350）萃淋树脂萃取色谱分离净化钪，最后经草酸精制得纯度大于 99.9%的 Sc_2O_3，整个方法钪的收率大于 70%。具体生产工艺流程图见图 6.5.1。

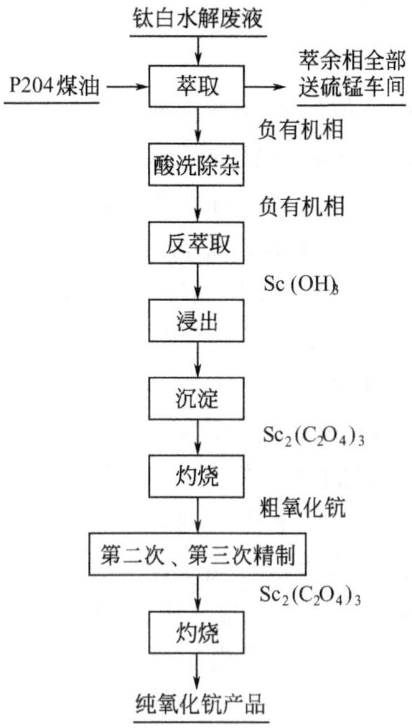

图 6.5.1 从钛白水解酸性母液中回收氧化钪的工艺流程

6.6 钴的提取方法

6.6.1 含钴原料的焙烧

硫酸化焙烧是当前处理硫钴精矿常用的方法，其目的是使精矿脱硫，在产出含 SO_2 制酸烟气的同时，控制适当的条件，使钴硫化物转变为相应的硫酸盐或碱式硫酸盐，而铁氧化成 Fe_2O_3。焙砂用水或稀酸浸出钴，浸出渣可作为炼铁原料，浸出液则进一步处理回收钴。精矿中各有价金属的硫化物在焙烧过程中可能发生的反应较多，最主要的反应有如下几种类型：

$$2MeS+3O_2 \xlongequal{} 2MeO+2SO_2$$

$$SO_2+1/2O_2 \xlongequal{} SO_3$$

$$MeO+SO_3 \xlongequal{} MeSO_4$$

$$MeO \cdot Fe_2O_3+SO_3 \xlongequal{} MeSO_4+Fe_2O_3$$

$$1/3Fe_2O_3+SO_3 \xlongequal{} 1/3Fe_2(SO_4)_3$$

含钴硫化精矿的选择硫酸化焙烧的控制温度应在 620～700℃范围内。在此温度下，对铁而言属于氧化焙烧、以氧化铁状态存在焙砂中，而所要回收的钴，则符合硫酸化焙烧条件而生成硫酸盐。但必须指出，实际焙烧过程中，由于精矿中的 Fe_2O_3、SiO_2 以及各种有色金属化合物间的互相影响，实际分解温度往往比理论计算所得数值要低。

由 $CoFe_2O_4$ 生成条件的研究得出：Fe_2O_3 和 CoO 在空气中加热至 550～600℃便开始生成 $CoFe_2O_4$。但在硫酸化气氛下，大量生成 $CoFe_2O_4$ 要高于 630～680℃，这是由于下列反应的方向所决定：

$$CoSO_4 + Fe_2O_3 \longrightarrow CoFe_2O_4 + SO_3$$

当上述反应具备向右进行的条件时，炉气中 SO_2 则有明显的加速作用。这可能是 SO_2 使 Fe_2O_3 晶体缺陷增加，从而具有更大的反应活性。

6.6.2 含钴焙砂浸出

含钴矿经沸腾炉硫酸化焙烧后的焙砂（有价金属以硫酸盐形式存在）及含钴矿经氯化硫酸化焙烧后的焙砂（有价金属以氯化物或硫酸盐形式存在），其中有价金属钴易溶于水或稀酸，因而可用水或稀酸在常温下浸出。稀酸可以是“塔酸”或废电解液。用稀酸浸是为了提高金属的浸出速度和浸出率。浸出方法有渗滤浸出和槽浸。渗滤浸出槽结构简单，基建费少，动力消耗少，但占地面积大，浸出时间一般需一周左右。近年来采用大型槽进行搅拌浸出日渐增多，因其处理最大，浸出速度快、效果好。特别用沸腾炉产出的热焙砂骤冷浸出，焙砂显热得以充分利用而使生产过程大为强化。

（1）还原浸出　高价钴氧比物的还原浸出，当含钴原料中含有 $Co(OH)_3$，$Ni(OH)_4$，$Mn(OH)_4$，Co_2O_3，MnO_2 等，它们是氧化剂，金属是以高价形态存在，当这些物料浸出时，需加入还原剂进行还原浸出。工业上使用的还原剂有盐酸，SO_2、甲醛、甲醇及 Fe^{2+}，Fe^{2+} 使用价值不大，因使大量铁进入溶液，增加净化困难。

（2）盐酸浸出　用盐酸浸出 $Co(OH)_3$ 时，所得的浸出液含氯盐，有利于从溶液中用胺型萃取剂萃取分离金属离子。钴渣用盐酸浸出的反应如下：

$$2Co(OH)_3 + 6HCl \longrightarrow 2CoCl_2 + 6H_2O + Cl_2$$

$$2Ni(OH)_3 + 6HCl \longrightarrow 2NiCl_2 + 6H_2O + Cl_2$$

$$2Fe(OH)_3 + 6HCl \longrightarrow 2FeCl_3 + 6H_2O$$

$$Me(OH)_2 + 2HCl \longrightarrow MeCl_2 + 2H_2O$$

盐酸浸出钴渣时需要较高温度（80～90℃），且过程中产生氯气，因而要注意防护，以免污染车间空气。

（3）SO_2 还原浸出　$Co(OH)_3$ 渣在没有还原剂存在时，钴仅稍溶于硫酸溶液中，因而采用 SO_2 进行还原浸出，即先用水将钴渣制浆，加酸使溶液 pH＝2～2.4，随后通入 SO_2 进行浸出，其反应为：

$$2Co(OH)_3 + SO_2 + H_2SO_4 \longrightarrow 2CoSO_4 + 4H_2O$$

用 SO_2 浸出时，将矿磨细到－80 目，控制浸出温度为 80℃，液∶固＝4.5∶1，浸出时间为 6～7h，SO_2的消耗为理论量的 1.67～1.76 倍，浸出液中的铁有 50～80％呈三价，铝全部呈三价。当用 Na_2CO_3 作中和剂调整溶液 pH＝4～4.5 时，绝大部分 Al^{3+}、Fe^{3+}可被除去，除铁、铝后溶液用 Na_2S 沉淀钴、镍以与锰分离。

（4）还原焙烧氨浸法　金属钴的氨浸也需要氧化剂，但用空气即可。在 Co-H_2O 系中，空气不能使 Co^{2+} 氧化成 Co^{3+}，但只要形成氨配合物后，则空气能使 $Co(NH_3)_6^{2+}$ 氧化成 $Co(NH_3)_6^{3+}$，因而钴能以稳定的 $Co(NH_3)_6^{3+}$ 存在。浸出液的 pH＝10 左右时，钴主要呈 $Co(NH_3)_5^{2+}$、$Co(NH_3)_6^{2+}$ 状态存在，氧化后则形成 $Co(NH_3)_6^{3+}$；在常压下用氢不能从水溶液中还原钴。在含氨的水溶液中用氢气还原钴也必须采用高温、高压方能实现。

6.6.3 含钴溶液的化学沉淀净化法

6.6.3.1 中和水解沉淀法

用中和水解法从水溶液中沉淀出金属化合物，在热力学上的可能性是根据金属化合物沉淀反应的自由焓变化是否为负值来确定，愈负的金属最可能优先析出。如用中和剂调整溶液的酸度，控制一定 pH 值，可以使溶液中某些金属离子分别沉淀析出，从而达到金属分离的目的。但生产过程所控制的 pH 值比上述理论值要偏高才能保证分离彻底。此外，为了改善三价铁离子水解沉淀物的过滤性能，减少其他金属离子在沉淀物上的吸附，希望三价铁离子以碱式盐或针铁矿、铁矾形式析出。溶液中如果有硫酸根存在，在 pH 值比较低的情况下，三价铁离子首先以碱式盐析出。

含钴的溶液一般含有 Fe^{2+}，Mn^{2+}，Co^{2+} 和 Ni^{2+} 等两价离子。由于这些离子开始水解沉淀的 pH 值都比较接近，所以直接用水解沉淀法将它们分离有困难。但当它们氧化成高价金属离子时，则它们的水解 pH 差别很大，因此用水解沉淀时往往先将其氧化成高价。上述四类金属离子当其活度相同及氧化水解的其他条件也相同时，氧化水解的次序是 Fe^{2+}，Mn^{2+}，Co^{2+} 和 Ni^{2+}。即 Fe^{3+} 最易氧化水解。因此，控制溶液中的电位，就可选择性氧化水解沉淀某些金属离子。工业上可选择的氧化剂有：H_2O_2，NaClO，$KMnO_4$，$KClO_3$，Cl_2，MnO_2，O_2 等，最近还报道了用 H_2SO_4 作 Co^{2+} 的氧化剂，效果良好，其氧化能力比 H_2O_2 还强。

6.6.3.2 硫化沉淀法

在钴的湿法治金中常用硫化沉淀法分离金属。硫化沉淀法是基于各种金属硫化物的溶度积不同，因而在一定条件下可将它们分离。工业上常用的硫化剂有 H_2S、Na_2S、NaHS 和 $Na_2S_2O_3$ 等，现以 H_2S 为例说明硫化沉淀反应：

$Me^{2+}+H_2S = MeS+2H^+$ 式中，Me^{2+} 代表 Cu^{2+}、Zn^{2+}、Co^{2+}、Ni^{2+}、Fe^{2+} 等二价金属离子。一价、三价或更高价金属也可按类似方程式反应。但溶液中 Fe^{3+} 与 H_2S 作用是按下式反应进行的，即 Fe^{3+} 为氧化剂使 H_2S 还原产出元素硫：

$$Fe_2(SO_4)_3+H_2S = 2FeSO_4+H_2SO_4+S$$

H_2S 及 Na_2S 在水溶液中的性质不同，前者为酸性后者为碱性。它们在水溶液中因不同的 pH 而有不同的 S^{2-} 浓度。各金属硫化沉淀的 pH 较中和水解沉淀的 pH 值要低，用硫化沉淀法可从含 Mn^{2+}，Co^{2+} 和 Ni^{2+} 的溶液中使钴、镍沉淀而与锰分离。

当 Na_2S 作硫化剂时，沉淀过程中 pH 升高，故必须加酸调整溶液的 pH 以满足工艺要求。若用 H_2S 作硫化剂时，沉淀过程 pH 要降低，故必须加碱以维持所要求的 pH 值。

从钴、镍溶液中分离铅、铜较为容易，从锰液中沉淀钴、镍也易进行。热力学数据表明，锌与镍、钴的分离是不可能的，但在实践中这三种金属硫化物沉淀的动力学因素起决定性作用，当钴镍硫化物沉淀时，其晶核生成的阻力很大，以致可使锌硫化沉淀而不会引起大量钴、镍沉淀，从而达到用 H_2S 从钴、镍溶液中除锌。

工业上也采用高压、高温进行硫化沉淀。增大 H_2S 的压力能提高溶液内 H_2S 浓度。因而有可能在高压高温条件下，选择适当的条件（总压力、温度和气相中 H_2S 的摩尔分子分数）来控制 pH 值，选择性地沉出某些金属硫化物。

6.6.3.3 置换沉淀法

在电位序中还原电位较负的金属可以从溶液中置换出比其电位正的金属离子。例如用铁可以从溶液中置换出铜，用锌可从溶液中置换出镉，锌可以从氰化物溶液中置换出金和银。

有关金属的标准还原电位从负到正的顺序如下：

K、Na、Ba、Ca、Mg、Al、Mn、Zn、Cr、Fe、Cd、Co、Ni、Sn、Pb、H、Cu、Ag、Pt、Au。

位于左边的金属能从溶液中置换其右边的金属离子，电位相差越大从热力学观点看越易置换。但实际上是否能置换，还取决于过程的动力学因素。例如锌、镉电位相近，但用锌能从溶液中置换镉。锌、钴电位相差较大，但用锌从溶液中置换钴却不易进行。

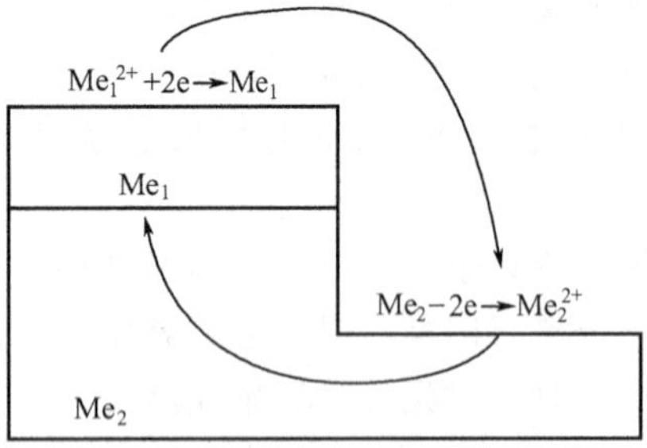

图 6.6.1 置换过程示意图

置换之所以能够进行，是因为过程中在金属表面上形成微电池，置换的金属为原电池的阳极，而被置换出的金属为阴极。置换开始时，即当金属 Me_2 与含有电位较高的正离子 $Me_1{}^{2+}$ 的溶液接触时，由于进行微电池的电化学反应而立即开始金属与溶液离子间的置换反应，形成由被置换金属所覆盖的表面区域 Me_1。置换金属（阳极区域）Me_2 中的电子从置换金属（阳极区域）流向已被置换出的金属（阴极区域）Me_1。此时在阳极区域 Me_2 则必定发生相反的过程-置换金属原子的离子化即溶解（见图 6.6.1）。阴极区域与阳极区域的平衡电位差越大，体系的极化阻力和欧姆阻力越小，则置换电流越大。

6.6.4 含钴溶液的有机溶剂萃取

利用有机溶剂从与其不相混溶的液相中将某种物质提取出来的方法称为溶剂萃取。溶剂萃取在工业上作为一种分离和提取金属的技术，具有平衡速度快，处理容量大，分离和富集金属效果好，回收率高，操作简捷又易于自动化及在一定条件下可取得较好的技术经济效果等特点，近十余年来在重金属湿法冶金中也得到了应用，并引起了极大的重视。例如，用 N-235或 Alamine-336 从盐酸盐溶液中脱除杂质及分离钴、镍。用 P204 或 D_2EHPA 从硫酸盐溶液中脱除杂质及分离钴、镍等均得到工业应用。

萃取体系是由有机溶液（有机相）和水溶液（水相）两个互不相溶的液相所组成的体系，萃取体系的选择包括选择萃取剂、稀释剂、添加剂及其浓度，必须根据具体情况通过理论分析和试验加以确定。煤油及其他油类不溶于水的性质称“疏水性”。油类所以有疏水性是因为它的分子极性很小，在强极性的水中难溶解。能溶于水溶液中的物质一般是离子化合物，它们在水中可电离并发生离子水化现象而具有“亲水性”。半径小（如 Li^+）或电荷多（如 Fe^{3+}）的离子的水化程度大。

物质的疏水性和亲水性并非绝对的，可创造一定的条件使亲水性物质变成疏水性，反之亦然。萃取技术的全过程可以说就是物质亲水性和疏水性的转换。萃取时亲水性的金属离子转成疏水性而进入有机相中，而反萃取时疏水性的萃合物中的金属转成亲水性而进入水相中。

6.7 铟的提取方法

近年国内外多用萃取法提铟，如从硫酸介质中萃铟，选用 D_2EHPA，Versatic911H 等萃取剂萃铟的工艺已用于工业实践。

D_2EHPA 在硫酸浓度较大范围内均可定量萃铟，萃取铟机理为：

$$In^{3+}(a)+3[H_2A_2](o)=\!=\!=[InA_3.3HA](o)+3H^+(a)$$

选用 0.56～0.66mol/L H_2SO_4 溶液为好。采用 30% D_2EHPA/煤油的有机相、相比 a/o=1/2 经 3 级萃取，就能完全萃取铟。然后在相比 o/a=15/1 下，用 6mol/L HCl 进行三级反萃，反萃铟率大于 99.3%，反萃机理如下：

$$[InA_3 \cdot 3HA](o)+4HCl(a) \xlongequal{} HInCl_4(a)+3[H_2A_2](o)$$

在硫酸介质中用 D_2EHPA 萃取铟能与众多的杂质分离，仅 Fe(Ⅲ) 例外，在萃取过程 Fe(Ⅲ) 与 In(Ⅲ) 同时进入有机相，而在反萃铟时，Fe(Ⅲ) 与 In(Ⅲ) 均被反萃入铟水相，少部分 Fe(Ⅲ) 在贫有机相中积累，积累多了会影响萃取效率。

为了控制并除去 Fe，常在再生段用 7%草酸处理贫有机相以除铁，也可先用 1.8mol/L 盐酸处理，接着用水洗，然后用 20%～30%的 NaOH 洗涤除铁，或在萃取段，利用萃取动力学的差异，添加了聚醚来抑制 Fe(Ⅲ) 的萃取。

在冶炼钒钛磁铁矿的过程中，铟可以富集到转炉烟尘中，这种含尘烟尘可以采用两种水冶工艺处理：一种为 H_2SO_4 压煮酸浸－萃取提铟；另一种为中性浸出和高酸 H_2SO_4 浸出后，通过置换或萃取提铟。提铟工艺流程如图 6.7.1 所示。具体介绍如下。

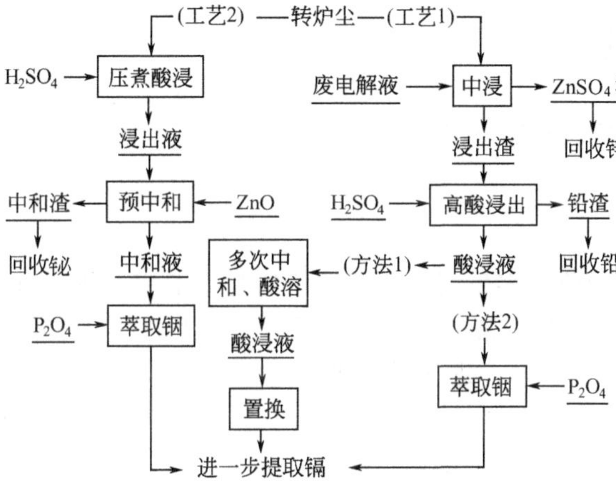

图 6.7.1　酸浸-萃取法提铟工艺流程

图 6.7.1 中的提铟工艺 1，即含铟的转炉尘经弱酸浸出去锌后，浸出渣转用高酸（有人在硫酸焙烧后用水浸）浸出，过程中铟入液而铅以 $PbSO_4$ 形态入铅渣，达到铅铟分离。经过多次中和或置换富集铟后，将铟转入硫酸或盐酸介质，加入锌或铝片置换得粗铟，最后通过电解得纯铟。图 6.7.1 中所示提铟工艺 2，用 D_2EHPA 萃取酸浸液中的铟。将上述的含铟的转炉烟尘，投入盛有含 3mol/L H_2SO_4 溶液中压煮器中，在液固比为 4∶1、120℃、117.0kPa 压力的工艺条件下压煮 2h，压煮过程中烟尘中大于 80%的铟、锌和砷等以及约 40%的铋及 70%的铁进入酸浸出液，用 ZnO 将浸出预中和至 pH 为 1.5～2.0 除铋后，直接用 20% D_2EHPA 萃取铟，但 Bi^{3+}、As^{3+}、Fe^{3+} 与 Zn^{2+} 会随 In^{3+} 共萃，宜先用 4mol/L H_2SO_4 溶液洗脱 As^{3+}、Fe^{3+} 与 Zn^{2+}，再利用 Bi^{3+} 远比 In^{3+} 与 Cl^- 形成亲水配合物的稳定性大的特性，采用 H_2SO_4 15g/L＋NaCl 100g/L（其浓度选择取决于洗脱时损失铟最低为准）混合液去洗涤负载有机相，将 Bi^{3+} 等杂质洗脱，然后用 6mol/L HCl 溶液在 5/1 时一级反萃，获得的铟水相，然后再用铝片置换得海绵铟，将海绵铟压团后，经加碱熔铸，得 98%的粗铟，继电解制得纯铟。

离子交换吸附铟：将含铟渣配上一定比例 NaCl 于 600℃下氯化焙烧，水浸出后加锌粉置换得富含铟的渣，用 H_2SO_4 溶解此渣，控制终酸 pH＝2.5，则铟转入溶液，过滤后滤液直接泵入装有 LewatitSP100（IDA-Na）的交换塔吸附铟：

$$3IDA\text{-}Na+In^{3+} \xlongequal{} (IDA)_3\text{-}In+3Na^+$$

树脂饱和后，经水洗涤，以 1.5～2.0mol/L H_2SO_4 解吸：

$$2(IDA)_3\text{-}In+3H_2SO_4 = In_2(SO_4)_3+6IDA\text{-}H$$

从解吸的铟液中提铟，采用置换、电解法得铟。而解吸后的IDA-H树脂，加NaOH再生转型后返用：

$$IDA\text{-}H+NaOH = IDA\text{-}Na+H_2O$$

采用LewatitSP100阳离子交换树脂，虽然铟与锌、镉、锡及铅等分离效果好，但此法成本高，宜用来处理含铟浓度较高的料液。在1～3mol/LHCl介质中，可用H型KY-2强酸性阳离子交换树脂吸附铟，当酸浓度超过3mol/L HCl时，这种交换树脂吸附铟的能力增大，用0.2mol/L HCl或NH_4NO_3解吸铟，就可达到铟与铁和锌等良好分离。也可以用AmberliteIRA400等强碱性阴离子交换树脂吸附铟。在3mol/L HCl浓度时铟的吸附量最大。

6.8 锗的提取方法

高炉冶炼钒钛磁铁矿，有部分锗进入烟尘，其余进入生铁与炉渣，烟尘和炉渣可以作为提锗的原料。

6.8.1 氯化蒸馏锗法

20世纪各国工业化回收锗多采用氯化蒸馏锗的提锗工艺：使原料中的锗转入硫酸溶液，向此溶液加入丹宁，使锗以丹宁锗的形态沉淀析出，滤出的丹宁锗经氧化焙烧脱去有机物及砷等后，通过氯化蒸馏得$GeCl_4$，进一步水解$GeCl_4$得GeO_2，然后通氢还原GeO_2得到金属锗。此氯化蒸馏法是中外通用的经典提锗工艺，至今仍普遍使用，如图6.8.1所示。

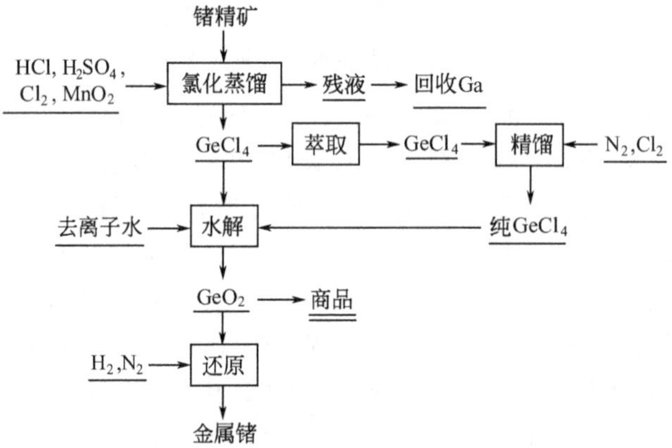

图6.8.1 氯化蒸馏锗法工艺流程

将含锗原料投入搪瓷釜，配入H_2SO_4与MnO_2使料熟化后，加入大于9mol/L HCl，通入Cl_2，在100～110℃（较$GeCl_4$沸点83.1℃高，而比$AsCl_3$沸点130℃低）下进行氯化蒸馏：

$$GeO_2+4HCl = GeCl_4+2H_2O$$

而原料中的As^{3+}在加入MnO_2及Cl_2作用下被氧化到As^{5+}，以H_3AsO_4形态留于液内，从而不会以$AsCl_3$与$GeCl_4$同时蒸馏出来：

$$AsCl_3+Cl_2+4H_2O = H_3AsO_4+5HCl$$

所得$GeCl_4$如果不纯，或用饱和Cl_2的浓HCl萃取，杂质进入HCl，而不溶于HCl的$GeCl_4$分离，或经精馏得纯$GeCl_4$。将纯$GeCl_4$引入水解槽，加入6～18MΩ·cm去离子水

0～20℃及搅拌下进行水解 1～1.5h 便获得 GeO_2。

$$GeCl_4+(2+n)H_2O \longrightarrow GeO_2 \cdot nH_2O+4HCl$$

在 100～350℃烘干约 12h，放入石英管还原炉内，通入氢气，于 600～650℃还原：

$$GeO_2+2H_2 \longrightarrow Ge+2H_2O$$

再升温至 1000～1100℃，通氩气保护下熔铸得 99.999%金属锗。有待改进与发展的是：氯化蒸馏时可用氮气或氯气作 $GeCl_4$ 载体，以提高锗蒸馏率，水解时宜加入纯 GeO_2 晶种提高水解速率与产品质量。

6.8.2　溶剂萃取锗法

近年来国内外研究溶剂萃取锗的工作方面进展较大。

① 在盐酸体系中

在 9mol/L HCl 中用煤油、CCl_4、二乙醚异　醇等均可定量萃取锗，经水反萃提锗；当大于 9mol/L HCl 的情况下，即使原料液只含微量锗，煤油或 CCl_4 也能定量萃取锗，然后用水反萃提锗；在 6～8mol/L HCl 中可用 MiBK（如加有 H_2SO_4，则为 2mol/L HCl）可定量萃锗，锗萃取率大于 98%。萃取过程中 Fe^{2+}、Pb^{2+}、Ni^{2+}、Co^{3+} 等不被萃取，而 Fe^{3+}、Sb^{3+}、As^{3+}、Sn^{4+}、As^{5+} 随锗同萃入有机相。MiBK 在低的盐酸浓度（如 2mol/L）及高的硫酸酸浓度（如 4mol/L）的溶液中萃取锗，萃锗率大于 97.2%，但在低硫酸浓度或纯硫酸溶液中的萃锗率均低。

② 硫酸体系中

可选用 LIX63 萃取锗，具有萃取选择性好，铜、镍、砷、锌、氯和铁等基本不被萃取的优点。如含锗 5g/L 在硫酸溶液，采用 50% LIX63 煤油，在相比 o/a=1/1 下，经过 4～7 级萃取，可定量萃锗，LIX63 萃锗工艺流程如图 6.8.2 所示。

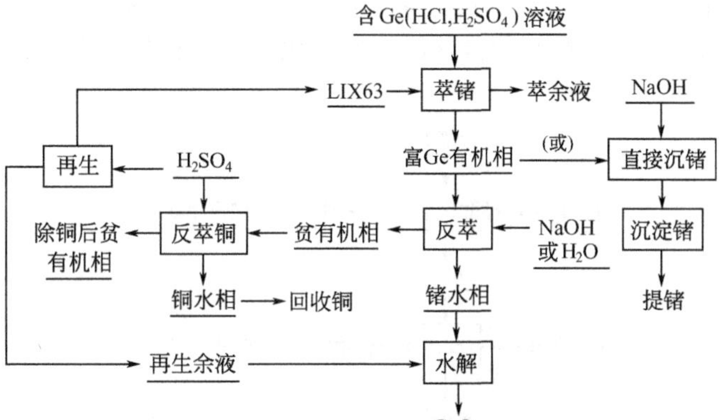

图 6.8.2　LIX63 萃锗工艺流程

LIX63 萃取锗的机理是：

$$Ge(SO_4)_2(a)+4[R(H、OH)](o) \longrightarrow (R_4H_2GeO_3 \cdot 2H_2SO_4 \cdot H_2O)(o)$$

富锗有机相用水在相比 o/a=1/1 条件下经 2 级洗涤，洗去硫酸及杂质，以减少反萃时的碱耗，洗涤后以 150～157g/L NaOH 在 o/a=（10～12）/1，经过 4～6 级反萃，反萃锗率大于 99%。

$$2(R_4H_2GeO_3 \cdot 2H_2SO_4 \cdot H_2O)(o)+17NaOH(a) \longrightarrow$$
$$2[4(R\text{-}Na、OH)](o)+NaH_3Ge_2O_6(a)+4Na_2SO_4(a)+11H_2O(a)$$

所得的锗水相含锗大于98g/L，将其与后面再生余液相合并，调整pH值为8.8～9.1，此时水解产出GeO_2 $(H_2O)_x$ 和锗酸钠盐：

$$2NaH_3Ge_2O_6+H_2O = 3GeO_2 \cdot 4H_2O+Na_2GeO_3$$

水解产物经过水洗过滤后，即得GeO_2锗精矿。反萃锗后的有机相需用132g/L的硫酸，在相比o/a=10/1、一级再生，即可使Na^+型的LIX63转变为H^+型。然后返回萃锗工段用。

6.8.3 载体沉锗法

将含锗烟尘配加尘重60%～100%的硫酸，直接用泵泵入回转窑，在450～500℃下硫酸化焙烧4h，焙烧的烟气经文丘里塔淋洗，得到淋洗液，产出含锗焙砂。用硫酸浸出，控制终酸H_2SO_4 10～15g/L，使焙砂中98%～99%的锗转入溶液，浸出液含锗。过滤后，在滤液加入阳极泥（利用其中的MnO_2）$KMnO_4$，在加热到85℃控制终酸pH值为2.2～2.4条件下氧化1.5h，当溶液接近pH值为2.3～2.4时，加入$Ca(OH)_2$除砷：

$$2H_3AsO_4+3Ca(OH)_2 = Ca_3(AsO_4)_2\downarrow+6H_2O$$

净化液与硫酸化焙烧的淋洗液混合，往其中加MgO到pH≤4.9，以沉淀析出含锗8%～10%且较纯的锗酸盐$MgO \cdot GeO_2$：

$$H_2GeO_3+MgO = MgO \cdot GeO_2\downarrow+H_2O$$

然后再向过滤后的溶液中加入MgO直至pH为5.5～5.7以沉淀析出溶液中余下的全部锗：

$$Ge(SO_4)_2+MgO+2H_2O = MgO \cdot GeO_2\downarrow+2H_2SO_4$$

$$GeO(SO_4)+MgO+H_2O = MgO \cdot GeO_2\downarrow+H_2SO_4$$

此时便得到贫锗的锗酸盐沉淀。此贫锗沉淀返回第一次沉锗工段，中和废液则送镉工段综合回收镉。所得含锗8%～10%的富锗沉淀经氯化蒸馏法得锗。载体沉锗法的工艺流程如图6.8.3所示。

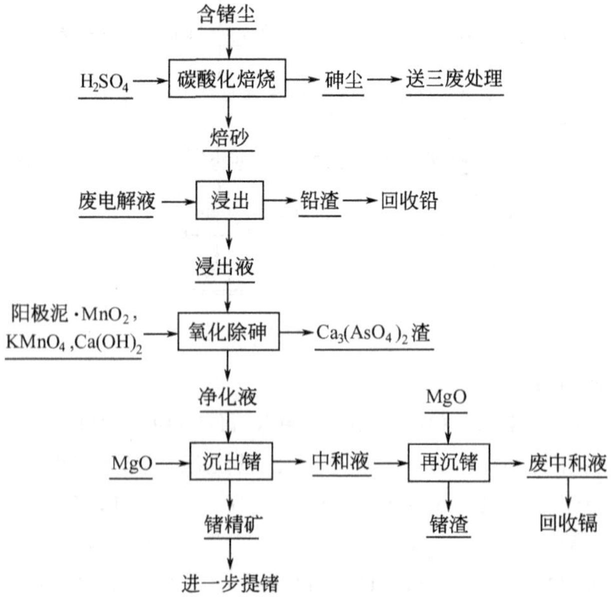

图6.8.3 载体沉锗法工艺流程

参 考 文 献

[1] 周令治，陈少纯．稀散金属提取冶金［M］．北京：冶金工业出版社，2008.
[2] 吴恩辉，杨绍利．从攀枝花钒钛磁铁矿中回收镓的研究进展［J］．中国有色冶金，2010，1：45.
[3] 王金超．镓生产工艺及用途［J］．四川有色金属，2003，4：14.
[4] 张忠宝，张宗华．钪的资源与提取技术［J］．云南冶金，2006，35（3）：22.
[5] 张建廷，陈碧．攀西钒钛磁铁矿主要元素赋存状态及回收利用［J］．矿产保护与利用，2008，5：38.
[6] 彭毅，杨保祥，刘淑清．攀枝花硫钴精矿浸出净化液镍钴分离及钴产品制备的试验研究［J］．四川有色金属，2006，26：26.
[7] 刘淑清．攀枝花硫钴精矿浸出液净化试验研究［J］．四川有色金属，2007，9.
[8] 李海，童张法，陈志传．钛白废酸中钪的提取工艺改进［J］．无机盐工业，2006，38（9）：51.

第 7 章　钒钛资源开发利用中的环保与节能

7.1　钛产品生产过程中的环保

从钒钛磁铁矿中提钛主要产品有钛精矿、高钛渣、钛白粉、四氯化钛、海绵钛、金属钛和钛材。各种产品在生产过程中均不同程度地存在三废污染，粉尘污染较大的当属钛渣，废水污染较大的当属钛白。

生产钛白粉的工艺有硫酸法和氯化法，其中采用硫酸法生产钛白粉三废排放量较大。采用硫酸法生产钛白粉产生的主要污染源：酸解和煅烧产生废气、水解产生的废酸、水洗过程产生的酸性废水、酸解残渣和钛液除杂产生的硫酸亚铁。采用氯化法生产钛白粉产生的主要污染源：酸性废水、氯化炉尾气、氯化残渣和收尘渣。

7.1.1　选钛精矿污染治理

（1）废渣　选钛精矿属原料加工业，其废渣是生产中的尾矿，主要包括湿选尾矿和干选尾矿。湿选尾矿为泥砂状，是由矿石磨选作业产生的。干选尾矿为固体状，是由磁滑轮干选作业产生的。泥砂状尾矿排出为尾矿浆，用泵输送到尾矿坝堆存；固体状尾矿用汽车运送到排土场堆存。

为减少选矿厂的废渣排放量，对尾矿的综合利用开展技术攻关和技术改造工作。通过对尾矿进行全面分析与试验，实施了尾矿再选回收措施，并利用泥砂状尾矿生产建筑用砂，利用磁滑轮尾矿生产建筑骨料。

（2）废水　选钛精矿废水主要来自于生产过程中的破碎除尘作业、浮选药剂、尾矿输送系统、尾矿坝渗水等。

为使厂区内产生的废水不外排，采取措施将生活污水、各生产车间产生的污水引到废水池中；建设废水回收泵站，由泵将废水输送到尾矿浓缩机处理，产生的循环水供选厂使用，尾矿输送到尾矿坝堆存。渗水在尾矿库坝角渗出，在坝角下游建设排渗水回收泵站对渗水进行回收。

7.1.2　冶炼钛渣污染治理

在钛生产工艺链中，钛渣的生产是钛的第一道工序，近年来伴随着钛金属生产规模的空前膨胀，得到了飞速发展，特别是在攀西、两广、云南等地，钛渣发展势头强劲，作为电炉熔炼生产钛渣而言，国外钛渣生产的特点是电炉容量大、密封性好、机械化自动化水平高，绝大部分钛渣电炉烟气均进行了净化处理，达标排放。而我国的钛渣电炉不但电炉容量小、密封性差、机械化自动化水平较低，且绝大部分钛渣电炉烟气均未通过净化处理，直接超标排放，造成大气污染。电炉冶炼高钛渣的过程中，伴有 CO 气体生成，CO 气体经料层逸出时，大部分的 CO 又与空气中的 O_2 化合生成 CO_2。另外炉料中其他一些微粒和部分反应产物和炉外吸入的空气一起构成烟气，排出炉外。钛渣电炉烟气量的多少因烟罩的高低，进入烟罩内空气量的大小及电炉负荷的大小而有所不同。

布袋除尘用于电炉烟气净化系统，它是将含尘烟气通过用织物制成的袋子进行过滤，使粉尘从烟气中分离出来，留在布袋内，再靠反吹风或振动的方法清除袋中的积灰。钛渣电炉烟尘的性质和国内各厂家运行实践证明，采用脉冲式干法布袋除尘是较适宜的，其除尘效率高，设备不受腐蚀影响，灰尘处理和回收均较方便，但由于电炉烟罩的高低不同而采用的设备有所不同。

7.1.3　人造金红石污染治理

用加压浸出法生产人造金红石，每吨人造金红石约产生 5～7t 废酸液，废酸的回收利用是其生命关键，也是产业化最大的技术难题。国家“六五”、“七五”期间曾对人造金红石浸出母液的综合利用进行了大量研究，如利用酸浸母液通氯氧化制备液体三氯化铁、用盐析结晶法制备铁粉、联合法处理母液生产铁红和卤水等，但由于其技术、经济、市场容量等诸多因素，一直未能实现大规模工业化生产。为了实现母液的闭路循环，确保主流程的生命力，借鉴钢板酸洗液处理方法，利用世界最先进的 Ruther 废酸焙烧处理技术直接焙烧，可获得浓度 218.6g/L 再生新酸及 TFe 含量大于 65%的氧化铁。氧化铁可用于生产氧化球团，是优质的炼铁原料。

7.1.4　硫酸法钛白三废污染治理

（1）废酸治理　硫酸法制取钛白，生产 1t 成品产生 3.5t 稀硫酸，其中 H_2SO_4 的质量分数为 20%～25%。稀酸总量的 20%返回酸解工序，作稀释浓硫酸用，可节省浓硫酸的消耗，或在浸取时用以调节钛液的 F 值（即 H_2SO_4 与 TiO_2 的浓度比）和提高钛液的稳定性。稀酸总量的 60%去蒸发浓缩，使 H_2SO_4 的质量分数提高到 40%，经冷冻去除硫酸亚铁和其他沉淀物后，再与浓硫酸混合配成 H_2SO_4 质量分数为 65%的硫酸，可用于生产磷酸。

（2）废水治理　钛白粉生产中排放的废液是指废酸经处理后产生的二次废水和生产中产生硫酸含量为 2%左右的废水，这部分废液没有可回收利用的实际价值，可直接采用石灰中和。酸性废水进入调节池内进行调节水量、均化水质处理之后，利用耐酸泵将废水送入中和反应池，再加入石灰，采用曝气的方式，使亚铁离子转化为三价铁离子，同时将有机污染物质和部分中和反应热除去。出水自流进入机械刮泥竖流沉淀池，调节混合液的 pH 值，根据沉淀分离效果补加絮凝剂进行沉淀分离，经沉淀池处理后的水可达标排放或回用。用穿孔曝气管定期处理调节池内的沉淀物，并用污泥泵抽至中和反应池，再次调节 pH 值后自流进入污泥浓缩池，竖流沉淀池污泥自流进入污泥浓缩池。浓缩后的污泥脱水后送到专用渣场堆放。

（3）酸解废气的治理　酸解反应产生的酸解尾气中含有大量的水蒸气及微量的矿粉尘、二氧化硫、三氧化硫、硫酸酸雾等污染物质。酸解反应废气排放总量不大，但是它每反应一批的废气是集中在数分钟内迅速排出，单位时间内排出的量很大，很猛烈，温度高达 160～180℃，含有酸雾、粉尘和大量水蒸气和不凝性气体，主要成分是 H_2SO_4 2～3g/m^3、SO_3 7～8g/m^3、SO_2 1～2g/m^3、H_2O 500g/m^3 左右，有时因操作不当或反应十分激烈时酸雾甚至高达 20g/m^3 左右。

废气先进入水洗塔，降温、除尘、除酸雾，水洗塔塔身由硬塑料板制成，上部装有水喷淋装置，形成数道横向水幕。废气经水洗后，由离心式鼓风机送入构造相同的碱洗塔，用质量浓度为 2～4g/L 的 NaOH 溶液喷淋吸收 SO_2、SO_3 和酸雾。经水洗碱洗的废气进入湍球塔除雾后，经 30m 高的烟囱排入大气。三塔所排废水混合后排入升流式废水过滤池。采用这一流程处理后的废气含 SO_3 189mg/m^3、SO_2 110mg/m^3，符合国家排放标准。

（4）煅烧废气的治理　采用回转窑煅烧偏钛酸废气的特点是具有一定的温度、湿含量较大、有酸雾和硫氧化物、钛白粉粉尘、水蒸气、不凝性气体等，但排放速度和流量比较均匀，不像酸解废气集中在数分钟内猛烈排出。每生产1t颜料级钛白粉大约要排放15000～20000m^3废气，废气的温度200～400℃、含有酸雾1000～2000mg/m^3、SO_3约10g/m^3、SO_2 100～500mg/m^3、TiO_2约0.15g/m^3，根据物料平衡计算废气中还含有N_2 54%、H_2O 35%、O_2 7%、CO_2 4%。

煅烧废气先经过沉降室沉降，将沉降的钛白粉回收，再进入水洗室用水喷淋，回收部分钛白粉、吸收部分含硫气体和降低废气温度至50℃左右。沉降室和水洗室除尘效率达90%。然后气体进入碱洗塔，吸收SO_2和SO_3，净化效率达90%，处理后的废气含SO_3 130mg/m^3、SO_2 30mg/m^3，符合国家排放标准。净化后的烟气经30m高的烟囱排入大气。处理中所排废水排入升流式废水过滤池。

(5) 废渣治理 在钛白三废处理过程中，有大量处理后的二次残渣生成，如：废石膏、处理后的酸解残渣、污泥等。由于这些残渣利用价值不高，成分复杂，并且处理的成本高，一般情况下都是做简单的堆放处理。这对环境存在潜在的威胁。目前，对于这些残渣的处理，比较可行的就是深度开发成环保型的建筑材料。

7.1.5 氯化法钛白三废污染治理

(1) 氯化法废气的治理 尾气经过酸洗后的进入到氯气洗涤塔，利用废渣处理工段压滤后的金属氯化物滤液（主要成分为$FeCl_2$）作为循环的洗涤液，吸收尾气中的氯气，洗涤后的溶液（主要成分为$FeCl_3$溶液）返回氯化废渣处理工段进行中和处理，经氯气洗涤塔处理的氯化尾气主要成分是CO、CO_2、N_2和少量的COS、SO_2，将这部分尾气送往废水蒸发工段进行焚烧。充分利用尾气中CO的热值，通过焚烧尾气之后的高温烟气来蒸发浓缩废渣处理后的废水，而且把尾气中难以处理的有机硫（COS）通过焚烧转化成容易处理的无机硫（SO_2），在蒸发碱性$CaCl_2$溶液的同时脱除尾气中的SO_2气体。

(2) 氯化法废液治理 氯化法含氯废气处理系统在水洗过程中产生的稀盐酸，水循环洗涤含氯废气时去除大部分氯化氢，将产生浓度约20%的稀盐酸，可作为氯化法钛白生产的副产品外售。在碱洗氯化尾气的过程中产生的废碱液以及经碱液循环洗涤含氯废气后产生的废碱液，主要的污染成分是ClO^-、Cl^-等。由于在利用碱液洗涤前已除去了大部分的氯化氢和氯气，所以只产生了少量的废碱液，废碱液可全部补充到氯化车间湿法除灰和除渣，最后将随灰渣浆全部进入工业固体废物固化设施用作水泥固化用水。全厂生产废水：采用清污分流、分类收集和处理的方式。处理含氯废气时产生的稀盐酸和废碱液等含Cl^-浓度高的废液均可综合利用。其他含氯浓度低的废水如后处理洗涤水、脱盐废水、酸碱废水和全厂生产设施清洗及地坪清洁水等全部送入废水处理厂进行处理，达标后外排。

(3) 氯化法废渣治理方法 废渣主要为氯化工序回收的尘灰和氯化炉渣，其主要成分是复杂的氯化物和不溶物；粗$TiCl_4$沉降泥浆，含$TiCl_4$约50%；精制车间除钒蒸馏釜产生钒渣泥浆，主要成分为$TiCl_4$约50%，钒约2%。含氯废气主要包括氯化炉的氯化尾气、$TiCl_4$精馏过程中的不凝气、氧化脱氯尾气和氯化炉排渣及收尘渣治理过程中产生的废气。其中氯化尾气排放量最大，污染最为严重，废气中主要包括HCl气体、含Cl^-废气、CO、CO_2、$SiCl_4$、$TiCl_4$等组分。氯化法生产钛白过程中的废水产生有：前工序（氯化、精制、氧化）、含Cl^-废水、后处理含Cl^-、SO_4^{2-}、NH_3-N废水，废水总量小（$<$25t/t产品）不足硫酸法的30%，其中最主要的是氯化收尘渣处理产生的酸性废水处理。

氯化法生产钛白产生的工业固废主要为原料备料除尘器收尘灰、氯化工序收尘灰、氯化炉渣及废水处理站污泥。目前，全球氯化废渣处置方式主要有以下几种：深井法、絮凝剂法、中和填埋法、水泥固化法，以上处理工艺均被国内外企业成功应用于氯化法钛白工厂中。

7.1.6　海绵钛污染治理

海绵钛生产过程中主要产生两类尾气，一类是氯化、精制产生的含 HCl 尾气，二类主要是镁电解产生的含氯尾气。针对一类尾气主要采用水洗，设置了淋洗塔和盐酸循环槽，尾气进入第一级淋洗塔，通过第一级耐酸耐腐蚀泵将水打入淋洗塔顶部，喷淋尾气，尾气中 HCl 易溶于水，从后续盐酸循环槽的低浓度盐酸进入第一级盐酸循环槽，第一级耐酸耐腐蚀泵不断将第一级盐酸循环槽中低浓度盐酸打入第一级淋洗塔，直至盐酸浓度达到 18%～20%，将此盐酸排入盐酸储槽后外卖。

针对二类含氯尾气主要采用碱洗，用 30%的 NaOH 溶液反复洗涤，直到碱液浓度降到 24g/L 为止，废碱液送废盐水池，经处理后可生产 NaClO 产品外卖。两类尾气的处理方式既确保尾气达标排放，同时回收洗涤后的盐酸和废盐水，实现了清洁生产目的。

$TiCl_4$ 的泄漏也是公众十分关注的环保问题，需加强管理而解决。

7.2　钒产品生产过程中的环保

在提钒的过程中，大量含钒离子、含铬离子废水的直接排放，造成了城市地表水和浅层地下水的严重污染。钒工业废水中含有高浓度的钒离子、铬离子，同时还含有高浓度的氨氮和 Na^+、Cl^-、$SO_4{}^{2-}$，废水治理难度很大。攀枝花钢铁（集团）公司的 V_2O_3 车间沉淀工段排出的提钒废水，其中主要污染物为悬浮物、V^{5+}（VO^{3+}）、Cr^{6+}（$Cr_2O_7^{2-}$）、氨氮、Na^+、$SO_4{}^{2-}$、游离酸等。目前，生产企业已建有一套以物理化学法为主体工艺的污水处理设施，但由于该废水中重金属离子含量高、氨氮浓度高，导致现有处理工艺处理成本高、泥渣量大、氨氮严重超标排放、重金属资源浪费，对水环境造成污染。因此，随着人们环保意识和自我保护意识的不断增强，提钒过程中的环保治理已经越来越受重视。

实现产业化提钒的工艺主要有从钒钛磁铁矿和石煤中提钒。钒的相关产品主要有钒渣、五氧化二钒、三氧化二钒、钒铁和氮化钒。从钒钛磁铁矿中提钒产生的主要污染源有：含钒原料焙烧产生气体和粉尘、偏钒酸铵煅烧产生气体和粉尘、V_2O_5 熔片产生粉尘、固体废弃物和含钒废水。

7.2.1　气体污染源和粉尘治理方法

焙烧炉的排气，包括固体颗粒物如磁性颗粒物，含钒、铁等金属氧化物的粉尘，气相中的 SO_2，可能还有 NH_3 和 HCl 气体。一般的工厂是采用文丘里收尘，用湿式洗涤，大部分固体颗粒物可以沉降后过滤排出，但 SO_2 气体则大量排出。

南非的钒厂已改用干式布袋收尘，但尚未解决脱硫的问题，现代化的收尘系统应该是布控收尘与静电收尘相结合，后接碱性洗涤，最好使用石灰水或石灰石水两次洗涤，但是只能洗脱 90%的 SO_2，尚未完全达到要求。焙烧料进入湿球磨前后，水淬会产生大量水蒸气，如果焙烧过程中结成大块，有时还会发生爆炸，产生的蒸汽受粉尘污染、携带含金属氧化物的微粒，带有腐蚀性，对操作人员的呼吸道会造成伤害，排放前应使用浸取液进行洗涤，而且设备管道也容易堵塞。

偏钒酸铵煅烧炉排出的气体含有 NH_3、H_2、N_2 以及 AMV 和 V_2O_5 的粉尘，通常是用稀硫酸液湿式除尘，经沉淀后分离。V_2O_5 颗粒物是有毒粉尘，故应封闭作业，勿使操作人员吸入，熔片工段应该是全厂防护最严的部分，包括所有的溜槽、传送带、料斗，都要封闭，将气体抽至一个布袋系统。熔片炉产生的烟气也要送至布袋系统。操作岗位应配备防护面罩。

7.2.2 固体废弃物治理方法

最大的固体废弃物是烧渣，虽经浸出、洗涤，但仍含少量可溶性钒及约 10%的水分，一般是送至尾矿坝堆存，它是钒酸钠的污染源，必须保证不会溢出、渗漏、雨水溃坝。目前还没有人提出对它考虑如何再利用的问题。南非有一家老厂，它的尾矿坝中堆存有焙烧渣和浸出渣，已出售给一家当地的钢铁厂，少量地用作高炉的配料。

7.2.3 含钒废水的治理方法

钒酸铵结晶后的母液，含所有的氯离子及其他水溶性离子，典型的母液含 30%的 $(NH_4)_2SO_4$，15%的 Na_2SO_4，10g/L 的 V_2O_5，0.3%的 Cl^-、少量的 Cr、P、Si、Fe、Ti 等。对这种废液的处理，在南非是送至蒸发罐，在北美则是送至与烧结料浸取后的滤渣一并处理，但是对于 Cr 的问题还需作单独的考虑。

六价铬通常以 $CrO_4{}^{2-}$ 或 $Cr_2O_7{}^{2-}$ 形式存在于水溶液中，难以沉降，但如果被还原为 Cr^{3+}，则问题很容易解决。因为 Cr^{3+} 与 OH^- 结合生成 $Cr(OH)_3$ 沉淀，其溶度积为 6.3×10^{-31}，很容易被沉淀下来。六价铬具有强氧化性，可利用氧化-还原机理将六价铬还原。能与六价铬发生氧化-还原反应的物质有 $FeSO_4$、Fe 粉、SO_2、Na_2S 等。目前国内外尚未见有成熟的同时处理工业废水中铬、钒的技术报道。针对含铬废水的处理方法主要有化学法、离子交换法、吸附法等。对含钒废水的处理主要采用的是离子交换法、氧化还原沉淀和萃取法等。

(1) 离子交换法　废水中的铬离子以酸根的形式存在，将废水通过离子交换树脂，利用阴离子交换树脂对废水中的铬酸根和其他离子的吸附交换作用，达到净化和回收的目的。当树脂达到饱和失效时，可用一定浓度的氢氧化钠溶液对树脂再生，使树脂恢复交换能力。然后，用阳离子交换树脂去除水中三价铬、铁、铜等金属离子使废水回用生产。

(2) 电解法　该法是用钢板或铁板作为阳极和阴极，把直流电通入装有废水的敞开式无隔膜电解槽中，阳极析出的亚铁离子，将一部分六价铬还原成三价铬，阴极析出的氢离子也将六价铬还原成三价铬。在电解期间，由于消耗 H^+ 使溶液的 pH 值升高生成氢氧化铬、氢氧化铁、氯氧化亚铁和其他重金属氢氧化物，形成沉淀而达到废水处理的目的。若加入聚丙烯化合物可改善其凝聚作用。

(3) 化学还原法

① 药剂还原法：在含铬废水中投加还原剂，如硫酸亚铁、亚硫酸氢钠、二氧化硫等，将废水中六价铬离子还原成三价铬离子，酸化还原的 pH 值为 2～3，然后投加碱剂，如石灰、氢氧化钠等，调节 pH 值为 7.5～9.0，使三价铬形成氢氧化铬沉淀去除。

② 铁氧体法：在含铬废水中投加硫酸亚铁溶液，使六价铬还原为三价铬，再经过加碱，调整 pH 值为 7～9，加热 60～80℃，经 20min 曝气充氧，使铬离子成为铁氧体的组成部分，生成晶体而沉淀。铁氧体是指具有铁离子、氧离子及其他金属离子所组成的氧化物晶体，属于尖晶石结构，通称亚高铁酸盐。

③ 铁粉和铁屑处理法：根据金属还原原理，利用铁标准电位低、化学活性强以及在酸性溶液中容易释放出大量电子而生成亚铁离子的特性，将废水中六价铬还原为三价铬。

④ 钡盐法：根据溶度积原理，$Ksp_{铬酸钡}=2.3\times10^{-10}$，$Ksp_{碳酸钡}=8\times10^{-9}$，利用碳酸钡或氯化钡，使废水中六价铬离子生成铬酸钡沉淀，废水被净化。在应用中生成的铬酸钡，可用硫酸、硝酸的混合液回收铬酸，用于镀锌纯化。

(4) 吸附法　吸附法利用了吸附剂良好的吸附性能及稳定的化学性能。某些吸附剂在处理废水时，既有吸附作用又有还原作用，甚至可选择性吸附不同价态的金属离子。吸附材料可以用常用酸碱洗脱。

(5) 还原中和法　工业生产中处理含铬、含钒废水最常用的方法是还原中和法。

还原中和法的基本原理是将废水中的 Cr(Ⅵ)、V(Ⅴ) 用还原剂还原成 Cr(Ⅲ)、V(Ⅳ)、V(Ⅲ)，再用碱性液中和，使 Cr(Ⅲ) 形成 $Cr(OH)_3$ 沉淀、钒形成难溶性的钒酸盐而分离。通常使用的还原剂有硫酸亚铁、亚硫酸钠、亚硫酸氢钠、液态或气态 SO_2 等。还原中和法对铬、钒的处理效果取决于使用还原剂的类型和浓度、还原反应时间、反应混合液的 pH 值等因素。

在国外处理含铬、含钒废水的方法中，德国鲁奇公司采用硫酸亚铁还原-氢氧化钠中和法；德国蒂森公司采用液态 SO_2 还原-碳酸钠中和法，并用 TWT-30 型快速反应器进行还原反应，这一方法已在我国锦州铁合金厂引进使用；意大利艾姆科公司采用硫酸亚铁还原-石灰乳中和法，这一方法已在我国攀钢 V_2O_5 车间使用。

国内处理提钒废水的方法中以锦州铁合金厂、峨眉铁合金厂、攀钢先后使用的方法最具有代表性。这三家企业的钒铁生产工艺均以钒渣为原料，先生产出 V_2O_5 后再冶炼成钒铁，生产过程中产生的含铬、含钒废水的性质以及废水中污染物种类、含量也基本相同。

7.3　钒钛产品生产过程中的节能

7.3.1　节能政策

面对全球气候变暖，低碳经济是唯一的选择。根据 2009 年 12 月中国政府在丹麦首都哥本哈根召开峰会商讨《京都协定书》而形成的《哥本哈根协议》，温家宝总理承诺：到 2020 年，中国单位 GDP 能耗比 2005 年降低 40%～60%，单位 GDP 二氧化碳排放降低 50%左右，作为约束性指标纳入国民经济和社会发展中长期规划。

2010 年，国家发改委制定了《固定资产投资项目节能评估和审查暂行办法》(发改投资[2010] 6 号)，规定所有新建项目和技改项目均要进行节能评估和审查，审查程序紧随固定资产投资项目进行，新建项目由发改委负责，技改项目由经信委负责。自此，节能评估和审查成为继环保评估和审查之后我国固定资产投资项目必须独立开展审查的第二项重要任务，否则，该投资项目不允许实施。

为了完成国家发改委的任务，各省市规定了自己的单位工业增加值能耗指标，如四川省 2013 年规定的单位工业增加值能耗为 1.841tce/万元以下。

7.3.2　节能思路

固定资产投资项目节能思路主要包括项目选址对能源消费的影响、项目平面布置对能源消费的影响、工艺技术方案对能源消费的影响、装备技术方案对能源消费的影响、辅助生产设施的能源消费、管理措施对节能的影响等。

项目选址通常由业主确定，一般做了充分考虑；平面布置因地而异，设计单位一般都会优化总图布局；辅助生产设施对能耗总量影响不大，在设计时均会通盘考虑；管理措施由业主水平确定，相差悬殊，对节能影响不容忽视。工艺技术和装备的选择是影响投资项目节能效果的两项重要因素，因业主和设计单位的不同而相差较大，所以成为节能评估和审查的重要环节。

钛原料项目一般建于资源产地，工艺技术比较成熟，装备的选择往往成为节能的控制环节；钛的化工产品和金属产品项目的节能效果通常由工艺技术和装备技术共同决定；钒原料及其深加工项目的节能往往取决于生产工艺技术。

7.3.3 钛产品生产过程中的节能措施

7.3.3.1 钛矿

钛矿的采掘是传统而成熟的工艺，近年来兴起的数字化矿山技术为采掘业注入了节能效益，是大中型矿山发展的趋势。影响钛矿选别过程节能效果的重要因素之一是矿源的天然赋存状态，砂矿与岩矿的工艺流程显然不同，能耗相差较大。原矿品位也是影响选矿过程能耗的另一重要因素。澳矿、海南矿与攀枝花矿的选钛过程的能耗明显不能相提并论。当矿源确定后，选矿工艺和装备就成为影响节能的重要因素。

为了降低选钛过程中的能耗，应根据矿石性质选取合适的选别工艺，工艺流程要精简、高效，磨矿粒度合理控制，尽可能采用重选为主，磁选、浮选为辅的流程，界内用水应循环使用，装备选用近年开发的大型化节能设备，在破碎机、磁选机、高频振动筛等主要设备上要紧跟国内外新装备。

2013 年，国内某钛精矿生产商的单位产品综合能耗为 20kgce/t，单位产值综合能耗为 0.298tce/万元，单位工业增加值能耗为 1.22tce/万元，钛精矿单位产品电耗为 22.18kWh/t。

7.3.3.2 钛渣

影响钛渣熔炼的关键设备是电炉。钛渣生产成本主要取决于电耗，电炉炉前电耗是衡量钛渣生产技术的关键指标，也是影响钛渣生产过程节能效果的关键环节。一般认为，生产酸溶钛渣的炉前电耗以 2300kWh/t 渣左右为宜，生产氯化钛渣的炉前电耗以 2800kWh/t 渣左右为宜。

国内千伏安级的电弧炉（如 3200kVA、6300kVA 等）能耗指标都较高，目前新建厂国家要求要么采用矩形电炉技术，要么采用 25000kVA 以上的圆形（半）密闭电弧炉。原料预处理对节能有较好效果，如预还原焙烧、造球入炉。选用自焙电极还是石墨电极不仅取决于成本、节能，还取决于炉况顺行与否。煤气回收利用与否是钛渣熔炼项目的技术难题，关键原因在于余热的出路，如余热发电，采用废热锅炉是大型钛渣电炉应该考虑的方案。加料系统影响炉况进而影响电耗，国内已有厂家采用了多点（13 个布料点）布料技术。国内某 30MVA 矩形电炉生产项目吨渣综合电耗为 2500kWh/t，略低于圆形电炉。

2013 年，国内某 25MVA 圆形钛渣电炉的单位产品综合能耗为 5478kgce/t 渣，单位产值综合能耗为 0.84tce/万元，单位工业增加值能耗为 2.78tce/万元，酸溶钛渣单位产品综合电耗为 2812kWh/t，酸溶钛渣单位产品炉前电耗为 2355kWh/t。

7.3.3.3 硫酸法钛白

硫酸法钛白生产因工艺流程长，不仅在环保上有其明显弱势，而且能耗指标与其他钛产品相比也偏高。但是，近年来硫酸法钛白行业技术进步明显，各种节能减排措施得力，成效显著。

比如设备的大型化已成为趋势。球磨机采用 ϕ3200mm×5900mm，酸解罐采用 160m^3，

回转窑选用 ϕ4000mm×80000mm，水解罐容积达 110m^3，摩尔过滤机面积为 208m^2，表面处理罐容积达 110m^3。

工艺技术方面，酸解、煅烧尾气采用了湿法脱硫工艺，原料采用钛渣为主，滚压磨替代雷蒙磨，水解钛液浓度降至 30g/L，煅烧尾气余热回收产生蒸汽及浓缩废酸，利用闪蒸尾气做煅烧二次风，回转窑窑前脱水，系统余热加热二洗、三洗水，三洗水大部分回用，煤气显热发生蒸汽等。

2013 年，国内某 10 万吨/a 规模硫酸法钛白项目的单位产品综合能耗为 1578kgce/t，其中电耗 1090kWh/t，水耗 56.7m^3/t，单位产值综合能耗为 0.88tce/万元，单位工业增加值综合能耗为 2.39tce/万元，单位投资综合能耗 2.25tce/万元。

7.3.3.4　$TiCl_4$

$TiCl_4$ 是生产氯化钛白和海绵钛的原料，在氯化工段，无论是熔盐氯化还是沸腾氯化，工艺及装备均比较成熟，要想通过技术进步来节能，目前效果有限。在精制工段，蒸馏和精馏工序耗能一般变化也不大。

对 $TiCl_4$ 能耗有一定影响的因素主要是原料高钛渣，其品位和杂质含量决定了是走熔盐氯化还是沸腾氯化技术路线，同时也影响到精制过程中的操作参数，如温度的控制、塔高、塔层、压力及加热功率等。

在 $TiCl_4$ 生产工艺及装备技术的局部改进方面可以节省一定的能耗，比如浮阀塔、蒸馏釜等装备的大型化，粗 $TiCl_4$ 预水解及蒸馏釜残液后水解技术的应用，生产线上各种管道、设备的流程化管理等。

7.3.3.5　氯化钛白

当原料 $TiCl_4$ 准备好后，氯化工序流程十分简练，只有氧化工段，而主体设备只有氧化反应器，其技术难度大，但能耗并不高。选用合适的氧化反应器可以杜绝或减少结疤，间接节能。

控制好 $TiCl_4$ 预热器、氧气预热器的热效率可以在一定程度上降低能耗，含氯尾气的余热回收利用在节能措施中值得考虑，含氯尾气和氯化工段的高效连接也可以减少热损失。

后处理阶段可以采用高效、大型设备，如选用耐驰砂磨机、气流粉碎机、大型表面处理罐、闪蒸干燥机等，可以降低单位产品电耗。

7.3.3.6　海绵钛

在镁热还原生产海绵钛工段，还原炉及蒸馏炉均是主要的耗能设备，加热装置一般都是电阻炉，反应周期长，温度高，炉前电耗约 7500kWh/t，镁电解耗能量也相当大，吨镁电耗为 13000kWh 左右。为了节省能源，一般都采用加液镁工艺，并将 Mg 预热到 400℃～500℃。整个镁热还原过程中，节能措施有限。电解钛工艺虽然能耗低 50%左右，但产业化难度很大。

在还原罐中，一方面需要加高温维持还原反应的正常进行，另一方面，为了提高 $TiCl_4$ 加料速度，提高生产效率，又需要迅速导走反应热，这就构成了一个反应体系内矛盾的综合体，因此，如何控制好罐内热平衡，既是提高产品质量，缩短还原时间，又是节省热能的技术关键。目前国内还原过程的通风散热系统往往被取消，不利于加料速度的提高。

不同类型的还蒸设备能耗有所差别，但不明显，究竟选用 I 型还是倒 U 型还蒸炉，以及还原反应器是用侧排 $MgCl_2$ 带内坩埚型还是上排 $MgCl_2$ 不带内坩埚型，通常取决于工艺顺行与否，而不是能耗。

7.3.3.7 钛锭

海绵钛熔炼钛锭能耗十分巨大，对于真空自耗电极电弧炉，熔炼能耗在1.1kWh/kg左右，对于电子束冷床熔炼炉，熔炼能耗在3.3kWh/kg左右。熔炼钛锭的设备约有6种炉型，不同熔炼炉的选择对产品能耗影响十分大，但钛锭产品质量要求决定了选用哪种炉子。电子束冷床熔炼炉适用于高质量钛锭，投资较大。

当炉型确定后，熔炼参数的控制与优化成了能耗指标的关键因素。

2013年，国内某钛制品生产企业的钛锭单位产品综合能耗为271kgce/t，单位钛锭产品电耗为2200kWh/t，单位产值综合能耗为62.4kgce/万元，单位工业增加值综合能耗为0.18tce/万元，单位投资综合能耗为0.17tce/万元。

7.3.4 钒产品生产过程中的节能措施

7.3.4.1 钒渣

生产钒渣的原料种类决定了钒渣的能耗。含钒铁水、石煤、提钒尾渣及钢渣等原料中钒的含量相差较大，获得产品富钒料的品位差距也较大，能耗必然有较大差距。

以铁水提钒为例，在主体设备转炉中，工艺成熟，节能措施有限，只有在烟气净化及回收上考虑能否余热利用，生产蒸汽等，但利用途径还需探索。优化吹氧制度，高效利用氧气，也是可以考虑的节能措施。冷却剂的加入数量、加入时间、吹氧方式、铁水入炉温度等技术与管理制度对钒渣生产能耗是有一定影响的。

2013年，国内某钒渣综合利用企业的单位产品能耗为3.5tce/t，单位产值综合能耗为0.34tce/万元，单位工业增加值综合能耗为0.83tce/万元。

7.3.4.2 五氧化二钒

五氧化二钒产品能耗也与原料密切相关，实质上不同的原料就对应了不同的生产工艺。铀矿、铝土矿、磷矿、石煤还是铁水吹炼后的钒渣分别对应了不同的能耗指标。

以钒渣为原料时，回转窑热效率高低是影响产品能耗的重要因素之一，采用窑头燃烧室、优化煅烧参数均能降低能耗。在钠盐浸出和铵盐沉淀过程中，设法提高废水循环利用率也能降低能耗。反射式熔化炉是五氧化二钒生产中的另一个主要耗能设备，如何提高热效率，也是能否较大节能的重要因素。

具体来讲，在原料预处理工段，可考虑球磨机、破碎机等设备的大型化，煅烧时采用回转窑二次焙烧工艺，对转窑温度进行PLC（DCS）自动控制，转窑尾气可经余热锅炉转化为蒸汽加热水洗物料，浸出及沉淀工序可采用先进的板框（立式）压滤技术，制片工序采用行业内先进的“三步法”工艺，APV先经干燥、转窑脱氨氧化制得五氧化二钒后，再于熔化炉内熔化铸片。这些先进技术将使节能效果显著。

2013年，国内某5000t/a规模五氧化二钒项目的单位产品综合能耗为8531kgce/t，其中电耗0.731万kWh/t，水耗$3m^3/t$，单位产值综合能耗为0.92tce/万元，单位工业增加值综合能耗为3.46tce/万元，单位投资综合能耗0.91tce/万元。

7.3.4.3 三氧化二钒

生产三氧化二钒的工艺流程与生产五氧化二钒基本相同。只是在沉钒得到多钒酸铵后增加了回转窑还原工艺，使五氧化二钒在转窑内还原为粉状三氧化二钒。节能措施基本相同。从能耗看，由于生产三氧化二钒时需要还原，因此耗能应增大，但如果只生产粉状而非片状产品，就可省略熔化炉制片工序，最终产品能耗与生产五氧化二钒相当。

7.3.4.4 钒铁

钒铁产品的能耗取决于生产方法和原料，通常有碳热法、硅热法或铝热法，硅热法最普遍，原料有五氧化二钒、三氧化二钒和钒渣、提钒尾渣等，五氧化二钒用得最多。

在电弧炉内用硅铁还原五氧化二钒时，电弧炉成了产品的主要耗能设备，控制好熔炼参数能明显影响节能效果。电炉冷却水的循环利用也对节能有贡献。当用钒渣或尾渣做原料时，原料预处理工序的破碎、球磨等设备大型化很重要，利用电炉热气干燥原料也是一个好的节能方法。

除上述主要钒钛产品及钛合金材、钒氮合金外，其他钒钛产品的能耗总体不高，像人造金红石、熔分渣、钛的衍生品等，能耗主要以水、煤为主，通过工艺参数优化在一定程度上可以节能。

参考文献

[1] 方觉．非高炉冶炼工艺及理论［M］．北京：冶金工业出版社，2010.

[2] 熊威娜．钒矿开发对水环境的影响及其治理［J］．能源环境保护，2008，22（6）：39.

[3] 谢景龙．钒业废水的六价铬治理［J］．环境工程，2008，26（3）：54.

[4] 喻旗，龙明礼．含钒石煤生产五氧化二钒污染治理［J］．环境工程，2007，25（6）：96.

[5] 张蕴华．五氧化二钒的生产工艺及其污染治理［J］．广东化工，2006，33（4）：77.

[6] 李亮．国内外钛白废酸综合治理及回收利用研究现状［J］．湿法冶金，2010，29（3）：150.

[7] 宋宇，李婷，邓燕．硫酸法钛白浓废酸的综合治理［J］．大众科技，2011，145（9）：99.

[8] 唐文骞，张锦宝．硫酸法钛白清洁生产与三废治理［J］．化工设计，2011，21（2）：42.

[9] 陈钢．氯化法生产钛白的三废治理［J］．工业安全与环保，2008，34（4）：47.

[10] 唐文骞．硫酸法钛白生产中的环保治理措施［J］．无机盐工业，2007，39（7）：39.

[11] 夏建辉．海绵钛镁电解尾气综合处理工艺研究［C］．攀枝花钒钛论坛——钛资源综合利用新技术交流会论文集，2012.